머리말

오늘날 세계는 무한 자유경쟁시대가 되면서 부의 축적으로 많은 나라들이 행복한 삶의 질 또한 높이고 있습니다. 그 첫 번째가 건강을 위한 노력입니다.

이제 서양은 물론, 우리나라를 비롯한 동양에서도 육류 섭취만을 추구하던 시대는 지났습니다. 또한 많이 먹는 것보다는 '영양소를 골고루 적당히 섭취해야 한다.'는 식생활의 원칙을 깨닫고 웰빙well-being이라는 바람이 우리 사회에 거세게 불고 있습니다.

이제는 '고급 영양학'이 그 진가를 발휘할 때입니다. 실제로 영양소들이 우리 몸에 대사를 통해서 어떠한 작용을 하는지? 식품에너지의 인체 적정소비량 측정을 통한 부족증과 과잉증 등을 파악하여 식품에너지인 영양소 마다의 섭취기준을 제시함으로써 건강한 식생활이 되도록 하는 일입니다.

이 책은 지금까지 '고급 영양학'이 주로 해 왔던 영양소의 구성과 구조 등의 분석 등을 뛰어넘어

- 영양소의 종류와 역할에서부터 영양성분의 표시 및 식생활의 기본계획(제1장)
- 탄수화물의 소화흡수, 생리적 기능 및 대사(2~3장)
- 지질의 체내작용 및 각종 지질의 대사(4~5장)
- 단백질의 대사와 합성, 섭취기준 및 급원식품(6~7장)
- 식품에너지의 인체소비량 측정 및 섭취기준(8장)
- 지용성 비타민과 수용성 비타민을 망라하여 과잉섭취와 부족증(9~10장)
- 다량무기질과 미량무기질의 종류와 인체에 미치는 영향(11~12장)
- 인체가 필요로 하는 수분균형과 생리적 기능(13장)

그밖에 알코올, 흡연, 각종 질병 등과 영양소의 관련사항 등을 언급함으로써 인체 건강을 위한 식생활의 중요성을 강조하였습니다.

인체가 꼭 필요로 하는 영양정보를 담았으므로 영양사는 물론, 임상영양사 시험 준비생이나 영양전문인들에게 사전적 역할을 했으면 하는 바램입니다.

끝으로 최선의 노력을 기울였습니다만 그래도 부족한 부분은 선후배 교수님들의 격려와 아낌없는 조언으로 영양정보 자료를 모아 개정해 나아갈 것을 약속드립니다.

여러 교수님들을 비롯한 (주)지구문화 임직원들의 격려와 성원에 재삼 감사드립니다.

기해년 중추에

필자 대표

차례

Contents

Chapter 03 탄수화물 대사 백진경

Chapter 04 지질 원혜숙

Chapter 05 지질 대사 원혜숙

차례

Chapter 06 단백질 강주희

Chapter 07 단백질 대사 강주희

Chapter 08 에너지 대사 이복희

Contents

차례

Chapter 1

고급영양학의 개요

학습 목표

1. 영양학, 영양, 영양소의 개념을 말할 수 있다.
2. 영양소의 대사와 체내에서의 역할을 설명할 수 있다.
3. 식생활과 건강과의 관계를 비교 설명할 수 있다.
4. 좋은 영양상태를 위한 균형잡힌 식사를 계획하고 평가할 수 있다.
5. 한국인의 영양소 섭취기준에 대해 말할 수 있다.

사람이 건강을 유지하기 위해서는 무엇을 먹고, 어떻게 먹고, 왜 먹는지를 알고 나서 다양한 식품을 선택하는 것이 건강한 몸과 마음을 가질 수 있게 하는 방법이다. 부적절한 식생활로 인하여 영양소의 부족과 과잉 현상이 계속되면 영양 불균형 상태가 되어 건강을 해치는 일이 발생할 수 있다. 간단하게 말하자면 영양이란 신체가 음식물을 어떻게 사용하는지를 아는 것이다.

최근 발생하는 많은 만성질환은 부적절한 식생활로 인하여 영양소의 부족과 과잉 현상이 계속되면서 영양 불균형 상태가 되어 건강을 해치는 일이 발생하는 것이다. 특히 잘못된 식습관이 큰 문제로 나타나고 있다. 영양소의 고른 섭취를 주장하는 핵심적인 이유는 인체의 영양 균형이 깨질 때 면역기능의 저하로 결국 각종 병원균에 노출되어 병이 나게 되기 때문이다.

음식을 골고루 섭취하지 않고 편식을 하면 겉으로는 정상으로 보이지만 속은 특정 영양소 부족으로 영양 결핍 현상을 일으켜서 비정상 상태가 되는데 이를 '경계 결핍증'이라고 한다.

최근에 가장 흔한 영양과잉 증상은 열량 영양소의 과다섭취로 인한 비만증이다. 그러므로 질환을 예방하기 위해서는 자신의 식생활과 식습관을 잘 이해하고 균형 잡힌 식생활과 이것을 실천하기 위한 계획을 세우며 그에 맞춰 바람직한 영양공급을 하는 것이 가장 중요하다. 최근에는 인터넷을 통한 유익한 영양정보를 많이 제공 받을 수 있다.

1. 영양과 영양학의 정의

생물체가 필요한 물질을 외부로부터 섭취해서 건강을 유지하는 모든 현상을 '영양'이라고 하는데, WHO는 "생명이 있는 유기체가 생명의 유지 · 성장 · 발육, 장기 · 조직의 정상적 기능의 영위, 에너지의 생성을 위해 식품 성분을 섭취, 소화, 흡수, 이용 및 배설하는 전 과정이 곧 영양이다." 라고 하였다.

영양학은 영양이라는 넓은 영역 중 과학적으로 체계화된 것, 즉 "인체 내에서의 영양소의 작용을 연구하는 학문"이라고 할 수 있다. 영양소 중의 몇 가지는 체내에서 합성되지만 근본적으로 모두 합성하지는 못하기 때문에 외부에서 이들을 섭취해야 한다.

영양학에서는 영양소의 성질, 필요량, 결핍증세, 음식의 소화 흡수문제 등을 다룬다. 영양학은 단독으로 분리된 학문이 아니고 자연과학을 포함해서 사회과학 · 인문과학에 걸친 넓은 학문 분야에 관련된 응용과학(applied science)이라고 할 수 있다.

key word

- **영양**
생명이 있는 유기체가 생명의 유지 · 성장 · 발육 · 장기 조직의 정상적 기능의 영위, 에너지의 생성을 위해 식품성분을 섭취 · 소화 · 흡수 · 이용 및 배설하는 전 과정을 의미(WHO)
- **영양학**
영양이라는 넓은 영역 중 과학적으로 체계화된 것. 즉 인체 내에서의 영양소의 작용을 연구하는 학문

2. 영양소의 종류와 역할

영양소는 식품을 구성하고 있는 물질 중 우리 몸에 에너지를 공급하고 성장과 조절 등 건강을 유지하는 데 필요한 성분으로, 인간이 필요로 하는 영양소는 탄수화물 · 지질 · 단백질 · 무기질 · 비타민 · 물의 6가지로 분류된다.

매일 섭취하고 있는 음식물은 다음의 3가지 역할을 하는 데, 이는 음식물에서 공급되는 영양소의 기능에 따른 것이다. 영양소 기능 중 일부는 중복되기도 하지만 대부분의 식품에는 열량 영양소가 많은 부분을 차지한다. 표 1-1에서 보는 바와 같이 탄수화물, 지질, 단백질과 같이 신체에서 많이 이용되는 다량 영양소와 비교적 적게 이용되는 비타민 무기질과 같은 미량 영양소 및 인체를 구성하는 주요 성분인 물을 포함하여 6대 영양소로 분류한다.

key word

- **영양소**
식품을 구성하고 있는 물질 중 우리 몸에 에너지를 공급하고 성장과 조절 등 건강을 유지하는 데 필요한 성분. 인간이 필요로 하는 영양소는 당질, 지질, 단백질, 무기질, 비타민, 물 등 6가지로 분류

① 열량 영양소로 에너지를 제공한다.

인간이 살아가기 위해서는 에너지가 필요하다. 이러한 에너지는 밥이나 빵 · 국수 등의 곡류, 감자, 설탕 등과 버터나 식물성 기름인 유지로부터 주로 얻는다.

에너지원이 되는 주요 영양소는 탄수화물과 지질, 그리고 고기 · 생선 · 달걀 등에서 얻는 단백질이다. 이들 영양소는 체내에서 여러 가지 화학 변화에 의해 에너지를 생성한다.

key word

• 열량 영양소
음식물 안에 들어있는 다양한 영양소 중에는 열량을 낼 수 있는 종류로 탄수화물, 지질, 단백질을 말함. 이들 열량영양소는 위와 장에서 소화, 흡수 과정을 거쳐 세포 내에서 대사되면서 칼로리를 만들어낸다.

② 구성 영양소로 성장과 발달을 촉진하며 신체조직을 만든다.

신체가 성장하는 시기에는 여러 가지 영양소가 요구된다. 섭취하는 음식물의 종류와 양에 따라 성장에 미치는 영향이 크다. 신체를 만드는 영양소로는 단백질과 무기질이 중요하다. 단백질을 많이 함유한 식품으로는 고기, 생선, 달걀, 대두 및 치즈 등이 있으며, 무기질의 급원으로는 칼슘이 많은 우유나 뼈째 먹는 생선 및 철을 다량 공급하는 간을 비롯하여 기타 여러 식품에도 무기질이 함유되어 있다.

③ 조절 영양소로 체내의 여러 가지 기능을 조절한다.

체내에서는 여러 가지 변화가 복잡하게 진행되고 있다. 여러 반응의 진행이나 조절을 하는 물질은 물을 비롯한 비타민, 무기질, 단백질 등이다. 비타민의 발견은 장기간의 항해에 따른 생채소 섭취의 부족, 백미 중심의 식생활 등으로 인한 건강 악화의 원인 규명에 의해 시작되었다. 나아가서 효소 화학의 진보에 따라 비타민의 중요성이 더욱 확실하게 규명되었다.

Guide

사람과 개, 고양이 및 애완동물의 필수 영양소는 다르다. 사람에게는 필수 영양소이지만 다른 개체는 필수 영양소가 아니다. 예를 들면, myoinositol은 쥐 과에게는 필수 영양소로 식품으로 섭취해야 하지만 사람은 합성할 수 있다.

표 1-1 필수영양소의 종류

탄수화물	포도당	
지질	리놀레산, 리놀렌산, 아라키돈산	
단백질	히스티딘, 이소류신, 류신, 메티오닌, 리신, 페닐알라닌, 트레오닌, 트립토판, 발린	
비타민	지용성 비타민	비타민 A, D, E, K
	수용성 비타민	티아민, 리보플라빈, 니아신, 판토텐산, 비오틴, 비타민 B_6, 비타민 B_{12}, 엽산, 비타민 C
무기질	다량 무기질	칼슘, 염소, 마그네슘, 인, 칼륨, 나트륨, 황
	미량 무기질	철, 아연, 크롬, 구리, 불소, 망간, 몰리브덴, 셀레늄, 코발트
	미확정 영양소	비소, 붕소, 카드뮴, 니켈, 실리콘, 주석
물	물	물

3. 영양학의 발달사

메소포타미아에서 이미 사람의 몸에는 동맥과 정맥의 구별이 있다는 사실을 문헌에서 표현하고 있고 히포크라테스(Hippocrates, 460~375 B.C)는, 병은 자연력으로 치료된다고 하여 자연의 힘과 음식물의 중요성을 설명하였으며, 몹시 뚱뚱한 사람은 마른 사람보다 빨리 죽기 쉽다."라는 말을 했는데, 오늘날에는 과학적으로 규명되었으며 성경에서도 채소와 콩과 같은 식품이 건강에 중요하다고 쓰여 있다.

1620년대에 화학이 성립하면서부터 영양학의 기초가 시작되었는데 보일(Boyle,1627~1691)은 근대화학의 아버지로 불리우며 기체에 대해 연구를 하였고, 영국의 프리즐리(Priesley,1733~1804)는 산소를 발견하였다. 프랑스의 화학자 라부아지에(Lavoisier, 1743~1794)는 이산화탄소가 탄소와 산소의 결합으로 만들어진다는 것을 밝혀냈으며 그가 만든 천칭과 한난계로 실험을 하여 에너지 대사의 기초를 만들었다. 이를 통해 그는 영양학의 시조(始祖)라고 불리고 있다.

18~19세기에 걸쳐 영양소의 발견이 왕성하게 이루어졌다. 스테아르산, 글리세린이 18세기 후반에 잇달아 발견되고, 1840년을 전후해서 전분, 설탕을 카보히이드레이트(carbohydrate), 단백질을 프로테인(protein)이라고 부르기 시작했다. 이 시기에 무기질에 대한 연구도 행해짐으로써 K, Na, Ca, I에 대한 기록이 발견되었다.

이어 에너지 대사에 관한 연구는 19세기 후반에 더욱 왕성해졌다. 에트워터(Atwater,1844~1907)는 로사(Rosa)와 함께 칼로리메타를 제작했다. 이어서 봄 열량계(Bomb-calorimeter)의 식품 연소치를 바탕으로 하여 탄수화물, 지방, 단백질 각 1g에 대해 각각 4, 9, 4kcal의 열량이 발생한다고 하는, 이른바 에트워터 열량계수를 제시하였다. 이 계수는 오늘날에도 이용되고 있다.

20세기 초 비타민의 발견은 커다란 사건이었다. 에이크만(Eijkman, 1858~1930)은 백미로 사육된 닭이 각기병에 걸려서 쌀겨로 치료했다고 발표했다. 풍크(Funk, 1884~1967)는 1911년에 쌀겨에서 새의 각기병을 치료하는 인자를 추출해서 처음으로 비타민(vital amine, vitamine)이라는 용어를 사용하였다. 그러나 일부 비타민이 질소를 함유하지 않는다는 사실을 밝혀져 1920년 드러먼드(Drummond, 1891~1952)의 제의에 의해 vitamine의 어미 e를 제거하여 vitamin이 되었다. 비타민의 발견은 1930~1940년에 급격하게 늘어났으며 발견한 순서대로 A, B, C, E 등으로 불렀다.

비타민 K의 경우는 혈액응고를 의미하는 'koagulation'에서 따온 이름이다.

한편 대사 연구도 눈부시게 진보했다. 엠덴(Embden, 1874~1933), 마이어호프(Meyerhof, 1884~1951), 코리(Cori) 부부(1896~1984, 1896~1957)는 포도당이 젖산을 만드는 '해당계'임을 밝히고, 1937년에 독일의 크렙스(Krebs, 1900~)가 포도당을 완전히 체내에서 산화해서 에너지를 만드는 TCAcycle(구연산회로)의 순서를 밝혀냈다. 지질에 대해서는 누프(Knoop,1875~1946)가 베타(β)-산화설(1905)을 주장했는데, 지방이 체내에서 분해되는 것으로 현재에도 놀랄만한 발견이다.

지방에 관한 20세기 최고의 위대한 업적은 필수지방산의 발견일 것이다. 1930년 미국의 버(Burr) 부부는 흰쥐에게 리놀레산(linoleic acid)과 리놀렌산(linolenic acid)을 주지 않으면 각기가 생기거나 꼬리가 비늘 모양으로 거칠어진다는 것을 알고서 지방은 에너지뿐만 아니라 필수지방산을 공급하는 것에 의의가 있다는 사실을 발견했다.

단백질 연구는 미국의 오스본(Osborne, 1859~1929)과 멘델(Mendel, 1872~1935)에 의해 시작되었으며 옥수수의 제인(zein)을 써서 실험용 흰쥐에게 리신(lysine)과 트립토판(tryptophane), 2가지 아미노산이 필요하다는 것을 밝혀낸 것은 단백질 영양연구에 있어서 큰 업적이었다. 로즈(Rose)는 성인에서의 필수아미노산은 8종류, 유아기에는 히스티딘(histidine)을 더해서 9종류로 결정하였다. 한편, 무기질 분야도 미국의 셔먼(Shermann), 맥컬럼(McCollum) 등을 중심으로 Ca, P 등의 연구가 진행되었고 최근에는 미량 무기질의 필요성이 점차 밝혀지고 있다.

20세기 전반에 걸쳐 화학을 비롯해 물리학 생물학과 같은 기초과학이 크게 발달하여 고분자 생체 물질의 분리, 전자현미경에 의한 관찰 등 매우 많은 분석이 이루어졌다. 1950년대 미국의 젊은 화학자인 왓슨(J. D. Watson)과 크릭(F. H. C. Crick)이 핵산의 구조를 밝혀냈다. 생어(Sanger, 1955)가 인슐린의 아미노산 배열 순서를 밝힘으로써 급속하게 유진의 연구나 단백질의 생합성 메커니즘이 해명되어 이른바 바이오테크놀로지 시대가 도래했다.

생체리듬 연구도 영양적으로 영향을 주어 새로운 연구 분야가 되었다. 또한 워커(A.R.P Walker), 클리브(T. L. Cleave) 등은 아프리카의 '반쓰'라는 종족이 백인에 비해 심장질환이나 동맥경화 발생률이 낮은 것은 식사에 섬유소가 많은 것과 관계가 있다고 생각하였다. 1971년 버킷(D. P. Burkitt)은 섬유소 섭취량이 적으면 대장암에 걸리기 쉽다고 하였는데, 이후 섬유소가 혈청 콜레스테를 저하시키는 작용을 한다는 것이 잇달아 보고되면서 섬유소의 영양상 의의가 인정되었다.

한편 영양학을 인문 사회과학과 접목하려는 시도가 보이는 것도 영양학의 특징이다. 즉, 사람이 지리적, 민족적으로 어떤 식사 형태를 취하고 있으며, 이것이 영양에 어떤 영향을 주는가 등을 생태학적 방법으로 연구하는 영양생태학 등이 그 예이다. 1920년대부터 오늘까지 영양학은 20세기를 특징짓는 핵심적인 많은 연구가 이루어졌으며 지난 30년 동안 영양에 대한 관심이 매우 높아져 빠르게 발전해 왔다.

이와 같이 영양학은 이미 단순한 기초과학의 개념을 넘어 종합학문의 형태를 갖추고 있다. 사람들의 건강을 증진하기 위해서 역학 연구나 분자 수준에서의 연구가 요구되고, 그들의 연구 성과를 살려나가는 것이 미래의 인류 발전으로 이어지는 영양학의 사명일 것이다. 그러므로 영양학은 앞으로 가장 큰 발전이 기대되는 학문의 하나라고 할 수 있다.

4. 한국인의 영양섭취기준

영양소의 필요량뿐만 아니라 만성질환이나 영양소 과다 섭취에 관한 우려와 예방의 필요성을 고려하고, 비타민과 무기질 보충 및 강화 또는 첨가식품의 이용 등 환경변화에 대처하기 위한 목적으로 한국인 영양섭취기준(Dietary Reference Intakes for Korean : KDRIs)이 2005년에 제정하였다.

영양섭취기준은 건강한 사람으로 구성된 집단에 적용되며 개인 및 집단의 식사 평가, 식사 계획, 식단 작성 등에 활용한다. 2010년에는 보완의 필요성이 제기되어 1차 개정하고 2015년에 2차 개정을 하였다. 조정된 내용은 성인 연령 기준을 20세에서 19세로 하향하였고, 소아청소년 체위 기준이 다소 상향되어 식이섬유 · 칼륨 · 비타민 D · E 등의 충분섭취량을 수정하였다. 또한, 최근 높아진 대사증후군과 만성 퇴행성 질환예방을 위해 포화지방과 콜레스테롤 섭취 기준을 19세부터 성인까지 적용하였다.

(1) 평균필요량(Estimated Average Requirement : EAR)

건강한 인구집단의 50%에 해당하는 사람들의 1일 필요량을 충족시키는 값으로, 대상 집단의 필요량 분포치의 중앙값으로부터 산출한 수치이다. 특정 인구집단의 영양섭취 실태평가나 식사계획에 이용할 수 있다.

(2) 권장섭취량(Recommended Nutrient Intake : RNI)

건강한 인구집단의 97~98%의 영양필요량을 충족시키는 수준으로, 평균 필요량에 표준편차의 2배를 추가한 값이며 대상인구 집단이 정상분포를 이루고 있음을 원칙으로 한다.

key word
• **평균 필요량**
건강한 인구집단 50%에 해당하는 사람들의 1일 필요량을 충족시키는 값

(3) 충분섭취량(Adequate Intake : AI)

영양소 필요량에 대한 정확한 자료가 부족하여 권장섭취량을 산출할 수 없을 때 필요하다. 모든 연령층에 대해 식이섬유 비오틴 판토텐산(pantothenic acid) 비타민 D, E, K 칼륨 나트륨 염소 불소 망간 물의 AI를 정하고, 1세 미만 영아는 식이섬유를 제외한 모든 영양소의 AI가 정해진다.

(4) 상한섭취량(Tolerable Upper Intake Level : UL)

대부분 사람의 건강에 위해가 되지 않는 최대영양소 섭취 수준으로 그 이상을 섭취할 경우에 독성을 일으킬 가능성이 있는 영양소를 대상으로 하였다. 이 수준까지 섭취하라는 의미가 아님에 유의해야 한다. 특히 지용성 비타민과 일부 미량원소는 흡수 후에 배설이 어렵기 때문에 독성을 나타내기 쉽다. 새로운 개념의 영양섭취 기준은 한 영양소에 대하여 2~3가지 개념의 수치가 있으며 식생활의 내용을 정밀하게 평가하고 식사에 적용할 수 있도록 제정되었다.

key word
• **권장 섭취량**
건강한 인구 집단의 97~98%의 영양 필요량을 충족시키는 수준으로 평균 필요량에 표준편차의 2배를 추가한 값이며, 대상 인구집단이 정상분포를 이루고 있음을 원칙으로 함.
• **충분 섭취량**
영양소 필요량에 대한 정확한 자료가 부족하여 권장섭취량을 산출할 수 없을때 필요함. 부족상태를 나타내는 사람이 없는 특정집단에 대한 역학적 연구에서 얻은 섭취량 분포의 중앙값
• **상한 섭취량**
과다섭취로 인한 건강위해의 위험이 없는 최대 섭취량

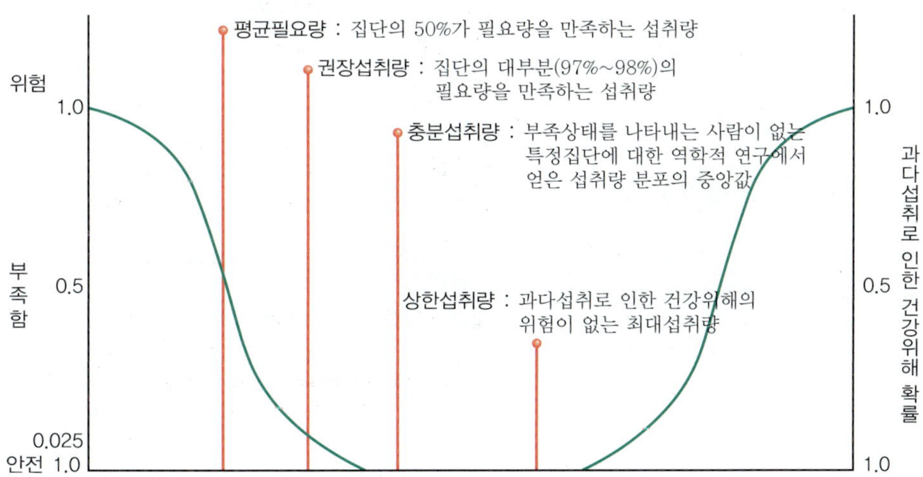

그림 1-1 영양소 섭취기준의 개념도

5. 영양성분 표시

사람들은 건강과 영양에 대한 관심이 높아지면서 식품의 지식과 정보에 많은 관심을 갖게 되었다. 따라서 일반 사람들이 식품에 함유된 영양소 함량을 알고 올바른 식생활을 할 수 있도록 식품 표시법이 제정되었다. 영양성분표를 일정한 기준과 방법에 의하여 식품포장에 표시하여 식품 제조업자들의 허위 과대 광고로부터 소비자를 보호하고 바른 식품을 선택하도록 돕는 제도이다. 영양표시에는 식품의 1회 제공량당 포함되어 있는 영양소의 함량과 %, 영양소 기준치가 제시되어 있다. (그림 1-2, 표 1-2 참조)

9가지 의무표시 영양소인 열량, 탄수화물, 당류, 단백질, 지방, 포화지방, 트랜스지방, 콜레스테롤, 나트륨의 함량이 있으며 기타 다른 영양소에 대한 함량이 표시된 경우도 있다. 퍼센트 1일 영양소 기준치로 식품 내의 영양소 함량을 쉽게 비교할 수 있으므로 영양성분 표시는 식사계획 시 매우 유용하다.

의무표시 영양소

- 열량
- 탄수화물 (당류)
- 단백질
- 지방 (포화, 트랜스)
- 콜레스테롤
- 나트륨

그 밖의 영양소

- 식품에 따라 강조하고자 하는 영양성분 표시가능

영양성분

1회 제공량 1개 (90g)
총 10회 제공량 (900g)

1회 제공량당 함량		
열량	80kcal	
탄수화물	15 g	5%
식이섬유	2 g	8%
당류	1 g	
단밸질	3 g	%
지방	1 g	2%
포화지방	0 g	0%
트렌스지방	1 g	
콜레스테롤	0 mg	0%
나트륨	200 mg	8%

* %영양소 기준치 : 1일 영양소기준치에 대한 비율

그림 1-2 영양성분 표시

표 1-2 우리나라의 영양성분 표시대상 영양소 및 식품

의무표시 영양소	표시대상 식품
① 열량 ② 탄수화물, 당류 ③ 단백질 ④ 지방, 포화지방, 트랜스지방 ⑤ 콜레스테롤 ⑥ 나트륨	① 장기보존식(레토르트 식품만 해당) ② 과자류 중 과자, 캔디류 및 빙과류 ③ 빵류 및 만두류 ④ 초콜릿류 ⑤ 잼류 ⑥ 식용유지류 ⑦ 면류 ⑧ 음료류 ⑨ 특수용도식품 ⑩ 어육가공품 중 어육소시지 ⑪ 즉석식품 중 김밥, 햄버거, 샌드위치

6. 한국인의 식사지침

식사지침은 질환의 예방과 부적절한 식생활 습관을 개선하여 건강상태를 유지하기 위해 실천해야 할 식생활 내용을 일반인들이 누구나 이해하기 쉽게 제시한 것이다. 보건복지부에서는 2002년도에 한국인을 위한 식사지침을 제정하였고, 2010년과 2015년에 새로운 한국인 영양섭취기준을 반영하여 영양목표 달성을 위한 실천적 방법을 제시하였다. (표 1-3)

표 1-3 한국 성인을 위한 식생활지침과 세부지침

권장사항	제한사항
① 각 식품군을 매일 골고루 먹자. • 곡류는 다양하게 먹고 전곡을 많이 먹는다. • 여러 가지 색감의 채소를 매일 먹는다. • 다양한 제철 과일을 매일 먹는다. • 간식으로 우유, 요구르트, 치즈와 같은 유제품을 먹는다. • 가임기 여성은 기름기 적은 붉은 살코기를 적절히 먹는다. ② 활동량을 늘리고 건강체중을 유지하자. • 일상생활에서 많이 움직인다. • 매일 30분 이상 운동을 한다. • 건강체중을 유지한다. • 활동량에 맞추어 에너지 섭취량을 조절한다.	① 짠 음식을 피하고 싱겁게 먹자. • 음식을 만들 때는 소금, 간장 등을 보다 적게 사용한다. • 국물은 짜지 않게 만들고, 적게 먹는다. • 음식을 먹을 때 소금, 간장을 더 넣지 않는다. • 김치는 덜 짜게 만들어 먹는다. ② 지방이 많은 고기나 튀긴 음식을 적게 먹자. • 고기는 기름을 떼어내고 먹는다. • 튀긴 음식을 적게 먹는다. • 음식을 만들 때, 기름을 적게 사용한다. ③ 술을 마실 때는 그 양을 제한하자.

권장사항	제한사항
③ 청결한 음식을 알맞게 먹자. • 식품을 구매하거나 외식을 할 때 청결한 것으로 선택한다. • 음식은 먹을 만큼만 만들고, 먹을 만큼만 주문한다. • 음식을 만들 때는 식품을 위생적으로 다룬다. • 밥과 다양한 반찬으로 균형잡힌 식생활을 한다.	• 남자는 하루 2잔, 여자는 1잔 이상 마시지 않는다. • 임신부는 절대로 술을 마시지 않는다.

'임신수유부 · 영유아 · 어린이 · 청소년 · 성인' 대상의 생애주기별 특성에 맞는 식생활 실천방안을 제시하였으며 한국 성인을 위한 식생활 지침은 다음과 같다.(표 1- 4 참조)

표 1-4 연령별 식생활 실천지침

영유아를 위한 식생활 실천지침	임신 · 수유부를 위한 식생활 실천지침
① 생후 6개월까지는 반드시 모유를 먹이자. • 생후 1년까지는 모유를 먹이는 것이 좋다. • 모유를 먹일 수 없는 경우에만 조제유를 먹인다. • 조제유는 정해진 양을 물에 타서 안고 먹인다. • 잠잘 때는 젖병을 물리지 않는다. ② 이유식은 성장단계에 맞추어 먹이자. • 집에서 만든 이유식을 먹인다. • 신선한 재료를 위생적으로 조리한다. • 이유식은 간을 하지 않고 조리한다. • 이유식은 숟가락으로 떠 먹인다. ③ 곡류, 과일, 채소, 생선, 고기 등 다양한 식품을 먹이자. • 다양한 조리법으로 만들어 먹인다. • 싱겁고 담백하게 조리한다. • 아전한 식품을 사용한다.	① 우유 제품을 매일 3회 이상 먹자. • 우유를 매일 3컵 이상 마신다. • 요구르트, 치즈, 뼈째 먹는 생선 등을 자주 섭취한다. ② 고기나 생선, 채소, 과일을 매일 먹자. • 다양한 채소와 과일을 매일 섭취한다. • 살코기, 등푸른 생선 등을 자주 섭취한다. • 달걀과 콩 제품을 자주 섭취한다. ③ 짠 음식을 피하고, 싱겁게 먹자. • 장아찌, 젓갈 같은 짠 음식과 가공식품을 적게 섭취한다. • 음식을 만들거나 먹을 때 소금이나 간장을 적게 사용한다. ④ 술은 절대로 마시지 말자. • 술은 절대로 마시지 않는다. • 커피, 콜라, 차, 초콜릿 등 카페인 함유식품을 적게 섭취한다. ⑤ 안전한 식품을 선택하고, 위생적으로 관리하자. • 신선한 재료를 위생적으로 조리한다. • 가공식품이나 인스턴트식품을 적게 섭취한다. ④ 임신부는 적절한 체중증가를 위해 알맞게 먹자. • 세 끼 식사와 간식을 즐겁게 섭취한다. • 일상적인 활동과 가벼운 운동을 규칙적으로 한다. ⑤ 수유부는 모유 수유를 위해 알맞게 먹자. • 음식과 물을 충분히 섭취하여 모유 부족을 예방한다.

7. 식생활의 기본 계획

key word
• 식사구성안
한국인들이 많이 섭취하는 식품을 기준으로 식사구성을 쉽게 하도록 식품군별로 짜놓은 구성안

최근 몇 년 동안 식생활이 변화되었으며, 식사는 주식 편중에서 부식에 중점을 두는 형태로 바뀌어 왔다. 또한 아침 식사를 거르는 인구의 증가나 가공 식품을 섭취하는 사람이 늘어나 영양의 시간적 배분이나 영양소 간의 밸런스를 무너뜨리고 있다. 그러므로 청소년기의 체중 증가가 장래에 성인병을 초래하지 않도록 적당한 운동이나 영양이 필요하다.

건강한 식생활의 기본은 다양한 식품을 적당한 양으로 섭취하여 영양의 균형을 맞추는 것이다. 한 가지 식품의 섭취로 모든 영양소의 필요량을 충족시킬 수는 없으므로 다양한 식품의 섭취를 통해 필요한 영양소를 골고루 공급받는 것은 매우 중요하다.

균형잡힌 식사는 모든 영양소가 적당한 양으로 포함되어 있는 식사를 말하며 이를 위한 가장 좋은 방법은 매 식사에서 여섯 가지 식품군을 골고루 섭취하는 것이다. 따라서 영양학을 전공하지 않은 일반인들이 만족할 만한 식사를 계획 또는 영양가를 평가하는데 도움을 주기 위하여 고안된 것이 식사구성안이다.

(1) 식품군

key word
• 식품군
메뉴작성이나 영양 지도시 도움이 되기 위해 어느 영양소를 많이 함유했는지에 따라서 식품을 6개의 식품군, 그 밖의 기준으로 크게 나눈 것

균형잡힌 식생활을 위해서 식품이 함유한 영양소를 분류한 6가지 기초 식품군을 정하여 매일 골고루 섭취하도록 권장하고 있다.

표 1-5 식품군의 분류

식품군	영양소	해당 식품
곡류	탄수화물, 식이섬유	곡류, 면류, 떡류, 빵류 시리얼류, 감자류, 기타(묵, 밤, 밀가루), 과자류
고기 · 생선 · 달걀 · 콩류	단백질 · 지질 · 비타민 · 무기질	육류 · 어패류 · 난류 · 콩류
채소류	식이섬유, 비타민, 무기질	채소류, 해조류, 버섯류
과일류	식이섬유, 비타민, 무기질	과일류, 주시류
우유, 유제품류	단백질, 비타민, 칼슘	우유, 유제품
유지, 당류	지질, 당류	유지류, 당류, 견과류

*2015년 개정안에는 견과류를 고기, 생선, 달걀, 콩류군에서 유지, 당류군으로 변경하였다.
자료: 보건복지부 · 한국영양학회, 2015 한국인 영양소 섭취기준.

(2) 식사구성안을 위한 1인 1회 분량과 권장 식사패턴

한국인들이 많이 섭취하는 식품을 중심으로 식사구성을 쉽게 하도록 (표 1-6)의 식품군별 대표 식품의 1인 1회 분량과 함께 권장식사 패턴은 (표 1-7)에서 보는 바와 같이 한국인 영양섭취 기준을 아동용, 청소년용, 성인용, 노인용으로 연령대별로 제시하고 있다. 식품의 1인 1회 분량은 한 사람이 한 번에 섭취하는 양의 개념이 아니라 일반적으로 대부분 한 사람이 한 번에 섭취하고 있다고 생각하는 식품의 양을 뜻한다.

영양섭취기준을 만족하는 1일 식사 구성, 즉 식품군별 1일 권장섭취횟수를 제시하기 위해 개발된 것이 권장 식사 패턴이다. 권장식사 패턴은 A와 B의 두 가지로 나누어 필요열량별로 제시하였다. 어린이와 성인의 음식 섭취 양상이 다르고 우유 유제품에 대한 기호도 차이가 크므로 어린이와 청소년의 경우는 우유 유제품 2회 사용을 기준 (A 타입)으로 하였고, 성인은 1회 사용을 기준 (B 타입)으로 하였다.

표 1-6 각 식품군의 1인 1회 분량

곡 류				

밥 1공기 (210g)	국수 1대접 (건면 100g)	식빵(대) 2쪽 (100g)	감자(중) 1개 (130g)	시리얼 1접시 (40g)

고기 / 생선 / 달걀 / 콩류					

육류 1접시 (생 60g)	닭고기 1조각 (생 60g)	생선 1토막 (생 60g)	달걀 1개 (60g)	두부 2조각 (80g)	콩 (20g)

채 소 류					

콩나물 1접시 (생 70g)	시금치나물 1접시 (생 70g)	배추김치 1접시 (40g)	오이소박이 1접시 (60g)	버섯 1접시 (생 30g)	물미역 1접시 (생 30g)

과 일 류				

사과(중) 2/1개 (100g)	귤(중) 1개 (100g)	참외(중) 2/1개 (200g)	포도(중) 15알 (100g)	오렌지주스 2/1컵 (100g)

우유 / 유제품				

우유 (1컵) (200g)	호상 요구르트 2/1컵 (100g)	액상 요구르트 3/4컵 (150g)	아이스크림 2/1컵 (100g)	치즈 1장 (20g)

유지 / 당류				

식용유 1작은술 (5g)	버터 1작은술 (5g)	마요네즈 1작은술 (5g)	설탕 1큰술 (10g)	커피믹스 1봉 (12g)

*표시의 식품들은 1회 분량 에너지의 1/2을 함유하고 있으므로 식단작성 시 0.5회로 간주함.

표 1-7 권장식사 패턴(성인의 경우 식품군별 1일 권장섭취량 횟수)

	A타입					B타입			
	1,400A	1,600A	1,800A	2,000A	2,600A	1,600B	1,900B	2,000B	2,400B
적용대상 / 식품군	3~5세 유아	6~11세 여	6~11세 남	12~18세 여	12~18세 남	65세 이상 여	19~64세 여	65세 이상 남	19~64세 남
• 곡류	2	2.5	3	3	4	3	3	3.5	4
• 고기 · 생선 · 달걀 · 콩류	3	3	3	4	6	2.5	4	4	5
• 채소류	5	5	5	7	7	5	7	7	7
• 과일류	1	1	1	2	2	1	2	1	3
• 우유 · 유제품류	2	2	2	2	2	1	1	1	1
• 유지 · 당류	2	3	3	4	6	3	4	4	5

1) 곡류 : 식이섬유 섭취를 늘리기 위해서 잡곡류 사용을 권장함.
2) 고기 · 생선 · 달걀 · 콩류 : 고기의 경우 살코기 기준이며, 지방 함량이 높은 식품을 이용할 경우에는 유지류를 추가 사용하는 것으로 간주해야 함.
3) 채소류: 소금 5g 이하의 영양목표를 달성하기 위해 가능한 싱겁게 조리하도록 함.
4) 나트륨: 국, 찌개류의 경우 건더기 위주로 섭취하도록 함.
5) 과일류 : 식이섬유 섭취를 늘리기 위해 주스보다는 생과일 섭취를 권장함.
6) 우유 · 유제품류 : 단순당질이 적게 함유된 제품을 권장함.
7) 유지 · 당류 : 조리 시 사용되는 양도 섭취횟수 범위 내에서 사용하도록 함.
8) 양념류 : 각 권장섭취패턴에 이미 양념 사용량이 포함되어 있음.
여기서 양념이란 간장, 고추장, 된장, 소금 등의 조미료류를 말하며 50~85kcal 사용된 것으로 계산함.

(3) 식사모형

식사구성안의 이해를 돕고 일반인이 쉽게 균형 잡힌 식사를 계획할 수 있도록 만든 것으로 운동을 권장하기 위해 자전거 이미지를 사용하였다. 자전거 뒷바퀴를 다섯 가지 식품군의 섭취 횟수와 섭취 분량에 비례하도록 나누고, 앞바퀴는 균형 잡힌 식사와 함께 적절한 수분섭취가 중요함을 강조하고 있으며, 식사모형의 이름을 식품구성 자전거(Food balance wheels)로 하였다.

권장식사 패턴의 섭취횟수를 사용하여 가장 일반적인 2,000 kcal 기준의 식단을 표 1-5과 같이 원의 면적 비율을 계산하고 식품구성 자전거의 모형으로 도식화하였다.

그림 1-3 식품구성 자전거

8. 영양과 유전

key word

• 맞춤 영양
특별질환 유병률과 높은 상관성의 유전자를 가진 사람에게 그 질환 예방에 필요한 영양소 혹은 식사를 제안하여 건강하고 장수할 수 있도록 개인별 맞춤 영양섭취를 제안하는 학문

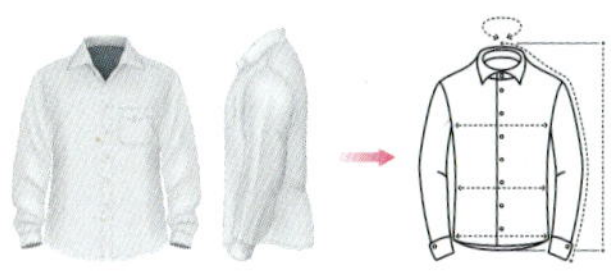

인체 DNA에서 질병 위험을 증가시키는 유전자를 선별하는 작업은 쉽게 이루어질 것으로 보인다. 동일한 질병을 가진 모든 환자에게 동일한 치료법을 적용하는 대신 유전 정보를 활용하여 더 정확하게 질병을 진단함으로써 개인별로 맞춤형 의료 요법을 처방하게 될 것이다.

이와 같은 차원에서 오늘날의 영양학은 식품 중에 생리활성이 있는 기능성 물질을 찾아내고 과학적으로 규명하여 질병의 예방에 식품을 이용하도록 하는 데 관심이 모아지고 있다. 섭취한 영양소는 유전자와 상호 작용하여 다양한 만성질환의 발병을 감소시켜 준다. 미래의 영양학에서는 개개인의 유전자에 적합한 영양을 섭취하여 식사를 통한 질환을 예방하고 건강하고 장수할 수 있게 하는 개인별 맞춤 영양이 증대할 것으로 예상된다.

개인별 맞춤 식이요법의 중심에는 영양 유전체학이 중요하다. 미국인 500명 중에 한 명은 혈류에서 콜레스테롤을 제거시키는 유전자가 결손되어 젊은 나이에도 심혈관 질환의 발생 위험이 높아진다.

그 질환 예방에 필요한 영양소 혹은 식품을 제안하여 개별화된 영양 섭취를 제공하는 것이 맞춤 영양학이다. 따라서 이런 연구를 통하여 성인병인 고혈압, 제2형 당뇨병, 암 등의 만성질환의 위험을 줄일 수 있는 식이요인을 찾아내는 것이 미래의 영양학에서 해야 할 과제라 생각한다.

Check point

한국인은 밥심 ! 맞는 말일까?

기록에 따르면 100년 전 우리 조상들은 탄수화물 덩어리인 쌀밥을 지금의 4배양으로 먹었다는 기록이 있다. 이것이 왜 오늘날 문제가 될까?

과거 가난한 시절에는 밥이 유일한 에너지원이었다. 그러나 오늘날에는 밥은 밥대로 먹으면서 다른 탄수화물 반찬도 많이 먹게 되는 것이 문제이다.

미국은 1세 이후 모든 연령에서 평균 필요량을 100g으로 설정하고 있다. 그러나 우리나라 국민건강 영양조사 자료에 따르면 우리나라 국민의 탄수화물 1일 평균섭취량은 314.5g 으로 매우 높다.

따라서 **탄수화물 섭취를 줄여야 한다.**

평소 먹던 밥의 양을 20~30% 정도 줄이고 국도 건더기만을 주로 먹자 !

흰 쌀밥보다는 현미 잡곡밥, 그리고 밀가루 빵보다는 통밀 빵이 좋다.

밥 한공기가 100g의 탄수화물이므로 하루 권장량을 이미 채우고도 넘는다. 밥을 먹었는데도 과자, 빵, 단 음식을 찾는다면 탄수화물 중독증일 수 있다.

이미 인슐린의 과다분비로 성인병의 늪 속으로 빠져들고 있을 가능성이 있다.

밥그릇 앞에서는 탄수화물을 생각하자!

Check point

친환경적인 식생활을 위한 지침(local food)

- 자신의 주거 지역에서 철마다 나는 먹거리를 살펴보고 이를 중심으로 식단을 구성한다.
- 대형 마트에서 한꺼번에 많은 식품을 구입하기보다는 지역장터에서 조금씩 자주 구입한다.
- 지역에서 나는 제철 식품을 구입하여 이를 말리고 병조림하는 등 오랫동안 보존하여 먹을 수 있는 방법을 연구한다.
- 직접 텃밭을 가꾸어 제철 먹거리를 스스로 생산한다.

핵심문제 및 해답

*해답 본인 확인용 붉은 셀로판지를 이용하세요.

1. 다음의 개념을 설명하시오.

- 영양 : 생물이 살아가는 데 필요한 에너지와 몸을 구성하는 성분을 외부에서 섭취하여 소화, 흡수, 순환, 호흡, 배설을 하는 과정. 또는 그것을 위하여 필요한 성분
- 영양소 : 식품을 구성하고 있는 물질 중 우리 몸에 에너지를 공급하고 성장과 조절 등 건강을 유지하는 데 필요한 성분
- 영양학 : 영양이라는 넓은 영역 중 과학적으로 체계화된 것. 즉 인체내에서의 영양소의 작용을 연구하는 학문

2. 영양소의 종류와 역할에 대하여 설명하시오.

- 종류 : 당질, 지질, 단백질, 무기질, 비타민, 물 등 6가지로 분류
- 역할 : 우리 몸에 에너지를 공급하고 성장과 조절 등 건강을 유지시킴

3. 영양소에 관한 다음 용어의 섭취 기준에 대하여 설명하시오.

- 평균필요량 : 건강한 인구집단 50%에 해당하는 사람들의 1일 필요량을 충족시키는 값
- 권장섭취량 : 건강한 인구 집단의 97~98%의 영양 필요량을 충족시키는 수준으로 평균 필요량에 표준편차의 2배를 추가한 값이며 대상 인구집단이 정상분포를 이루고 있음을 원칙으로 함
- 충분섭취량 : 영양소 필요량에 대한 정확한 자료가 부족하여 권장 섭취량을 산출할 수 없을 때 필요함. 부족상태를 나타내는 사람이 없는 특정집단에 대한 역학적 연구에서 얻은 섭취량 분포의 중앙값
- 상한섭취량 : 과다 섭취로 인한 건강위해의 위험이 없는 최대 섭취량

4. 식생활에 관한 다음 용어의 기본 계획을 설명하시오.

- 식품군 : 메뉴작성이나 영양 지도 시 도움이 되기 위해 어느 영양소를 많이 함유했는지에 따라서 식품을 4개의 식품군 또는 6개의 식품군, 그 밖의 것으로 크게 나눈 것
- 식사구성안 : 한국인들이 많이 섭취하는 식품을 기준으로 식사구성을 쉽게 하도록 식품군별로 짜놓은 구성안
- 1인 1회 분량 : 식품의 1인 1회 분량은 한 사람이 한 번에 섭취하는 양의 개념이 아니라 일반적으로 대부분 한 사람이 한 번에 섭취하고 있다고 생각하는 식품의 양
- 식사 모형 : 식사구성안의 이해를 돕고 일반인이 쉽게 균형잡힌 식사를 계획할 수 있도록 만든 모형

5. 영양과 유전과의 관계 중 다음 개념을 설명하시오.

- 맞춤 영양 : 식품 중에 생리활성이 있는 기능성 물질을 찾아내고 과학적으로 규명하여 질병의 예방에 식품을 이용하는 것, 또는 개개인의 유전자에 적합한 영양을 섭취하여 식사를 통한 질환을 예방하고 건강하고 장수할 수 있도록 하는 개인별 맞춤 영양

Chapter 2

탄수화물
(Carbohydrate)

학습 목표

1. 탄수화물의 특성을 설명하고 종류별로 분류할 수 있다.
2. 탄수화물의 소화와 흡수에 대해 설명할 수 있다.
3. 혈당조절의 중요성에 대해 설명할 수 있다.
4. 탄수화물의 생리적 기능을 설명할 수 있다.
5. 탄수화물의 섭취기준을 설명할 수 있다.

탄수화물은 한국인이 식사를 통해 섭취하는 주된 열량 영양소로, 성인의 경우 에너지 적정비율이 55~65%를 차지하고 있다. 체중조절을 하는 사람 중에는 밥이 살을 찌게 하는 고열량 식품이라고 믿기 때문에 밥을 먹지 않고 과자나 음료수 등을 먹는 사람도 있다. 그러나 사실상 이 음식들 속에 함유된 열량과 영양소는 잘 알지 못하고 단지 배가 덜 부르다는 이유 때문에 열량이 훨씬 적은 것으로 생각하는 오류를 범하고 있다.

전분, 설탕, 섬유소 등의 탄수화물은 각각 다른 성질과 효능을 가지고 있으므로 그들에 대한 정확한 지식을 가지고 선택한다면 좀 더 건강을 지키는 데 유효하리라 생각된다.

본 장에서는 탄수화물의 종류, 기능, 급원 및 이들이 건강에 미치는 영향을 알아보고자 한다.

1. 탄수화물의 특성과 분류

탄수화물은 탄소(C), 수소(H), 산소(O)로 구성되어 있으며, $C_n(H_2O)_n$의 일반식으로 이루어졌다. 화학적으로 탄수화물은 여러 개의 알코올을 포함한 카르보닐

(carbonyl) 화합물 및 그 유도체로서 한 분자 내에 1개 이상의 알코올기(−OH)와 1개의 aldehyde기 (−CHO) 또는 ketone기(C=O)를 가지고 있으며, 이들 원자단의 결합에 따라 여러 가지 형으로 존재한다. 탄수화물의 카보닐기가 알데히드(−CHO)를 함유한 것은 알도스(aldose)라고 하며, keton기(C=O)를 함유한 것은 케토스(ketose)라고 한다.

초산(acetic acid, $C_2H_4O_2$), 젖산(lactic acid, $C_3H_6O_3$) 및 이노시톨(inositol, $C_6H_{12}O_6$)의 일반식은 탄수화물과 같으나 aldehyde기나 ketone기가 없으므로 탄수화물이 아니고, $C_nH_{2n}O_{n-1}$인 람노오스(rhamnose, $C_6H_{12}O_5$)는 일반식이 $C_n(H_2O)_n$에 맞지 않으나 aldehyde기가 있으므로 탄수화물에 속한다.

탄수화물은 가수분해(hydrolysis)에 의하여 생성된, 더 이상 분해할 수 없는 가장 간단한 단당류(monosaccharide)와 2개의 단당류로 형성된 이당류(disaccharide)가 있다. 또한 3~5분자의 단당류가 결합한 올리고당(oligosaccharide)과 다수의 같은 종류의 단당류가 결합한 단순다당류(homopolysaccharide) 및 2종류 이상의 단당류가 결합한 복합다당류(heteropolysaccharide)로 분류할 수 있다.

표 2-1 탄수화물의 분류

단 당 류 (monosaccharides)	
3탄당(triose, $C_3H_6O_3$) 5탄당(pentose, $C_5H_{10}O_5$) 6탄당(hexose, $C_6H_{12}O_6$)	• glyceraldehyde, dihydroxyacetone • ribose, arabinose, xylose • glucose, fructose, galactose, mannose
이 당 류 (disaccharides)	
2당류(disaccharides, $C_{12}H_{22}O_{11}$)	• lactose, maltose, sucrose, trehalose, melibiose, cellobiose
올리고당 (oligosaccharides)	
3당류(trisaccharides, $C_{18}H_{34}O_{16}$) 4당류(tetrasaccharides, $C_{24}H_{42}O_{21}$)	• raffinose • stachyose, scorodose
다 당 류 (polysaccharides)	
단순다당류(homopolysaccharides)	• pentosans : araban, xylan • hexosans : starch, glycogen, cellulose, inulin, mannan, galactan, dextrin
복합다당류(heteropolysaccharides)	• agar, alginic acid, carrageenan, chitin, pectin, hemicellulose, vegetable gums

1. 단당류 (monosaccharides)

'Saccharide'라는 말은 설탕이라는 의미를 가진 라틴어 'saccharum'에서 유래한 것이다. 단당류는 $C_n(H_2O)_n$의 일반식을 가지는 당으로 1분자 내에 aldehyde기(−CHO) 나 ketone기(C=O)를 가지고 있으며, 더 이상 가수분해 되지 않고 소장에서 흡수될 수 있다. 단당류는 분자 내의 탄소원자 수에 따라서 2탄당, 3탄당, 4탄당, 5탄당 및 6탄당으로 분류된다. 5탄당과 6탄당은 식물계에 널리 분포되어 있으며, 생리적으로 중요한 의미를 갖는 것은 3탄당, 5탄당, 6탄당이고, 특히 영양소로 동 · 식물계에 분포된 것은 6탄당이다.

(1) 3탄당(triose, $C_3H_6O_3$)

자연계에는 존재하지 않는 6탄당 대사의 중간생성물로, 인산 에스테르(ester)형으로 존재하며 근육이나 효모에 있다. 여기에 속하는 것으로는 글리세르 알데히드(glyceraldehyde)나 디히드록시 아세톤(dihydroxy acetone) 등이 있으며, 자연계에서는 D형의 글리세르 알데히드-3-인산으로 존재하고, 생체에서는 글리세롤(glycerol)의 전구체로 존재한다.

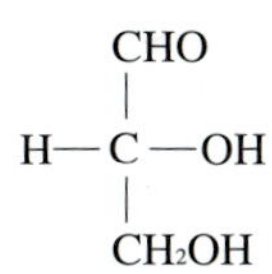

glyceraldehyde

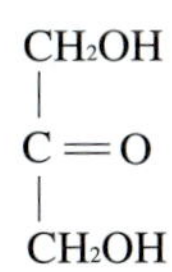

dihydroxyacetone

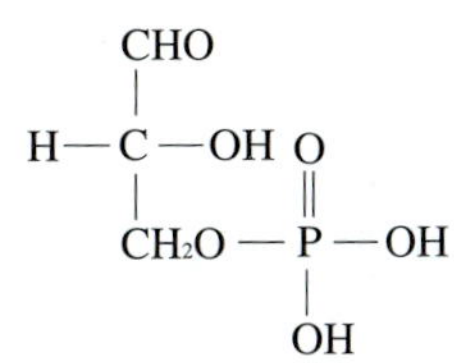

D-glyceraldehyde-3-phosphate

(2) 5탄당(pentose, $C_5H_{10}O_5$)

자연계에서 유리(遊離)상태로 존재하는 경우는 적으나, 다른 물질과 결합하여 펜토산(pentosan)의 형태로 식물계에 널리 분포해 있다. 식물의 줄기, 잎, 과피 등의 세포막을 구성하고 있기 때문에 초식동물은 어느 정도 소화 · 흡수가 가능하지만 인간에게는 소화 · 흡수가 안 되기 때문에 영양학적 가치가 없다. 그러나 세포의 핵단백질 중의 한 성분으로 리보오스(ribose)를 함유하고 있다.

아라비노오스(arabinose)는 대부분 L형으로 검(gum)이나 헤미셀룰로오스(hemicellulose) 등 식물계에 널리 분포되어 있으며, 효모에 의해 발효되지 않는다.

리보오스(ribose)는 핵산(DNA, RNA)의 구성성분으로 쓰이고 에너지대사에 쓰이는 ATP(adenosine triphosphate), CoA(Coenzyme A), NAD(nicotinamide dinucleotide), NADP(nicotinamide dinucleotide phosphate) 등의 구성성분으로 체내에서 중요한 역할을 담당한다. 또한 리보오스는 비타민 B_2(riboflavin)의 구성 성분으로 존재하기도 한다.

자일로오스(xylose)는 나무의 목질부, 밀짚, 보리짚, 쌀겨, 옥수수대 등에 많으며 xylan을 형성하고 효모에 의해 발효되지는 않는다.

람노오스(rhamnose, $C_6H_{10}O_5$)는 꽃의 성분이며 구조식에 메틸(CH_3)기를 가지고 있어서 일명 메틸 슈거(methyl sugar)라고도 한다.

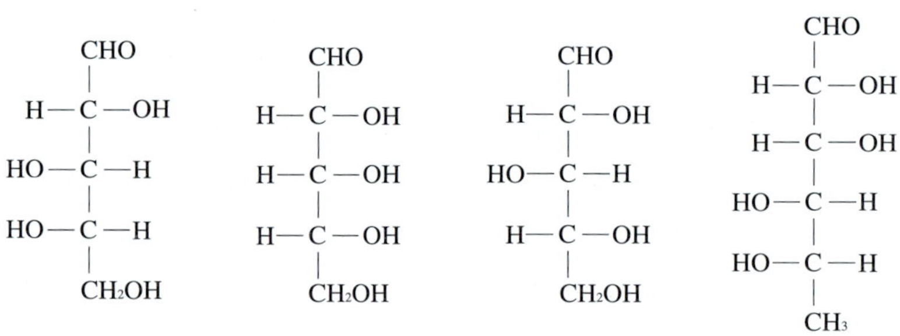

L–arabinose D–ribose D–xylose L–rhamnose

(3) 6탄당(hexose, $C_6H_{12}O_6$)

여러 종류의 육탄당이 있으나 생리적으로 영양상 중요한 것은 포도당(glucose), 과당(fructose), 갈락토오스(galactose), 만노오스(mannose) 등이다. 모든 육탄당은 $C_6H_{12}O_6$의 분자식을 가지고 있으나 탄소에 결합된 H와 OH가 배열된 위치에 의해서 그 구조식은 약간씩 다르다. 자연상태에서는 과당과 포도당만이 유리형태로 존재하고, 갈락토오스는 포도당과 함께 유당을 형성한다.

만노오스는 다당류인 만난(mannan)에 함유되어 있다.

1) 포도당(glucose, $C_6H_{12}O_6$)

포도당(grape sugar) 또는 덱스트로오스(dextrose)라고 하는데, 영양상 아주 중요한 단당류이다. 이것은 자연계에서 결합상태와 유리상태로 널리 분포되어 있다. 유리상태로는 과일, 벌꿀, 혈액 등에 함유되어 있으며, 결합상태로는 맥아당, 설탕, 젖당 및 전분으로서 곡류, 두류, 서류, 엿, 채소류, 유즙 등에 함유되어 있다.

체내에 있는 포도당은 D형으로 혈액에서는 70～100 mg/dL의 혈당을 유지한다. 두뇌와 적혈구는 에너지원으로 포도당만을 사용하는데, 그 양은 하루에 약 180g이나 된다. 탄수화물은 체내에서 글리코겐(glycogen) 형태로 저장된다. 성인 남자의 경우에는 간에 100g, 근육에 245g, 혈액에 10g 정도가 저장된다.

포도당은 무색의 결정으로 100℃에서 결정수를 잃고 흰색의 덩어리가 되며, 146℃에서 다시 녹고 더 가열하면 일부가 탄화된다. 이 때문에 갈색화되어 비결정형인 캐러멜이 된다. 포도당은 물에 잘 녹으며 감미가 있다.

표 2-2　각종 당의 상대적 감미도

당 종류	상대적 감미도
Fructose (과당)	173
Invert sugar (전화당)	130
Sucrose (설탕)	100
Glucose (포도당)	74
Maltose (맥아당 = 엿당)	32
Galactose (갈락토오스)	32
Lactose (젖당)	16

피셔(E. Fisher)에 의한 D-glucose의 쇄상 구조식은 다음과 같다.

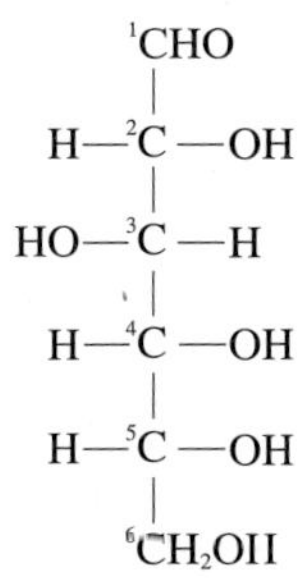

D-glucose

2) 과당(fructose, $C_6H_{12}O_6$)

과당은 과일, 벌꿀 등에 유리형으로 존재한다. 과일에 많이 함유되어 있으므로 일명 fruit sugar라고 하며, 과당의 수용액이 좌선성이므로 레불로오스(levulose)라고도 한다. 과당은 서당(sucrose), 라피노오스(raffinose), 스타키오스(stachyose) 등의 구성당이며, 포도당과 결합하여 cane sugar나 inulin(fructan)으로 달리아나 돼지감자 등의 구근에 함유되어 있다.

동물체 내에서는 유리형으로 존재하고 간에서 포도당으로 전환된다. 과당은 당류 중에서 감미가 가장 강하고 케토오스(ketose)의 대표적인 당으로 수용액을 가열하면 감미가 적은 α형이 많아지고, 냉각하면 단맛이 강한 β형이 많아진다.

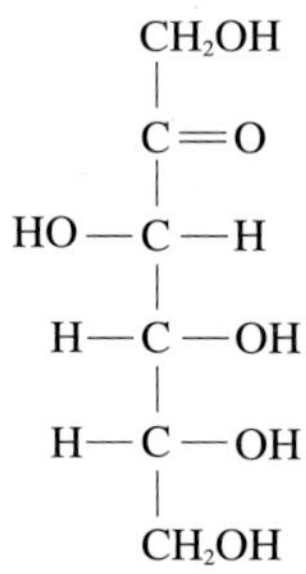

D–fructose

3) 갈락토오스(galactose, $C_6H_{12}O_6$)

갈락토오스는 유리된 상태로는 거의 존재하지 않고 포도당과 결합하여 유당이 되어서 포유동물의 젖 속에 함유되어 있다. 동물체 내에서는 당단백질과 당지질의 성분으로 세리브로사이드(cerebroside)나 강그리오사이드(ganglioside) 등에 함유되어 있으므로 뇌나 신경조직의 성장에 매우 중요하다. 또한 식물 검, 헤미셀룰로오스, 한천 등의 성분으로 널리 분포되어 있다.

갈락토오스의 중합체인 다당류를 갈락탄(galactan)이라고 하는데, 해조류나 콩과식물의 세포벽에 있는 점질물의 성분을 이루고 있다.

수유부는 혈액에 의해 운반된 포도당이 유선에서 변화를 일으켜 갈락토오스가 되어 포도당과 결합하고 유당의 형태로 유즙에 분비된다. 간에서는 갈락토오스가 포도당으로 전환될 수 있고 글리코겐도 만들 수 있다. 갈락토오스는 포도당보다 단맛이 약하며 물에는 쉽게 녹지 않고, 환원성은 있으나 발효성은 매우 약하다.

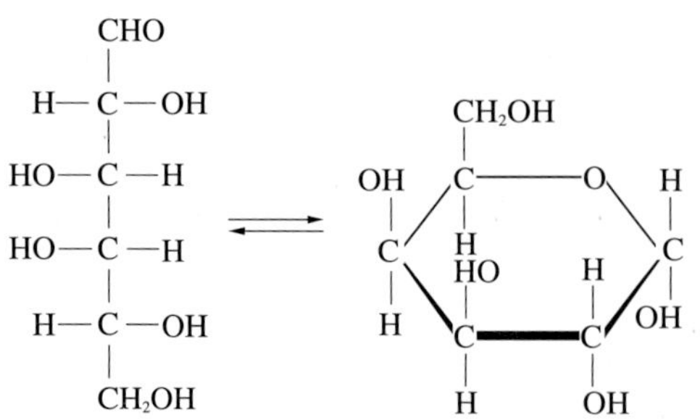

D–galactose

4) 만노오스(mannose)

만노오스는 천연으로는 D형이고 유리상태로는 식물 내에 존재하지 않으나, 만노오스의 축합체 형태로 백합뿌리, 곤약, 효모 등에 함유되어 있다. 인간에게 영양상 중요한 것은 아니나 생체 내에서 단백질과 결합하여 오브알부민 (ovalbumin)이나 락트알부민(lactalbumin) 등 당단백질의 구성성분이 된다.

5) 6탄당(hexose)의 유도체

6탄당의 유도체에는 당알코올, 유황당, 우론산(uronic acid), 아미노당, 디옥시당 및 인산 에스테르 등이 있다. 당알코올(sugar alcohol) 당의 카보닐(carbonyl, CHO)기가 환원되어 다가알코올이 된 당유도체를 당알코올이라고 하며 어미에 '-itol'을 붙인다.

① 소르비톨(sorbitol) : 자두, 배, 사과 등의 과실에 함유되어 있고, 단맛은 설탕의 60% 정도이며, 인공적으로 만들기도 한다. 비타민 C의 합성원료나 껌 및 음료 등의 첨가물로 쓰이기도 한다.

② 만니톨(mannitol) : 만노오스(mannose)가 환원된 당으로 파인애플, 올리브, 아스파라거스, 당근 등 식물의 뿌리, 줄기, 잎 및 껍질에 존재하며, 해초류, 버섯류, 균류 등과 식물의 부패 시에 생기는 점질물 중에도 존재한다.

③ 이노시톨(inositol) : 환상(環狀)의 당알코올로서 이성체가 많이 있는데 그 중 meso-inositol이 가장 많이 있고 심장근육이나 요에 존재하여 근당(筋糖)이라고도 한다. 그 밖에 이노시톨은 두류, 포도, 호두, 아스파라거스 등의 잎에 함유되어 있으며, 피틴산을 형성한다.

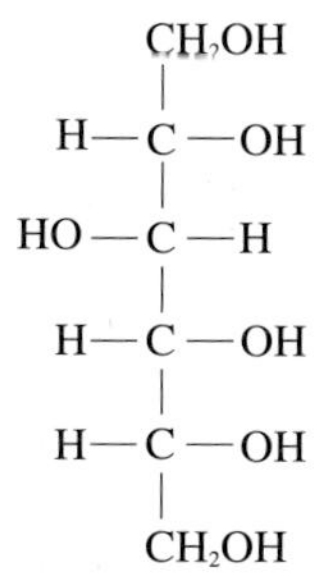

D-sorbitol

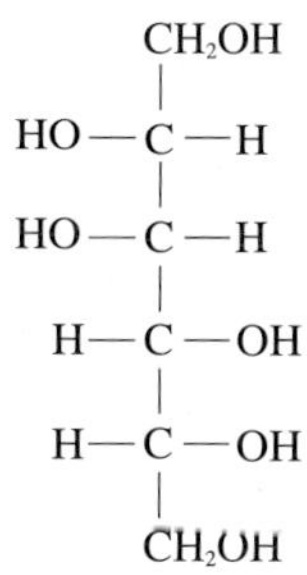

D-mannitol

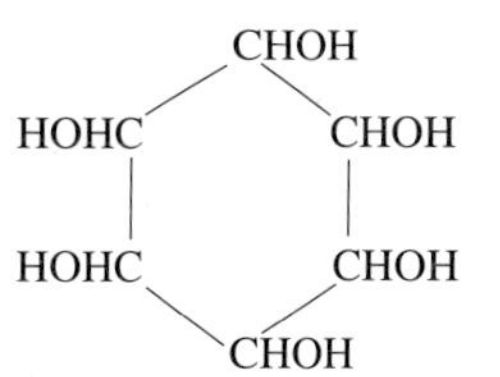

inositol

표 2-3 단 당 류

탄수화물	종 류	급 원	기능 및 성질
3탄당	글리세르알데히드 (glyceraldehyde)	당대사의 중간산물	• 인산 ester형으로 존재 • glycerol의 전구체
5탄당	리보오스(ribose)	대사과정에서 생성	• 핵산(DNA, RNA), 조효소(ATP, ADP, AMP, NAD, NADP) 및 비타민 B_2의 구성 성분
	자일로오스(xylose)	나무의 목질부, 밀짚, 쌀겨 등	• xylan 구성 성분 • 효모에 의해 발효되지 않는다.
	아라비노오스 (arabinose)	검류, 헤미셀룰로오스 등 식물계	• araban의 구성 성분 • 자연계에 존재하고 유일한 L형
6탄당	포도당	과즙, 꿀, 맥아당	• 혈당(0.1%)유지 • 당의 흡수형태 : 우선성, 수용성, 환원성
	과당	과실, 꿀, 이눌린	• 당도가 가장 높다. • 간에서 포도당으로 전환 : 수용성, 환원성
	갈락토오스	포유동물의 젖, 한천, 라피노오스, 갈락탄, 헤미셀룰로오스	• 간에서 포도당으로 전환 : 수용성 • 유선에서 합성 • 당지질과 당단백질의 성분 : 환원성
	만노오스	곤약감자, 백합뿌리	• 만난과 당단백질의 구성 성분
6탄당의 유도체	당 알코올 ① 소르비톨 ② 만니톨 ③ 이노시톨	자두, 배, 사과 아스파라거스, 당근 등의 뿌리, 줄기, 잎과 해조류 등의 부패 시에 생기는 점질물 두류, 호두, 포도 등의 잎, 균류	• 당의 카보닐기가 환원되어 다가 알코올이 된 당의 유도체로 소르비톨, 만니톨, 이노시톨 등이 있다. • 포도당을 환원시켜 인공적으로도 합성 • 비타민 C의 합성원료 : 껌, 음료 등에 사용 • 만노오스가 환원된 당 • 환상의 당 • 피틴산 형성
	유황당 ① α-D-thioglucose	무, 고추냉이	• carbonyl기의 O가 S으로 치환된 당 • 매운 맛 성분으로 sinigrin의 구성 성분
	우론산(uronic acid) ① glucuronic acid	포도당으로부터 생성	• 당분자 중의 제1알코올이 카르복실기로 산화된 알데히드산 • 간장에서 해독작용
	아미노당 ① glucosamine ② galactosamine	새우, 게 등의 키틴 연골, 힘줄	• 당의 C_2의 OH기가 $-NH_2$로 치환된 당 • 당단백질 주요성분 • 당단백질, 당지질의 성분
	디옥시당 ① L-rhamnose	플라본 색소	• 당의 OH기가 H+로 치환된 당 • methyl당

2. 이당류

이당류는 2개의 단당류가 글리코시드 결합에 의해 연결된 당을 의미한다. 2당류는 단당류 두 분자가 모여서 1분자의 물이 탈수되어 결합한 것이다.

(1) 서당(sucrose)

서당은 과실과 채소류에 널리 분포해 있고, 특히 사탕수수나 사탕무에 많이 함유되어 있으므로 그 즙을 농축 · 정제하여 설탕을 만든다. 서당은 물에 잘 용해되고 융점은 160℃ 정도이며, 그 이상 온도를 올리면 갈색의 캐러멜이 형성되어 끈적끈적해진다. 서당은 묽은 산이나 효소(invertase, sucrase)에 의해 포도당과 과당으로 가수분해 된다.

서당 용액은 우선성의 선광도를 나타내나 가수분해에 의해서 생긴 포도당과 과당은 과당이 강한 좌선성을 나타내므로 좌선성으로 변하게 된다. 이 변화를 전화(inversion)라 하고, 생성된 혼합물은 전화당(invert sugar)이라고 한다. 전화당은 환원력을 가지며 당도는 130을 나타내어 서당보다 더 달다.

(2) 맥아당(maltose)

맥아당은 천연식품에는 거의 존재하지 않으나 식물의 씨앗이 발아할 때나 사람이 탄수화물을 소화시킬 때 전분이 가수분해 되면 생성되거나 호화된 전분을 엿기름으로 가수분해 했을 때 생성되는데, 감주의 주성분을 이루며 엿당이라고도 한다.

맥아당은 산 또는 효소(maltase)에 의해 가수분해 되어 2분자의 포도당을 생성하고, α-D-glucoside로 결합되어 있으므로 환원당이다. 우선성이며 변선광이 있고 물에 잘 녹는다. 당도는 설탕이 100일 때 32 정도를 나타낸다.

(3) 유당(lactose)

유당은 포유동물의 유즙에 들어 있는 당으로 젖당(milk sugar)이라고도 하며 모유에는 5~7%, 우유에는 4~5% 함유되어 있다. 이것은 산이나 효소(lactase)에 의해 포도당과 갈락토오스를 생성하는 환원당이다. 유당은 효모에 의하여 발효되지 않으나 유산균에 의해 분해되어 젖산(lactic acid)을 생성한다.

식품 중에 적당량의 유당이 존재할 경우에는 유산균의 발육을 왕성하게 하여 장내에 유용한 세균인 *Bacillus acidophillus*의 발육을 촉진시켜 장내 유해 세균들의 번식을 억제하며 정장작용을 한다. 또한 장내의 pH를 산성으로 변화시켜 Ca의 흡수를 좋게 하기도 한다.

유즙 중의 유당을 구성하고 있는 갈락토오스는 유아의 뇌신경 발달에 필요한 글루코시드를 형성하므로 유아들에게는 매우 중요한 당이다. 유당은 우유를 많이 마시는 사람에게는 많지만 우유를 적게 마시는 사람에게는 lactase 활성이 감소하며 유당불내증(lactose intolerance)이 나타난다.

(4) 트레할로오스(trehalose, mycose)

트레할로오스는 곰팡이와 박테리아에 많이 존재하는 당으로, mushroom sugar 라고도 부른다. 2분자의 포도당으로 결합된 것은 맥아당과 같으나 aldehyde기가 서로 결합되었으므로 비환원당이다.

3. 올리고당(oligosaccharides)

올리고당은 3~10개 정도의 단당류가 글리코시드 결합에 의해 연결된 당이며 당단백질이나 당시질의 구성성분으로 세포 내에서는 생체막에 부착되어 있다. 콩류에는 3당류인 라피노오스(raffinose)와 4당류인 스타키오스(stachyose)가 있으며, 기능성 올리고당으로는 프락토올리고당 · 이소말토올리고당 · 갈락토올리고당 등이 있다.

(1) 3당류(trisaccharides)

3당류는 단당류 3분자가 물 2분자를 잃고 축합한 것으로서 일반식은 $C_{18}H_{32}O_{16}$ 이다. 라피노오스가 대표적인 것으로 설탕의 글루코오스 탕기의 C6에 갈락토오스 가 α-1, 6결합으로 연결된 3당류이다. 라피노오스는 대두, 면실, 사탕무, 당밀 등에 함유되어 있으며, 체내에서는 소화시킬 수 있는 효소가 없으므로 이용되지 않는다.

(2) 4당류(tetrasaccharides)

4당류는 단당류 4분자가 결합된 것으로 대표적인 당으로는 스타키오스가 있다. 스타키오스는 2분자의 갈락토오스 및 1분자의 포도당과 1분자의 과당으로 구성되어 있으며, 라피노오스와 함께 면실이나 대두 등에 분포되어 있다.

두류를 섭취할 경우에 가스가 발생되는 것은 단당류로 분해가 안 된 라피노오스와 스타키오스에 미생물이 작용해서 일어나는 현상이다. Scorodose는 마늘에 함유되어 있고, 4분자의 과당으로 구성되어 있다.

(3) 기능성 올리고당(functional oligosaccharides)

기능성 올리고당은 비피더스균의 증식을 도와서 정장작용을 하고, 저열량을 공급한다. 또한 설탕과는 달리, 불용성 글루칸(glucan)을 생성하여 치아 표면을 상하지 않게 하므로 충치예방에 효과적이며, 식물성 섬유와 유사하므로 변비를 개선시킨다.

올리고당으로는 갈락토올리고당 · 프락토올리고당 · 이소말토올리고당 · 대두올리고당 등이 있으며, 유제품, 건강보조식품, 조미료, 양돈사료 등에 첨가하거나 단일 상품으로 판매한다.

표 2-4 이당류 및 올리고당

탄수화물	종 류	급 원	기능 및 성질
2당류	• 맥아당(maltose)	발아된 곡류, 전분	• 환원당, 수용성, 말타아제에 의해 2개의 포도당으로 가수분해됨.
	• 서당(sucrose)	사탕무, 사탕수수	• 비환원당, 수용성, 수크라아제에 의해 과당과 포도당으로 가수분해됨.
	• 유당(lactose)	포유동물의 유즙	• 환원당, 락타아제에 의해 포도당과 갈락토오스로 가수분해됨. 효모에 의해 발효되지 않고 유산균에 의해 분해됨.
3당류	• 라피노오스(raffinose)	대두, 면실, 당밀, 사탕무	• 라피나아제에 의해 포도당, 과당, 갈락토오스로 분해됨.
4당류	• 스타키오스(stachyose)	면실, 대두	• 2개의 갈락토오스, 과당 및 포도당으로 분해됨.
올리고당	• 이소말토올리고당	전분	• 지감미, 보습성, 전분식품의 노화방지, 충치방지, 비피더스균 증식인자, 구성당은 2개 이상
	• 갈락토올리고당	유당	• 난소화성, 비피더스균 증식인자로 비피더스 음료, 요쿠르트 등에 첨가, 구성당은 2~6개
	• 프락토올리고당	설탕	• 난소화성, 비피더스균 증식인자, 충치방지, 지질대사 개선, 구성당은 3~5개
	• 대두올리고당	대두	• 스타키오스 · 라피노오스 · 서당 등의 소당류가 주성분, 난소화성, 비피더스균 증식인자, 구성당은 2~4개

4. 다당류(polysaccharides)

한 종류 또는 다른 종류의 단당류 여러 개가 탈수 · 축합하여 생긴 당을 다당류라 하고, 그 일반식은 $(C_6H_{10}O_5)_n$이다. 다당류는 물에 용해되기 어렵고 무색 · 무미 · 무취로 선광성 · 환원성 · 발효성 등 흔히 당류에서 볼 수 있는 성질이 없으며, 산 또는 효소에 의해 단당류를 생성한다. 다당류에는 소화효소에 의해 가수분해가 가능한 전분 및 글리코겐이 있고, 소화효소에 의해 가수분해가 불가능한 식이섬유소(dietary fiber)가 있다.

(1) 인체 소화효소에 의해 분해 가능한 다당류

1) 전분(starch)

대부분의 포도당은 전분의 형태로 식물의 씨 · 열매 · 뿌리 등에 다량 함유되어 있고, 특히 곡류 및 서류에 많다. 식물 내에서는 햇빛과 CO_2 그리고 H_2O에 의해서 합성되며 전분립의 형태로 저장된다. 전분은 색 · 맛 · 냄새가 없으며, 비중이 1.65로 물보다 무거워서 물에 잘 침전된다. 전분은 아밀로오스 분자가 나선형이므로 요오드와 청사색의 정색반응을 나타내며 이것을 가열하면 탈색되고 냉각하면 다시 발색하는 성질이 있다. 전분은 냉수에는 녹지 않으나 수분과 함께 가열하면 점차 팽윤되어 점도가 커지며 콜로이드(colloid) 상태로 변하여 풀이 된다. 전분 분자는 아밀로오스와 아밀로펙틴으로 구성된다.

아밀로오스는 그림 2-1에서와 같이 포도당의 α-1,4 글루코시드 결합으로 가지가 없는 직쇄구조이지만 실제로는 α-나선형을 나타내고 있다. 아밀로오스는 포도당의 소화와 흡수를 늦추어 혈당을 정상으로 유지시키며, 비만과 당뇨병에 효과적이다. 아밀로펙틴은 포도당이 α-1,4 글리코시드 결합으로 직선상의 구조를 이루고 포도당 24~30개마다 α-1,6 글리코시드 결합에 의하여 가지를 친 구조를 말한다. 아밀로펙틴의 사슬 끝은 규칙적으로 붙어서 다발 모양을 이루고 있으며, 전체는 구상을 이루고 있는데 이 다발로 된 구조를 미셀(micelle)이라고 한다.

아밀로펙틴은 펙틴처럼 끈끈한 젤(gel)과 같은 상태를 형성하고 음식 맛을 증가시키며 효소에 의한 소화가 용이하도록 한다. 아밀로오스와 아밀로펙틴의 함량은 식물에 따라 다른데 아밀로오스는 15~20%, 아밀로펙틴은 80~85% 정도인 경우가 많다. 그러나 찹쌀 전분은 아밀로펙틴으로만 구성되어 있다.

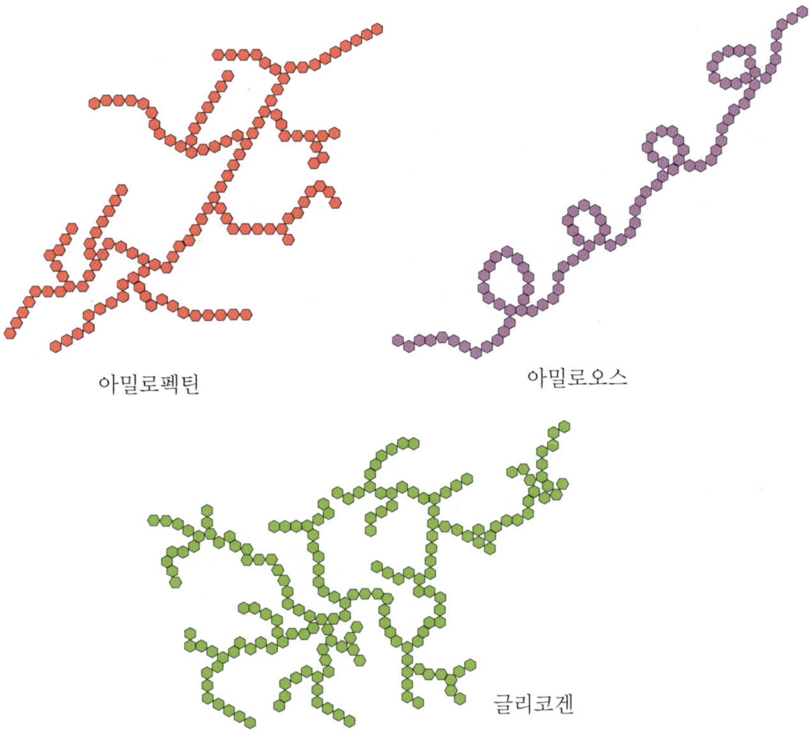

그림 2-1　아밀로오스, 아밀로펙틴 및 글리코겐의 구조

전분의 물리적 성질

① 전분의 호화(gelatinization of starch)

전분에 물을 붓고 가열하면 전분입자가 팽창하여 60~70℃ 부근에서 많은 물을 흡수하게 된다. 그로 인해 전분입자의 형태가 파괴되어 점성이 높은 반투명의 콜로이드 상태가 되는데, 이 변화를 호화(gelatinization)라고 한다. 천연의 전분은 물분자가 들어가지 못하도록 서로 밀착하여 미셀을 형성하게 되는데, 이 상태를 β-starch(전분)라 한다.

호화된 전분은 β-starch가 α-starch로 바뀐 것을 의미하고, 다량의 물을 흡수하여 미셀 결합의 파괴로 amylase와 같은 효소의 작용을 쉽게 받을 수 있어서 소화가 잘 되며 맛이 더 좋다. 이처럼 전분을 가열하면 α-형으로 변하고, 식으면 β-형이 된다.

② 전분의 노화(retrogradation of starch)

α-starch를 수분의 존재 하에서 60℃ 이하에 방치하면 β-starch로 되돌아가는 현상을 노화(retrogradation)라고 한다.

노화는 수분함량이 30~60%이고, 0℃ 부근에서 가장 일어나기 쉬우며, 수분함량이 15% 이하이거나 60℃ 이상 또는 −20℃ 이하의 온도에서는 거의 일어나지 않는다.

노화를 방지하는 방법으로는 α-starch 80℃ 이상 유지하면서 수분을 15% 이하로 제거하는 건조법과 α-전분을 0℃ 이하로 얼려서 수분 함량이 15% 이하가 되도록 급속히 탈수시키는 방법이 있다. 또 설탕을 α-starch에 가하면 탈수되어 건조시킨 것과 같은 효과를 나타내므로 노화방지의 효과가 있다.

2) 덱스트린(dextrin)

덱스트린의 일반식은 $(C_6H_{10}O_5)_n$으로 전분과 같으나 n의 수가 전분보다 적다. 전분에 묽은 산이나 효소인 아밀라아제를 작용시키거나 150~190℃로 가열시키면 전분보다 작고 맥아당보다 큰 여러 중간 산물들이 생성되는데, 이 중간 생성물들을 덱스트린이라고 한다.

3) 글리코겐(glycogen)

글리코겐은 식물의 전분처럼 동물의 간과 근육조직에 저장되어 있으므로 동물성 전분이라고 부른다. 글리코겐은 포도당이 주로 α-1,4 글리코시드 결합으로 이어진 중합체이나 포도당 11~18개마다 α-1,6결합을 갖고 있다. 이 점은 전분의 아밀로펙틴과 유사하나 그 가지가 더 많다(그림 2-1). 또한 요오드와 반응하여 적갈색을 나타낸다.

글리코겐은 잠자는 동안이나 굶을 경우에 혈당을 조절해 주고, 운동선수와 같이 근육운동을 하는 경우에 에너지로 쓰인다. 글리코겐은 간과 근육에 약 350g 정도 저장되는데, 이 중 1/3은 간에, 2/3는 근육에 저장된다.

간에 저장된 글리코겐은 혈당이 낮을 경우에 포도당으로 변해 혈당량을 일정하게 유지시키나, 근육에 저장된 글리코겐은 glucose-6-phosphatase라는 탄수화물 분해효소가 근육에 없으므로 직접 포도당으로 분해되지 못하고 근육의 운동에 의하여 열량원으로 사용된다. 글리코겐 저장은 인슐린(insulin), 글루카곤(glucagon), 에피네프린(epinephrine) 등의 호르몬에 의해 조절된다.

글리코겐은 식물에는 거의 존재하지 않고 동물성 식품 속의 글리코겐도 젖산(lactic acid)으로 쉽게 변하기 때문에 식사를 통한 탄수화물 공급원으로는 중요하지 않다.

(2) 인체 소화효소에 의해 분해되지 않는 다당류

1) 셀룰로오스(cellulose)

셀룰로오스는 식물의 세포막을 형성하는 주된 다당류로 D-glucose가 $\beta-1,4$결합으로 연결되어 있는 긴 직쇄상의 고분자화합물이다. 자연계에 가장 많이 존재하며 물에 녹지 않는다.

인체 내에는 셀룰라아제(cellulase)라는 효소가 없어서 소화되지 못하므로 영양적 가치는 적으나 장 내용물의 용적을 증가시켜 장의 연동운동을 촉진시키며, 배변작용에 매우 효과적이다. 반추동물의 장내에 있는 미생물들은 셀룰라아제를 함유하고 있으므로 셀룰로오스를 효과적으로 이용할 수 있다.

셀룰로오스는 식이섬유소에 속한다.

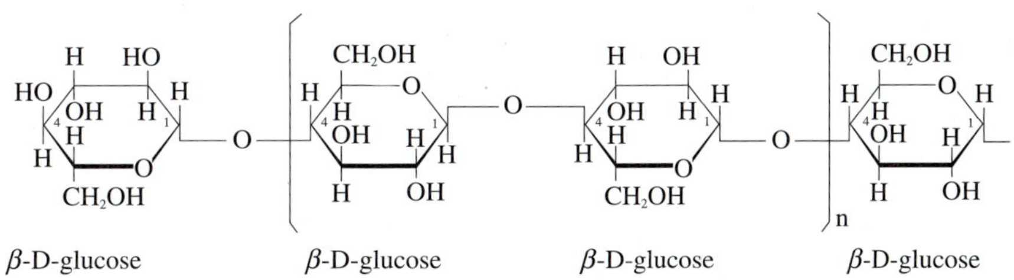

그림 2-2　cellulose의 직쇄구조

2) 프락탄(fructan)

과당이 30개 정도 축합된 다당류로 이눌라아제(inulase)나 산에 의해 가수분해되면 과당이 생성된다. 그러나 소화효소에 의해서는 소화작용을 받지 않으므로 사람의 체내에서 이용될 수 없고 당뇨병 환자의 경우에 식물의 용적을 주는 의미로 이용된다. 중요한 프락탄으로는 이눌린이 있다.

분자량은 약 5,000 정도이고 돼지감자 · 다알리아 · 우엉뿌리 · 낭근 등에 들어 있으며, 양파나 마늘에도 소량 함유되어 있다.

3) 갈락탄(galactan)

갈락토오스가 다수 축합한 다당류로 소화효소의 작용을 받지 않기 때문에 영양적인 가치는 없다. 그러나 물을 흡수하는 성질이 있어서 장 내용물을 팽창시켜 장을 자극하고, 연동운동을 촉진시켜 변비에 효과적이다. 갈락탄은 한천 및 기타 해조류에 함유되어 있다.

4) 만난(mannan)

만노오스와 포도당이 축합된 다당류로 백합의 뿌리나 곤약감자 등에 함유되어 있다. 체내에서는 소화효소에 의한 소화작용을 받지 않으므로 배변 촉진에 효과적이다.

5) 한천(agar)

해조류에 많이 함유되어 있으며 갈락토오스와 그 유도체가 축합된 복합다당류이다. 홍조류를 뜨거운 물로 끓여서 추출해 낸 것으로 냉수에는 녹지 않으나 85~100℃의 뜨거운 물에서는 녹으며, 이것을 35~40℃로 냉각시키면 젤을 형성하는 젤리 형상이 나타난다. 가치는 없으나 한천은 소화효소에 의해 소화되지 않아 영양적으로 물을 흡수하여 장 내용물을 팽창시켜 변비예방에 효과적이다.

유제품과 제과의 농후제로 사용된다.

6) 알긴산(alginic acid)

만우론산(mannuronic acid)과 글루쿠론산(glucuronic acid)으로 구성된 다당류이고, 미역이나 다시마 등의 세포벽에 존재한다. 물속에서 그 무게의 200~300배의 물을 흡수하는 성질이 있고, 아이스크림이나 풀 등의 안정제로 이용된다.

7) 카라기난(carrageenan)

해조류에 함유되어 있으며 소화효소에 의해 소화되지 않는다. 한천과 같이 gel을 형성하는 성질이 있으며, 보수성(保水性)이 강하고 젤리 제조에 이용된다.

8) 키틴(chitin)

아미노당을 함유하는 다당류로 곤충 · 새우 · 게 등의 각질층 성분을 이루고 있다.

9) 헤미셀룰로오스(hemicellulose)

헤미셀룰로오스는 셀룰로오스와 함께 식물세포의 세포막에 존재하는 불용성 다당류로 섬유소와 다르다. 셀룰로오스는 β-D-glucose로 연결되어 있으나 헤미셀룰로오스는 주로 자일로오스로 구성되어 있으며, 글루쿠론산과 갈락투론산 등이 그 주요 구성단위이다. 헤미셀룰로오스도 소화효소에 의해 소화되지 않으나 대장에 있는 미생물에 의해서는 분해된다.

표 2-5 다당류의 요약

탄수화물	종 류	급 원	기능 및 성질
인체 소화효소에 분해 가능한 단당류	전분	각종 곡류, 서류	• 포도당의 중합체로 아밀로오스(α-1,4결합)와 아밀로펙틴(α-1,4결합에 α-1,6결합으로 가지를 침)으로 이루어진다. • 아밀라아제에 의해 포도당으로 분해된다. • 수분과 함께 가열하면 호화(β전분 → α전분)되어 소화흡수가 잘되고, 60°C 이하로 방치 시에 노화(α전분 → β전분)되어 소화가 안 된다. • 요오드에 의해 보라색이 된다.
	덱스트린	전분의 분해산물	• 아밀라아제에 의해 전분이 가수분해되어 생성된다. • 전분 → 가용성 전분 → 덱스트린으로 분해된다.
	글리코겐	동물의 간과 근육조직	• 동물성 전분 • 포도당의 α-1,4결합에 α-1,6결합의 가지를 치고 있으나 전분보다 가지가 많다. • 요오드와 반응하여 적갈색을 나타낸다.
인체 소화효소에 의해 분해 불가능한 다당류	셀룰로오스	식물의 세포벽	• 포도당의 β-1,4결합 • 소화효소가 인체 내에 없어 소화가 안된다. • 배변 촉진작용 • 반추동물은 셀룰라아제에 의해 글루코오스로 분해된다.
	프락탄 갈락탄 만난	이눌린 한천, 해조류 곤약감자	• 소화효소가 없어 연동운동 촉진으로 변비예방에 효과적이다.
	한천	해조류	• 인체 내에서는 소화효소가 없어 소화가 안되므로 변비에 효과적이다.
	헤미셀룰로오스	식물의 세포벽	• 인체 내에서는 소화효소가 없어 소화가 안되므로 연동운동 촉진으로 변비에 효과적이다. • 비타민 B군의 장내 합성 촉진 • 혈청콜레스테롤 저하 ; 대장 내의 미생물에 의해 분해된다.
	펙틴	사과, 채소	• 변비에 효과적임

10) 펙틴(pectin)

과일과 야채의 연조직에서 발견되며 소화가 안 되는 다당류로, 오렌지나 레몬에 많이 함유되었다. 펙틴은 젤을 형성하는 성질이 있어서 과일 젤리를 만드는 데 이용된다. 또한 산이나 효소(pectinase)에 의해 분해되나 사람의 체내에선 소화가 안 되므로 변비 예방에 효과적이다. 펙틴은 수용성이며 콜레스테롤과 담즙산의 흡수를 방해하여 콜레스테롤의 혈중농도를 낮춘다.

11) 검류(gums)

식물에서 얻은 여러 가지 검류는 수용성으로 혈중 콜레스테롤과 담즙산의 흡수를 방해하고 포만감을 주며, 대장 내의 박테리아가 잘 발효할 수 있도록 도와준다. 검은 갈락토오스를 주로 함유하고 식품가공의 안정제로 쓰이기도 한다.

2. 탄수화물의 소화와 흡수

1. 탄수화물의 소화

탄수화물 급원식품으로 섭취한 밥, 국수 등에 함유되어 있는 탄수화물은 분자크기가 커서 소장점막에 흡수되기 어려우므로, 흡수하기 쉬운 작은 크기인 단당류로 분해되어야 하는데 이러한 과정을 탄수화물의 소화라고 한다.

(1) 입에서의 소화

타액에는 전분 분해효소인 아밀라아제(salivary amylase)가 함유되어 있으며 이 효소는 전분을 길이가 조금 더 짧은 덱스트린이나 맥아당으로 분해한다. 입 안에서 씹는 작용은 타액 분비를 촉진하고 타액 아밀라아제가 식품과 잘 섞이게 해주어 소화를 촉진시킨다. 음식물이 입 안에 머무는 시간이 짧으므로 입 안에서 많은 소화 작용이 일어나기 어려우나 오래 씹으면 일부 전분은 맥아당까지 분해가 가능하다.

(2) 위장에서의 소화

위장에서는 탄수화물 소화효소가 분비되지 않고 타액 아밀라아제도 위산에 의해 변성되어 활성이 저하되면서 탄수화물의 소화는 거의 일어나지 않는다. 펙틴이나 검류 같은 수용성 식이섬유들은 유미즙이 위에 머무르는 시간을 길게 하여 만복감을 주고 소화 작용이 천천히 일어나게 하는 역할을 한다.

(3) 소장에서의 소화

대부분의 탄수화물은 소장에서 완전히 소화된다. 위장에서 내려온 소화물은 산성의 유미즙 상태로 소장으로 이동하면 알칼리성의 췌장액이 분비된다. 이 소화액에 의해 유미즙의 산성으로부터 십이지장벽을 보호하고 췌장효소들이 작용하기에 적당한 pH를 만들어 준다.

췌장에서 만들어져 소장으로 분비되는 췌장 아밀라아제(pancreatic amylase)는 전분이나 덱스트린의 α-1,4 결합을 끊어서 맥아당까지 분해한다. 소장벽의 미세융모에서 분비되는 말타아제(maltase), 수크라아제(surcease), 락타아제(lactase) 등의 이당류 분해효소들은 맥아당, 서당, 유당과 같은 이당류를 포도당, 과당, 갈락토오스 등의 단당류로 분해한다.

(4) 대장에서의 소화

대부분 포유동물은 기능성 올리고당이나 식이섬유를 분해할 수 있는 소화효소가 체내에서 분비되지 않으므로 소화되지 않은 채로 대장으로 내려간다. 수용성 식이섬유의 일부는 장내세균에 의해 분해되어 짧은 사슬 지방산과 가스를 생성한다. 이들 짧은 사슬 지방산은 대장 세포의 에너지원으로 이용되고 혈중 콜레스테롤수치를 낮추거나 대장암을 예방하는 작용을 한다. 불용성 식이섬유는 대장에서 대부분 그대로 배설된다.

2. 탄수화물의 흡수

소장에서 탄수화물로부터 최종적으로 분해된 단당류가 소장 미세융모와 점막세포를 통과하여 체내로 들어가는 일련의 과정을 탄수화물 흡수과정이라고 한다. 탄수화물이 흡수되는 주요부위는 소장의 중간부위인 공장이다. 단당류들은 소장 표면의 융모에 붙어 있는 미세융모를 통과해 소장 점막세포 내로 흡수된다.

소장 표면의 융모와 미세융모는 흡수면적을 증가시키는 역할을 하며 소장 점막세포 내로 흡수된 단당류는 기저막을 통과하여 장을 둘러싸고 있는 모세혈관으로 들어간 후 문맥을 통해 간으로 운반된다.

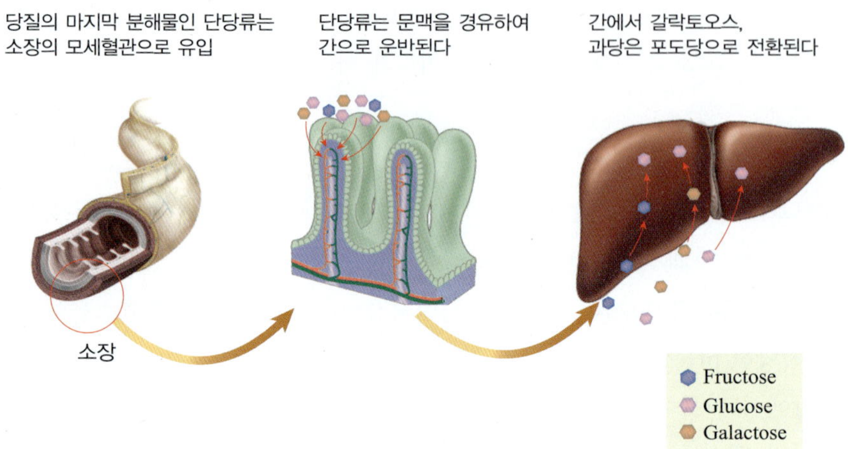

그림 2-3 탄수화물의 흡수

소장 내 탄수화물의 흡수속도는 단당류의 종류에 따라 차이를 보인다. 포도당 흡수를 100으로 해서 비교해 보면, 갈라토오스 110, 과당 43, 만노오스 19, 자일로오스 15, 아라비노스 9의 순이다.

3. 혈당 조절

글리코겐의 합성 및 분해는 주로 간에서 이루어진다. 글리코겐의 분해에 의해 체내에서 유리된 포도당의 일부는 혈액으로 들어가서 혈당이 되기도 하고, 이는 근육 및 기타 조직으로 보내져서 에너지원으로 이용되거나 다시 글리코겐으로 합성되기도 하며, 또 지방으로 바뀌기도 한다. 그러나 근육의 글리코겐은 에너지원이 될 뿐이고 이것은 간에 저장된 글리코겐처럼 혈당의 급원이 되지는 않는다.

정상 성인의 혈당치는 70~100mg/dL로 유지되어야 한다. 탄수화물을 섭취하면 혈당치가 1시간 내에 100~180mg/dL까지 상승하다가 2시간 이내에 정상치로 되돌아온다. 당뇨병 등으로 혈당치가 정상보다 높은 상태를 고혈당(hyperglycemia)이라고 하는데, 혈당이 높아지면 간뇌의 당이 중추를 자극하여 부교감신경을 통하여 췌장에 전달되어 인슐린을 분비한다. 인슐린은 글리코겐의 생성과 조직에서의 당이용을 촉진하여 혈당을 감소시킨다.

반대로 혈당이 낮아지면(저혈당, hypoglycemia) 간뇌의 당이 중추를 자극하여 교감신경을 통하여 부신수질에 전달되어 아드레날린을 분비하고, 또 췌장에도 전달되어 글루카곤을 분비하여 혈당을 높인다.

또한 간뇌는 뇌하수체 전엽을 자극하여 부신피질자극호르몬(adrenocorticotropic hormone ; ACTH)을 분비하고, 이것에 의해 부신피질에서는 글루코코티코이드(glucocorticoid)를 분비하는데 이때 간의 글리코겐 양이 증가하여 혈당의 상승을 가져온다.

표 2-6 혈당과 관계되는 호르몬

	Insulin	Glucagon	Thyroxine	Adrenalin	lucocorticoid
혈 당	↓ 저하	↑ 상승	↑ 상승	↑ 상승	↑ 상승
글리코겐	↑ 합성	↓ 분해	↓ 분해	↓ 분해	↑ 합성
포도당의 산화	↑ 촉진	↓ 억제	↑ 촉진	↑ 촉진	↓ 억제
당생성	↓ 억제	↑ 촉진	↑ 촉진	↑ 촉진	↑ 촉진

4. 탄수화물의 생리적 기능

1. 에너지 공급

탄수화물은 1g당 4kcal의 에너지를 공급하는데, 체조직의 정상적인 기능을 위해서는 1일 필요한 열량의 55~65%를 탄수화물에서 공급받는 것이 바람직하다(2015 한국인 영양소 섭취기준). 탄수화물이 흡수되면 조직에서 즉시 쓸 수 있는 에너지를 공급해 주거나, 간과 근육에 글리코겐으로 저장되었다가 이용되거나, 지방으로 전환되었다가 에너지 공급을 하기도한다.

① **열량공급** : 포도당은 각 조직에서 즉시 열량공급을 하는 데 이용되고, 특히 중추신경계의 중심부인 뇌의 열량공급을 위한 주된 급원은 포도당이므로 기초대사량의 1/5은 뇌에서 이용한다.

② **글리코겐** : 1일 필요 열량의 약 1/2 정도는 저장된 글리코겐으로 충분하다. 음식을 먹지 않고 2~3시간 걷는 운동을 하면 저장된 글리코겐은 고갈된다. 혈당(0.1%)을 유지하기 위해 간의 글리코겐에서 포도당이 방출되며 근육의 글리코겐은 근육에서 필요한 에너지를 위해 쓰인다. 글리코겐의 저장과 방출은 글루카곤, 인슐린 및 에피네피린에 의해 조절된다. 또한 심장 근육의 글리코겐은 수축 에너지의 필요 시에 주 급원으로 쓰이므로 글리코겐의 저장량이 적거나 탄수화물 섭취가 적으면 협심증 현상이 나타난다.

③ 지방 : 에너지로 쓰고 남은 탄수화물은 지방으로 전환되어 지방조직에 저장된다.

2. 단백질 절약작용(protein sparing action)

인체 내에서는 다른 기능보다 우선적으로 에너지 필요량을 충족하려 한다. 그러므로 에너지가 부족하면 단백질과 지방 조직에서 에너지를 공급받게 된다. 식이에서 탄수화물이 충분히 공급된다면 우리 신체는 우선적으로 탄수화물에서 에너지를 공급받기 때문에 단백질은 체조직 형성에 쓰이게 된다. 1일 50~100g 의 소화성 탄수화물 섭취는 조직 단백질의 과잉분해를 막아 준다.

3. 지질대사의 조절

탄수화물을 적게 섭취하였거나 당뇨병 · 기아 상태에서는 지질이 완전히 이용되지 못하고 지질대사의 산물인 케톤(ketone)체가 혈액에 쌓여 케토시스(ketosis)가 발생하며, 케톤체는 강산으로 알칼리와 결합하여 배설되므로 그 결과로 산혈증(acidosis)이 나타나게 된다. 적어도 1일 50~100g의 탄수화물 섭취는 케톤체를 형성하지 않고 완전 연소될 수 있도록 한다. 그러므로 탄수화물은 케톤체 형성 방지효과(anti-ketogenic effect)를 가지고 있다.

4. 혈당유지

정상적인 혈당의 범위는 70~100mg/dL로 약 0.1%를 유지하고 있다. 혈당유지는 주로 전분이나 이당류가 가수분해 되어 포도당, 과당 및 갈락토오스로 되어 이용되지만 과당과 갈락토오스는 간으로 보내져서 포도당으로 전환되어 혈당유지에 이용된다.

또한 간에 저장된 글리코겐의 분해에 의해 포도당이 방출되어 혈당을 유지하고, 아미노산 · 젖산 및 글리세롤을 이용하여 당신생(gluconeogenesis)을 통해 포도당을 생성하기도 한다. 정상인의 혈당은 식후 30분~1시간에 최고치에 달하고 2~3시간 후에는 정상으로 되돌아가며 호르몬에 의해 조절된다.

특히 인슐린은 높은 혈당을 낮추어 주고, 기아상태 등으로 혈당이 낮아지면 글루카곤, 에피네프린(epinephrine), 글루코코르티코이드(glucocorticod), 성장 호르몬, 갑상선 호르몬, 노르에피네프린(norepinephrine) 등이 혈당을 높여준다.

5. 섬유소의 공급

식이섬유, 즉 셀룰로오스, 헤미셀룰로오스, 펙틴, 검 등은 물을 흡수하여 장 내용물을 팽창시키고 부피를 크게 하여 연동운동을 촉진시킨다. 또한 대장에 머무르는 시간을 짧게 하여 여러 가지 성인병을 예방한다.

5. 탄수화물 섭취 관련 문제

한국인의 탄수화물 섭취 경향은 곡류와 감자류의 섭취량이 감소하는 것으로 인해 탄수화물의 섭취량은 감소하였으나 설탕의 섭취량은 약간 증가하는 추세이다. 신선한 채소, 해초류, 과일류로부터 얻는 탄수화물과 식이섬유 섭취량은 감소하는 반면에, 정제된 당의 섭취량 증가로 질병이 많이 발생되고 있다.

일반적으로 정제된 당을 적절하게 이용한다면 건강에 해를 주지 않고 식사를 즐겁게 할 수 있도록 맛을 내주며, 혈당이 낮을 경우 당은 흡수가 빠르므로 혈당을 빨리 높여 줄 수 있다. 당은 여러 가지 식품에 함유되어 있는데, 예를 들면 백설탕, 흑설탕, 황설탕, 물 엿, 시럽, 잼, 젤리, 꿀 등으로 다양하다. 그러나 단순당의 과잉섭취는 다음의 여러 가지 측면에서 건강에 해롭게 작용할 수 있다.

1. 비만

정제된 당을 과잉섭취하면 체중이 증가하기 쉽다. 물론, 지방을 많이 섭취해도 체중이 증가하기 때문에 당의 과잉섭취만이 비만의 주된 원인은 아니다. 그러나 여러 나라에서 비만은 정제된 당 소비의 증가에 따라 같이 증가한다는 연구결과가 발표되었다.

2. 당뇨병

당뇨병은 췌장에서 인슐린(insulin)을 분비하지 못하거나, 인슐린은 분비되지만 그것에 대한 반응을 나타내지 못하여 혈당이 높은 상태이다. 당의 과잉섭취 자체가 당뇨병을 유발하지는 않으나 비만이나 체중과다의 경우는 인슐린에 대한 반응을 나타내지 못해 당뇨병이 발생하므로 당뇨의 원인이 된다.

당뇨병의 경우, 정상체중을 유지하며 복합탄수화물과 식이섬유 섭취를 높이고 정제된 당 섭취를 줄여서 혈당을 조절해야 한다.

3. 충치

입 안에 있는 박테리아는 당류를 소화시켜 산을 발생시킨다. 치아에 오랫동안 부착된 당은 산을 발생시키므로 충치발생률이 더 크다. 캐러멜, 엿, 잼, 젤리 등에 함유된 당류는 사이다나 콜라와 같은 음료수 속의 당보다 충치발생률을 높인다. 또한 당류는 얼마나 자주 먹느냐에 의해 충치발생률에 영향을 준다.

박테리아는 음식을 먹고 나면 20~30분 동안 산을 생성한다. 2개의 캐러멜을 동시에 먹으면 20~30분 동안 박테리아가 산을 생성하는 반면에 30분 간격으로 1개씩 2번 캐러멜을 나누어 먹으면 박테리아는 2배인 40~60분간 산을 발생하므로 충치의 발생률은 증가한다. 그러므로 설탕이 들어 있는 껌이나 음료수를 식사와 식사 사이에 간식으로 먹으면 산이 치아에 많이 노출되므로 충치발생이 증가한다.

4. 영양 불균형

전분은 비타민, 무기질, 단백질 등의 영양소를 함유하고 있는 반면에 정제된 설탕과 같은 당류에는 이러한 영양소들이 함유되지 않고 열량만 공급하여서 영양불량을 초래하기 쉽다. 현미나 칠분도미처럼 도정을 덜한 쌀은 백미보다 비타민과 무기질이 더 많이 함유되어 있으므로 설탕이 많이 들어 있는 사탕, 과자, 케이크 등의 섭취보다 현미나 보리 등을 넣어서 지은 밥이나 통밀빵 · 채소 · 과일 등을 먹는 것이 건강에 좋다.

5. 심장병

정상적인 당 섭취는 대부분 사람들의 혈액 속의 지질에 특별한 영향을 주지 않는다. 그러나 정제된 당에 민감한 사람들은 인슐린 분비가 비정상적으로 높아져서 과잉지방을 만들도록 촉진한다. 심장질환은 혈액 속의 높은 지질함량과 관계가 있고 비만과도 연관이 있다.

6. 유당불내증(lactose intolerance)

유당분해효소(lactase)의 결핍이나 작용 저하로 복통, 설사, 구토, 탈수증 등을 초래한다. 동양인의 경우에는 발생빈도가 90% 정도이다. 치료방법으로는 우유나 유제품 등을 제한하고 유당을 함유하지 않은 것을 주거나 우유에 유당분해효소를 첨가해 주고, 우유를 발효시킨 제품을 먹도록 하는 것이 좋다.

7. 갈락토오스혈증(galactosemia)

갈락토오스는 간에서 포도당으로 전환된 후에 비로소 영양이 되는데 갈락토오스-1-phosphate uridyl transferase의 결핍으로 포도당으로 전환되지 못하는 데 원인이 있다. 따라서 갈락토오스나 유당를 섭취하면 혈액 중에 갈락토오스가 증가하여 오줌으로도 갈락토오스가 배설된다. 영아의 경우(생후 1~2주 이내) 식욕부진 · 구토 · 설사를 일으키며 이어서 황달 · 간경변 · 백내장 · 지능장해 등을 초래한다. 치료를 위해 조기발견으로 유당을 함유하지 않은 식이요법이 중요하다.

6. 탄수화물 섭취실태 및 섭취기준

1. 탄수화물의 섭취경향

국민 영양조사에 의하면, 탄수화물의 섭취량이 매년 줄어 1970년도에 국민 1인 1일당 434g(총 필요열량의 78.5%)이었고, 1980년에는 396g(총 필요열량의 77.3%), 1990년도에는 316g(69.2%), 2001년도에는 315g(총 필요열량의 65.6%), 2017년도에는 대략 293g(총 필요열량의 62.4%)으로 계속 감소 추세에 있다. 또한 에너지 섭취율에 있어서 탄수화물의 비율이점점 줄어들고 있는 추세이다. (표 2-7 참고)

이러한 감소현상은 곡류의 섭취량이 있어서도, 1970년 국민 1인 1일당 곡류섭취량이 517g에 비하여 1980년도 495g, 1990년도 344g, 2010년도 313.4g, 2017년도 289.3g으로 감소추세에 있다. 또한 감자 및 전분류의 섭취량도 1970년도에는 국민1일당 59.8g이었던 것이 1980년도에 35.8g, 1990년도에 43.1g, 2010년도에는 33.5g, 2017년도에 32.5g으로 줄었다. 당류는 2007년도 국민 1인 1일 평균 8.2g이었으나 2010년도에는 9.7g, 2017년 11.9g으로 증가하였으며, 과일류도 2007년도에 177.0g에서 2010년도 192.5g으로 증가하였다가 2013년도에 169.1g, 2017년에 150.8g으로 감소하였다.

고탄수화물 식이는 혈청콜레스테롤과 LDL-콜레스테롤 농도를 약간 감소시키고 HDL-콜레스테롤 농도를 감소시키며 중성지방 농도를 증가시킨다.

WHO(1990)는 총 열량의 50~75%를 복합탄수화물에서, 0~10%를 정제된 설탕에서 섭취하도록 제안하고 있다. 복합탄수화물의 급원식품은 필수지방산 · 칼슘 · 아연 · 철분 및 수용성 비타민 등 많은 영양소를 공급한다.

표 2-7 연도별 탄수화물 섭취량의 변화

구 분	2007	2009	2011	2013	2015	2017
에너지(kcal)	1,830.5	1,884.4	2,034.0	2,069.4	2,103.5	1,945.5
탄수화물(g)	292.8	298.9	316.7	308.6	310.7	292.6
탄수화물 에너지섭취 분율(%)[1)]	66.9	66.3	65.3	64.3	63.7	62.4

1) 탄수화물 에너지섭취분율 : {(탄수화물 섭취량)×4}의 {(단백질 섭취량)×4+(지방 섭취량)×9+(탄수화물 섭취량)×4}에 대한 분율

자료출처 : 질병관리본부, 2017 국민건강통계

2. 탄수화물의 영양섭취기준

탄수화물의 섭취가 에너지의 60% 이상일 경우, 혈청 중성지방 및 HDL-콜레스테롤 농도에 부정적인 효과를 나타내어 심혈관 질환의 위험에 영향을 미친다.

서구의 저탄수화물 · 고지방식이로 인해 발생하는 심혈관계 질환이나 비만 및 암 등의 예방책으로 탄수화물을 증가시키는 경우, HDL-콜레스테롤 감소 및 크기가 작고 단단한 LDL-콜레스테롤 입자의 상승이 초래되면서 심장 순환계 질환의 위험 및 인슐린 저항성의 증가로 제2형 당뇨 발생이 증가한다고 보고됐다.

따라서 고지방 · 고탄수화물 식사는 만성질환 예방에 도움이 되지 않는 것으로 나타났다. 사실상 고탄수화물 식사로 인해 단백질과 지질의 섭취가 낮아질 수 있으므로 탄수화물과 지질 및 단백질의 섭취비율이 적절해야 인체가 건강할 수 있다.

탄수화물의 평균필요량 산정에 필요한 지표는 우리 두뇌의 포도당 이용량으로, 1~65세 이상 노인까지 하루 100g이 탄수화물의 평균필요량으로 알려져 있다. 탄수화물의 필요량은 뇌의 포도당 요구량으로 뇌의 무게에 비례하기 때문에 연령이나 성별에 의한 차이가 없으며, 이는 1세가 되면 성인 뇌무게의 70% 이상이 되

어 뇌의 포도당 이용이 성인과 차이가 크지 않고 노인도 성인과 뇌무게가 비슷하기 때문이다. 1세 이하의 영아는 체내 총 에너지 필요량의 60%를 뇌조직이 이용하며 당신생으로 공급받는 양도 상당히 많아 외부에서 공급해야 할 탄수화물의 양을 결정하기 어렵기 때문에 모유와 이유보충식으로 섭취하는 탄수화물의 평균 섭취량을 기준으로 하여 충분섭취량을 책정하였다.

혈압, 허리둘레, 혈청 중성지질 및 HDL-콜레스테롤 수준 등을 선정하여 연령 · 에너지 · 음주 · 흡연 · 소득수준 등을 조정한 후, 탄수화물 섭취량을 지방 섭취와 연계하여 심혈관계 질환과의 관련성을 조사한 결과에 따라 20세 이상 탄수화물의 섭취비율을 55~70%로 정하였고, 1~2세는 50~70%, 3~19세는 성인과 같이 55~70%로 정하였다. 영아의 탄수화물 충분섭취량은 0~5개월 55g, 6~11개월 90g으로 책정되었다.

표 2-8 탄수화물의 에너지 적정비율

연 령	에너지 적정비율	영 아	충분섭취량
1~2세	50~70%	0~5개월	55g
3~19세	55~70%	6~11개월	90g
20세 이상	55~70%		

자료 : 보건복지부, "2016년 국민영양조사 결과보고서"

7. 식이섬유(dietary fiber)

영국의 의학자 버킷(Burkitt)과 트로웰(Trowell)은 아프리카에서 의료사업에 종사하면서 서구인에게 많은 질병인 심장병, 당뇨병, 변비, 대장암, 비만, 게실증(diverticulosis), 치질(hemorrhoids) 등이 원주민들에게 많이 발병하지 않는다는 것을 알았다. 이들은 원주민의 식이에 섬유소가 매우 많이 함유된 것을 발견했고, 고섬유식이가 성인병을 예방한다는 것을 추론하였다. 한국인의 식이섭취경향이 변해감에 따라 한국인의 평균 식이섬유 추정 섭취량은 점차 감소하는 현상을 나타내었다.

섭취열량 1,000 kcal당 식이섬유의 평균 섭취량은 1969년~1977년에는 11~14g 정도였고, 1978년~1986년 사이에는 9~12g 정도였으며, 1987년~1995년 사이에는 7~13g 정도로 감소하였다.

이와 같이 식이섬유의 부족과 체중증가로 인해 과거 한국인에게 많이 발병했던 질병과 달리 서구인에게 많은 성인병의 발생률이 증가하였다.

1. 식이섬유의 분류와 특성

대부분의 식이섬유는 식물 세포벽의 주골격을 이루는 복합탄수화물이다. 채소, 해조류, 과일, 전곡 및 두류에 많이 함유된 식이섬유는 인간의 소화효소에 의해 가수분해되지 않는 고분자화합물로, 비전분질 다당류(nonstarch polysaccharides ; NSP)이다. 그러나 장내 박테리아에 의해 소량 분해된다.

식이섬유의 물리적 특성을 보면,

첫째, 흡수작용과 팽윤작용으로 물을 흡수하여 부풀리며 물에 녹지 않는 섬유소가 그 작용이 더 크다.
둘째, 확산저해작용으로 물에 녹는 수용성 섬유소는 물에 녹아 점도가 높은 졸(sol)이 되어 식품성분의 확산 속도를 억제한다.
셋째, 흡착작용으로 무기질이나 담즙을 흡착하고,
넷째, 발효작용이 있어 장내에 있는 박테리아에 의해 발효된다.

식이섬유의 주 구성원들은 대부분 단당류들이나 각각 다른 구조를 지녔고 이러한 서로 다른 점들 때문에 건강에 좋은 효과를 주고 있다. 식이섬유에는 앞에서 설명했듯이 셀룰로오스, 헤미셀룰로오스, 펙틴, 검류, 리그닌 등이 있다.

식이섬유는 물에 녹는 것과 녹지 않는 것으로 분류할 수 있다. 일반적으로 물에 녹는 것에는 식물성 검, 펙틴, 해조 다당류 중에 알긴산 등이 있으며, 주로 과일, 보리, 오트밀 및 해조류에 많이 함유되어 있고, 신체에는 다음과 같은 영향을 미친다.

① 음식물이 위에서 소장으로 이동하는 것을 지연시켜서 포만감을 느끼게 한다.
② 혈중 콜레스테롤 함량을 저하시킨다.
③ 전분의 가수분해를 늦추며, 혈중으로 포도당 흡수를 지연시킨다.

물에 녹지 않는 식이섬유에는 셀룰로오스, 약간의 헤미셀룰로오스 및 리그닌이 있고, 이들은 채소와 통밀에 함유되어 있으며 특성은 다음과 같다.

① 장 내용물이 대장을 통과하는 시간을 단축시킨다.

② 대변의 부피와 무게를 증가시킨다.

③ 전분의 가수분해를 늦추며, 혈중으로 포도당 흡수를 지연시킨다.

표 2-9 식이섬유의 분류

분 류		종 류
세포벽을 구성하고 있는 물질(물에 안 녹음)	셀룰로오스 헤미셀룰로오스 리그닌 키틴	해조, 통밀, 두류, 채소류 등 식물의 세포벽 새우, 게
세포 중의 저장물질 (물에 녹음)	식물성 검 해조다당류 펙틴	아이스크림, 과자류에 첨가된 구아검, 아라비아검 미역, 다시마, 한천 귤, 사과, 근채류
화학적으로 만든 다당류 (물에 녹음)	CMC polydextrose	아이스크림 식이음료, 캔디, 아이스크림

2. 식이섬유의 효과

식이섬유는 장내의 기능과 병리학에 관련될 뿐만 아니라 지질과 탄수화물 대사, 그리고 무기질의 항상성에도 관련이 있다. 1930년대에 식이섬유의 장내기능에 대한 연구가 있었지만 무시되었고 이후에도 연구는 계속되었으나 식이섬유의 기능에 대하여 크게 관심이 없었다. 식이섬유에 대한 연구는 사실상 1960년 후반기부터 관심이 모아져서 버킷과 토로웰, 그리고 워커(Walker)가 식이섬유와 성인병의 관계에 대하여 가설을 제창한 1970년대 이후에 더욱 관심이 집중되었다.

반면에, 많은 연구결과에서 건강에 좋은 효과가 있는 식이섬유를 과잉 섭취했을 경우에는 건강에 좋지 않은 효과를 초래할 수 있다는 것을 알려주었으므로 식사에 균형이 깨지지 않도록 식이섬유를 섭취해야만 한다.

(1) 건강에 대한 긍정적인 효과

① **체중조절** : 식이섬유가 많은 식품은 지방과 단순당이 적어서 열량이 적기 때문에 체중 감소를 촉진한다. 또한, 물을 흡착하여 포만감을 느끼게 하므로 음식을 적게 섭취할 수 있다. Levine 연구진은 아침식사 때 고섬유식이를 먹은 사람들이 저섬유 식이를 먹은 사람들에 비해 점심식사에는 더 낮은 열량을 섭취했다고 발표했다.

② **대장의 기능개선** : 식이섬유는 대변을 크고 부드럽게 하여 장내효과를 촉진시키고 미생물에 의한 소화를 자극한다. 이러한 기능에 의해 변비와 치질 및 게실염을 방지한다.

③ **대장암 예방** : 일반적으로 고섬유식이를 섭취한 사람들이 저섬유식이를 섭취한 사람들 보다 대장암 발병률이 낮다. 왜냐하면 섬유소는 발암물질을 희석시키고 그것과 결합 하여 대장 밖으로 빨리 배출되기 때문이다.

④ **혈중 콜레스테롤 함량의 저하** : 수용성 섬유소는 담즙과 결합하여 혈중 콜레스테롤 수치를 낮춘다. 담즙은 지방과 콜레스테롤의 흡수를 돕기 때문에 담즙이 적으면 지방과 콜레스테롤 흡수가 낮아져서 혈중 지방함량이 낮아진다. 또한 장에서 약간의 담즙은 섬유소와 결합하여 대변으로 많은 양이 배설되므로 담즙의 재흡수가 적어서 혈중 콜레스테롤 수치를 낮춘다.

⑤ **혈당조절** : 수용성 섬유소는 위 속의 내용물이 소장으로 이동하였을 때 포도당을 천천히 흡수하도록 하여 인슐린에 대한 반응과 혈당상승을 적절하게 조절한다.

(2) 건강에 대한 부정적인 효과

섬유소를 과잉으로 섭취하는 경우에 약간의 영양소들과 무기질은 흡수에 장애를 받는다. 섬유소와 피틴산(phytate) 함유가 아주 높은 식사에서는 아연과 철의 흡수부족이 일어나기 때문에 고섬유 · 고탄수화물 식이의 불균형 식이를 하는 경우에는 무기질의 결핍증이 더욱 현저하게 나타난다.

그러나 무기질 섭취가 충분하며 적당량의 고섬유 균형식이는 무기질 흡수를 방해하여 결핍증을 초래하지 않는다. 고섬유식품을 너무 빨리 증가시켜 섭취하면 장내에 가스가 생기고 불편함을 느끼므로 섬유소 섭취의 증가는 서서히 하고 수분의 섭취도 충분히 해야 한다.

(3) 식이섬유의 섭취기준

우리나라의 경우 각 연령군별로 식이섬유의 섭취량 분포를 조사한 자료가 없어 평균필요량을 추정하지 못하고 충분섭취량으로 설정하였다. 심혈관계 질환, 암, 당뇨병 등 만성퇴행성 질환이 주요 사인이 아니였던 60년대 말~70년대 초의 한국인 평균 식이섬유 추정 섭취량(12g/1,000kcal)을 충분섭취량으로 설정하였다. 그러나 사람들은 에너지 섭취량을 잘 모르기 때문에 성별 · 연령군별 1일 에너지 필요추정량을 근거로 하여 g/일로 충분섭취량을 제시하였다(표 2-10 참조).

2016년도 국민건강영양조사에 의하면, 국민 1인 1일 평균 식이섬유 섭취량은 21.3g이다. 성별 · 연령군별 에너지 필요추정량에 따른 식이섭취의 충분섭취량은 다음 식에 의해 산정되었다.

식이섬유 충분섭취량(g/일)
=12g/1,000kcal×성별, 연령군별 1일 에너지 필요추정량(kcal/일)

표 2-10 한국인 1일 식이섬유 섭취기준(g/일)

성별	연령	식이섬유(g/일)			
		평균필요량	권장섭취량	충분섭취량	상한섭취량
영 아	0~5(개월)				
	6~11				
유 아	1~2(세)			10	
	3~5			15	
남 자	6~8(세)			20	
	9~11			20	
	12~14			25	
	15~18			25	
	19~29			25	
	30~49			25	
	50~64			25	
	65~74			25	
	75 이상			25	
여 자	6~8(세)			20	
	9~11			20	
	12~14			20	
	15~18			20	
	19~29			20	
	30~49			20	
	50~64			20	
	65~74			20	
	75 이상			20	
임신부				+5	
수유부				+5	

자료 : 보건복지부 · 한국영양학회, "한국인 영양섭취기준", 2015.

Check point

무가당 주스에는 당이 있을까? 없을까?

무가당 주스는 제조 과정 중에 당을 인위적으로 첨가하지 않았다는 뜻으로, 당이 아예 없다는 뜻은 아닙니다. 과일을 원재료로 한 주스를 만들었다면 원재료인 과일의 당은 들어가 있는 것이며 그외의 당이 들어가 있지는 않다는 의미입니다. 주스를 만들 때 단맛을 내기 위해 당분이 높은 과실즙을 넣게 됩니다.

무가당 또는 무설탕으로 명시되어 있는 식품에는 설탕 대신 단맛을 내는 액상과당, 포도당, 올리고당 등은 포함되어 있는 경우가 많으므로, 무설탕 주스라고 해서 방심하고 많이 마시는 것은 좋지 않습니다. 따라서 식품을 선택할 때에는 영양성분표시를 확인해서 설탕 대신 어떤 감미료가 들어있는 지 꼼꼼하게 확인하는 것이 중요합니다.

핵심문제 및 해답

*해답 본인 확인용 붉은 셀로판지를 이용하세요.

1. 체내에서 식이 섬유소의 소화 및 흡수가 일어나지 않는 이유는 무엇인가?

   분해 효소가 없기 때문이다.

2. 국수, 밥 등의 당질 식품을 많이 섭취하게 되면 분비가 촉진되는 호르몬은 무엇인가?

   인슐린 (혈당 조절에 관여하는 호르몬 중 혈당을 저하시키는 호르몬은 인슐린)

3. 전분을 덱스트린이나 맥아당까지 분해하는 물질로 타액에서 분비되는 것은?

   알파아밀라아제(타액에서 전분은 알파아밀라아제(프티알린)에 의하여 덱스트린이나 이당류인 맥아당까지 분해)

4. Glucose의 흡수가 fructose의 흡수보다 빠른 이유는?

   능동 수송되기 때문임 (능동수송에 의한 흡수가 촉진확산이나 단순 확산에 의한 흡수보다 흡수 속도가 빠름. Glucose는 능동수송에 의해서 흡수되고, fructose는 촉진확산에 의해 모세혈관으로 흡수됨)

5. 단당류의 체내 흡수속도가 빠른 순서를 적으시오.

   갈락토오스 → 포도당 → 과당 → 만노오스 → 자일로오스(당질이 흡수되는 속도는 차이가 존재함. 포도당의 흡수 속도를 100이라고 하면 갈락토오스는 110, 과당은 43, 만노오스는 19, 자일로오스는 15의 순이다.)

6. 대장의 소화 작용에 관하여 가장 특징적인 사항은 무엇인가?

   식이섬유소는 대장 내 미생물에 의해 발효 또는 부패된다.(소장에서 흡수되지 않은 물질은 대장으로 이동하여 수분이 재흡수되고 장내 세균에 의해 발효, 부패가 일어나며 셀룰로오스나 헤미셀룰로오스는 대장 내 미생물에 의해 분해된 후 유기산이나 이산화탄소, CH_4 등 가스를 생성함)

7. 정상인의 경우 당질 섭취 후 혈당이 정상으로 돌아오는데 걸리는 시간은?

2시간(정상인의 공복 시의 혈당량은 70~100 mg/dL이며, 식후에는 120~ 160 mg/dL 정도로 상승하나 약 2시간 정도 지나면 정상치로 돌아옴)

8. 탄수화물의 기능이기도 한 단백질 절약작용은 무엇인가?

식이단백질과 체단백질이 분해되어 혈당이나 에너지원으로 사용되는 것을 억제한다. (탄수화물 섭취가 부족하고 혈당이 저하되면 뇌, 적혈구, 신경세포 등의 주요 에너지원인 포도당을 공급하기 위해 체조직 단백질 분해로 나온 아미노산으로부터 포도당을 생성하는 포도당 신생 합성이 이루어짐)

9. 핵산의 구성성분, 단백질 절약작용, 케톤증 예방 및 혈당조절작용 등의 기능을 수행하는 영양소는 무엇인가?

당질(1g당 4kcal의 에너지원이며, 충분한 당질의 공급은 체단백질이 에너지로 사용되는 것을 막아 단백질을 절약하고, 지방의 불완전 연소로 인한 케톤체 발생을 방지함. 또한 오탄당 인산회로를 거쳐 핵산에 필요한 리보오스를 생성함)

10. 포도당을 주요 에너지원으로 사용하는 체내 기관은 무엇인가?

적혈구, 뇌, 신경세포는 포도당을 에너지원으로 이용한다.

Chapter 3

탄수화물 대사

학습 목표

1. 탄수화물의 분류, 소화와 흡수, 생리적 기능을 설명할 수 있다.
2. 해당 과정의 경로 단계를 설명할 수 있다.
3. TCA 회로에 대해 설명할 수 있다.
4. 포도당 대사과정과 해당과정, 전자전달계, 당 신생과정을 설명할 수 있다.

탄수화물의 가장 중요한 기능은 신체에 에너지를 공급하는 것으로 1g 당 4kcal의 에너지가 생성된다. 사람이 탄수화물을 섭취하고 나서 그 음식물이 체내에 흡수되기 위해서는 단당류인 작은 분자로 쪼개지는데 그 과정이 곧 대사과정이라고 할 수 있다.

이당류인 맥아당(maltose), 서당(sucrose), 유당(lactose)은 소장 벽 세포에서 분비되는 이당류 분해 효소에 의해 단당류로 분해가 이루어지며, 맥아당은 말타아제에 의해 2개의 포도당으로 가수분해 된다. 서당은 수크라아제에 의해 포도당과 과당으로 가수분해가 이루어지고, 유당은 락타아제에 의해 포도당과 갈락토오스로 분해가 이루어진다.

분해가 이루어진 단당류 중 포도당과 갈락토오스는 능동적 운반과 촉진 · 확산에 의해 흡수되고 과당은 촉진 · 확산에 의해 흡수가 된다. 소장에서 흡수된 단당류는 모세혈관과 문맥을 통해 간으로 운반된 후 체내 세포로 이동되어 에너지로 사용되기도 하고, 글리코겐의 형태로 전환되어 간이나 근육에 저장이 된다.

과당은 과당-1-인산으로 전환되어 해당과정의 중간과정 또는 포도당 신생합성 과정으로 유입되거나, 글리세르알데히드로 전환되어 글리코겐 및 중성지질 합성 과정에 유입된다.

포도당은 체내 대부분의 세포에서 가장 중요한 에너지원으로 이용되며 부족할 때에는 포도당 신생합성을 통해 공급이 이루어진다.

1. 해당과정(Glycolysis)

key word

• **해당과정**(glycolysis)
포도당이나 글리코겐이 피루브산과 젖산으로 산화되는 과정

1분자의 포도당($C_6H_{12}O_6$)이 10단계의 반응 경로를 통해 피루브산이 되는 과정을 해당과정(glycolysis)이라고 한다. 즉, EMP 경로(embden−meyerhof pathway)를 거쳐서 포도당이나 글리코겐이 피루브산과 젖산으로 산화되는 과정이다.

Chapter 3

정상 상태에서는 피루브산이 되면 호기적 과정을 거쳐서 포도당이 완전 연소한다. 즉, 해당과정을 통해 생성된 피루브산은 산소가 충분한 호기적 상태에서는 미토콘드리아 막을 거쳐 아세틸 CoA로 되어 TCA회로에서 대사된다.

그러나 심한 운동을 할 때와 같이 세포 내에 산소가 없거나 부족할 때에는 피루브산에서 젖산으로 전환되는 젖산발효가 일어난다.

이 혐기적 과정은 세포질에서 일어난다. 젖산이 생성될 때까지 산소를 필요로 하지 않으므로 혐기적 과정(anaerobic glycolysis)이라고 한다. 이스트 등의 미생물에서는 혐기적 조건에서 알코올 발효가 발생한다.

• 해당경로 단계

① 1단계 : 포도당이 glucose-6-phosphate로 인산화 된다. 이때의 효소는 hexokinase, glucokinase이며, ATP가 사용된다. 글리코겐이 에너지원으로 쓰일 때의 효소는 phosphoglucomutase이다.

② 2단계 : Glucose-6-phosphate가 fructose-6-phosphate로 이성화된다(isomerization). 효소는 phosphohexose isomerase이다.

③ 3단계 : D-fructose-6-phosphate가 D-fructose 1, 6-diphosphate로 인산화된다. 이 때 관여하는 효소는 phosphofructokinase(PFK)이며, 이때에도 ATP가 사용된다.

④ 4단계 : aldolase의 작용으로 6탄당에서 phosphorylated triose (인산화된 3탄당) 2분자가 된다.

⑤ 5단계 : Dihydroxyacetone phosphate가 glyceraldehyde-3-phosphate로 이성화되어 각각의 포도당 분자로부터 2분자의 glyceraldehyde-3-phosphate를 생산하며, 이때 phosphotriose isomarase가 관여한다.

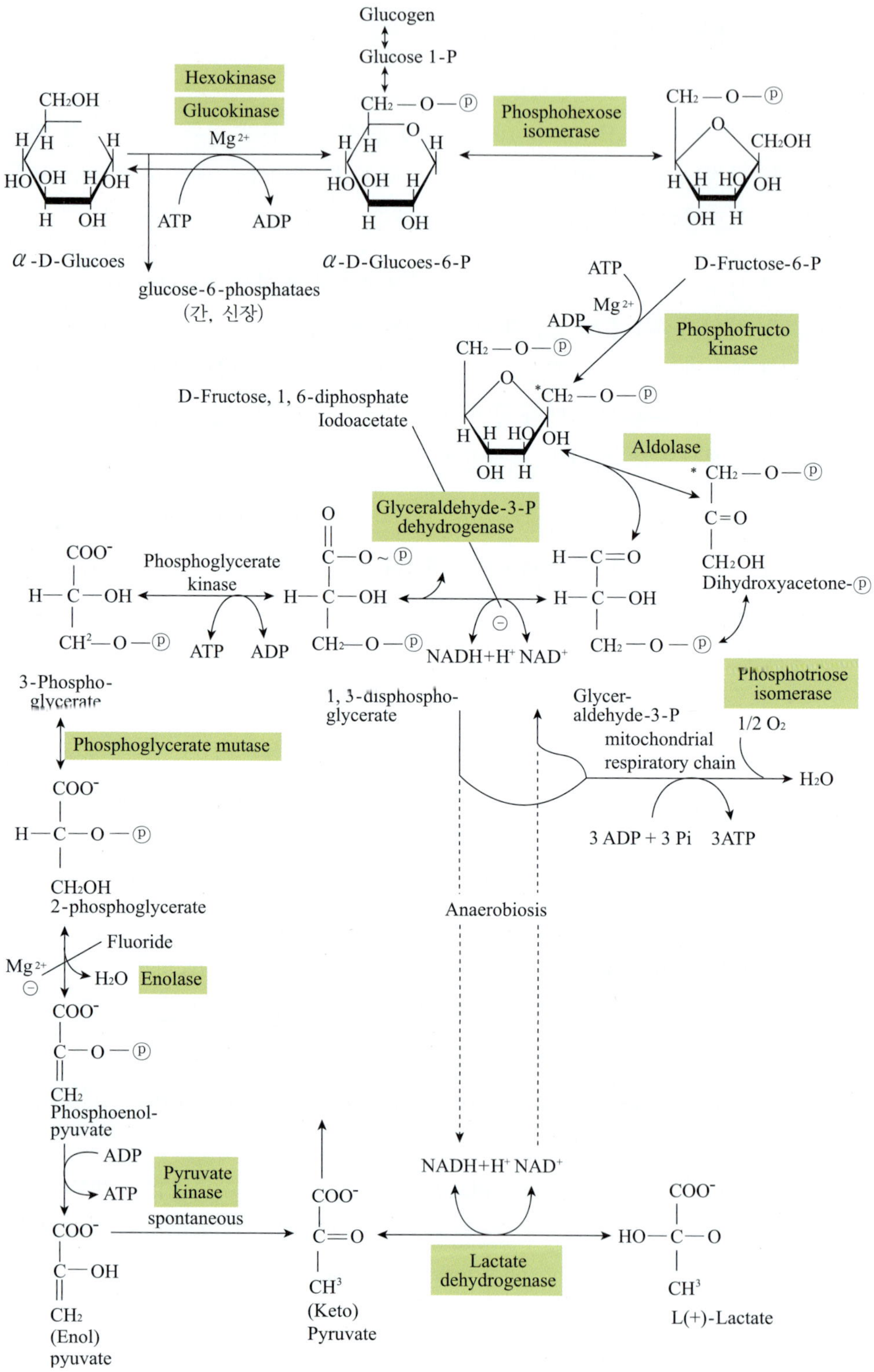

Glucogen
Glucose 1-P
Hexokinase
Glucokinase
Mg2+
ATP
ADP
α-D-Glucoes
α-D-Glucoes-6-P
glucose-6-phosphataes
(간, 신장)
Phosphohexose isomerase
D-Fructose-6-P
ATP
Mg2+
ADP
Phosphofructo kinase
D-Fructose, 1, 6-diphosphate
Iodoacetate
Aldolase
Dihydroxyacetone-Ⓟ
Glyceraldehyde-3-P dehydrogenase
Phosphoglycerate kinase
ATP
ADP
NADH+H+ NAD+
3-Phospho-glycerate
1, 3-disphospho-glycerate
Glycer-aldehyde-3-P
Phosphotriose isomerase
1/2 O2
mitochondrial respiratory chain
H2O
3 ADP + 3 Pi
3ATP
Phosphoglycerate mutase
2-phosphoglycerate
Anaerobiosis
Fluoride
Mg2+
H2O
Enolase
Phosphoenol-pyuvate
ADP
ATP
Pyruvate kinase
spontaneous
NADH+H+ NAD+
(Enol) pyuvate
(Keto) Pyruvate
Lactate dehydrogenase
L(+)-Lactate

그림 3-1 EMP 경로

위의 1단계에서 5단계까지는 효소에 의한 인산화(phosphorylation) 반응이라고 할 수 있다. 6단계 이후에는 산화 · 환원(oxidoreduction) 반응이 일어나고 전자가 이동하며, 인산화도 일어난다. 또한 ATP가 생성된다.

⑥ 6단계 : D-glyceraldehyde-3-phosphate가 1, 3-diphosphoglycerate로 산화된다. 이 때의 효소는 glyceraldehyde-3-phosphate dehydrogenase가 관여한다.

⑦ 7단계 : 1, 3-diphosphoglycerate로부터 ADP에 인산기의 전이로 3-phosphoglycerate 를 생성한다. 이때 효소는 phosphoglyerate kinase가 관여 한다.

⑧ 8단계 : 3-phosphoglycerate가 2-phosphoglycerate로 이성화된다. 효소는 phosphoglycerate mutase이다.

⑨ 9단계 : 탈수(dehydration)가 되면서 2-phosphoglycerate가 phosphoenol pyruvate로 된다. 이때에 효소는 enolase이다.

⑩ 10단계 : Phosphoenol pyruvate로부터 ADP에 인산기의 전이로 pyruvate를 생성한다. 효소는 pyruvate kinase이다.

한 분자의 포도당이 피루브산으로 될 때마다 2분자의 ATP가 생성된다. ATP는 화학반응에서 생긴 많은 양의 에너지를 가지고 있는 고에너지 화합물이다. 포도당이 연소하는 모든 과정에서 발생하는 에너지는 모두 일단 ATP에 일시적으로 저장되었다가 필요한 때에 에너지를 방출하여 즉시 사용할 수 있도록 한다.

2. TCA 회로(Tricarboxylic acid cycle)

key word

- **TCA 회로 (Kreb's cycle)**
탄수화물 · 지질 · 단백질의 일반적인 최종 산화 대사과정이며, acetyl CoA가 완전 산화되어 CO_2와 H_2O가 되는 과정

TCA 회로 (TCA cycle, Kreb's cycle)는 탄수화물 · 지질 · 단백질의 일반적인 최종 산화 대사과정이며 acetyl CoA가 완전 산화되어 CO_2와 H_2O가 되는 과정이다. TCA회로는 반응의 중간생성물의 하나인 구연산(citric acid)이 3개의 carboxyl기를 함유하므로 tricarboxylic acid라고 한다. 이 과정을 구연산 회로(citric acid cycle) 또는 영국의 생화학자의 이름을 딴 Kreb's cycle이라고 부른다.

이 반응에 들어가기 전단계인 피루브산에서 acetyl CoA로 되는 과정이 중요한데, 호기적 과정에서 포도당이 피루브산으로 일부 산화되어 세포의 미토콘드리아에 운반되고, 미토콘드리아에 들어온 피루브산은 acetyl-coenzyme A(acetyl

CoA)라고 부르는 물질로 전환된다. 이 acetyl CoA는 TCA 회로로 들어가서 피루브산에 있던 전자의 일부가 NADH로 전환되고 이들 전자는 전자전달과 인산화과정을 통하여 ATP를 합성하는 데 사용된다.

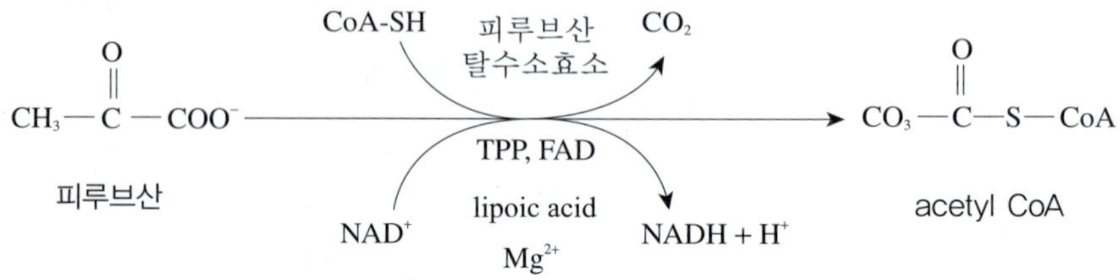

그림 3-2 acetyl CoA

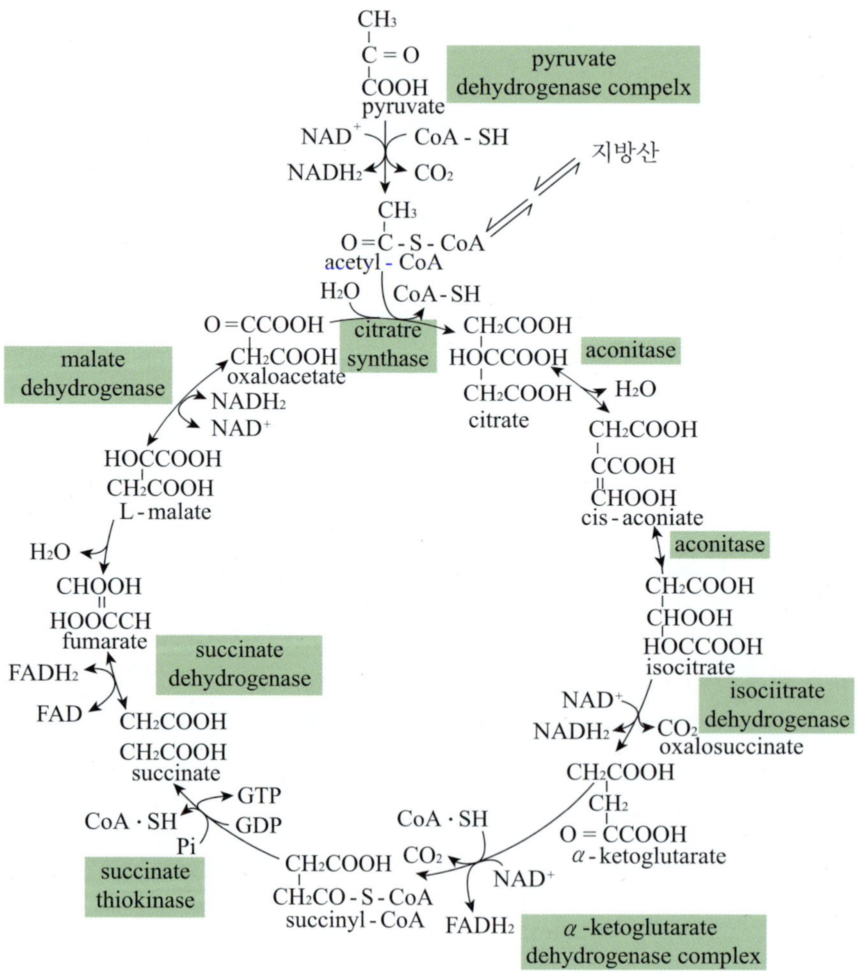

그림 3-3 TCA cycle

피루브산에서 acetyl CoA로 전환되는 동안 많은 효소적 반응이 일어난다. 5개의 다른 보조효소가 피부르산 탈수소효소(pyruvate dehydrogenase) 복합체에 결합되어 있는데 이들 보조효소는 비타민의 유도체들이다. 이 전체 과정을 산화적 탈탄산반응(oxidative carboxylation)이라고 하며, 활성화된 acetyl CoA는 TCA 회로에서 다시 산화된다.

① Citrate synthase : 축합효소로 알려진 이 효소는 acetyl–CoA를 옥살로아세트산(oxaloacetate)에 축합시켜서 구연산염(citrate)을 형성하게 한다.

② Aconitase : aconitase는 구연산염으로부터 *cis*-aconitate를 생성하기 위하여 물분자를 제거하는 작용을 한다. 이 반응은 가역적이다.

③ Isocitrate dehydrogenase : 이 효소는 isocitrate로부터 CO_2를 제거하여 α-ketoglutarate를 생성하는 산화적 탈탄산반응을 일으킨다. 이 반응은 두 단계로 일어나는데, 먼저 isocitrate가 옥살로숙신산(oxalosuccinate)으로 산화된다(효소에 결합된 일시적 중간산물). 이것은 곧바로 CO_2 와 α-ketoglutarate로 방출되며 효소는 NADH에 의하여 조절된다.

④ α–ketoglutarate dehydrogenase 효소계 : α-ketoglutaric acid로부터 succinate의 생성반응은 크게 두 가지로 나누어진다. 우선 α-ketoglutaric acid에서 succinyl CoA가 생성된다. 여기서 생성된 succinyl CoA는 고에너지 화합물이다. Succinate는 succinate thiokinase(succinyl CoA synthetase)의 작용으로 CoA로부터 떨어짐과 동시에 에너지는 GTP (guanosine triphosphate)로서 ATP 분자와 동일한 에너지를 가지고 있다.

⑤ Succinate dehydrogenase : 이 효소는 succinate를 산화시켜 푸마르산(fumarate)을 만든다.

⑥ Fumarase : 이 효소는 fumarate으로부터 L-malate를 생성하기 위해 수화작용을 일으킨다.

⑦ Malate dehydrogenase : 이 효소는 L-malate로부터 2개의 수소를 제거하는 산화반응으로 아세트산을 재생성한다. 이 단계에서도 NADH가 만들어진다.

TCA 회로에 있어서 소량의 옥살로아세트산이 존재한다면 피루브산이 계속적으로 산화된다는 것을 알게 된다. 즉, 옥살로아세트산은 촉매로 작용하고 있다고 할 수 있다. 아미노산 중에서 알라닌(alanine), 아스파르트산(aspartic acid), 글루타민산(glutamic acid) 등은 탈아미노반응에 의해서 각각 피루브산, 옥살로아세트산, α-ketoglutarate로 변화한다. 여기에서 아미노산의 대사는 당대사와 관련이 있음을 알 수 있다. 또한 acetyl CoA는 지방산이나 스테로이드 합성에 쓰이므로 지질대사도 당대사와 관련을 갖게 된다.

3. 전자전달계(electron transport system)

포도당 대사과정에는 해당과정, TCA 회로, 오탄당 인산경로 등이 있다. 혈액을 통해 세포내로 이동된 포도당 1분자는 해당과정, TCA 회로를 거쳐 32 ATP 에너지를 생성한다. 해당과정 동안 포도당 1분자 당 ATP 7분자가 생성된다.

> key word
> • **전자전달계**(electron transport system) 해당 작용과 TCA 회로에서 생성된 NADH와 $FADH_2$가 지니고 있던 전자는 미토콘드리아 내막에 있는 전자전달효소에 차례로 전달되면서 일련의 산화환원반응을 진행시키고 최종적으로 H^+과 함께 산소에 결합되어 물이 되는 경로

그림 3–3에서도 알 수 있는 바와 같이 TCA 회로가 1회전하면 탈수소효소(NAD, NADP, FAD 등)에 의해서 기질에서 이탈된 2원자의 수소이온이 네 군데에서 빠져나오고, 두 군데에서는 CO_2가 빠져나온다.

이 CO_2는 혈액으로 들어간 다음에 폐로 가서 호흡에 의해 체외로 나간다. 네 군데에서 빠져나온 수소이온은 여러 물질을 차례로 넘겨받고 넘겨주는 전자전달계(electron transport system)에 의해서 혈액이 운반해온 산소 1/2 분자와 결합하여 H_2O가 된다.

TCA 회로에서 수소이온이 방출되면서 에너지가 발생하는데, 이 에너지는 고에너지화합물인 ATP에 저장된다. 수소가 NAD에 전자가 이동됨에 따라 방출되는 에너지는 수소 2H마다 2.5 mol의 ATP를 생성하며, 수소가 FAD에 전달될 때에는 1.5 mol의 ATP가 생성된다.

TCA 회로 반응이 일어나기 위해서는 반드시 산소가 필요하고 이 반응이 일어나야만 다량의 에너지가 방출되므로 세포 내에 산소가 존재하는 것은 중요하다. 피루브산은 TCA 회로를 거치면서 ATP 25분자를 생성한다.

• 포도당의 산화에 따른 ATP의 생산량

해당과정과 TCA 회로에서 생성된 잠재적 에너지의 대부분은 전자전달계를 통해서 ATP에 저장되는데, 이 반응은 ATP가 생성되는 미토콘드리아 내에서 진행된다. ATP는 ADP에 인산 1개가 결합된 것인데 이때 인산이 결합될 때의 bond가 다른 화합물의 bond와는 다르게 다량의 에너지를 필요로 하고 또한 다량의 에너지가 저장될 수 있기 때문에 high energy bond라고 부른다.

반대로 ATP에서 인산이 떨어짐으로써 ADP가 될 때에는 결합에 쓰이는 에너지와 같은 양의 에너지를 방출한다. 포도당이 생체 내에서 산화되는 경우의 에너지는 직접 열로 발산되는 것이 아니라 체내에서 근육의 수축, 물질의 합성, 능동 수송 등 에너지를 필요로 하는 화학반응이 일어나는 경우에 원형질 속에서 ATP의 인산 하나가 떨어지면서 방출된 화학에너지가 이용된다. 포도당 1 mol의 산화에서 32분자의 ATP와 6 분자의 CO_2 및 6분자의 H_2O가 생성된다.

표 3-1 포도당 분해에 따른 ATP의 생산량

반 응	ATP 생산량
세포질 내	
• 글루코스의 인산화	−1
• fructose-6-phosphate의 인산화	−1
• 1, 3-diphosphoglycerate(2분자)로부터의 인산 전이	+2
• phosphoenolpyruvate(2분자)로부터의 인산 전이	+2
미콘드리아 내	
• glyceraldehyde-3-phosphate(2분자)의 산화로 생성된 NADH 2분자가 malate shuttle 기구로 미콘드리아 내에 들어가 각각 ATP 2.5분자를 만든다.	+3* +5**
• 피르부산이 acetyl−CoA로 될 때 NADH 2분자가 생성되는데, 이것이 각각 ATP 2.5분자를 만든다.	+5
• succiny−CoA(2분자)가 호박산염으로 되는 과정에서 GTP 2분자를 생성하는데, 이것으로부터 ATP 2분자가 만들어진다.	+2
• TCA회로에서 생성된 NADH 6분자가 각각 ATP 2.5분자를 만든다.	+15
• TCA회로에서 생성된 $FADH_2$ 2분자가 각각 ATP 1.5분자를 만든다.	+3
호기적인 조건하에서 글루코스 1분자로부터 ATP 생성량	+30(32)
혐기적인 조건하에서 글루코스 1분자로부터 ATP 생성량	+2

* 이것은 세포질의 글리세롤 이동경로(근육, 뇌 조직 등)가 작동한 것으로 계산하였다.

** 만약 malate 이동경로(간, 신장, 심장 조직 등)가 수행된다면 세포질의 각 NADH 쌍으로부터 5 ATP가 생성, 전체 ATP수는 30개 대신 32개가 얻어질 것이다.

4. 포도당 신생(Gluconeogenesis)

탄수화물 섭취가 적거나 기아상태에 빠져도 혈당은 일정하게 유지된다. 이것은 당원성 물질에서 포도당이 합성되기 때문이다. 즉, 탄수화물 이외의 물질인 아미노산 · 피루브산 · 젖산 · 글리세롤 · 프로피온산 등에서 포도당이 생성되는데 이것을 포도당 신생(gluconeogenesis)이라고 한다.

> key word
> **• 포도당신생**
> (gluconeogenesis)
> 탄수화물 이외의 물질인 아미노산 · 피루브산 · 젖산 · 글리세롤 · 프로피온산 등에서 포도당이 생성되는 것

포유동물에서는 포도당 신생작용이 주로 간과 신장에서 일어나며 원칙적으로는 해당반응의 가역적 반응이다. 간과 신장에서 포도당 신생 작용이 활발해지면 해당작용은 활성이 떨어지게 된다.

당원성 아미노산(glucogenic amino acid)은 아미노기 전이반응(transamination)이나 탈아미노(deamination)화 되어서 피루브산이나 TCA cycle의 중간대사물질로 될 수 있기 때문에 결국 당원성 아미노산이나 젖산은 포도당이나 글리코겐으로 될 수 있다. 젖산은 피루브산으로 산화된 다음에 미토콘드리아로 들어가서 옥살로아세트산이 되어 포도당으로 바뀐다.

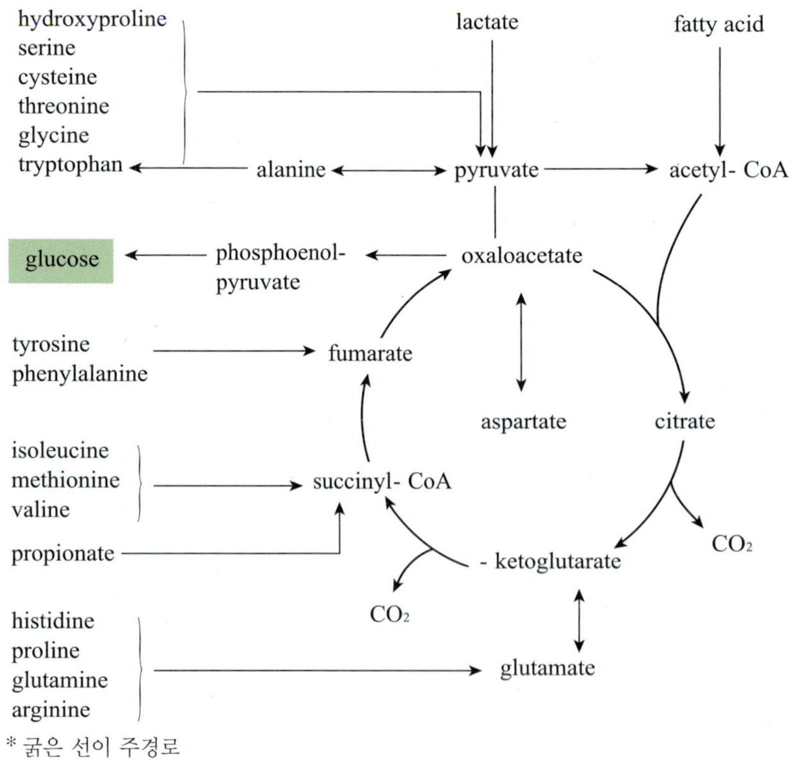

그림 3-4 당신생 경로

과격한 운동 시에 근육이 산소와 포도당의 공급이 불충분한 상태로 대사가 진행되면서 글리코겐을 사용하게 되고 혈액으로부터 포도당을 공급받아 해당과정을 통해 에너지를 얻는다.

즉, 호기적 상태에서 진행되는 TCA 회로로 들어가지 못하고 젖산으로 전환되면, 간은 이 젖산을 이용하여 포도당 신생과정을 통해 포도당을 생성한다. 그리고 합성된 포도당은 다시 혈액을 통해 근육으로 와서 글리코겐으로 저장된다. 이 과정을 젖산 회로 또는 코리(Cori) 회로라고 한다. 이와 같이 코리 회로를 통해 근육이 서로 포도당을 재이용할 수 있으므로 피로회복 과정은 장시간이 요구된다.

근육에서 피루브산은 아미노산 대사를 통하여 배출된 아미노기(–NH_2)와 결합하여 알라닌을 형성하고 혈액을 통해 간으로 이동한다. 탈아미노반응에 의해 피루브산이 되어 포도당을 생성한다. 이러한 반응은 알라닌 회로라고 한다.

5. 글리코겐 대사

key word

• glycogenesis
포도당에서 글리코겐이 생합성 되는 과정

1. 글리코겐의 합성(glycogenesis)

포도당에서 글리코겐이 생합성되는 과정이다. 다음 5가지 과정으로 이루어진다.

① 포도당과 ATP에서 hexokinase나 glucokinase에 의한 glucose-6-phosphate의 생성

② Phosphoglucomutase에 의해 glucose-6-phosphate가 glucose-1phosphate으로 변화

③ Glucose-1-phosphate와 보조효소인 uridine triphosphate(UTP)로부터 UDPG pyrophosphorylase에 의한 uridine diphosphate glucose(UDPG)의 생성

④ 글리코겐합성효소(glycogen synthetase 또는 glucosyl transferase)에 의해 UDPG의 glucose C1이 glycogen primer의 비환원성 말단 포도당의 C4과 α-1,4 결합으로 1분자씩 결합한다. 이때 uridine diphosphate(UDP)가 떨어져 나간다.

⑤ 분지 효소(Branching enzyme)에 의한 α-1,6결합의 생성 위의 반응이 되풀이 되면서 계속적으로 α-1,4 결합사슬이 길어지게 되는데 포도당의 C6~C1 분자가 이어지면 branchingenzyme(또는 amylo-1,4 → 1,6-transglucosidase)이 작용한다. 이 효소는 최소한 6분자의 포도당이 α-1,4결합으로 연결된 glycogen primer를 다른 glycogen primer에 α-1,6 결합형식으로 결합시켜 주는 작용을 가진 효소이다. 이와 같이 글리코겐 합성효소와 분지효소의 계속적인 작용으로 커다란 글리코겐 분자가 형성된다.

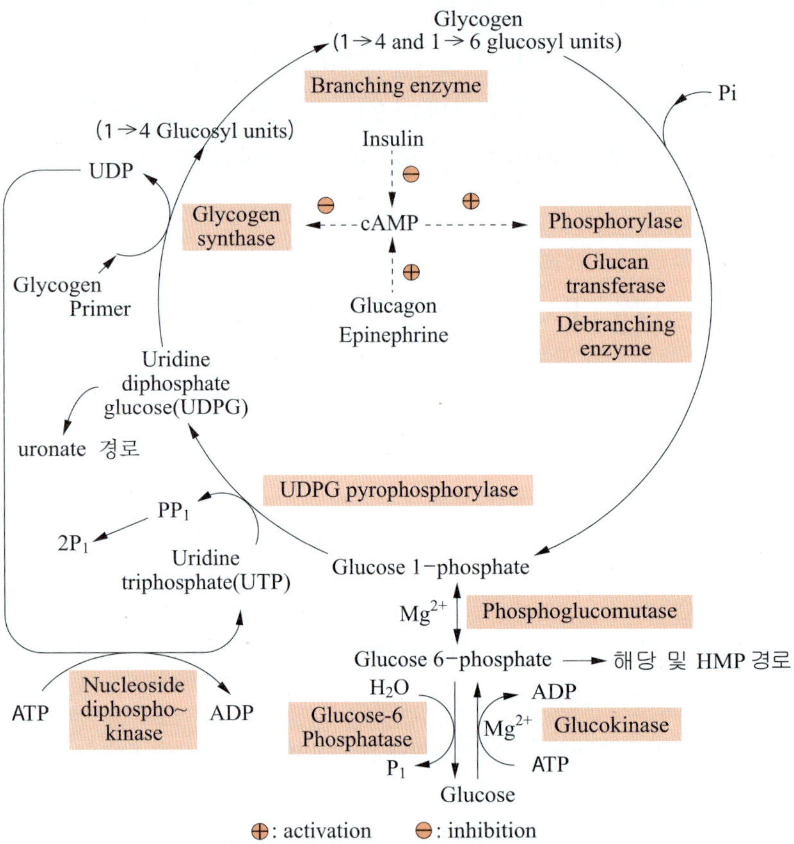

그림 3-5 간에서의 glycogen 생합성 및 분해

2. 글리코겐의 분해(glycogenolysis)

글리코겐의 분해과정이며, 간조직에서는 최종산물이 포도당이고 근육조직에서는 피루브산(pyruvate)와 젖산(lactate)이다. 그림 3-5에서 보는 바와 같이, 글리코겐 분자 중에 α-1,6결합을 자르는 것은 amylo-1,6-glycosidase (debranching enzyme)인데 글리코겐의 완전 분해는 이 두 효소의 작용에 의한다.

포스포릴라아제(Phosphorylase)에 의해 생긴 glucose-1-phosphate는 앞에서 말한 것처럼 phosphoglucomutase에 의해 glucose-6-phosphate이 된다. Glucose-6-phosphate에서 포도당으로 되는 것은 간과 신장에 있는 glucose6-phosphatase에 의한다. 그러나 근육에는 glucose-6-phosphatase가 들어 있지 않다. 유리 포도당은 세포 내에서 세포 외로 확산되어 혈액으로 들어간다. 결국 간조직의 글리코겐은 분해되면 혈당농도를 높이게 된다.

핵심문제 및 해답

*해답 본인 확인용 붉은 셀로판지를 이용하세요.

1. **해당과정(glycolysis)을 간략히 설명하시오.**

   1분자의 포도당($C_6H_{12}O_6$)이 10단계의 반응경로를 통해 피부르산이 되는 과정을 말한다. 즉, EMP(embden−meyerhof pathway)를 거쳐서 포도당이나 글리코겐이 피부르산과 젖산으로 산화되는 과정이다.

2. **TCA 회로(TCA cycle, Kreb's cycle)의 정의를 간단히 쓰시오.**

   TCA 회로는 탄수화물, 지질, 단백질의 일반적인 최종 산화, 대사과정이며 acetyl CoA가 완전 산화되어 CO_2와 H_2O가 되는 과정이다. 고등동물의 생체 내에서 피루브산의 산화를 통해 에너지원인 ATP를 생산하는 과정으로 트라이카복시산회로의 약칭이다.

3. **TCA cycle 중 Isocitrate dehydrogenase의 역할을 설명하시오.**

   이 효소는 isocitrate로부터 CO_2를 제거하여 α-ketoglutarate를 생성하는 산화적탈탄산반응을 일으킨다. 이 반응은 두 단계로 일어나는데 먼저 isocitrate가 옥살로숙신산(oxalosuccinate)으로 산화된다. 이것은 곧바로 CO_2와 α-ketoglutarate로 방출되며 효소는 NADH에 의하여 조절된다.

4. **전자전달계(electron transport system)에 대하여 간략히 설명하시오.**

   해당 과정과 TCA 회로에서 이탈된 전자와 수소가 NADH와 $FADH_2$의 형태로 전자전달효소를 거치면서 산화·환원 과정을 통해 ATP가 생성되는 과정이다.

5. **포도당 신생(Gluconeogenesis, GNG)에 대하여 간략히 설명하시오.**

   탄수화물이 아닌 물질로 포도당을 만드는 대사경로로서 아미노산, 피부르산, 젖산, 글리세롤, 프로피온산 등에서 포도당이 생성되는 현상. 포도당 신생합성은 간과 신장에서만 일어난다.

Chapter 4

지 질 (Lipids)

학습 목표

1. 지질의 종류와 기능적 특성을 설명할 수 있다.
2. 지질의 소화, 흡수과정을 설명할 수 있다.
3. 지단백질을 이용한 지질의 운반을 설명할 수 있다.
4. 지질의 생리적 기능을 설명할 수 있다.
5. 지질과 심혈관계 질환의 관계를 설명할 수 있다.
6. 지질 섭취 실태와 섭취기준에 대해 설명할 수 있다.

지질은 물에 녹지 않고 유기용매에만 녹으며 지방산과 에스테르 결합을 이루고 있는 화합물이다. 중성지방은 동물의 피하조직과 식물의 종자에 함유되어 있고, 신체 내에서는 저장물질인 동시에 효율이 좋은 에너지원이다. 또한 체내에서 생리적 기능에 중요한 필수지방산, 콜레스테롤, 인지질, 지단백질 등이 포함된다.

그러나 혈중 지질농도는 심혈관계질환, 암, 대사증후군 및 비만 등 여러 만성퇴행성질환 발생의 위험 요인이 될 수 있다. 따라서 식사에서의 지질 섭취는 건강증진을 위한 식사지침 및 각종 질환의 예방을 위해 매우 중요하다.

2016 국민건강영양조사 결과에 따르면 지방 섭취량이 지속적으로 증가하고 동물성 지방섭취의 증가, 패스트푸드 섭취량의 증가, 고콜레스테롤혈증 등의 만성질환 유병률이 10년 전에 비해 꾸준히 증가하고 있는 것으로 나타났다. 따라서 지방과 콜레스테롤 섭취량을 한국인 영양소 섭취기준에 맞추어 섭취하며, 지방의 섭취형태를 포화지방 대신에 불포화지방산이나 단일불포화지방산으로 섭취하도록 권고하고 있다.

1. 지질의 분류

지질(lipids)은 물에 녹지 않고 유기용매(ether, chloroform, benzene, acetone 등)에만 녹으며 지방산과 에스테르(ester) 결합을 이루고 있는 화합물이다. 지질은 탄수화물과 같이 주로 탄소, 수소, 산소로 이루어져 있으나 그 비율과 구조는 당질과 다르며 그 밖에 인, 황, 질소 등을 함유하는 것도 있다.

지질은 구성성분에 따라 지방산, 단순지질, 복합지질, 유도지질로 나누고, 지질의 주요성분인 지방산의 종류에 따라 지질의 형상이 달라진다. 복합지질은 에너지원으로 이용되기보다는 세포의 구성성분으로 생리적인 면에서 대단히 중요하다.

Check point

지질의 분류

- 지방산
- 단순지질 : 중성지방, 왁스
- 복합지질 : 인지질, 당지질, 지단백질
- 유도지질 : 스테롤, 글리세린

1. 지방산

지방산(fatty acid)은 카르복실기 −COOH를 가진 탄화수소(hydrocarbon) 사슬로서 R−COOH로 표시하기도 한다. 지질을 구성하는 주요 성분이며, 지방산의 종류에 따라 지질의 형상이 달라진다. 천연에 존재하는 지방산은 거의 전부가 짝수의 탄소원자를 직쇄상으로 결합한 것으로 알파(α) 말단에 카르복실기 −COOH가 있고, 다른 한쪽 끝인 오메가(ω) 말단에는 메틸기 $-CH_3$가 있다.

지방산은 탄소수에 의해 분류하고 이중결합의 유무 · 생체 내의 합성유무에 따라 분류한다.

(1) 탄소수

탄소수에 의한 분류는 소화흡수 과정이 다르다는 데 의의가 있다. 지방산은 이 분류에 의해서 짧은사슬(단쇄)지방산, 중간사슬(중쇄)지방산, 긴사슬(장쇄)지방산으로 나뉜다.

1) 짧은사슬지방산

짧은사슬지방산(short－chain fatty acid : SCFA)은 탄소수가 4~6개인 지방산으로, 길이가 짧기 때문에 매우 빨리 소화되고 혈액을 통해 바로 이동될 수 있다. 버터나 우유와 같은 유제품에 함유된 지방산이 여기에 속하며, 탄소수가 4개인 부티르산(butyric acid)이 있어서 독특한 향기성분을 이룬다.

2) 중간사슬지방산

중간사슬지방산(medium－chain fatty acid : MCFA)은 탄소수가 8~12개로 이루어진 지방산이며, 지방산의 길이가 그리 길지 않아서 포도당만큼 빨리 소화되어 혈액을 통해 바로 이동될 수 있다. 코코넛유나 팜유에 포함된 지방산이 여기에 속한다.

3) 긴사슬지방산

긴사슬지방산(long－chain fatty acid : LCFA)은 탄소수가 14~26개로 이루어진 지방산으로 생체 내에서는 C_{16}, C_{18}, C_{20} 등이 중요하다. 일반적으로 C_{12}~C_{22} 사이의 것들이 가장 보편적이고 중요한 지방산이다. 지방산의 길이가 길어서 소화시간이 가장 오래 걸리며 혈액으로 바로 이동하지 못하고 림프계(lymphatic system)를 통해 이동한다. 쇠고기, 돼지고기, 대부분의 식물성 기름에 함유된 지방산이 여기에 속한다.

(2) 이중결합 수

1) 포화지방산

지방산 분자 내에 이중결합을 갖지 않는 포화지방산(saturated fatty acid : SFA)은 $C_nH_{2n}O_2$나 $C_nH_{2n+1}COOH$의 일반식으로 표시된다. 탄소수가 증가함에 따라 물에 녹기 어렵고 융점이 상승한다. 포화지방산은 일반적으로 동물성 지방에 많으며, 그중에서도 C_{16}의 팔미트산과 C_{18}의 스테아르산(그림 4－1)이 대표적인 포화지방산이다.

포화지방산은 혈중 콜레스테롤 수준을 증가시키는 것으로 알려져 있다. 포화지방산은 버터 등에 들어있는 우유지방, 코코넛유, 팜유, 라드(돼지기름), 쇠고기, 돼지고기 등에 풍부하다.

key word

• **포화지방산**(saturated fatty acid)
분자 내에 이중결합을 갖지 않는 지방산으로 탄소수 16 및 18의 팔미트산과 스테아르산이 가장 일반적인 포화지방산임.

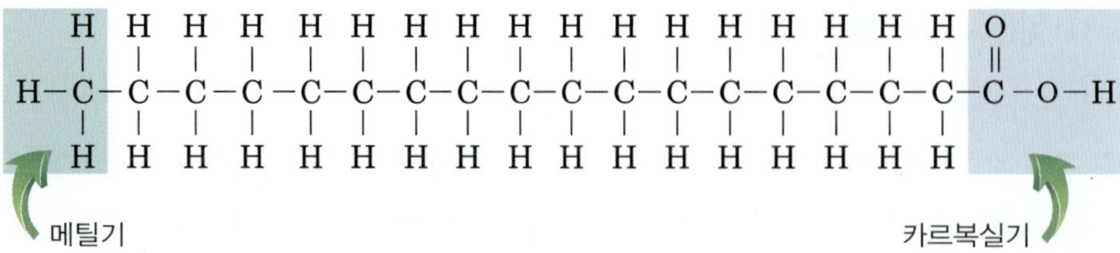

그림 4-1 지방산의 구조(스테아르산)

2) 불포화지방산

일반적으로 불포화지방산(unsaturated fatty acid : USFA)은 융점이 낮아서 실온에서는 액상 유지이다. 이중결합을 함유하고 있으며 일반식은 $C_nH_{2n-2x}O_2$로서 x는 불포화도를 나타낸다. 이중결합수가 많을수록 중합하기 쉬운데, 자연계에서나 생체 내에서 이중결합을 가진 지방산은 매우 불안정하여 산화되기 쉽다. 또한 불포화지방산에 수소나 할로겐을 첨가하면 포화지방산이 되어 융점을 높일 수 있다. 버터나 마가린은 이런 성질을 이용하여 만든 것이다.

자연계의 불포화지방산은 수소원자가 탄소-탄소 이중결합의 같은 쪽에 위치하는 시스(cis)형이 대부분이나 마가린 등과 같이 반대쪽에 위치하는 트랜스(trans)형의 지방산도 있다.

① 단일불포화지방산

단일불포화지방산(monounsaturated fatty acid : MUFA)은 이중결합이 1개인 지방산으로 대표적인 올레산(18:1)은 9번, 10번 탄소 사이에 이중 결합을 이루고 있다(그림 4-2). 단일불포화지방산은 혈중 콜레스테롤 수준을 감소시키는 효과가 있는 것으로 알려져 있으며 올리브유, 유채유(카놀라유), 땅콩유 등에 많이 들어있다.

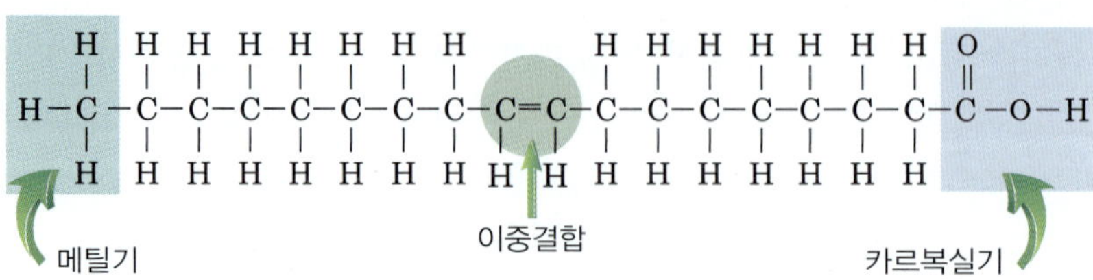

그림 4-2 단일불포화지방산의 구조(올레산)

② 다가불포화지방산

> *key word*
> **• 다가불포화지방산**
> (polyunsaturated fatty acid)
> 이중결합이 2개 이상인 불포화지방산으로 최고 6개까지 알려져 있지만 대부분은 3개 이하임.

2개 이상의 이중결합으로 이루어진 지방산을 다가불포화지방산(polyunsaturated fatty acid : PUFA)이라 부르며, 리놀레산(18:2), α-리놀렌산(18:3), 아라키돈산(20:4) 등이 있다. 다가불포화지방산은 혈중 콜레스테롤 수준을 감소시키는 것으로 알려져 있으며 식용으로 사용하는 유지류 등에 풍부하다.

Check point

*** 지방산의 이중결합 구조가 물리적 성질도 결정!**

포화지방산은 보통 일직선 모양으로 차곡차곡 쌓여 일정한 형태를 갖추고 있는 반면 불포화지방산은 꺾인 모양으로 좀 더 자유로운 형태를 갖는다. 따라서 포화지방산은 상온에서 고체인 동물성기름에 많으며, 불포화지방산은 상온에서 액체인 식물성기름에 많다. 우리 몸 속 세포의 세포막에는 불포화지방산이 풍부하여 세포막의 유연성에 기여한다.

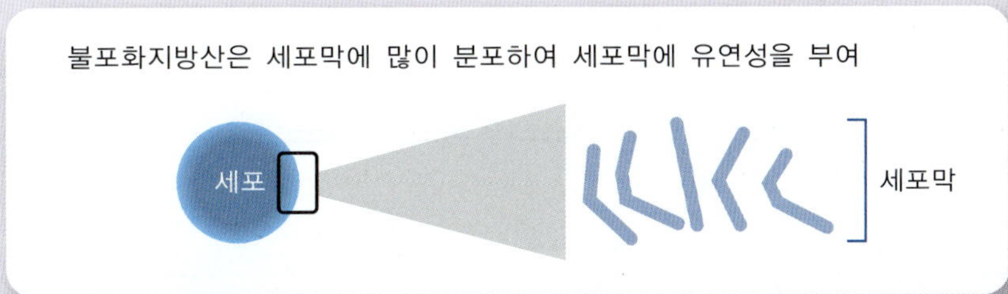

(3) 이중결합 위치

이중결합이 지방산의 메틸기로부터 몇 번째 탄소에 처음 위치하는지에 따라 오메가-3 지방산(ω-3 fatty acid), 오메가-6 지방산(ω-6 fatty acid), 오메가-9 지방산(ω-9 fatty acid) 등으로 구분하기도 한다(그림 4-3).

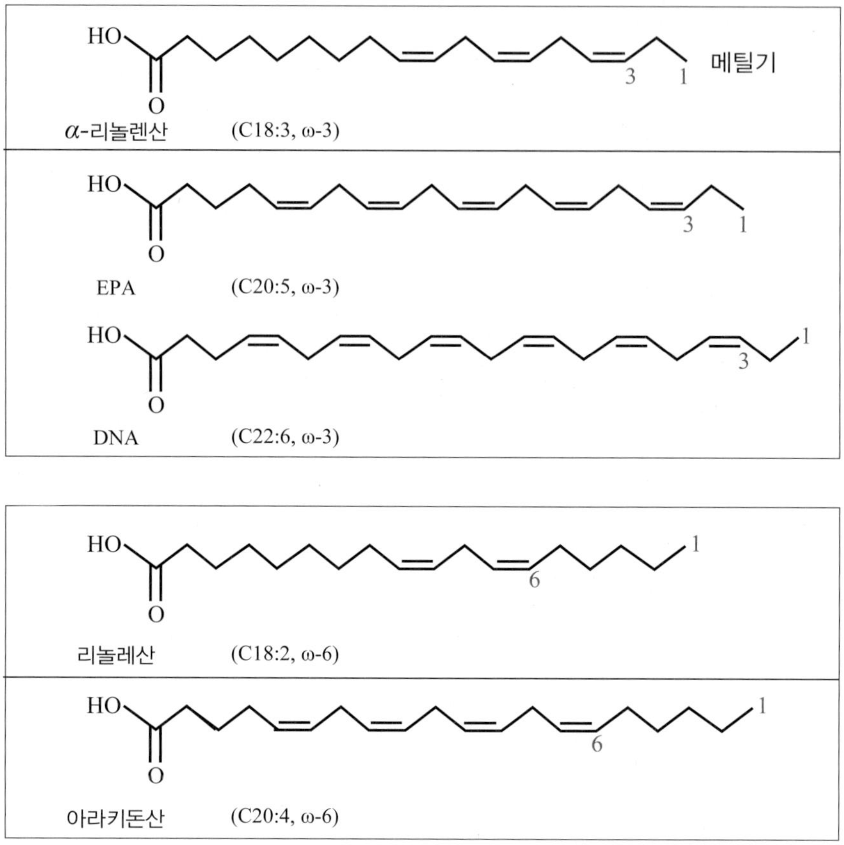

그림 4–3 오메가-3 지방산과 오메가-6 지방산의 구조 및 종류

1) 오메가-3 지방산

이중결합이 메틸기로부터 3번째 탄소에 처음으로 나타나는 지방산들

① α-리놀렌산(α-linolenic acid, ALA)

- 탄소수 18개, 이중결합 3개인 다가불포화지방산으로 필수지방산
- γ-리놀렌산과 구별하기 위해서, α-리놀렌산이라고 명명
- 들기름, 유채유(카놀라유), 아마인유, 잣기름 등에 많이 함유

② EPA(eicosapentaenoic acid)

- 탄소수 20개, 이중결합 5개인 다가불포화지방산
- α-리놀렌산으로부터 생성 가능
- 등푸른 생선 특히 연어, 참치, 고등어, 꽁치, 방어, 정어리 등에 많이 함유

③ DHA(docosahexaenoic acid)

- 탄소수 22개, 이중결합 6개인 다가불포화지방산

key word

- **오메가-3 지방산**(ω-3 fatty acid)

메틸기로부터 3번째 탄소에 이중결합이 처음으로 나타나는 지방산들로 α-리놀렌산, EPA, DHA

• EPA로부터 생성 및 전환 가능
• 등푸른 생선에 많이 함유

2) 오메가-6 지방산

이중결합이 메틸기로부터 6번째 탄소에 처음으로 나타나는 지방산들

① 리놀레산(linoleic Acid)
• 탄소수 18개, 이중결합 2개인 다가불포화지방산으로 필수지방산
• 참기름, 포도씨유, 옥수수유, 해바라기씨유, 홍화유 등에 많이 함유

② 감마리놀렌산(γ-linolenic acid)
• 탄소수 18개, 이중결합 3개인 다가불포화지방산
• 달맞이꽃 종자유, 까막까치밥(black currant), 보라지(borage) 종자유 등에 많으며, 이외에도 콩, 현미, 밀, 목화씨, 해바라기, 옥수수 등의 유지에도 함유.

③ 아라키돈산(arachidonic acid)
• 탄소수 20개, 이중결합 4개인 다가불포화지방산으로 필수지방산
• 리놀레산으로부터 합성 가능
• 육류, 가금류, 난황에 함유

3) 오메가-9 지방산

이중결합이 메틸기로부터 9번째 탄소에 처음으로 나타나는 지방산

① 올레산(oleic acid)
• 탄소수 18개, 이중결합 1개인 단일불포화지방산
• 올리브유의 72%가 올레산이며, 유채유(카놀라유), 동백유에도 많이 함유

(4) 필수지방산

key word

• **필수지방산**
(essential fatty acid)
동물이 정상적인 발육과 기능 유지에 필수적이고 체내에서 합성할 수 없는 지방산으로 리놀레산, α-리놀렌산, 아라키돈산 등임.

필수지방산(essential fatty acid : EFA)은 동물이 생존하는 데 꼭 필요하지만 생체 내에서 합성되지 않으므로 반드시 식품으로 섭취해야 하는 지방산들을 말한다. 그 이유는 포화지방산에서 불포화지방산으로 전환되려면, 간에 존재하는 불포화효소(desaturase)가 필요하나, 포유동물은 9번째 탄소보다 뒤쪽에 위치한 단일결합을 불포화하는 효소가 결핍되어 있기 때문이다.

따라서 오메가-6계인 리놀레산(18:9, 12)과 오메가-3계인 α-리놀렌산(18:9, 12, 15)은 동물체내에서 합성되지 않으므로 필수지방산이라 하며 영양상 중요한 지방

산이다. 아라키돈산은 리놀레산에서 합성되기는 하나 양적으로 불충분하므로 필수지방산으로 간주한다(표 4-1).

표 4-1 지방산의 종류와 함유식품

탄소수류	이중결합	지방산명	표기	함유식품
짧은사슬 지방산	포화	butyric acid	4:0	버터
		Caproic acid	6:0	버터, 팜유
중간사슬 지방산		Caprylic acid	8:0	버터, 팜유, 코코넛유
		Capric acid	10:0	버터, 팜유, 코코넛유
		lauric acid	12:0	코코넛유, 고래기름, 팜유
긴사슬 지방산		Myristic acid	14:0	야자유, 팜유, 버터
		Palmitic acid	16:0	팜유(44%), 버터(30%), 라드(26%), 우지(25%)
		Stearic acid	18:0	우지(17%), 버터(14%), 라드(12%)
	단일 불포화	Oleic acid	18:2(ω6)	올리브유(76%), 아몬드(57%), 카놀라유(58%), 홍화유(58%), 땅콩유(41%)
	다불포화	Linoleic acid	18:2(ω6)	일반 식물유, 특히 참기름, 옥수수유, 포도씨유
		α-linolenic acid	18:3(ω3)	들기름, 카놀라유, 아마인유, 콩기름
		Arachidonic acid	20:4(ω6)	쇠기름, 돼지기름, 간유
		EPA	20:5(ω3)	어유, 등푸른생선
		DHA	22:6(ω3)	어유, 등푸른생선

필수지방산 대사에 관여하는 비타민은 피리독신, 비타민 E, 리보플라빈 등이다. 아라키돈산 합성 시 피리독신이 필요하며, 비타민 E는 다가불포화지방산 함량이 높은 식물성 유에 다량 존재하여 기름의 산패를 막아주는 역할을 한다. 리보플라빈이 결핍된 쥐는 혈청 내의 아라키돈산 농도가 많이 감소되는 것으로 실험결과 나타났다.

필수지방산이 결핍되면 피부에 염증이 생기고 피부가 벗겨지며 위장에 문제가 생기고 면역기능이 손상될 수 있으며, 특히 성장기에는 성장지연이 나타난다. 그 밖에 생식기능장애, 호흡기계 감염, 탈색소, 지방간 등을 초래하는 것으로 보고되고 있다. 가장 중요한 필수지방산인 리놀레산은 총 열량섭취량의 1~2%를 섭취해야 하는 것으로 지방량으로는 2~4g 정도이다.

모유에는 α-리놀렌산이 전체열량 중 6~9% 정도 함유되어 있으므로 모유를 섭취하는 어린이에게는 쉽게 이 필요량이 충당된다.

표 4-2 필수지방산의 종류 및 기능

명 칭	탄소수	이중결합의 수	소 재	기 능
linoleic acid	C_{18}	2	일반 식물성유 (채소 · 종실유)	항피부병인자, 성장인자
linolenic acid	C_{18}	3	아마인유, 콩기름	성장인자
arachidonic acid	C_{20}	4	간유	항피부병인자

2. 단순지질

단순지질(simple lipids)은 지방산과 알코올의 에스테르로서 유지와 납(wax)이 해당된다. 유지(油脂)는 두 종류로 구분하는데, 상온에서 액체상태인 것을 기름(油, oil)이라고 하며, 고체상태인 것을 굳기름 또는 지방(脂, fat)이라고 부른다.

유지는 화학적으로는 3가알코올인 글리세롤(glycerol)과 지방산의 에스테르 형태로 결합한 글리세리드(glyceride)이다. 이것을 산이나 효소 혹은 알칼리로 가수분해하면 글리세롤과 지방산이 된다.

(1) 중성지방

지방산 3분자가 결합되어 있는 것을 중성지방 또는 트리글리세리드(triglyceride : TG)라 하고, 지방산 2분자가 결합되어 있는 것은 디글리세리드(diglyceride : DG), 지방산 1분자가 결합되어 있는 것은 모노글리세리드(monoglyceride : MG)라고 한다(그림 4-4). 일반적으로 글리세롤의 3개의 수산기 중 1번과 3번의 위치에는 포화지방산이, 2번 위치에는 불포화지방산이 결합한다. 디글리세리드와 모노글리세리드는 트리글리세리드가 소화되는 과정에서 생성된다.

중성지방을 구성하고 있는 지방산(짧은사슬지방산, 중간사슬지방산, 긴사슬지방산)에 따라 짧은사슬중성지방, 중간사슬중성지방, 긴사슬중성지방으로 나눈다. 또 트리글리세리드 중에 3분자의 지방산이 같은 것을 단일 글리세리드(single glyceride)라 부르고 3분자가 다른 것을 혼성 글리세리드(mixed glyceride)라고 부르는데, 우리가 섭취하는 대부분의 식용유지에는 일반적으로 혼합 글리세리드 형태로 함유되어 있다.

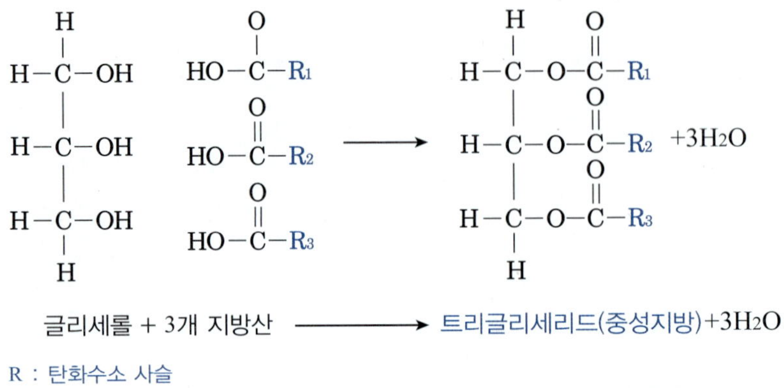

그림 4-4 중성지방의 구조

(2) 왁스

왁스(wax)는 긴사슬지방산에 글리세롤 대신 알코올이 결합된 물질로서, 동물의 피부, 털, 날개, 피부나 모발에 함유되어 있으며 식물 잎이나 사과껍질 등에서 방수의 특성을 나타낸다.

3. 복합지질

복합지질(compound lipids)은 지방산과 글리세롤 이외에 다른 분자군이 결합된 것이다. 인지질, 당지질, 지단백질, 유황지질 등이 있으며, 영양상 중요하다.

(1) 인지질

인지질(phospholipid)은 동 · 식물의 세포막을 구성하는 중요한 성분으로서, 지방산과 글리세롤 및 인산이 결합된 물질이다. 인지질에는 친수성기와 소수성기가 있어서 유화성이 강하며, 혈액 중에서 지질을 수송하고 세포막에서는 물질수송의 조절을 하는 등 중요한 기능을 담당하고 있다.

인지질은 모든 동물체 내에서도 합성되므로 음식물에서 반드시 섭취하지 않아도 무방하다. 레시틴(lecithin), 세팔린(cephalin), 스핑고미엘린(sphingomyelin) 등이 있다.

① 레시틴

레시틴(lecithin : phosphatidylcholine)은 인지질 중에 가장 많이 함유되어 있고, 뇌 · 신경 · 심장 · 간 · 골수 · 난황 · 콩 등에 분포되어 있다.

분자 내에 콜린(choline)을 함유하고 있고 친수성이 크며, 천연유화제로도 쓰인다. 효소인 레시티나아제(lecithinase)의 작용으로 콜린을 분리하는데, 이 콜린은 부신피질, 장점막 및 간에 유리상태로 존재하여 생체기능에 중요하게 작용한다.

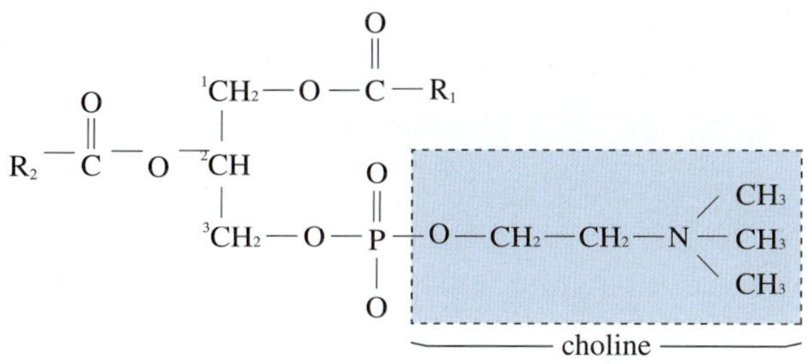

② 세팔린

세팔린(cephalin)은 뇌세포에 다량 함유되어 있고 간과 부신 등에서도 발견된다. 식품으로는 동물의 장기와 난황 속에 함유되어 있다. 레시틴과 비슷하나 콜린 대신에 에탄올아민(ethanolamine)이 결합된 것이다.

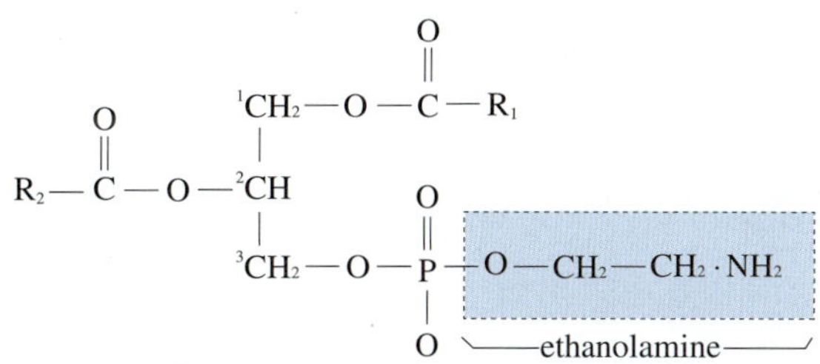

③ 스핑고미엘린

스핑고미엘린(sphingomyelin)은 뇌와 신경조직 속에 함유되어 있다. 분자 중에 글리세롤이 존재하지 않으며, 레시딘 중의 글리세롤 대신에 스핑고신(sphingosine)이라는 불포화 알코올이 함유되어 있다.

(2) 당지질

당지질(glycolipid)은 1분자의 지방산에 당과 스핑고신이 결합된 물질이다. 모든 체조직, 특히 뇌와 같은 신경조직에 많다. 대표적인 물질은 세레브로사이드(cerebroside), 강글리오사이드(ganglioside) 등이다.

(3) 지단백질

대부분의 지질은 물에 용해되지 않으므로 단백질과 결합한 형태인 지단백질(lipoprotein) 형태로 혈액을 통해서 이동한다. 지단백질은 지방대사에 중요한 물질로서 중성지질에 단백질, 콜레스테롤, 인지질이 결합된 것으로 지질의 운반작용을 한다. 이처럼 혈액 중에서 지방을 운반하는 혈청 지단백질을 운반 지단백질이라고 하며, 생체막에 있는 것을 막 지단백질이라고 한다.

key word

- **지단백질**(lipoprotein) 중성지질에 단백질, 콜레스테롤, 인지질이 결합된 것으로 지질의 운반 형태

4. 유도지질

유도지질(derived lipids)은 단순지질 및 복합지질의 가수분해산물로서 유리지방산 이외에 스테롤, 카로틴 색소 등이 있다.

(1) 스테롤

스테롤(sterol)은 지방산과 에스테르를 이루거나 유리 형태로 동 · 식물체에 널리 분포한다. 동물체로는 콜레스테롤(cholesterol), 담즙산이 대표적이고, 식물체로는 에르고스테롤(ergosterol), 시토스테롤(sitosterol) 등이 있다.

① 콜레스테롤

혈액의 성분을 이루고 뇌나 신경세포 속에 특히 많이 존재하며, 체내에서 성호르몬, 담즙산, 부신피질호르몬 등의 원료가 된다. 또한 식품 중에서는 난황에 다량으로 존재한다. 지질대사 · 해독 · 보호 · 조절 등의 주요 생리작용을 하지만, 체내 콜레스테롤 과잉은 신진대사를 방해하며 세포의 활력을 약화시킨다. 또한, 그로 인해 노화를 촉진시켜서 혈관에 축적되면 동맥경화증이 일어난다.

② 담즙산

담즙 중에 함유되어 있는 담즙산(bile acid)은 스테로이드(steroid)핵을 갖는 물질의 총칭이며, OH기의 위치에 따라 여러 가지 담즙산이 있다. 담즙산은 주로 글리신이나 타우린과 결합한 형태로 존재한다. 콜레스테롤의 중요한 대사산물이며, 지질의 유화력을 촉진하여 지질과 지용성 비타민의 소화흡수에 중요한 역할을 한다.

③ 에르고스테롤

식물계에 존재하는 스테롤로서 효모나 표고버섯에 많다. 비타민 D의 전구체로서 에르고스테롤(ergosterol)에 자외선을 조사하면 비타민 D_2가 생성된다. 에르고스테롤은 콜레스테롤의 흡수를 방해하는 작용이 있다고 알려져 있다.

④ 파이토스테롤

식물성 식품에 들어있는 스테롤을 파이토스테롤(phytosterol)이라 부르는데, 콜레스테롤과 유사한 구조이다. β-시토스테롤(β-sitosterol), 스티그마스테롤(Stigmasterol) 등이 있다.

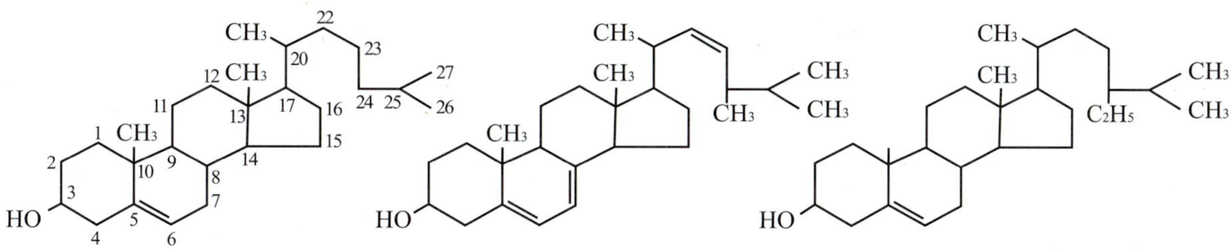

cholesterol　　ergosterol　　β-sitosterol

그림 4-5　일부 스테롤의 구조

2. 지질의 소화와 흡수

1. 지질의 소화

(1) 구강과 위에서의 소화

타액의 지질 분해 효소인 리파아제(lipase)는 일부 지방을 가수분해하는데 주로 짧은사슬지방산이나 중간사슬지방산을 갖는 트리글리세리드(TG)를 디글리세리드(DG)와 유리지방산으로 분해한다. 그러나 음식물이 입 안에 머무는 시간은 짧아서 입 안에서는 지방은 소량만 소화된다. 또한 일상식의 지방은 대부분 긴사슬중성지방이므로 분해작용은 미미하여 트리글리세리드 형태로 그대로 소장으로 넘어간다.

반면에 유즙은 짧은사슬중성지방이나 중간사슬중성지방을 많이 함유하고 있어

유즙에 의존하는 영아는 구강과 위에서의 리파아제의 작용이 중요하다.

(2) 소장에서의 소화

위의 산성 유미즙이 십이지장에 도달하면 세크레틴에 의해 췌장에서 췌액이 분비되고, 콜레시스토키닌에 의해 담낭에서 담즙이 십이지장 상부로 분비되고, 소장에서도 장액이 분비된다(표 4-3). 이들 소화액 중에 함유된 효소에 의해 영양소는 소장을 통과하면서 저분자의 물질로 소화가 이루어진다.

표 4-3 소화를 조절하는 호르몬

종류	분비기관	분비 자극 물질	작용
가스트린	위	• 위 속에 있는 식품과 다른 물질, 특히 단백질, 카페인, 향신료, 알코올	• 위 속에 있는 효소와 위액분비촉진 • pH 2.0 이하가 되면 분비를 정지한다.
세크레틴	소장	• 소장으로 유입되는 위산의 함량	• 췌액분비와 췌액 속의 효소량을 높이는 작용 • 소장상부로 분비되는 췌장액 속에 중탄산나트륨을 분비하게 하고, 위수축을 감소한다.
콜레시스토키닌	소장	• 식품, 특히 소장상부에 있는 지방과 단백질	• 담낭을 수축시켜 소장상부로 담즙을 분비하게 한다(효소와 중탄산이온이 풍부한 췌장액을 소장으로 분비하게 한다).
위억제 펩티드	소장	• 소장 내 포도당, 지방	• 지방이 십이지장에 닿으면 위액의 분비와 위운동을 억제시킨다.

Check point

췌액의 역할

① 췌장에서 소장으로 분비되는 소화액으로서, 세크레틴(secretin)이라는 호르몬에 의해 분비가 촉진된다. 약 알칼리성(pH 7.0～8.6)으로 당질, 지질, 단백질을 분해하는 강력한 효소가 함유되어 있어 소화의 중심적 역할을 한다.

② 중탄산염이온($NaHCO_3$)을 함유하여 장 내용물의 pH를 6.5로 높여 리파아제의 활성 및 단백질분해효소의 활성을 증가시킨다.

③ 지방질분해효소인 췌장 리파아제(pancreatic lipase), 인지질을 분해하는 췌장 인지질분해효소(phospholipase), 콜레스테롤을 분해하는 췌장 콜레스테롤에스테라아제(cholesterolesterase) 등을 함유하고 있다.

④ 비활성화된 지방분해조효소(colipase)가 분비되는데, 약 100개의 아미노산으로 구성되어 있다. 소장에서 췌장 트립신에 의해 활성화 되어 췌장 리파아제의 작용을 돕는다.

⑤ 기타 : 당질분해효소인 췌장 아밀라아제(pancreatic amylase)와 단백질분해효소인 trypsin, chymotrypsin, carboxypeptidase을 함유하고 있다.

Check point

• 담즙의 기능

① 간에서 생성되고 담낭에서 농축되어 십이지장에서 분비되는 약알칼리성(pH 7.8 정도) 소화액으로 위산을 중화시키고 콜레스테롤이나 약물 · 독물 · 색소 등을 배설하는 기능을 한다.

② 주성분으로는 약 83%의 수분과 담즙산염 10% 정도와 기타 콜레스테롤, 인지질, 담즙색소, 뮤신 등이 들어있다.

③ 담즙산은 지방을 유화시키고 리파아제(lipase)의 작용을 받기 쉽게 하며, 지용성 물질의 흡수를 도와주는 작용이 있어서 고지방, 고단백 식사를 하면 분비량이 증가한다.

④ 담즙의 분비는 소장 호르몬인 콜레시스토키닌(cholecystokinin)에 의해 조절된다.

1) 중성지방의 소화

일반적으로 하루 식사에서 섭취되는 지질의 양은 25~160g 정도로 다양하다. 이 지질의 대부분은 트리글리세리드(TG) 형태로 되어 있으며, 췌장 리파아제(pancreatic lipase)에 의해 소화과정이 이루어진다. 트리글리세리드에 결합하고 있는 지방산 종류에 따라 짧은사슬중성지방, 중간사슬중성지방, 긴사슬중성지방으로 나눠지며 이들의 소화과정은 다음과 같이 진행된다.

key word

• 지단백질 지방분해효소(lipoprotein lipase) 지방조직이나 근육조직 등 조직의 말초혈관에 국한되어 나타나며 간에는 존재하지 않음. 킬로미크론이나 VLDL에 포함되어 있는 트리글리세리드를 분해해서 유리지방산과 글리세롤을 생성.

Check point

• 췌장 리파아제의 소화작용

트리글리세리드(TG)
리피아제 → 디글리세리드(DG) + 유리지방산
리피이제 → 모노글리세리드(MG) + 유리자방산
리피아제 → 글리세롤 + 유리지방산

*유리지방산 : 짧은사슬지방산 또는 중간사슬지방산 또는 긴사슬지방산

① 짧은사슬 중성지방과 중간사슬 중성지방의 분해

유즙의 유지방이나 코코넛유와 같이 짧은사슬이나 중간사슬중성지방은 소장에서 지방분해효소인 췌장 리파아제에 의해 글리세롤과 유리지방산으로 쉽게 가수분해 된다.

• 지방의 소화 분해산물 1

짧은사슬, 중간사슬중성지방 ⟶ 글리세롤 + 짧은사슬, 중간사슬지방산

② 긴사슬 중성지방의 분해

일상식에서 흔히 섭취하는 소수성의 긴사슬중성지방은 물에 불용성이므로 소화효소의 작용을 위해서는 먼저 유화되어야 한다. 담즙산이 지방의 유화제 역할을 함으로써 지방 덩어리를 작게 부수어 감싸 미세입자로 안정화한다. 또한 췌장에서 분비되어 소장에서 활성화된 지방분해조효소(colipase)는 췌장 리파아제와 복합체를 이뤄 지방입자에 접근해 긴사슬중성지방의 가수분해를 시작한다.

긴사슬중성지방은 췌장 리파아제의 작용을 받게 되면, 트리글리세리드(TG)의 1번과 3번의 에스테르결합을 가수분해하여 2-모노글리세리드(2-MG)를 생성한다. 모노글리세리드는 유리지방산과 글리세롤로 완전히 가수분해 되어야하나 이 과정은 비교적 천천히 일어난다. 즉 약 80%는 모노글리세리드(MG)까지 분해되고, 지방산과 글리세롤로 완전히 가수분해되는 비율은 약 20% 정도이다. 따라서 소장에서 긴사슬중성지방의 주된 소화생성물은 2-MG와 긴사슬중성지방산이다.

• 지방의 소화 분해산물 2

긴사슬중성지방 ⟶ 2-MG + 긴사슬지방산

2) 인지질의 소화

인지질은 일부 소화되지 않은 채 흡수되기도 하지만, 대부분의 인지질은 췌장 인지질분해효소(phospholipase A2)에 의해 분해된다(그림 4–7). 췌장 인지질분해효소는 인지질의 2번 위치에 있는 지방산의 에스테르 결합을 가수분해하여 리소인지질(lysophospolipid)과 유리지방산을 생성한다.

key word

• **인지질분해효소** A2 (phospholipase)
인지질을 가수분해하여 리소인지질과 유리지방산을 생성

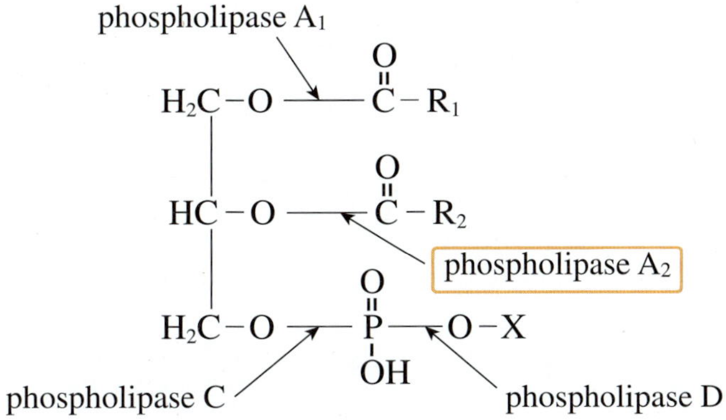

그림 4-6 췌장 인지질분해효소(phospholipase A_2)의 작용

• 지방의 소화 분해산물 3

인지질 ⟶ 리소인지질 + 긴사슬지방산

3) 콜레스테롤의 소화

식품으로 섭취하는 대부분 콜레스테롤은 지방산과 에스테르 결합된 콜레스테롤 에스테르 형태이다. 콜레스테롤에스테르는 췌장 콜레스테롤에스테라아제(cholesterolesterase)에 의해 유리콜레스테롤과 유리지방산으로 분해된다.

• 지방의 소화 분해산물 4

콜레스테롤에스테르 ⟶ 콜레스테롤 + 유리지방산

한편, 십이지장으로 분비된 담즙산은 유화역할을 한 후 대부분(95%) 회장에서 재흡수되어 문맥을 통해 간으로 돌아간다. 이를 장간순환이라 한다.

Check point

담즙산의 장간순환(enterohepatic circulation)

장과 간에 관련된 담즙산의 대사순환계이다. 간에는 항상 3~5g의 담즙산이 저장되어 있고 담낭을 거쳐서 담즙에 함유되어 장으로 분비된다. 장내에서 담즙산은 지질을 미셀화하여 분해 및 흡수를 돕는 기능을 수행한 후, 회장에서 약 95%가 재흡수되어 문맥을 통해 간으로 되돌아가는 순환을 하루에 6~10회 한다. 회장에서 흡수되지 않은 약 5%의 담즙산은 대변으로 혼입되어 배설되는데 이로 인해 콜레스테롤이 체외로 배출될 수 있다.

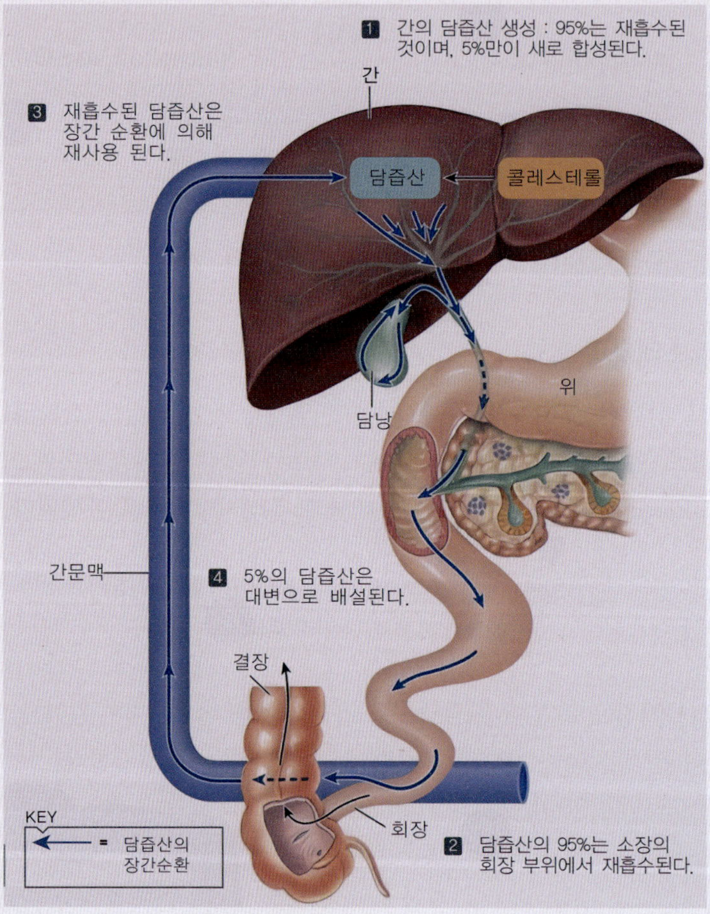

2. 지질의 흡수

지질의 소화과정으로 인해 생성된 최종 소화 분해산물인 글리세롤, 지방산(짧은사슬 · 중간사슬 · 긴사슬지방산), 모노글리세리드, 리소인지질, 콜레스테롤은 담즙과 함께 복합미셀을 형성한 후, 소장 벽을 덮고 있는 물 층을 통과한다. 상피세포 가까이 이동한 후 세포 안팎의 농도차에 의한 단순확산을 통해 세포 내로 흡수되며 소장 융모의 점막세포 안으로 흡수된다.

• **소장 점막세포로 흡수된 지방의 최종 소화 분해산물들**(1+2+3+4)
글리세롤, 지방산(짧은사슬 · 중간사슬 · 긴사슬 지방산), 모노글리세리드, 리소인지질, 콜레스테롤

소장에서의 영양소 흡수 및 운반은 두 가지 경로로 진행된다.

① **수용성 영양소 흡수 운반 경로** : 모세혈관에서 흡수되어 문맥을 거쳐서 간으로 운반된다.
② **지용성 영양소 흡수 운반 경로** : 유미관(장간막이나 소장 안쪽의 융모 등에 분포된 림프관으로 림프액이 흐름)에 흡수되어 림프관이나 흉관을 거쳐서 혈액순환계로 합쳐져 운반된다.

지질은 주로 공장과 회장의 상부에서 흡수되며, 지질의 소화와 흡수는 매우 효율적이어서 섭취한 지질의 약 95%가 흡수되며, 지방산의 사슬길이에 따라 위의 두 가지 경로를 모두 이용하게 된다(그림 4−7).

(1) 짧은사슬지방산, 중간사슬지방산의 흡수방법

짧은사슬지방산과 중간사슬지방산은 수용성인 글리세롤과 함께 수용성 영양소 흡수 운반 경로를 따라 진행된다. 즉 킬로미크론(chylomicron)을 형성하지 않고 대부분 융모 안의 모세혈관으로 들어와 혈장 단백질인 알부민과 결합한 상태로 간문맥을 통해 간으로 직접 운반된다. 또한 이 지방산들은 체내에 저장되기보다 에너지원으로 사용된다.

• **지질의 흡수 1. 짧은사슬지방산, 중간사슬지방산**

소장 점막세포로 흡수 ⟶ 소장 모세혈관 ⟶ 간문맥 ⟶ 간

(2) 긴사슬지방산, 모노글리세리드, 리소인지질, 콜레스테롤의 흡수방법

대부분의 모노글리세리드는 융모의 점막세포 내에서 긴사슬지방산(C수 14개 이상)과 다시 결합하여 트리글리세리드(triglyceride)로 재합성한다. 리소인지질이나 콜레스테롤도 융모의 점막세포 내에서 지방산과 다시 결합하여 인지질과 콜레스테롤 에스테르를 재합성한다.

재합성된 트리글리세리드는 콜레스테롤, 인지질, 단백질과 결합하여 킬로미크론이 되고, 림프관과 흉관을 거쳐 정맥으로 운반된다.

• 지질의 흡수 2. 긴사슬지방산, 모노글리세리드, 리소인지질, 콜레스테롤

모노글리세리드 + 긴사슬지방산 ⟶ 트리글리세리드
리소인지질 + 긴사슬지방산 ⟶ 인지질
콜레스테롤 + 긴사슬지방산 ⟶ 콜레스테롤에스테르
} 킬로미크론 형성 ⟶ 소장의 유미관 ⟶ 림프관 ⟶ 흉관 ⟶ 간

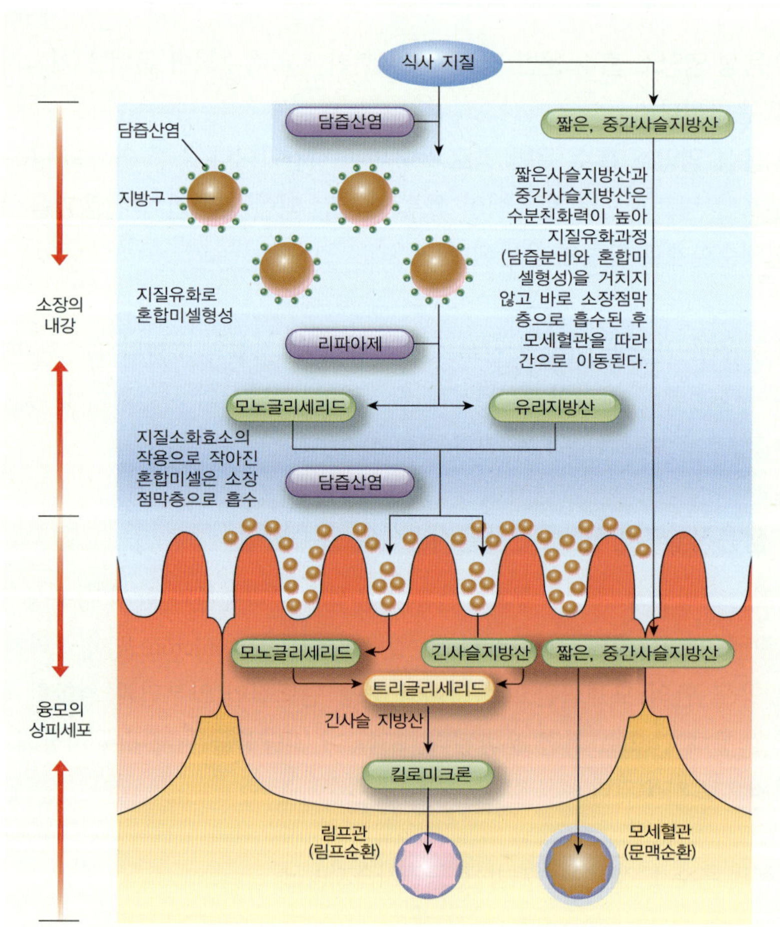

그림 4-7 지질의 흡수과정

Check point

중간사슬중성지방(medium-chain triglyceride, MCT)

탄소수 8~12개인 지방산을 포함하고 있는 지방을 말한다. 자연에 존재하는 지방을 구성하고 있는 지방산은 대부분이 탄소수 14개 이상인 긴사슬 지방산이지만, 우유지방, 코코넛유 등에는 중간사슬 지방산이 있다. 중간사슬 지방산은 물에 약간 용해되는 성질을 갖고 있으므로, 소화 · 흡수 시 담즙산이나 지방질분해효소인 췌장 리파아제가 반드시 필요하지는 않다. 따라서 킬로미크론을 만들지 않고 문맥을 거쳐 간으로 직접 운반되어 쉽게 산화된다.

MCT 오일은 담도계 질환이나 췌장질환 등으로 지방 흡수에 어려움이 있는 환자나 일부 고지혈증 환자 등의 식사요법에 사용될 수 있다. 즉 조리용 기름으로 MCT 오일을 사용하면 지방의 흡수와 대사에 도움을 줄 수 있다. 반면에 MCT 오일은 대부분 코코넛유에서 추출하므로 포화지방산 함량이 높은 점을 유의하여야 하며, MCT 오일은 필수지방산의 공급원이 아니므로 지방 섭취량의 일부를 공급하는 정도로 이용하는 것이 바람직하다.

Nutrition Facts

Serving Size: Per 1 tablespoon (15 mL)
Servings Per Container: Approximately 63

Amount Per Serving	
Calories 135	Calories from Fat 135
	% Daily Value*
Total Fat 15g	23%
Saturated Fat 15g	75%
Cholesterol 0mg	0%
Sodium 0mg	0%
Total Carbohydrates 0g	0%
Protein 0g	0%

* Percent Daily Values are based on a 2,000 calorie diet. Your daily values may be higher or lower, depending on your calorie needs.

Ingredient: Coconut Medium-Chain Triglycerides

3. 지질의 운반

1. 지단백질의 종류와 특성

혈청 지단백질은 간이나 소장에서 합성되며, 킬로미크론(chylomicron), 초저밀도 지단백질(very low density lipoprotein, VLDL), 저밀도 지단백질(low density lipoprotein, LDL), 고밀도 지단백질(high density lipoprotein, HDL)의 4종류로 나뉜다.

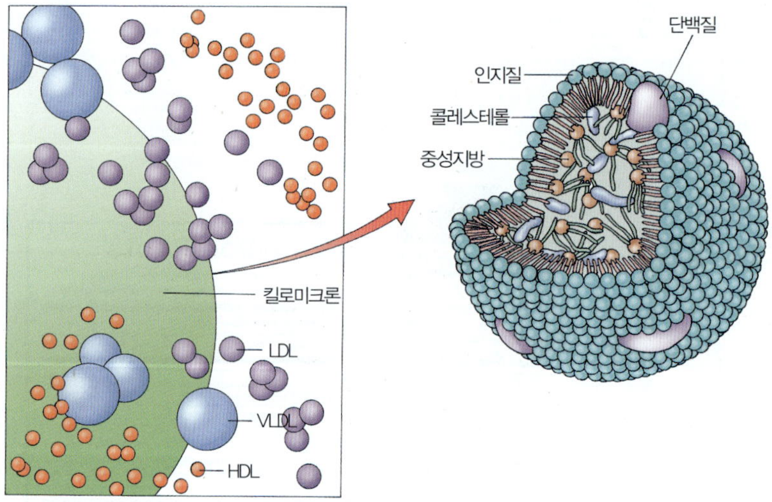

그림 4-8 지단백질의 구조

지단백질의 크기는 소장에서 생성되는 킬로미크론의 크기가 가장 크며, VLDL, LDL, HDL 순으로 작아진다. 중성지방 함량이 많을수록 밀도는 작고 아포단백질의 함량이 많을수록 밀도는 커지므로, 단백질 함량이 가장 많은 HDL의 밀도가 가장 크고, LDL, VLDL, 킬로미크론 순으로 작아진다.

지단백질은 한 가지 이상의 아포단백질(apolipoprotein)을 갖고 있으며, 각 지단백질의 주요 아포단백질로는 킬로미크론의 apo B-48과 A, C, VLDL과 LDL의 apo B-100, HDL의 apo A가 있다.

표 4-4 혈청 지단백질의 종류와 특성

구분	킬로미크론	VLDL	LDL	HDL
지름(Å)	1,000~10,000	300~800	250~350	50~120
조성비(%) 지질 인지질 콜레스테롤 단백질	 86 7 5 2	 55 18 19 8	 6 22 50 22	 4 25-30 16-24 40-55
아포지단백	B-48, A, C	B-100, C, E	B-100	A, C, E
주요 지질	식사성 중성지방(외인성)	간에서 합성된 중성지방(내인성)	식사성이거나 간에서 합성된 콜레스테롤(식사성+내인성)	각 조직세포에서 사용하고 남은 콜레스테롤
생성 장소	소장	간	혈중에서 VLDL로 부터 전환	간
역할	음식으로 섭취한 중성지방을 소장에서 근육, 지방조직으로 운반	내인성 중성지방을 간으로부터 근육과 지방조직으로 운반	콜레스테롤을 조직으로 운반	조직의 여분의 콜레스테롤을 간으로 운반(콜레스테롤을 담즙산으로 하여 배설을 촉진)

2. 지단백질의 이용

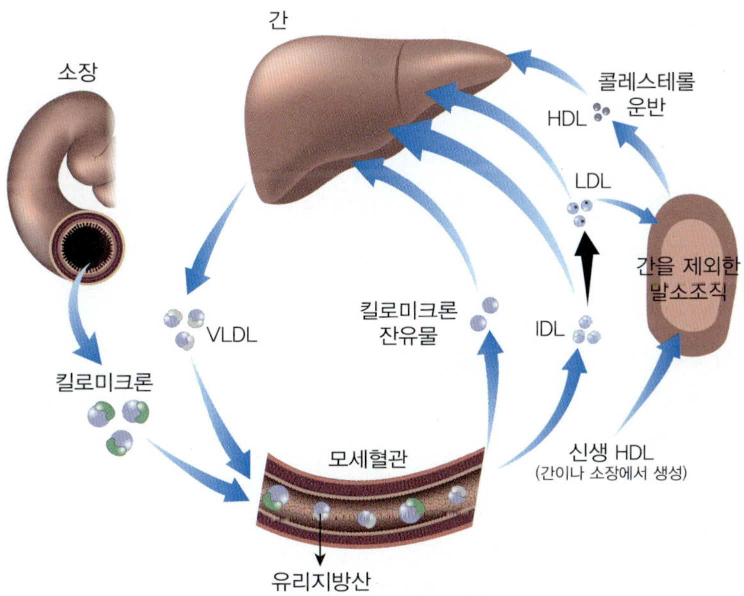

그림 4-9 지단백질의 이동경로

(1) 킬로미크론

킬로미크론은 식후 소장점막에서 합성되어 식사로 섭취한 지질(외인성)을 이동시켜준다. 따라서 킬로미크론은 혈장 중에 항상 존재하는 것이 아니고(공복상태에서는 발견되지 않음) 지방식을 한 후에 보이게 된다. 이때 단백질 apo B-48과 결합하여 림프관을 거쳐서 혈액에 들어가므로 혈액 속의 지단백질 중 가장 많은 부분을 차지하며 밀도가 가장 낮다.

① 소장에서 합성된 킬로미크론은 혈류를 따라 중성지방을 운반하는데, 간 이외 조직(근육과 지방조직)의 모세혈관 내피세포에 있는 지단백질 지방분해효소(lipoprotein lipase : LPL)의 작용에 의해 유리지방산이 방출되어 이들 조직세포 안으로 들어간다. 유리지방산은 조직(주로 근육세포) 안으로 들어가 에너지원으로 이용되며, 남는 것은 지방조직에 중성지방 형태로 저장된다.

② 조직에서 취해간 후 남은 소량의 중성지방과 콜레스테롤에스테르와 인지질을 가진 킬로미크론 잔유물(chylomicron remnant)은 간으로 이동한다. 간으로 들어온 소량의 식사성 지방은 에너지원으로 이용되거나 간에서 중성지방을 합성한다.

(2) VLDL

VLDL은 간에서 지방산이나 당질과 같은 다양한 전구물질에서 합성한 지방(내인성)을 각 조직세포로 운반해 준다.

① 간에서 합성된 중성지방, 콜레스테롤, 인지질, 아포단백질로 VLDL을 생성하여 혈중으로 방출한다. 킬로미크론과 마찬가지로 혈중 VLDL은 근육이나 지방조직의 지단백질 지방분해효소(LPL)에 의해 유리지방산을 방출하게 된다. 유리지방산은 조직(주로 근육세포) 안으로 들어가 에너지원으로 이용되며, 남는 것은 지방조직에 중성지방 형태로 저장된다.

② 이 과정을 거치면서 VLDL은 점차 크기가 작아지며, 중성지방의 함량이 줄고 콜레스테롤의 비율이 높아진 IDL(intermediate density lipoprotein)을 거쳐 LDL로 전환된다.

(3) LDL

LDL은 VLDL이 혈관 내에서 분해되어 만들어지는 것으로, 콜레스테롤 에스테르 함량이 가장 많은 지단백이다. VLDL과 함께 동맥경화증의 원인이 되는데,

이는 대부분의 콜레스테롤을 간에서 조직으로 운반하기 때문이다.

① LDL은 apo B-100에 대한 수용체가 있는 간이나 다른 조직으로 들어간다. 조직세포로 운반된 콜레스테롤에스테르는 가수분해되어 콜레스테롤을 방출하여 호르몬 등 다양한 물질을 합성하는 등 여러 용도에 이용한다.

② LDL이 많이 생성되거나, 유전적으로 조직의 LDL 수용체(apo B-100)가 결핍된 경우, 조직으로 LDL이 들어가는 속도가 느려져 혈중 LDL 농도가 높아진다. 혈중 LDL 농도 증가는 플라크(plaque)를 형성하여 혈관의 탄력성이 저하되고 혈관을 좁게 함으로써 동맥경화증이나 관상동맥 심장질환의 발생 위험을 높일 수 있다.

Check point

산화 LDL과 동맥경화증

심혈관질환의 원인 중에서 가장 중요한 것은 동맥경화증(arteriosclerosis)이다. 동맥경화증의 특징은 동맥의 내피(intima)에 지질이 축적되고 염증반응이 일어나 플라크가 형성되는 것이다. 플라크는 동맥을 협소화시키고, 좁아진 동맥은 혈전에 의해 막히는 경우 쉽게 파열되어 심혈관 질환을 일으킬 수 있다.

① 혈중 LDL 농도가 높아지면 LDL이 혈관 내피세포 아래로 침투한다.

② 내피세포 내에 많은 양의 LDL이 축적되면 산화 LDL이 생성되며 대식세포들이 모여들어 국부적인 염증반응을 일으키게 된다.

③ 대식세포는 청소수용체(scavenger receptor)를 이용하여 산화 LDL을 집어삼키면서 지방방울로 채워진 거품세포(foam cell)로 변형된다. (일반적으로 병원체를 탐식한 대식세포는 다른 곳으로 이동하는 것이 상례이지만, 거품세포는 산화 LDL을 삼킨 후에도 그 자리를 떠나지 않기 때문에 정상적인 생물학적 기능을 상실한다.)

④ LDL입자를 포식한 거품세포는 결국 괴사되고 괴사된 자리에 콜레스테롤 결정(cholesterol ester crystal)만 남게 되고 이 주변으로 혈관 평활근세포가 모여들어 플라크를 생성한다.

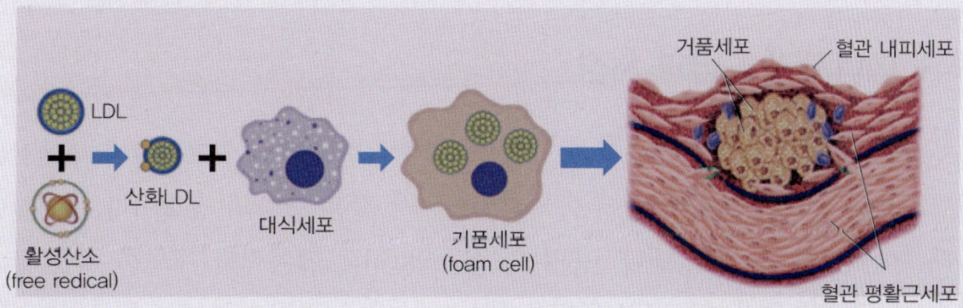

(4) HDL

HDL은 간과 소장에서 합성되어 분비되는데, 말초조직의 콜레스테롤을 간으로 옮기는 역할을 한다.

① 간과 간 이외 조직에서 사용하고 남은 콜레스테롤은 혈액으로 방출된다.

② 신생 HDL 표면에 존재하는 레시틴-콜레스테롤 아실전이효소(lecithin-cholesterol acyl transferase : LCAT)의 작용으로 혈중의 유리콜레스테롤을 에스테르화시켜 HDL로 이동시킨다. (간에서 만들어진 HDL은 납작한 원판형이지만 콜레스테롤에스테르가 원판형 HDL 속으로 들어가면서 점차 커져 모양이 둥글게 된다).

③ 이렇게 형성된 HDL은 간의 HDL 수용체에 결합하여 간으로 들어가고, 운반된 콜레스테롤은 담즙산 합성에 이용된다. 담즙 형태로 분비된 콜레스테롤은 대변을 통해 배설될 수 있다. 따라서 HDL은 말초조직의 콜레스테롤을 배설시키는 항동맥경화성 지단백으로 알려져 있다.

Check point

지단백질 역할을 돕는 혈중 효소

- 지단백질 지방분해효소(lipoprotein lipase : LPL) : 킬로미크론과 VLDL의 중성 지방을 가수분해
- 레시틴-콜레스테롤 아실전이효소(lecithin-cholesterol acyl transferase : LCAT) : 콜레스테롤을 콜레스테롤에스테르로 전환시키는 효소. 혈중 콜레스테롤이 간으로 운반될 수 있도록 혈중 콜레스테롤을 HDL에 결합시키는 역할

4. 지질의 생리적 기능

1. 에너지의 공급과 저장

지질은 주로 동물의 피하조직과 식물의 종자에 함유되어 있고, 신체 내에서는 저장물질인 동시에 효율이 좋은 에너지원으로서 같은 중량의 당질이나 단백질에 비해 2배 정도의 열량을 낸다. 유지류 1g당 9kcal의 에너지를 내므로 적은 양으로 많은 열량을 얻을 수 있다. 열량을 내는 구성원소인 탄소와 수소의 함량이 탄수화물(C : 44%, H : 6%, O : 49%)보다 지질(C : 77%, H : 12%, O : 11%)에 훨씬

많기 때문이다.

2. 필수지방산의 공급

필수지방산인 리놀레산은 항피부병 효과가 있을 뿐만 아니라 동물의 성장을 촉진하는 작용도 있다. 필수지방산은 식물성 유지에 많으며, 유지류는 지용성 비타민을 용해시키므로 기름의 조리 시에 이용하면 이 비타민의 흡수율을 높일 수 있다. 비타민 A의 전구체인 녹황색 채소는 기름을 이용할 때 효과적으로 흡수될 수 있다.

3. 체온유지 및 주요 장기의 보호

체지방조직의 약 반 정도가 피하지방으로 체온유지를 위한 보호벽의 기능을 하며, 나머지 반 정도는 주요 내장기관을 외부에서 오는 충격으로부터 보호하는 작용을 한다.

4. 체구성 성분

인지질 및 콜레스테롤은 세포 중 특히 뇌 · 신경계통에 많이 함유되어 중요한 기능을 하며, 지방조직, 세포막, 호르몬 등의 구성성분이 된다.

5. 생리기능의 조절

(1) 아이코사노이드의 합성

오메가-3계 지방산인 α-리놀렌산으로부터 EPA와 DHA가 합성될 수 있으며, 오메가-6계인 리놀레산으로부터 감마리놀렌산과 아라키돈산 등이 합성될 수 있다. 이 과정은 이중결합을 만드는 불포화효소(desaturase)와 탄소사슬의 길이를 늘리는 효소(elongase)에 의한다.

필수지방산이 대사되는 동안에 생성되어 나온 탄소수 20개의 불포화지방산들 디호모감마리놀렌산, 아라키돈산, EPA로부터 유도된 물질들을 총칭하여 아이코사노이드(eicosanoids)라고 한다. 프로스타글란딘(prostagrandin, PG), 프로스타사이클린(prostacyclin, PGI), 트롬복산(thromboxane, TX), 류코트리엔(leukotriene, LT) 등이 여기에 속한다.

아이코사노이드 합성을 위해 세포막 인지질에 결합된 탄소 20개의 지방산들은 인지질분해효소(phospholipase A_2)에 의해 인지질에서 떨어져 나온 후 고리산소화효소(cyclooxygenase)에 의해 아이코사노이드들로 전환이 된다.

① **프로스타글란딘**(PG) : 다가불포화지방산으로부터 동물의 조직 내에서 합성되며 호르몬과 같은 강력한 생리적 활성을 지닌 물질로, "국소호르몬" 또는 "호르몬 유사화합물"이라고도 하듯이 체내에서 호르몬처럼 작용한다. 다른 호르몬과는 달리, 프로스타글란딘은 합성된 장기나 세포 내에서 작용한다. 프로스타글란딘의 기능은 매우 다양하여 염증촉진, 혈관확장, 혈압강하, 혈액응고, 위액 분비억제, 신장에서 요생성 조절, 자궁이나 난소의 기능조절 등을 한다.

② **프로스타사이클린**(PGI) : 동맥이나 정맥 혈관벽의 내막에서 합성되며, 혈소판의 응집을 억제(항혈전)하고 혈관을 이완시키는 작용이 있다.

③ **트롬복산**(TX) : 혈소판에서 합성되며, 혈소판의 응집과 혈전형성을 촉진하고 혈관을 수축시키는 작용이 있으며, 프로스타사이클린에 대해 길항 작용을 한다.

④ **류코트리엔**(LT) : 백혈구, 혈소판, 대식세포(macrophage)에서 합성된다. 염증과 알레르기 반응에 관여하고 평활근에 지속적인 수축을 일으켜서 기관지 근육을 수축시키고, 소장의 운동을 항진시킨다.

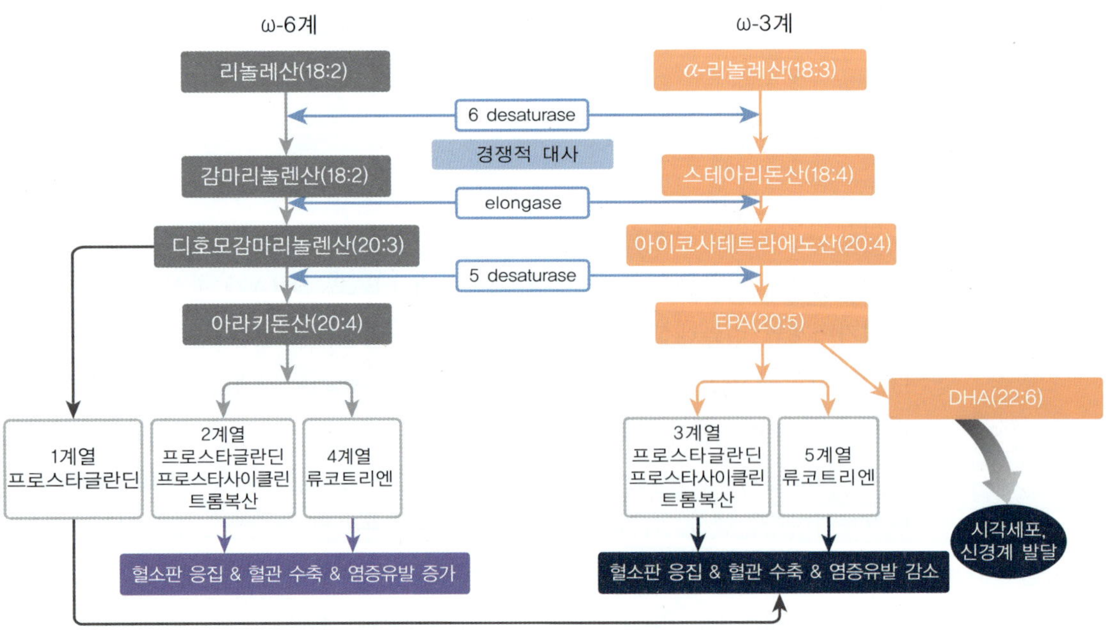

그림 4-10 ω-3계와 ω-6계 지방산으로부터 아이코사노이드의 생성

아이코사노이드는 혈압조절, 혈액응고, 수면주기 조절, 체온, 염증, 위액분비, 산통, 면역 및 알레르기 반응 등 체내의 수많은 반응에 관여하며, 아이코사노이드의 계열에 따라 작용 효과가 다른데, 두 계열의 지방산들로부터 생성되는 아이코사노이드들의 활성을 비교해보면 아래와 같다(그림 4-10).

Check point

〈아라키돈산으로부터 생성〉		〈EPA로부터 생성〉
2계열 프로스타사이클린(PGI_2)의 활성	=	3계열 프로스타사이클린(PGI_3)의 활성
2계열 트롬복산(TXA_2)의 활성	>	3계열 트롬복산(TXA_3)의 활성
4계열 류코트리엔(LT_4)의 활성	>	5계열 류코트리엔(LT_5)의 활성

즉 EPA로부터 생성되는 아이코사노이드계열은 아라키돈산에 비해 프로스타사이클린(항혈전, 혈관 확장작용)의 작용은 비슷하고, 트롬복산(혈소판의 응집과 혈전형성)과 류코트리엔(염증유발)의 활성이 약하므로, 결론적으로 혈소판 응집과 혈관수축 및 염증유발 작용을 저하시키는 효과가 있다.

불포화효소(6 desaturase)는 리놀레산과 α-리놀렌산을 경쟁적으로 대사시키므로 오메가-3 지방산이 충분할 경우 아라키돈산으로부터 생성되는 아이코사노이드(2계열) 합성이 감소된다. 또한 불포화효소(5 desaturase)는 오메가-6 지방산보다 오메가-3 지방산 대사에 더 잘 이용되므로 오메가-3 지방산이 충분할 경우 오메가-6 지방산은 아라키돈산으로 대사되기 보다 디호모감마리놀레산으로부터 1계열의 프로스타글란딘을 형성하게 된다. 결과적으로 오메가-3계 지방산을 많이 섭취하게 되면 혈소판 응집, 혈관 수축을 감소시켜 심혈관질환 발병률을 낮추는 것으로 보고되고 있다.

오메가-3계와 6계 지방산으로부터 생성되는 아이코사노이드들의 비율에 의해 혈소판 응집과 항응집, 혈관 수축과 이완, 염증유발 및 평활근 수축·이완 등이 조절되므로 이들의 적절한 생성의 균형이 이루어져야 한다.

(2) 혈청 콜레스테롤 저하

혈중 콜레스테롤을 간으로 운반하는 HDL의 구성성분인 인지질(레시틴) 형성에 필수지방산이 꼭 필요하다. 혈청 콜레스테롤의 농도와 동맥경화증 발병률의 상관관계가 높으며, 필수지방산의 섭취가 혈청 콜레스테롤의 농도를 저하시키는 것으로 보고되었다. EPA는 혈중 콜레스테롤을 감소켜서 혈중 LDL함량을 저하시키고 HDL함량을 증가시켜서 동맥경화를 예방하는 효과가 있다.

(3) 두뇌발달과 시각기능 유지

뇌 세포막은 다른 세포에 비해 인지질의 함량이 더 많은데 뇌 세포막의 인지질을 구성하는 지방산의 50% 이상이 DHA이다. 또한 망막도 인지질을 구성하는 지방산의 50% 이상이 DHA이므로 시각기능에도 중요한 지방산이다.

뇌는 태아기와 영양기에 급속히 성장하여 1세경에 인지질 함량이 최고에 달하므로 이 시기에 매우 긴 다가불포화지방산 공급은 매우 중요하다 그러나 영아는 성인과 달리 체내에서 DHA와 같은 다가불포화지방산 합성능력이 약하다. 따라서 이 시기에 다가불포화지방산 함량이 많고 필수지방산 함량이 전체 에너지의 10~12%를 차지하는 모유의 섭취는 무엇보다도 중요하다. DHA는 뇌의 구성 성분으로 성장기 어린이들의 뇌 발달에 중요한 역할을 한다.

6. 기타 기능

지질은 식품에 맛과 향기를 주어 식욕을 증진시킨다. 또한 위장기관에 만복감을 주며 비타민 B_1의 절약작용도 하는데, 필수지방산을 공급하고 지용성 비타민의 운반체로 작용하기 위해서는 일정한 양의 지방을 섭취해야 한다. 지질 섭취가 부족한 경우에는 체내에서 당질 · 단백질이 지질 대신에 연소되므로 총 열량의 부족이나 체중의 감소 혹은 저열량이 일어나기도 하고, 필수지방산의 부족증상이 나타나기도 한다.

총 열량이 정상이고 지질을 과잉섭취할 때에는 지질의 연소가 불완전해져서 케톤혈증이 일어난다. 또 여분의 지질이 체내에 축적되므로 비만증과 지방성 간경화증 및 동맥경화증 등을 일으킬 수 있다.

5. 지질 섭취와 관련된 문제

여러 역학 연구에 의하면 식사의 지질 섭취량은 심혈관계질환, 암, 대사증후군 및 비만 등 여러 만성퇴행성질환 발생의 위험요인이라고 한다. 따라서 식사에서의 지질 섭취는 건강증진을 위한 식사지침 및 각종 질환의 예방을 위해 매우 중요하다. 많은 연구에 의하면 총지방량, 포화지방량과 콜레스테롤 섭취량을 줄이고, 지방의 섭취형태를 포화지방 대신에 불포화지방산이나 단일불포화지방산으로 섭취하도록 권고하고 있다.

1. 심혈관계 질환

혈청 중의 콜레스테롤이나 중성지방의 양이 증가하는 상태를 고지혈증 또는 이상지질혈증이라고 하며 동맥경화를 일으키는 주된 원인이다. 지방, 콜레스테롤이 동맥벽에 축적되어 발생하는 동맥경화증은 관상심장병(coronary heart disease; CHD)과 뇌혈관성 질병의 주원인이 되고 있다. 동맥 혈관의 내벽에 콜레스테롤이 축적되어 혈관의 내경이 좁아지고 혈관은 탄력을 잃어 굳어지는 현상을 보인다. 이러한 증상은 원활하지 못한 혈액의 흐름을 초래하고 혈액의 응집을 촉진하여 혈전증(thrombosis)을 일으키면 혈관을 막히게 한다.

(1) 혈청 콜레스테롤 농도

혈청 콜레스테롤의 농도는 식품으로 섭취한 콜레스테롤이 약 20~25% 정도를 차지하고, 간에서 합성된 콜레스테롤은 75~80%를 차지한다. 콜레스테롤을 섭취하지 않아도 체내에서 약 10g 이상 합성된다. 반면에 콜레스테롤 섭취가 증가하면 콜레스테롤의 체내 합성은 감소한다.

이는 혈중 콜레스테롤 농도를 일정하게 조절하려는 항상성이 있기 때문이다. 그러나 지속적으로 콜레스테롤 섭취량이 많으면 혈청 콜레스테롤 농도에 영향을 줄 수 있다. 이외에 비만, 여성호르몬 감소 등도 혈청 콜레스테롤 증가의 중요한 원인이 된다.

(2) 혈청 콜레스테롤 농도와 동맥경화증

동맥경화증의 대표적 증상은 혈액 중의 지단백질, 그중에서도 LDL 농도가 정상보다 현저히 높은 것이다. 그런데 LDL은 혈중 콜레스테롤의 2/3를 함유하고 있어서 LDL의 증가는 콜레스테롤의 증가를 의미한다. 특히 유전적으로 콜레스테롤이 높은 가계(家系)에서 동맥경화증이 발생하는 것을 볼 수 있다. 이는 LDL이 대사장애를 일으켜서 혈중 콜레스테롤이 증가하기 때문이며, 특히 조직세포에서 LDL의 콜레스테롤을 받아 이용하기 위해서는 LDL 수용체가 있어야 하는데 이 수용체의 수가 적거나 거의 없기 때문이다.

또한 LDL 콜레스테롤은 그 수치가 100mg/dL 이상 증가하면 혈관 질환 위험도 증가한다(표 4-5). LDL은 동맥 내막에 쉽게 침투하여 혈관에 결합하고 축적되는데, 혈관 내피에서 산화됨으로 대식세포가 탐식하게 되고, 이것이 혈관 벽에 쌓여 지방이 뭉치는 현상을 일으킨다.

혈관 질환 발생을 줄이기 위해 LDL 콜레스테롤을 100mg/dL 이하로 감소시키고, HDL 콜레스테롤을 50mg/dL 증가시켜야 하며, 중성지방 수치를 150mg/dL 이하로 낮추려는 노력도 중요하다. LDL 콜레스테롤을 감소시키기 위해서는 포화 지방과 당질 섭취 제한, 체중 감량, 운동을 일정기간 시행 후 약물 사용을 검토한다.

표 4-5 이상지질혈증 진단기준 (단위: mg/dl)

구 분	적정	정상	경계	높음	매우 높음
총콜레스테롤		< 200	200~239	≥ 240	
LDL 콜레스테롤	< 100	100~129	130~159	160~189	≥ 190
HDL 콜레스테롤		≤ 40 (낮음)		≥ 60(높음)	
중성지방		< 150	150~199	200~499	≥ 500

〈한국지질 · 동맥경화학회, 2015〉

(3) 심혈관계 질환과 지질 섭취

혈중 콜레스테롤 농도는 섭취하는 지방의 종류와 총 지방섭취량에 의해 영향을 받는 것으로 알려져 있다 .

1) 포화지방산

포화지방산은 LDL 콜레스테롤과 혈청 중성지방 수치를 높인다. 쇠기름, 돼지기름, 닭 껍질, 버터 등의 동물성 지방에 함유되어 있으며 과자류, 라면, 초콜릿, 커피 메이트 등에 들어 있는 팜유, 코코넛유는 식물성 기름이면서 포화지방이다. 포화지방산은 가능한 적게 섭취하도록 한다. 과잉섭취할 경우 LDL 콜레스테롤의 증가로 동맥경화증, 이상지질혈증, 뇌졸중 등의 심혈관계 질환을 유발하게 된다.

2) 불포화지방산

다가불포화지방산은 혈청 콜레스테롤 농도를 낮춘다. 특히 오메가-3계 지방산은 혈액응고를 감소시키며, 혈관수축을 저하시키는 효과가 있다. 단일불포화지방산인 올레산은 혈청 LDL 농도는 저하시키고 HDL 농도는 증가시켜 항동맥경화 효과가 있는 것으로 보고된 바 있다.

실제로 지중해 인근 주민들은 불포화지방(올리브유, 생선기름 등)을 많이 섭취하는 고지방식을 즐기는데 이들의 평균 수명은 일본 다음으로 길다. 또한 덴마크 그린란드의 에스키모인들은 육식 위주의 고지방식을 섭취함에도 동맥경화, 뇌경색, 심근경색 등의 질병률이 매우 낮았다.

이는 주식으로 섭취하는 등푸른 생선이나 바다표범에 오메가-3 지방산인 EPA가 다량 함유되어 있기 때문인 것으로 보고하고 있다. 그밖에 참기름, 들기름, 콩기름, 카놀라유 등도 다가불포화지방산이 풍부한 식품들이다.

3) 트랜스지방산

key word

• 트랜스지방(trans Fat) 액체 상태의 불포화지방을 고체 상태로 가공하기 위해 수소를 첨가하는 과정(부분경화)에서 생성되는 지방으로 다량 섭취 시 혈청 콜레스테롤 수치를 증가시킴.

트랜스지방은 인공적으로 식물성유지에 수소를 첨가하여 경화유를 제조하는 가공과정 중에 생성되며, 이런 부분경화유는 식품의 물성과 향미를 증진시킬 목적으로 가공식품에 사용된다. 세포막을 구성하는 인지질에 트랜스지방산이 포함되면 시스형지방산이 포함된 경우 보다 세포막이 단단해져 유동성이 감소하고 세포의 기능을 감소시킨다.

세포막에 있으면서 혈중 LDL 콜레스테롤을 말초조직 세포로 받아들이는 LDL 수용체의 기능이 감소함으로써 혈청 LDL 농도가 증가된다. 트랜스지방산은 LDL 콜레스테롤은 낮추고 HDL 콜레스테롤은 증가시켜 동맥경화증, 심장질환, 뇌졸중 등 각종 심혈관질환 위험을 높이는데, 미국 하버드대학 보건대학원은 트랜스지방이 포화지방보다 심혈관 질환에 2배 이상 해롭다고 보고한 바 있다.

트랜스지방산의 함량이 많은 마가린과 쇼트닝으로 조리하거나 가공한 식품들은 찾아내기가 쉽지 않은데, 케이크, 머핀, 도넛, 쿠키 등의 베이커리 제품과 패스트푸드, 냉동피자, 커피크림, 전자렌지용 팝콘, 높은 온도로 오랜 시간 처리된 기름 등에 함유되어 있다. 2016년 부터 식약처는 과량 섭취로 인한 국민보건상의 위해를 예방하기 위하여 트랜스지방을 건강 위해가능 영양성분으로 지정한 바 있다.

따라서 고지혈증의 예방을 위해서는 포화지방산과 트랜스지방산 섭취를 제한할 필요가 있다. 포화지방산을 총 에너지의 7% 미만으로, 트랜스지방산은 가능한 한 최소량으로 섭취하도록 한다.

4) 지방 섭취량

고지방식의 경우 좋지 않은 포화지방과 에너지 섭취량 자체를 증가시켜 혈중 콜레스테롤 농도를 상승시킨다. 지방 섭취를 제한하면, 혈중 LDL 콜레스테롤 농도가 낮아지는데, 대부분 체중감량, 포화지방, 트랜스지방의 감소효과가 복합적으로 나타나는 경우가 많아, 단지 지방섭취량을 낮추었기 때문에 혈중 콜레스테롤 농도가 감소했다고 하기는 어렵다.

지방 섭취를 제한하면 오히려 당질 섭취가 증가하는 경우가 많아서, 결과적으로 혈중 중성지방 수치가 높아지는 경우도 있다. 따라서 지방의 섭취를 너무 제한하려고 할 것이 아니라 좋은 지방을 적당한 수준으로 섭취하는 것이 바람직하다. 총 지방 섭취량 보다는 지방의 종류가 혈중 콜레스테롤 농도에 더 많은 영향을 주는 것으로 알려져 있다. 그러나 지방섭취가 점차 증가되는 현실을 고려할 때 지방 섭취비율이 30%를 초과하지 않도록 한다.

2. 암

동물성 지방 섭취의 증가로 포화지방산과 오메가-6 지방산 섭취량이 많을수록 암(특히 대장암, 유방암) 발생이 증가하고, 오메가-3 지방산 섭취는 암 발생을 억제하는 효과가 있는 것으로 알려져 있다.

3. 다가불포화지방산의 과산화

다가불포화지방산은 산소와 반응하여 쉽게 산화되어 과산화물을 형성한다. 과산화물은 세포막을 손상하여 노화촉진, 세포기능 저하, 세포파괴, 조직변성, 암, 지방간 등을 유발한다. 다가불포화지방산의 과산화를 막기 위해 다가불포화지방산의 섭취가 증가하면 비타민 E 요구량도 증가시켜야 한다. 비타민 E의 충분한 섭취가 안된 상태에서는 다량의 다가불포화지방산의 섭취는 과산화물 생성을 촉진하여 독성이 될 수 있다.

4. 지방간

지방간은 간조직에 중성지방이 비정상적으로 많이 축적되는 증상으로 간경화증으로 발전되고 간기능의 장애를 초래한다. 지방간 원인으로는 첫째, 혈청 유리

지방산 농도 증가를 들 수 있다. 식사지방이나 지방조직의 분해로 혈청 유리지방산의 농도가 높아져 간에 축적되기 때문이다. 둘째 장기간 알코올 섭취, 지단백질 합성 저해로 인한다. 간에서 합성된 중성지방을 다른 조직으로 운반하는 지단백질의 합성 및 분비장해가 생겨 발생한다.

항지방간 인자가 결핍되면 지단백질 합성 및 분비장애를 초래하여 지방간이 될 수 있다. 항지방간 인자로는 콜린(choline), 메티오닌, 베타인, 필수지방산, 비타민 B_6, B_2, 판토텐산이 있으며, 단백질 및 레시틴 결핍 시에도 지방간이 발생할 수 있다. 그러므로 지방간의 치료도 각각의 원인에 따라 달라지게 된다.

6. 지질 섭취실태 및 섭취기준

1. 지질의 섭취실태

우리나라의 지방 섭취량의 꾸준한 증가와 동물성 지방섭취의 증가로 근래에 비만 및 만성질환이 급증하고 있다. 따라서 적당한 섭취를 통한 질환의 예방이 중요한 문제로 대두되고 있다. 다음은 2016년 국민건강영양조사결과에 의한 지질 섭취 현황이다.

(1) 에너지 및 지방 섭취량

① **에너지 섭취량**은 2016년 평균 2,026.8kcal이며, 남자는 2,353kcal로 1998년에 비해 200kcal 가량 증가하였고, 여자는 1,700kcal 내외를 유지하고 있다. 지방 섭취량은 평균 51.9g으로 10년 전(45.2g)과 비교해 5.9g 증가했다. 남자의 지방 섭취량은 58.9g으로 여자(43.0g)보다 높았고, 특히 20대 청년들의 하루 평균 지방 섭취량은 68.5g로 권장량 보다 17.5g 더 많았고, 특히 포화지방 섭취량이 20.9g으로 높게 나타났다.

② **지방의 에너지 섭취분율**도 1998년 17.9%에서 2016년 22.9%로 5% 더 증가하였다. 에너지 섭취에 대한 지방 섭취를 적정비율 미만으로 섭취한 사람이 25.8%, 초과 섭취한 사람이 20.0%로, 절반에 가까운 국민의 섭취 수준이 부족 또는 과잉에 해당하는 것으로 조사되었다. 에너지/지방과잉섭취자 분율(그림 4-11)은 전년 대비 다소 감소하여 평균 7.2%였으며, 남자(10.0%)가 여자(4.3%)의 약 2.5배 수준이었고, 19~29세가 12.3%로 다른 연령대에 비

해 높았다.

③ **콜레스테롤 섭취량**도 동반 증가하였으며, 남자의 평균섭취량은 329mg(19세 이상 337mg)으로 목표섭취량 이상을 섭취하고 있는 것으로 조사되었다.

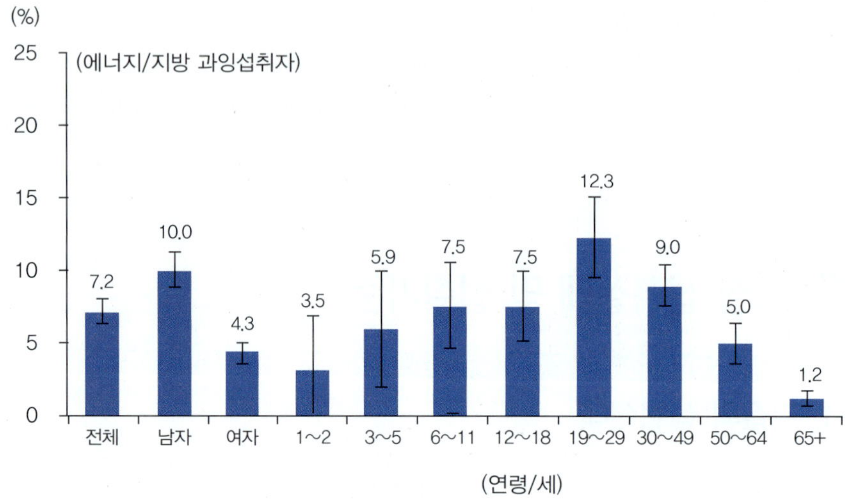

* 에너지/지방과잉섭취자 분율 : 에너지 섭취량이 필요추정량의 125% 이상이면서 지방 섭취량이 지방 에너지적정비율의 상한선을 초과한 분율

* 지방에너지적정비율: 2015 한국인 영양소 섭취기준(보건복지부, 2015)

그림 4-11 에너지/지방 과잉섭취자 분율(2016년)

(2) 지방의 주요 섭취 급원

① 에너지 섭취량에 가장 기여가 큰 식품군은 곡류(940.7kcal, 전체의 46.9%)이고, 육류(245.3kcal)와 주류(97.0kcal)가 그 다음이었다. 에너지 섭취량이 전년 대비 다소 감소하였음에도 육류와 난류를 통한 에너지 섭취량은 지속적으로 증가하였다.

② 지방은 육류, 곡류, 유지류가 주요 급원식품군이었다. 지방과 포화지방산 섭취량에 가장 크게 기여하는 급원식품은 돼지고기였으며, 콜레스테롤은 달걀로 전체 섭취량의 45.7% 를 섭취하였다.

③ 전국 중·고등학생 약 7만명(800개교)을 대상으로 실시한 건강행태 조사에서는 햄버거, 피자, 치킨과 같은 패스트푸드나 탄산음료를 주 3회 이상 섭취한 학생은 각각 16.7%, 27.1%로, 10년 전과 비교해 각각 4.6%, 3.1% 더 증가한 것으로 나타났다.

(3) 관련 질환 유병률

① 고콜레스테롤혈증 유병률(만 30세 이상)(그림 4-12)은 2016년 남자 19.3%, 여자 20.2%이며, 2015년에 비해 각각 2.9%p, 1.1% 더 증가하였다. 남녀 모두 지속적으로 증가하여 2005년에 비해 2016년에는 2.5배 증가하였다. 연령별로는 남자의 30~40대 유병률이 여자보다 높았으나, 50대 이상에서는 여자가 남자보다 높았다.

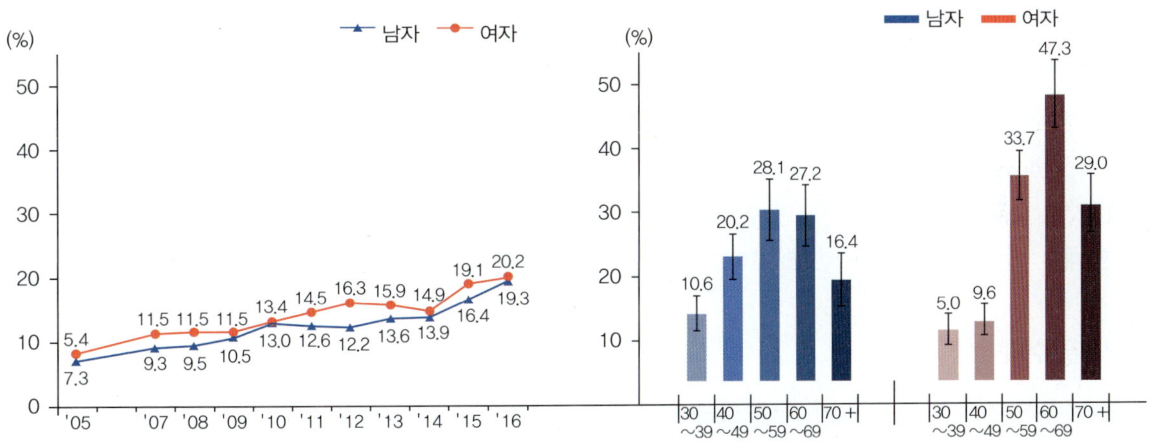

※고콜레스테롤혈증 유병률 : 총콜레스테롤이 240mg/dL 이상이거나 콜레스테롤 강하제를 복용한 분율 (만30세이상)

※2005년 추계인구로 연령표준화

그림 4-12 고콜레스테롤혈증 유병률(연도별/남여 연령별 추이, 2016년)

② 남자 성인(30세 이상)의 경우 비만, 고혈압, 고콜레스테롤혈증 등 만성 질환 유병율도 전반적으로 증가하고 있으므로 보다 적극적인 영양관리가 필요한 상황이다.

2. 지질의 섭취기준과 급원식품

지질의 경우, 총 지방섭취량 및 개별 지방산의 에너지 기여율이 중요하므로, 식사계획 및 평가에서 각 지방산의 에너지 섭취비율을 고려할 것을 권장한다.

(1) 지질 섭취기준

2015 한국인 영양소 섭취기준(보건복지부, 한국영양학회)에서 제시하고 있는 지질의 섭취기준은 다음과 같다(표 4-6).

표 4-6 지질의 영양소 섭취기준

연령(세)	지방	n-6 지방산	n-3 지방산	포화지방산	트랜스 지방산	콜레스테롤
1~2	20~35%	4~10%	1% 내외	-	-	-
3~18	15~30%	4~10%	1% 내외	<8%	<1%	-
19 이상	15~30%	4~10%	1% 내외	<7%	<1%	<300mg/일

1) 지방의 에너지 섭취비율

지질의 섭취기준은 에너지 적정비율을 설정하였고, 영아의 경우에만 충분섭취량을 설정하였다. 영유아(1~2세)는 25g/일 또는 20~35%(총 지방의 충분섭취량), 3~18세는 15~30%(에너지 적정비율)로 2010년 기준을 그대로 유지하기로 하였으나, 성인의 경우 최근의 미국심장학회와 미국심장협회의 심혈관질환 지침을 토대로 에너지 적정비율을 15~30%로 하였다(2015, 한국인 영양소 섭취기준).

2) 필수지방산

필수지방산은 섭취량 추정이 부정확하여 충분섭취량을 설정하지 않았으나, 에너지적정비율은 오메가-6(n-6)계 지방산 4~10%, 오메가-3(n-3)계 지방산 1% 내외로 정하였다. 따라서 오메가-6계 : 오메가-3계 지방산의 섭취비율은 4 : 1 내지는 10 : 1이 적정하나 가공식품 섭취가 증가하면서 오메가-6계 지방산이 오메가-3계 지방산보다 증가 추세에 있다.

또한 다가불포화지방산 : 단일불포화지방산 : 포화지방산의 바람직한 비율(P/M/S)은 1 : 1 : 1 로 권장하므로, 식물성 지방을 동물성 지방보다 더 많은 비율로 섭취해야 한다. 영아의 경우는 다른 연령대와 다르게 모유섭취량과 모유내의 영양소 함량, 이유 보충식 섭취량에 근거하여 설정하였다.

3) 포화지방산, 트랜스지방산 및 콜레스테롤

3~18세의 경우 FAO/WHO의 권고안을 토대로 포화지방산은 8% 미만, 트랜스지방산 1% 미만으로 섭취할 것을 추가로 제정하였다. 성인은 뇌. 심혈관질환 예방을 위해 포화지방산은 7% 미만, 트랜스지방산은 1% 미만으로 설정하였다.

유아, 아동 및 청소년의 포화지방산, 트랜스지방산 및 콜레스테롤의 영양소 섭취기준은 설정근거가 매우 부족하여 설정하지 않았다.

임신 · 수유부의 경우 임신과 수유로 인해 추가되는 에너지와 비례적으로 지질 섭취량이 부가되는 결과를 가져오므로, 따로 부가량을 정하지 않았다.
또한 지질의 상한섭취량은 설정할 만한 충분한 근거가 없어 설정하지 않았다.

콜레스테롤을 전혀 섭취하지 않아도 영양적인 문제가 없으나 콜레스테롤 식단 작성 시에 단백질 및 미량영양소 섭취가 부족할 수 있으므로 1일 300mg 이하로 가능한 한 적게 섭취하도록 권장한다.

(2) 급원식품

지질을 공급하는 식품은 동물성과 식물성으로 분류할 수 있는데, 동물성 지질은 육류 · 어류 · 가금류 · 우유 및 유제품 · 난류 등에 함유되어 있으며, 식물성 지질은 종실유 · 견과류 · 마가린 · 곡류 · 두류 · 채소류 · 과실류 등에 함유되어 있다. 식품 속의 지질함량과 지방산의 종류는 각기 다르다.

필수지방산인 리놀레산은 호두, 너트, 종자와 대두유, 홍화씨유, 옥수수유에 다량 함유되어 있고, α-리놀렌산은 카놀라유나 아마씨유, 들기름, 등푸른 생선에 풍부하다. 오메가-3지방산 섭취를 위하여 등푸른 생선, 콩 제품, 들기름 등의 섭취를 증가시키는 것이 바람직하다.
콜레스테롤은 계란노른자, 간, 알류, 내장, 육류, 뱀장어, 오징어, 문어, 낙지, 새우, 조개류 버터 등에 많다(표 4-7). 그러나 새우, 조개류 같은 해산물은 1회 섭취량이 많지 않을 뿐 아니라 아미노산인 타우린이 들어 있어 콜레스테롤을 저하시키는 효과가 있다. 콜레스테롤은 포화지방산 만큼 혈중 콜레스테롤을 높이지는 않으나 지나친 섭취는 삼가는 것이 좋다.

일반적으로 어류는 콜레스테롤 함량은 높지만 불포화지방산이 많으나 뱀장어나 장어 등은 지방과 콜레스테롤 함량이 높으므로 유의한다.

표 4-7 식품의 1인분 분량당 콜레스테롤 함량

식품	1인분 분량(g)	콜레스테롤(mg)
닭고기 간	70g(대 1토막)	260mg
계란	50g(1개)	220mg
새오징어	70g(대 1토막)	210mg
메추리알	40g(1개)	190mg
카스테라	100g(1개)	190mg
돼지고기 간	70g(1접시)	175mg
쇠고기 간	70g(1접시)	165mg
굴	80g(1/3컵)	160mg
뱀장어	70g(1토막)	140mg
중새우	50g(4마리)	100mg
작은 새우	50g(10마리)	60mg
연어	70g(1토막)	45mg
꽁치	70g(1토막)	40mg
고등어	70g(1토막)	40mg
돼지고기, 쇠고기	60g(1접시)	40mg
닭고기	60g(1접시)	40mg
참치	70g(1토막)	35mg
소시지	40g(1개)	25mg
베이컨	7g(1조각)	4mg
우유	200g(1잔)	22mg
버터	6g(1.5작은술)	15mg

핵심문제 및 해답

*해답 본인 확인용 붉은 셀로판지를 이용하세요.

1. 짧은사슬지방산, 중간사슬지방산, 긴사슬지방산은 무엇이며, 어떤 식품에 주로 들어 있는지 설명해 보자.

짧은사슬지방산은 탄소수가 4-6개인 지방산으로 버터나 우유 등의 유제품에 함유되어 있고, 중간사슬지방산은 탄소수가 8-12개로 이루어진 지방산으로 코코넛유나 팜유에 함유되어 있고, 긴사슬지방산은 탄소수가 14-26개로 이루어진 지방산으로 쇠고기, 돼지고기, 대부분의 식물성 기름에 함유되어 있다.

2. 포화지방산, 단일불포화지방산, 다가불포화지방산은 무엇이며, 어떤 식품에 주로 들어 있는 지 설명해 보자.

지방산 분자 내에 이중결합을 갖지 않는 포화지방산으로 버터 등에 들어있는 우유지방, 코코넛유, 팜유, 라드(돼지기름), 쇠고기, 돼지고기 등에 함유되어 있고, 단일불포화 지방산은 이중결합이 1개인 지방산으로 올리브유, 카놀라유, 땅콩유에 함유되어 있고, 다가불포화지방산은 2개 이상의 이중결합으로 이루어진 지방산으로 식용으로 사용하는 유지류(콩기름, 옥수수유 등)에 함유되어 있다.

3. 오메가-3, 오메가-6 지방산은 무엇이며, 어떤 식품에 주로 들어 있는지 설명해 보자.

오메가-3 지방산은 이중결합이 메틸기로부터 3번째 탄소에 처음으로 나타나는 지방산들로 α-리놀렌산은 들기름, 유채유(카놀라유), 아마인유에 함유되어 있으며, EPA와 DHA는 등푸른생선(연어, 참치, 고등어, 꽁치, 방어, 정어리 등)에 주로 함유되어 있다.

오메가-6 지방산은 이중결합이 메틸기로부터 6번째 탄소에 처음으로 나타나는 지방산들로 리놀레산은 참기름, 포도씨유, 옥수수유, 해바라기씨유에 주로 함유되어 있고, 감마리놀렌산은 달맞이꽃 종자유 등에 함유되어 있고, 아라키돈산은 육류, 가금류, 난황 등에 함유되어 있다.

4. 지질의 소화과정을 설명해 보자.

지질의 소화는 소장에서 주로 이루어진다. 십이지장에 산성 유미즙이 도달하면 세크레틴이 분비되어 췌장액의 알칼리(중탄산이온) 분비를 촉진하여 중화 역할을 한다. 담즙은 지질 섭취 시 콜레시스토키닌의 자극으로 소장으로 분비된다. 짧은사슬과 중간사슬지방은 담즙의 도움 없이 췌장 리파아제에 의해 쉽게 분해된다.

긴사슬지방은 담즙의 유화작용과 췌장 리파아제에 의해 주로 2-MG와 긴사슬지방산으로 분해된다. 인지질은 인지질분해효소에 의해 리소인지질과 지방산으로 분해되고, 콜레스테롤에스테르는 콜레스테롤에스테라아제에 의해 콜레스테롤과 지방산으로 분해된다.

5. 지질의 흡수과정을 설명해 보자.

지질의 흡수는 지방산의 길이에 따라 경로가 달라진다. 짧은사슬과 중간사슬지방산은 수용성인 글리세롤과 함께 융모 안의 모세혈관으로 들어와 간문맥을 통해 간으로 운반된다. 긴사슬지방산, 인지질, 콜레스테롤은 융모의 점막세포 내에서 킬로미크론을 형성한다(긴사슬지방산은 MG에 결합하여 중성지방을, 리소인지질과 콜레스테롤도 지방산과 다시 결합하여 인지질과 콜레스테롤에스테르를 합성한다). 이들은 융모의 유미관으로 들어가 림프관과 흉관을 지나 대정맥을 통해 혈류에 합류된다.

6. 아이코사노이드의 합성과 기능에 대해 설명해 보자.

아이코사노이드는 탄소수 20개의 불포화지방산들로부터 유도된 물질들로 프로스타글란딘(다양한 체기능 조절), 프로스타사이클린(항혈전, 혈관 확장작용), 트롬복산(혈소판의 응집과 혈전형성), 류코트리엔(염증유발) 등이다. 오메가-3계 지방산을 많이 섭취하게 되면 3계열 트롬복산(TXA3)과 5계열 류코트리엔(LT5) 생성이 촉진되어 혈소판 응집과 혈관 수축을 감소시켜 심혈관질환 발병률을 낮추는 것으로 보고되고 있다.

7. 지질의 운반에 대해 설명해 보자.

소장 점막세포에서 지질 운반을 위해 합성된 킬로미크론은 혈류를 따라 이동하는데, 혈중 킬로미크론의 식사성 중성지방은 지단백질 지방분해효소(LPL)에 의해 분해되어 유리지방산 형태로 말초조직(주로 근육이나 지방조직)으로 이동되어 에너지로 사용되거나 중성지방으로 저장된다. 킬로미크론 잔유물은 간세포 내로 들어간다.

간에서는 간에서 합성한 중성지방 및 콜레스테롤과 함께 VLDL을 생성하여 혈중으로 방출한다. 혈중 VLDL의 중성지방은 LPL에 의해 분해되어 유리지방산 형태로 말초조직으로 이동된다.

이 과정을 통해 VLDL은 IDL을 거쳐 LDL로 전환된다. LDL은 apo B-100에 대한 수용체가 있는 간이나 다른 조직으로 들어가고 가수분해 되어 콜레스테롤을 방출한다. 호르몬 등 다양한 물질을 합성하는 등 여러 용도에 사용하고 남은 콜레스테롤은 간에서 합성된 HDL에 실려서 다시 간으로 운반되어 담즙산으로 전환된다. 따라서 HDL은 말초조직의 콜레스테롤을 배설시키는 항동맥경화성 지단백이다.

8. 2015 한국인 영양소 섭취기준에 의한 지질 섭취기준을 설명해 보자.

지방의 에너지 적정비율은 19세 이상에서 에너지의 15~30%로 제시하고 있다. P/M/S 비율은 1 : 1 : 1 로 권장하므로, 식물성 지방을 동물성 지방보다 더 많은 비율로 섭취하도록 한다. 오메가-6계 : 오메가-3계 지방산의 섭취비율은 4 : 1 내지는 10 : 1이 되도록 섭취한다. 뇌, 심혈관질환 예방을 위해 포화지방산은 성인의 경우 7% 미만, 트랜스지방산은 1% 미만으로 섭취하도록 한다.

Chapter 5

지질 대사

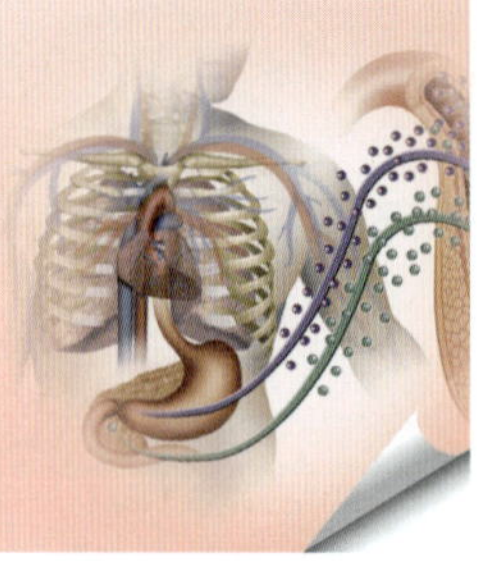

학습 목표

1. 중성지방의 분해에 대해 설명할 수 있다.
2. 지방산의 β-산화과정을 설명할 수 있다.
3. 지방산 합성과정을 설명할 수 있다.
4. 케톤체의 종류와 증가 원인을 설명할 수 있다.
5. 체내 콜레스테롤 합성과정을 설명할 수 있다.
6. 콜레스테롤로부터 합성되는 물질을 설명할 수 있다.

지질 대사는 간과 체지방 조직에서 주로 일어나는데 간에서는 지질과 콜레스테롤의 합성과 분해가 활발하게 이루어지고 체지방 조직에서는 중성지방의 합성과 분해가 활발히 이루어진다. 식사를 통해 공급된 지방산들은 조직에서 산화과정을 거쳐 에너지를 발생한다. 또는 에너지가 고갈되는 공복 시에나 격렬한 운동, 스트레스 상태일 때 저장된 중성지방을 분해하여 지방산의 β-산화과정을 통해 에너지를 얻게 된다.

한편 탄수화물이나 아미노산이 과다하게 존재하고, 지방산을 ATP 형성에 사용할 필요가 없을 때는 여분의 에너지를 중성지방으로 전환하여 저장하게 된다. 케톤체는 아세토아세트산, β-하이드록시부티르산, 아세톤으로서 기아나 당뇨병 시 중성지방이 분해되어 생긴 지방산이 TCA 회로에서 산화되지 못할 때 간에서 주로 생성된다. 콜레스테롤은 간 · 신장 · 뇌 · 신경조직의 세포막 형성을 위한 필수 성분이며 담즙산, 스테로이드 호르몬과 비타민 D 합성의 전구체이다.

인체는 섭취한 지질을 소장에서 분해한 후 장 점막에서 흡수하고, 흡수된 지방산과 콜레스테롤 등의 지질들은 지단백질 형태로 혈류에 방출되어 근육조직과 지방조직 등 다양한 조직으로 운반된다.(Chapter 4 지질 참조)

운반된 지방산들은 조직에서 산화과정을 거쳐 에너지를 발생하는데 이용되거나 다시 중성지방을 합성하여 저장되고, 콜레스테롤은 신체 기능에 중요한 여러 물질들을 합성하는데 사용된다.

지질 대사는 간과 체지방조직에서 주로 일어나는데 간에서는 지질과 콜레스테롤의 합성과 분해가 활발하게 이루어지고 체지방 조직에서는 중성지방의 합성과 분해가 활발히 이루어진다. 이러한 지질 대사는 인체 내에서의 에너지 균형유지를 위하여 호르몬에 의해 조절된다.

1. 중성지방 대사

중성지방의 대사는 저장된 중성지방을 분해하는 β-산화(β-oxidation) 과정과 여분의 물질로부터 중성지방을 합성하는 과정이 있다. 이들 과정은 단순히 반대 방향으로 진행되는 것이 아니고 세포에서 일어나는 장소 및 관여하는 효소도 다르다.

1. 중성지방 분해

지방조직에 중성지방 형태로 에너지를 저장해 두었다가, 체내 에너지가 고갈되는 공복 또는 격렬한 운동, 스트레스 상태에서 지질의 분해가 일어난다.

① 혈당이 낮아졌을 때 분비되는 글루카곤이나 스트레스 상황에서 분비되는 에피네프린 등의 호르몬은 호르몬 민감성 리파아제(hormone sensitive lipase, HSL)의 활성을 촉진하고, 이 효소에 의해 조직(주로 지방조직)의 중성지방 분해를 촉진하여 지방산의 유리를 증가시킨다. 이 때 분해된 지방산과 글리세롤은 혈액으로 방출되이 혈중 알부민에 의해 운반되고 뇌와 적혈구 등을 제외한 대부분의 조직세포는 지방산을 에너지원으로 사용하게 된다.

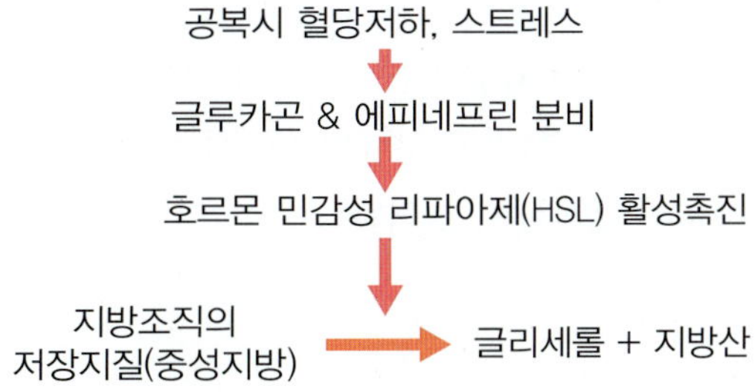

② 조직세포의 미토콘드리아 내에서 지방산은 탄소 2개 단위로 분해되는 β-산화를 통해 아세틸 CoA를 생성하고, 이후 TCA 회로와 전자전달계에 의해 완전히 산화되어 많은 양의 에너지가 방출된다.

Check point

지방분해효소(lipase)

(1) 작용 : 지질(중성지방) ⟶ 글리세롤 + 지방산

(2) 유형

① 췌장 리파아제(pancreatic lipase) : 췌장에서 소장으로 분비되어, 식사로 섭취한 지질을 가수분해하는 효소

② 지단백질 지방분해효소(lipoprotein lipase, LPL) : 지방조직이나 근육조직 등 조직의 모세혈관벽에 존재하여 킬로미크론이나 VLDL 등의 지단백질에 포함되어 있는 중성지방을 가수분해하는 효소

③ 호르몬 민감성 리파아제(hormone sensitive lipase, HSL) : 지방세포에 포함되어 지방조직에 저장된 중성지방을 분해하는 효소. 호르몬에 의한 영향을 받음.

(1) 글리세롤의 산화

중성지방이 가수분해 되어 생성된 글리세롤은 인산화 되어 글리세롤-3-인산으로 전환되고, 디히드록시인산(dihydroxyacetone phosphate, DHAP)이 된다. 이는 탄수화물의 분해과정 중의 화합물이므로 탄수화물과 마찬가지로 해당과정에 사용된다.

글리세롤 ⟶ 글리세롤-3-인산 ⟶ 디히드록시아세톤인산 ⟶ 피루브산

(2) 지방산의 분해

1) 지방산의 활성화 및 미토콘드리아 내로 운반

지방산의 산화과정은 α-탄소와 β-탄소 사이의 결합이 분열되는 과정인데, β-탄소가 산화되기 때문에 β-산화라고 부른다. β-산화과정을 통해 아세틸 CoA가 만들어지며 미토콘드리아 내부에서 일어난다.

key word

• **β-산화**(β-oxidation) 지방산의 산화반응으로 β위치의 탄소가 산화되는 경과가 반복되어 탄소 사슬의 분해가 진행되는 반응

① 지방산의 활성화

지방산은 산화과정에 들어가기 전에 먼저 활성지방산인 지방산 아실 CoA (acyl-CoA)로 전환되어야 한다. 이 반응은 ATP와 CoA의 존재하에서 아실 CoA 합성효소(acyl-CoA synthetase)의 작용으로 이루어진다. 이 때 ATP가 사용되어 AMP와 PPi로 전환되면서 2개의 인산결합이 분해된다. (이는 ATP 2개를 사용한 것과 같다)

지방산 + ATP + CoA ⟶ 지방산 아실 CoA + PPi + AMP

② 카르니틴에 의해 미토콘드리아 내로 운반

지방산의 β-산화는 미토콘드리아의 기질에서 일어나므로 세포질에서 활성화된 지방산은 미토콘드리아 내로 운반되어야 한다. 긴사슬지방산 아실-CoA는 미토콘드리아 내로 진입할 수 없기 때문에 카르니틴(carnitine)과 결합하여 지방산 아실카르니틴(acylcarnitine) 형태로 β-산화에 들어간다. 탄소 12개 이하의 짧은 사슬 또는 중간 사슬지방산은 카르니틴의 도움 없이도 미토콘드리아 내막을 통과할 수 있다. 기질에 들어온 후 아실 CoA로 활성화되고 이후 산화된다.

key word

• **카르니틴**(carnitine) 생리활성을 갖는 생체성분의 일종. 라이신과 메티오닌의 수산화반응에 의해 합성. 긴사슬지방산이 β-산화될 때 아실카르니틴으로 되어 미토콘드리아 내막을 통과하기 위해서 필요.

지방산 아실 CoA + ATP + 카르니틴 ⟶ 지방산 아실카르니틴 + CoA

2) 지방산의 β- 산화과정

미토콘드리아 기질로 들어온 지방산은 다시 지방산 아실 CoA 형태로 되어 β-산화를 통하여 분해된다. 이 과정에서 카르복실 말단-COOH으로부터 탄소 2개가 아세틸 CoA 형태로 연속적으로 제거되면서 지방산 사슬은 탄소 2개씩 짧아진다. 즉 아실-CoA를 아세틸-CoA로 산화시키고 이것이 ATP 생산계와 바로 연결되도록 한다.(그림 5-1 참조)

포화지방산의 β-산화과정은 다음과 같이 4단계로 진행된다.

① **산화** : 카르니틴 수송계를 통해 미토콘드리아에 들어온 지방산 아실 CoA는 아실 CoA 탈수소효소(acyl CoA dehydrogenase)에 의해서 α(C-2)와 β(C-3) 탄소에서 수소원자가 한 개씩 제거되어 불포화 아실 CoA가 된다.
이 과정에서 1개의 $FADH_2$가 생성된다.

② 수화(hydration) : 에노일 CoA 수화효소(enoyl CoA hydratase) 작용으로 C−2와 C−3 사 이의 이중결합이 수화되는 반응이다. .

③ 산화 : L−β−히드록시아실 CoA 탈수소효소(β−hydroxyacyl CoA dehydrogenase) 작용으로 C−3에서 탈수소되어 β−케토아실 CoA(β−ketoacyl−CoA)가 된다. 이 과정에서 1 개의 NADH가 생성된다.

④ 티올 분해반응 : 티올라아제(thiolase) 및 CoA가 작용하여 α와 β 탄소 사이가 끊어져 아세틸 CoA와 탄소가 2개 줄어든 지방산 아실 CoA가 형성된다.

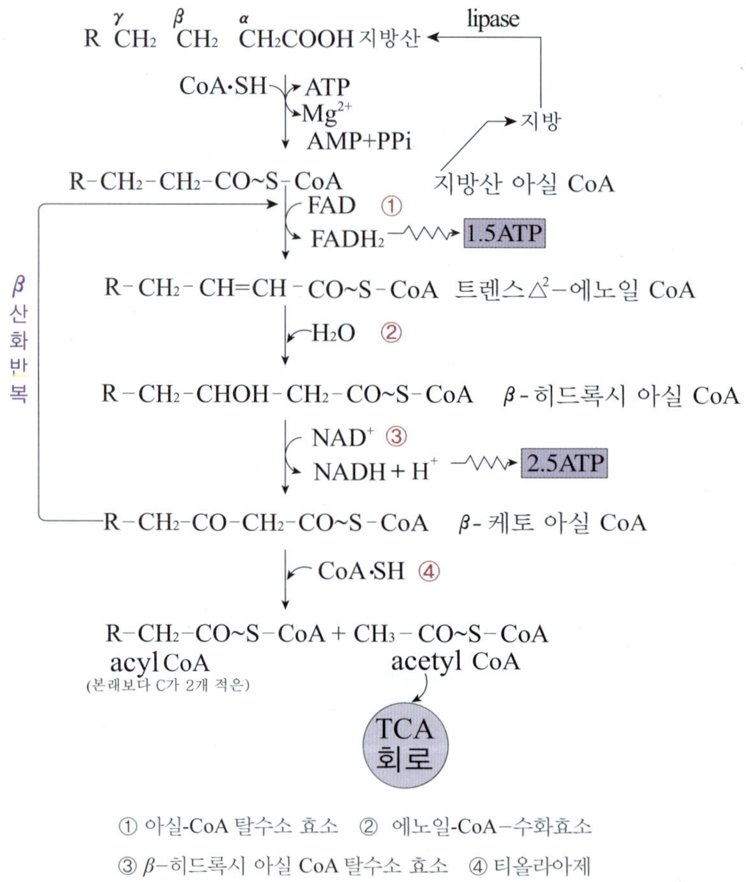

그림 5-1 지방산의 β−산화과정

이 4 단계 반응이 β–산화의 한 주기가 되며, 다음 주기부터는 탄소원자가 2개 적어진 지방산 아실 CoA가 다시 최초의 산화단계로 들어가서 위의 β–산화과정을 반복하여 산화 분해된다. 마지막으로 탄소 4개의 아실 CoA가 나뉘어져 아세틸 CoA 2개를 형성할 때까지 반복된다. 최종 형성된 아세틸 CoA들은 TCA 회로에 들어가서 완전 산화되고 에너지를 발생시킨다.

이때 자연계에 거의 존재하지 않는 홀수탄소의 지방산도 β–산화를 하지만 마지막 산물로는 프로피오닐(propionyl) CoA(CH_3CH_2COOH)가 생성된다.

이 프로피오닐 CoA는 발린이나 이소류신 등의 아미노산의 산화 분해에 의해서도 생성되며, 메틸 말로닐(methyl malonyl) CoA를 거쳐서 숙시닐 CoA가 되어 TCA cycle로 들어간 후에 CO_2와 H_2O로 산화된다.

3) 지방산 β–산화로 인한 에너지 생성

지방산의 분해에서 생성된 아세틸 CoA가 TCA 회로에 들어가서 산화하는 과정 중에 환원형의 보조효소인 NADH가 다량으로 생성된다. 이들의 산화는 전자전달계에서 NADH는 2.5분자의 ATP를, $FADH_2$는 1.5분자의 ATP를 생성한다.

지방산회로에서 아세틸 CoA가 생성되면 $FADH_2$와 NADH가 생성되므로 4분자의 ATP가 생성되고 또 아세틸 CoA가 TCA 회로에서 연소될 때 10분자의 ATP가 생성된다.

Check point

(예) 탄소 16개의 팔미트산의 산화과정에서 생성되는 ATP 수 계산하기

반응	ATP 생산량 / 7번의 β 산화
팔미트산의 활성화	−2ATP
$7FADH_2$	7 × 1.5=10.5ATP
7NADH	7 × 2.5=17.5ATP
8 아세틸CoA $\xrightarrow{\text{TCA cycle}}$ $16CO_2 + 16H_2O$	8 × 10=80ATP
	계 106ATP

2. 중성지방 합성

(1) 지방산 생합성

지방산의 합성은 에너지 섭취량이 요구량보다 많을 때, 즉 탄수화물이나 아미노산이 과다하게 존재하고, 이것이 ATP 형성에 사용될 필요가 없을 때 여분의 에너지를 중성지방으로 전환하기 위해 일어나며, 주로 간과 지방조직에서 일어난다. 체내에 저장될 수 있는 지방의 양은 이론적으로는 한계가 없으며 지방세포는 그 크기가 약 50배까지 커질 수 있다.

지방산의 생합성은 지방산 분해의 역반응으로 일어나는 것이 아니라 전혀 다른 방향으로 진행된다. 지방산의 생합성은 세포질에서 이루어지며, 아세틸 CoA로부터 공급된 탄소가 2개씩 첨가되는 반응이 반복되면서 지방산 사슬이 길어진다.

1) 아세틸 CoA로부터 말로닐 CoA의 합성

아세틸 CoA를 모체로 하여 아세틸 CoA 카르복실화 효소(acetyl CoA carboxylase)에 의하여 ATP를 소모하면서 CO_2를 부가하여 말로닐 CoA(malonyl CoA)를 생성한다.

$$\underset{\text{아세틸 CoA}}{CH_3CO-S-CoA} \xrightarrow[\text{비오틴 (ATP+CO}_2 \rightarrow \text{ADP+Pi)}]{\text{아세틸 CoA 카르복실화 효소}} \underset{\text{말로닐 CoA}}{HOOC-CH_2-CO-S-CoA}$$

2) 지방산 합성효소에 의한 지방산 합성

말로닐 CoA는 새로운 아세틸 CoA와 결합하면서 탄소 1개를 CO_2 형태로 제거한 후, 축합, 환원, 탈수, 환원의 과정을 거치면서, 탄소 4개의 부티르산(butyric acid)를 합성한다.(그림 5-2 참조)

① 축합: 아세틸 ACP + 말로닐 ACP ⟶ 아세토아세틸 ACP + CO_2 + ACP

② $NADP^+$에 의한 환원: 아세토아세틸 ACP + NADPH + H^+
⟶ D-β-히드록시부티릴 ACP + $NADP^+$

③ 탈수: D-β-히드록시부티릴 ACP ⟶ (trans) 크로토닐 ACP + H_2O

④ $NADP^+$에 의한 환원 : 크로토닐 ACP + NADPH + H^+
⟶ 부티릴 ACP + $NADP^+$

이 과정은 지방산 합성효소(fatty acid synthase)에 의해 이루어지는데 다중효소 복합체(multienzyme complex)로 7개 효소 활성을 나타내며, 아실 운반단백질(acyl carrier protein, ACP)이라고 불리는 단백질도 가지고 있다. ACP는 효소복합체의 사이에서 아실기를 운반하는 역할을 한다. 또한 오탄당인산회로에서 생성된 NADPH(nicotinamide adenine dinucleotide phosphate, 환원형)가 필요하다.

이와 같은 과정(말로닐 CoA 형태로 탄소를 추가하고, 탄소 1개는 CO_2 형태로 제거하는 과정)이 반복되면서 탄소 2개씩 증가한 지방산을 합성하게 된다. 일단 탄소 4개의 중간생성물이 형성되면 지방산 acyl 사슬은 이상과 같은 반응을 반복하여 긴지방산 사슬이 될 때까지 연장된다.

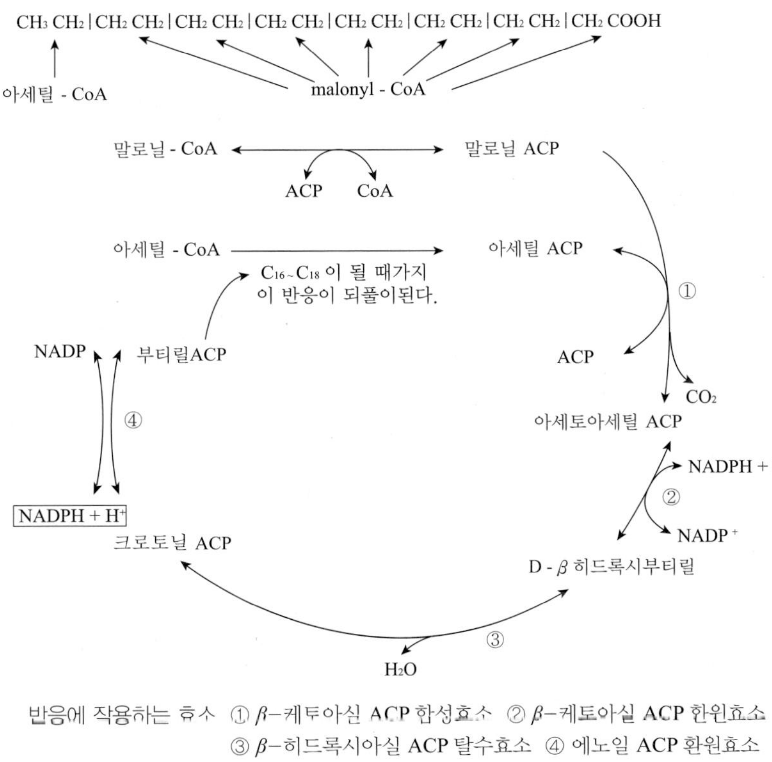

그림 5-2 지방산의 생합성 과정

탄소 16개의 팔미트산을 생성하려면 8개의 아세틸 CoA 단위가 필요한데, 1개는 아세틸 CoA로, 나머지 7개는 말로닐 CoA로 결합하게 된다.

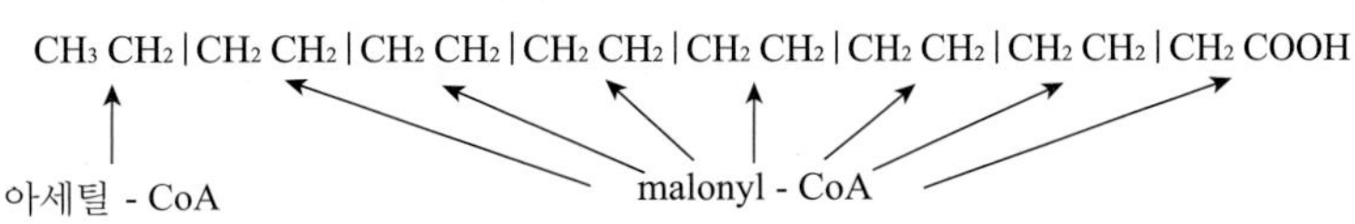

또한 지방산 생합성 1회 주기 동안 1개의 ATP와 2개의 NADPH가 필요하므로 총 7개의 ATP와 14개의 NADPH가 소모된다.

아세틸 CoA + 7 말로닐 CoA + 14 NADPH + $14H^+$
⟶ 팔미트산 (16C) + $7CO_2$ + 6 H_2O + 8CoA + 14 NADP

이상과 같이 지방산은 모두 아세틸 CoA로부터 생합성되므로 생체 내에서 아세틸 CoA로 변환될 수 있는 물질, 즉 탄수화물 · 지방산 · 아미노산 및 에틸알코올 등은 지방산의 합성에 관여한다. 이보다 더 긴 사슬이나 불포화지방산의 형성은 다른 효소체계에 의해서 이루어진다.

표 5-1 지방산의 산화와 합성과정의 차이점

구분	지방산의 β-산화	지방산의 생합성
대사장소	미토콘드리아	세포질
아실기 운반체	CoA	ACP*
필요한 조효소	FAD, NAD^+	NADPH
탄소 2개 단위의 전달체	아세틸 CoA의 형태로 떨어져 나옴	말로닐 CoA로부터 전달됨

* ACP(acyl carrier protein) : 아실 운반단백질

3) 지방산의 연장과 불포화

세포질에서 지방산 합성효소에 의해 탄소 16개의 포화지방산인 팔미트산이 합성된다. 이렇게 합성된 지방산이나 음식을 통해 섭취한 지방산은 사슬의 길이를 연장하거나 불포화 반응을 통해 변형되어 다른 지방산으로 전환될 수 있다.

활면소포체와 미토콘드리아에서 연장효소(elongase)에 의해 탄소 사슬의 길이를 늘려가고, 활면소포체의 세포막에서 불포화효소(desaturase)에 의해 이중결합이 만들어져 불포화지방산이 합성된다. 필수지방산을 섭취하면 인체는 연장효소와 불포화효소의 작용에 의해 아라키돈산, EPA, DHA 등의 불포화지방산을 합성할 수 있다.

4) 글리세롤과의 결합

이렇게 합성된 지방산은 해당과정의 중간산물인 글리세롤 3-인산과 결합하여 중성지방을 합성한다.

2. 케톤체 합성과 대사

케톤체는 아세틸 CoA로부터 생성되는 아세토아세트산(acetoacetate), β-히드록시부티르산(β-hydroxybutyrate), 아세톤(acetone)을 말한다.

1. 케톤체(ketone body) 합성

기아상태나 당뇨병이 적절하게 조절되지 않을 경우, 지방조직에서 많은 중성지방이 분해되어 다량의 유리 지방산이 조직으로 운반된다. 지방산은 β-산화과정을 거쳐 TCA 회로에서 산화되어야 하지만, 포도당 부족으로 옥살로아세트산(oxaloacetate) 생성이 감소하면 TCA 회로에서 산화되지 못하고 간에서 케톤체로 전환된다. 즉 TCA 회로에 들어가지 못한 아세틸 CoA가 간에 과잉 축적되어 농도가 높아지면 아세틸 CoA 2분자가 축합하여 → 아세토아세트산 → β-히드록시부티르산 → 아세톤을 형성하게 된다(그림 5-3).

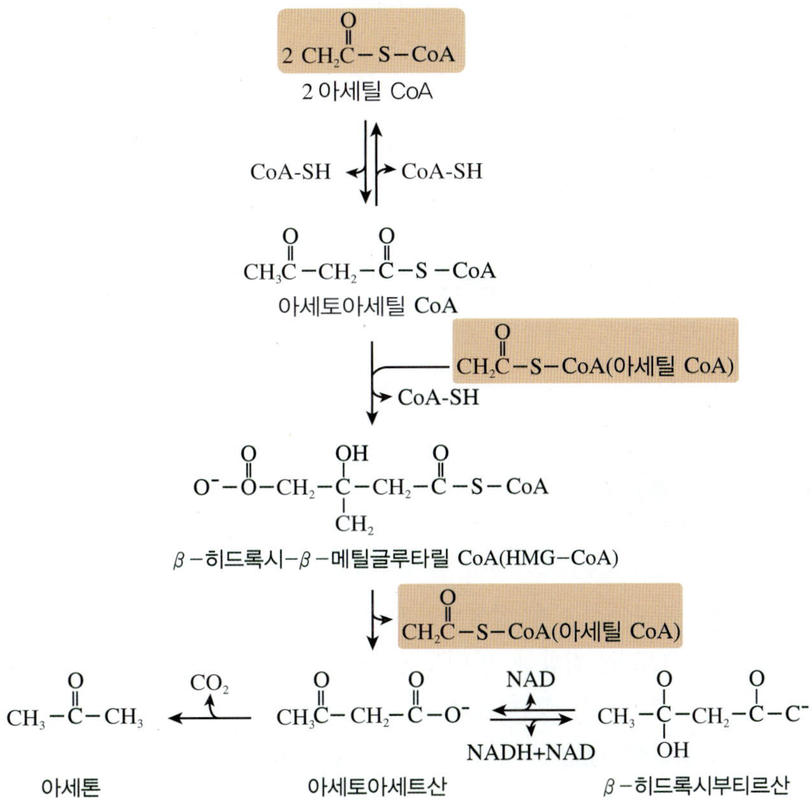

그림 5-3
케톤체의 합성

2. 케톤체 대사

케톤체는 간의 미토콘드리아에서 생성되나 간에는 케톤체 분해효소가 없으므로, 혈액을 타고 말초조직(주로 뇌, 심장, 신장, 근육 등)으로 이동한다. 케톤체 중에서 아세토아세트산과 β-히드록시부티르산은 말초조직의 미토콘드리아 내에서 아세틸 CoA를 생성하여 에너지원으로 이용된다.

단식이나 탄수화물 부족이 오래 지속되면 뇌세포는 에너지 요구량 중 절반가량을 케톤체로 충족시킨다. 한편 케톤체로 산성이기 때문에 농도가 높아지면, 혈액의 pH가 낮아져 산증(케톤산증)이 유발된다. 이 때 신체는 pH 유지를 위해 신장을 통해 수소이온 배설을 촉진하고 동시에 전해질과 수분도 함께 배설되어 심각한 탈수가 동반될 수 있다.

3. 콜레스테롤 합성과 대사

콜레스테롤은 세포막의 인지질 층 사이에 위치하는데, 특히 간 · 신장 · 뇌 · 신경조직에는 콜레스테롤을 다량 함유하므로 세포막 형성을 위한 필수 성분이다. 또한 담즙산, 스테로이드 호르몬과 비타민 D 합성의 전구체이므로 신체의 중요한 구성성분이다. 따라서 적절한 혈청 콜레스테롤 농도 유지를 위한 조절기전이 존재하며, 이 때 간이 가장 중심적인 역할을 한다.

간으로의 콜레스테롤 유입은 콜레스테롤과 신체 내에서 생합성된 콜레스테롤이다. 간으로부터의 콜레스테롤 유출은 주로 담즙산을 형성하여 소장으로 분비되는 경로이다. 또한 콜레스테롤의 운반을 위해서는 지단백질의 성분으로 되어 말초조직으로 보내진다.

1. 콜레스테롤 합성

콜레스테롤은 거의 모든 조직에서 합성되지만 간, 소장, 부신피질, 생식기관(난소, 정소, 태반), 피부에서 주로 합성되며 대부분의 콜레스테롤은 간에서 합성된다.

콜레스테롤은 포도당, 지방산, 아미노산으로부터 생성된 아세틸 CoA로부터 세포질에서 합성 되며 합성반응은 HMG CoA로부터 메발론산으로의 반응을 촉진하는 HMG-CoA 환원효소(3-hydroxy-3-methylglutaryl CoA reductase)에 의해 조절된다(그림 5-4 참조).

HMG-CoA 환원효소는 콜레스테롤 · 담즙산 · 메발론산에 의해 활성이 조절되며, 이로써 체내의 콜레스테롤은 일정하게 유지된다. 식사를 통해 충분한 콜레스테롤을 공급받으면 HMG-CoA 환원효소의 활성이 감소되어 콜레스테롤 생합성은 저하된다.

반대로 콜레스테롤 섭취가 부족하면 HMG-CoA 환원효소 활성을 증가시켜 콜레스테롤 생합성이 촉진된다. 또한 콜레스테롤의 배설에 따라 콜레스테롤 합성 속도가 조절된다. 그러나 인체에서 콜레스테롤 유입과 유출 간의 균형은 아주 정확하게 조절되지는 못하기 때문에 조절의 불균형으로 혈청 콜레스테롤이 증가되면 조직에 콜레스테롤이 축적될 수 있다. 특히 혈관의 내피층에 콜레스테롤이 축적되어 플라크를 형성하면 동맥경화증 등이 유발되어 심혈관, 뇌혈관 질환의 위험을 높인다.

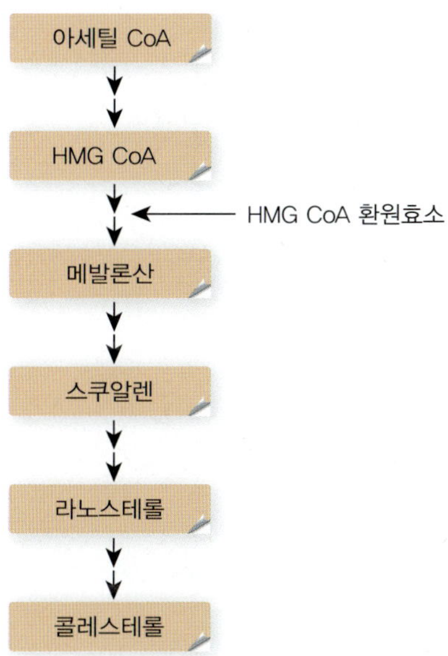

그림 5-4 콜레스테롤의 합성과정

2. 콜레스테롤 대사

콜레스테롤은 간에서 분해하여 그 대부분이 담즙산이 되어 담관에서 장관으로 배설되나 대부분의 담즙산은 소장에서 재흡수되어 장과 간의 순환을 되풀이한다 (Chapter 4 지질 참조). 담즙산은 강한 표면장력을 갖고 있어서 지질을 유화시켜 소화와 흡수를 돕는다.

콜레스테롤은 스테로이드 호르몬의 전구체로 이용된다. 콜레스테롤이 탄화수소 사슬이 짧아지면서 탄소 21개의 프레그네놀론(pregnenolone)으로 전환되는데, 스테로이드 호르몬 합성의 시작물질이 된다. 프로그네놀론은 활면소포체로 운반되어 프로게스테론(progesterone)으로 전환된다.

프로게스테론은 이후 더 변형되어서 여러 가지 스테로이드 호르몬(알도스테론, 글루코코르티코이드, 테스토스테론, 프로게스테론, 에스트로겐)을 생성한다(그림 5-5). 또한 피부 세포막의 콜레스테롤은 비타민 D_3로 변해서 이용된다.

key word

- **스테로이드 호르몬** (steroid hormone)
생식샘이나 부신피질에서 콜레스테롤부터 생성되며 만들어진 스테로이드는 호르몬으로서 작용함

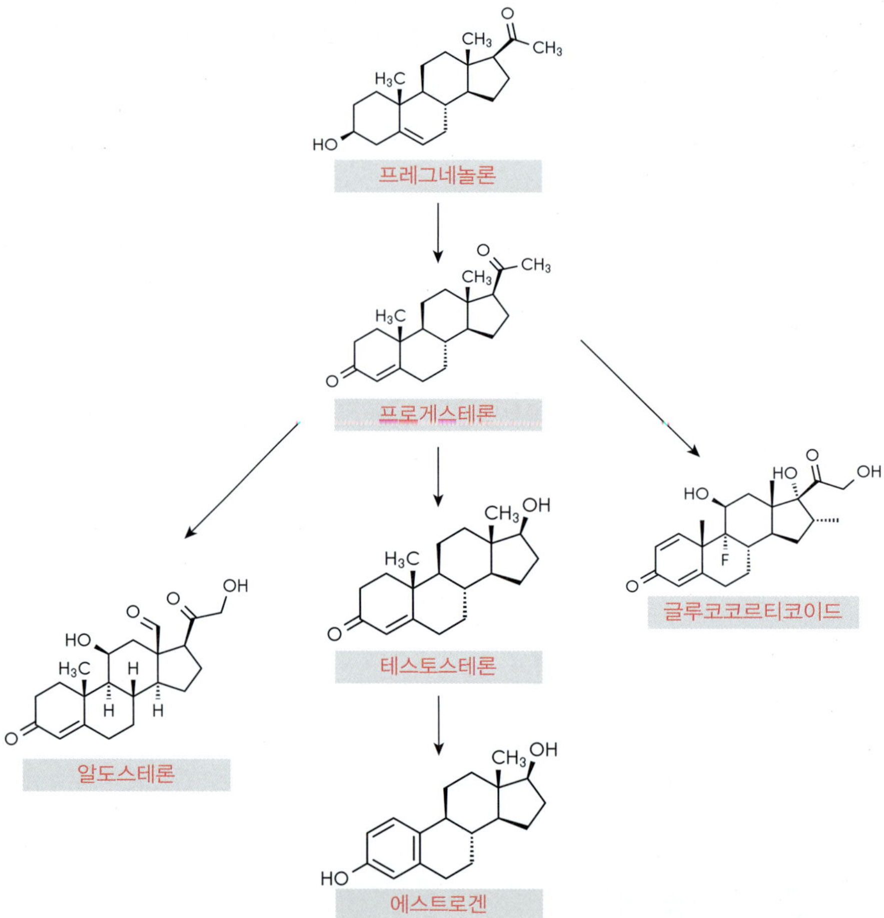

그림 5-5 콜레스테롤로부터 생성되는 스테로이드 호르몬들

핵심문제 및 해답

*해답 본인 확인용 붉은 셀로판지를 이용하세요.

1. 중성지방의 분해는 어떻게 시작되는지 설명해 보자.

지방조직에 중성지방 형태로 에너지를 저장해두었다가, 체내 에너지가 고갈되는 공복 또는 격렬한 운동, 스트레스 상태에서 지질의 분해가 일어난다. 혈당이 낮아졌을 때 분비되는 글루카곤이나 스트레스 상황에서 분비되는 에피네프린 등의 호르몬은 호르몬 민감성 리파아제의 활성을 촉진하고, 이 효소에 의해 조직(주로 지방조직)의 중성지방 분해를 촉진하여 지방산의 유리를 증가시킨다.

이 때 분해된 지방산과 글리세롤은 혈액으로 방출되어 혈중 알부민에 의해 운반되고 뇌와 적혈구 등을 제외한 대부분의 조직세포는 지방산을 에너지원으로 사용하게 된다.

2. 팔미트산의 β−산화과정에 대해 설명해 보자.

① 팔미트산은 팔미틸 아실 CoA로 활성화된다. 이는 ATP와 CoA의 존재 하에서 아실 CoA 합성효소(acyl−CoA synthetase)의 작용으로 이루어진다.

② 카르니틴(carnitine)과 결합하여 팔미틸 카르니틴(acylcarnitine) 형태로 미토콘드리아 안으로 운반된 후, 다시 CoA를 이용하여 팔미틸 아실 CoA 형태로 된다.

③ 팔미틸 아실 CoA는 β-산화 과정(산화, 수화, 산화, 티올 분해반응)을 통해 탄소원자가 2개 적은 지방산 아실 CoA가 된다. 이 4단계 반응이 β-산화의 한 주기이며, 7주기 반복하면 8아세틸 CoA와 $7FADH_2$와 7NADH가 생성된다. 최종 형성된 아세틸 CoA들은 TCA 회로에 들어가서 완전 산화되고 에너지를 발생시킨다.

④ 1개의 팔미트산이 완전 산화되면 총 106개의 ATP가 생성된다.

3. 지방산 생합성은 어떻게 진행되는지 설명해 보자.

① 지방산의 합성은 에너지 섭취량이 요구량보다 많을 때, 즉 탄수화물이나 아미노산이 과다 하게 존재하고, 이것이 ATP 형성에 사용될 필요가 없을 때 여분의 에너지를 중성지방으로 전환하기 위해 일어나며, 주로 간과 지방조직에서 일어난다.

② 아세틸 CoA를 모체로 하여 아세틸 CoA 카르복실화효소(acetyl CoA carboxylase)에 의하여 ATP를 소모하면서 CO_2를 부가하여 말로닐 CoA(malonyl CoA)를 생성한다.

③ 말로닐 CoA는 새로운 아세틸 CoA와 결합하면서 탄소 1개를 CO_2 형태로 제거한 후 축합, 환원, 탈수, 환원의 과정을 거치면서, 탄소 4개의 부티르산를 합성한다.

④ 이와 같은 과정(말로닐 CoA 형태로 탄소를 추가하고, 탄소 1개는 CO_2 형태로 제거하는 과정)이 반복되면서 탄소 2개씩 증가한 지방산을 합성하게 된다.

⑤ 탄소 16개의 팔미트산을 생성하려면 8개의 아세틸 CoA 단위가 필요한데, 1개는 아세틸 CoA로, 나머지 7개는 말로닐 CoA로 결합하게 된다. 또한 지방산 생합성 1회 주기 동안 1개의 ATP와 2개의 NADPH가 필요하므로 총 7개의 ATP와 14개의 NADPH가 소모된다.

4. 케톤체란 무엇이며, 케톤체가 생기는 이유를 설명해 보자.

케톤체는 아세틸 CoA로부터 생성되는 아세토아세트산, β-히드록시부티르산, 아세톤을 말한다. 기아상태나 당뇨병이 적절하게 조절되지 않을 경우, 지방조직에서 많은 중성지방이 분해되어 다량의 유리 지방산이 조직으로 운반된다.

지방산은 β-산화과정을 거쳐 TCA 회로에서 산화되어야 하지만, 포도당 부족으로 옥살로아세트산 생성이 감소하면 TCA 회로에서 산화되지 못하고 간에서 케톤체로 전환된다. 즉 TCA 회로에 들어가지 못한 아세틸 CoA가 간에 과잉 축적되어 농도가 높아지면 아세틸 CoA 2분자가 축합하여 → 아세토아세트산 → β-히드록시부티르산 → 아세톤을 형성하게 된다.

5. 체내 콜레스테롤 합성과 조절에 대해 설명해 보자.

콜레스테롤은 포도당, 지방산, 아미노산으로부터 생성된 아세틸 CoA로부터 세포질에서 합성된다. 아세틸 CoA → HMG CoA → 메발론산 → 스쿠알렌 → 라노스테롤 → 콜레스테롤의 순서로 합성된다. 콜레스테롤의 합성은 HMG CoA로부터 메발론산으로의 반응을 촉진하는 HMG-CoA 환원효소에 의해 조절된다. 식사를 통해 충분한 콜레스테롤을 공급받으면 HMG-CoA 환원효소의 활성이 감소되어 콜레스테롤 생합성은 저하된다.

6. 콜레스테롤로부터 합성되는 물질에 대해 설명해 보자.

콜레스테롤은 스테로이드 호르몬의 전구체로 이용된다. 콜레스테롤이 탄화수소 사슬이 짧아지면서 탄소 21개의 프레그네놀론으로 전환되고, 프로그네놀론은 활면소포체로 운반되어 프로게스테론으로 전환된다. 프로게스테론은 이후 더 변형되어서 여러 가지 스테로이드 호르몬(알도스테론, 글루코코르티코이드, 테스토스테론, 프로게스테론, 에스트로겐)을 생성한다. 또한 콜레스테롤은 간에서 분해하여 담즙산이 되어 담즙 합성에 사용된다. 이 밖에 피부 세포막의 콜레스테롤로부터 비타민 D_3가 합성된다.

Chapter 6

단백질 (Protein)

학습 목표

1. 단백질의 체내 기능에 대해 설명할 수 있다.
2. 각 소화기관에서 일어나는 단백질의 소화과정을 설명할 수 있다.
3. 단백질의 소화 후 흡수과정을 설명할 수 있다.

단백질은 당질이나 지질과 함께 생체를 구성하거나 조절하며, 생체에 에너지를 공급하는 등 생명현상을 유지하는 데에 가장 중요한 물질이다. protein이라고 하는 것은 생명이 존재하기 위해 "제일 첫 번째로 필요하다."는 뜻이며, 그리스어인 'proteios(to take the first place)'에서 유래되었다.

단백질은 생체 내에서 일어나는 여러 가지의 대사반응을 촉매하는 효소를 비롯하여 호르몬, 근육의 myosin, 항체, 각종 세포 내의 유형성분, 체액유지, 혈액응고, 시력반응, 세포보수 등과 같은 작용에 관계하고 있다. 단백질은 당질이나 지질과는 달리, 다량의 질소를 함유하고 있는 것이 특징이다.

단백질의 종류에 따라 다소 다르지만 보통 단순단백질은 탄소(C) : 53%, 산소(O) : 23%, 질소(N) : 16%, 수소(H) : 7%, 황(S) : 1%라는 평균 조성을 갖고 있다. 특히 질소의 함량이 어느 단백질이든지 일정하다는 것에 착안하여 식품이나 조직의 단백질 정량에는 그의 질소량을 측정해서 그 값에 100/16=6.25를 곱하면 대강의 단백질량을 구할 수 있다.

단백질을 가수분해하면 아미노산이 생성되는데, 단백질은 이들 아미노산이 수십 개에서 수천 개 내지 수만 개가 모여서 이루어진 고분자화합물이다.

1. 단백질의 구성

1. 아미노산의 구조

단백질을 구성하는 기본 단위인 아미노산은 펩티드 결합으로 여러 아미노산들이 연결되어 있으며, 이 아미노산들은 모두 공통적인 구조를 가지고 있다. α−탄소에 아미노기(−NH_2), 카르복실기(−COOH), 수소, 다양한 종류의 곁가지 R부분이 결합되어 있으며, 곁가지 R부분에 따라 아미노산 형태와 이름을 구분한다. 체내에서 발견된 아미노산 종류는 약 20여종이고, 구조는 α−아미노산이며, 모두 L형으로 존재한다.

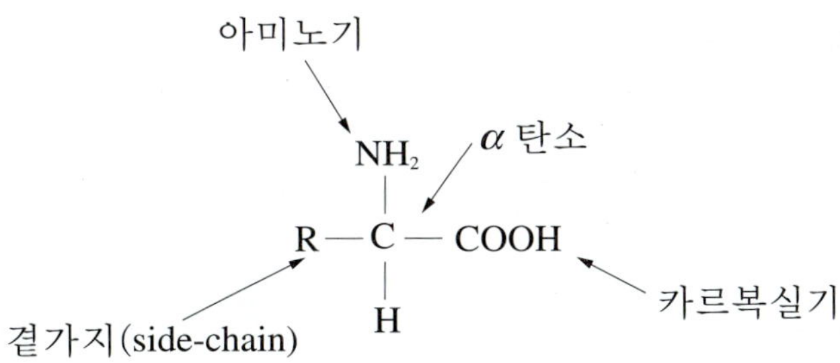

α−아미노산 구조

2. 아미노산의 분류

(1) 화학적 분류

곁가지인 R부분에 의해 곁가지 R부분에 어떤 물질이 붙느냐에 따라 중성, 산성, 염기성으로 분류된다. 예를 들어 R부분에 수소(H)가 붙으면 가장 간단한 아미노산인 글리신(glycine)이 된다. 표 6−1과 같이 R이 수소이면 가장 간단한 아미노산인 글리신(glycine)이 되고, 중성, 산성, 염기성으로 분류된다.

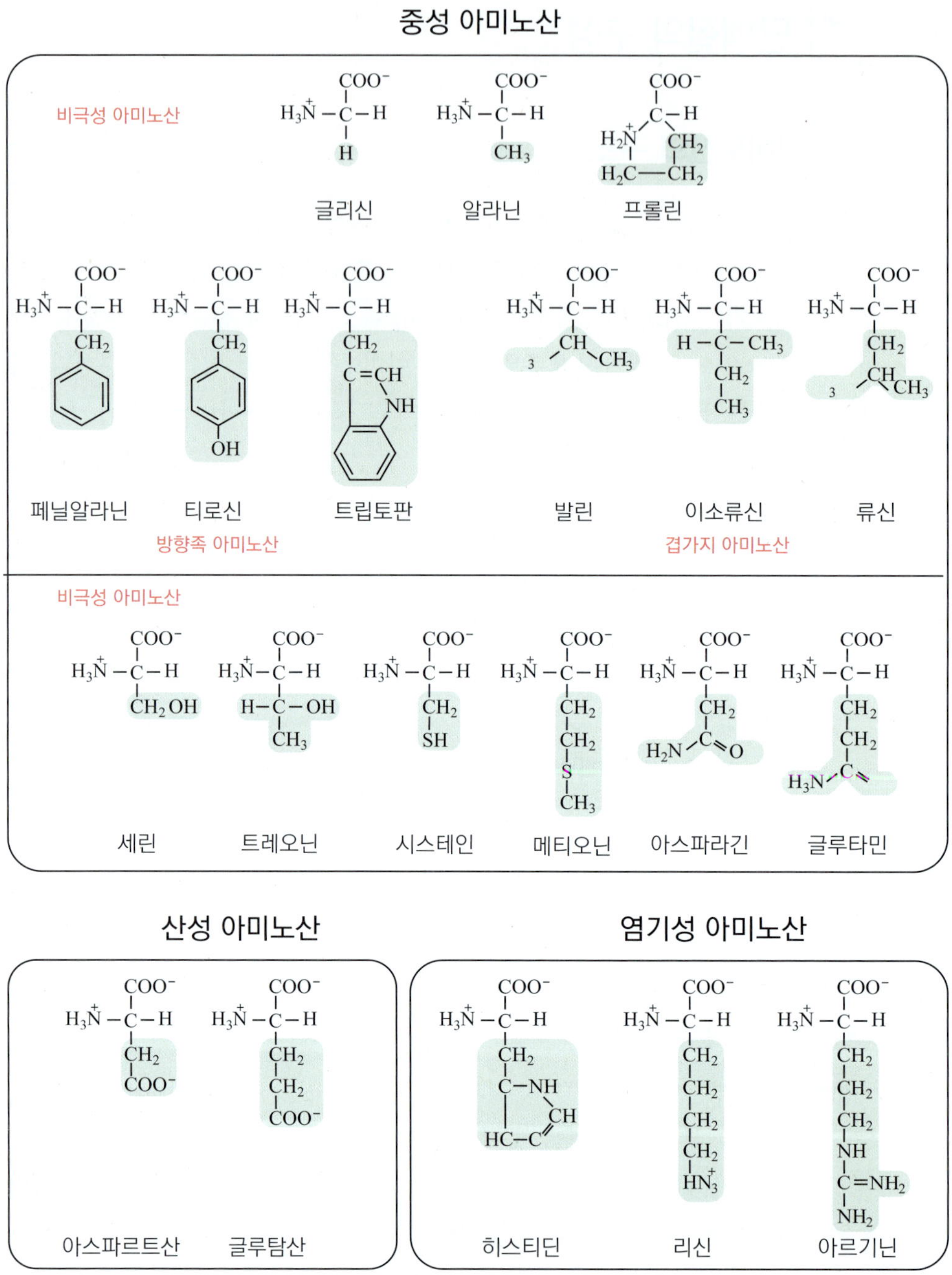

그림 6-1 아미노산의 종류

(2) 체내 합성에 따른 분류

key word

• 필수 아미노산
사람이 생명을 유지하는 데 필요한 아미노산 가운데 인체가 합성하기 어려우므로 음식물로 섭취하여야 하는 아미노산 · 류신 · 이소류신 · 페닐알라닌 · 메티오닌 등

• 필수 아미노산 지수
음식물 등에 있는 영양 가치를 나타내는 지수. 단백질의 아미노산에 대한 매개 필수 아미노산의 비율을 구하여 평균을 낸다.

아미노산은 체내 합성 유무에 따라 필수아미노산과 비필수아미노산으로 분류한다. 필수아미노산은 체내에서 합성되지 않거나 충분하지 않기 때문에 반드시 식품으로 섭취해야 하며, 이 중 한 종류가 결핍되거나 부족하면 성장이 지연되고 단백질 대사가 불균형을 이루게 된다.

히스티딘은 체내에서 합성되기는 하지만 요구량 대비 합성량이 부족하다고 하여 필수아미노산으로 지정하였다. 특수한 생리적인 상황에 따라 비필수아미노산이 필수아미노산으로 되는 경우가 있는데 이를 조건적 필수아미노산이라고 한다.

예를 들면 페닐케톤뇨증의 환자의 경우는 티로신, 중증 상해(trauma)로 체내 요구량이 증가할 때는 글루타민, 장내 대사 기능장애나 심한 생리적인 스트레스 시에는 아르기닌이 필수아미노산으로 요구된다.

표 6-1 아미노산의 체내 합성 유무에 따른 분류

필수아미노산	비필수아미노산	조건적 필수 아미노산
이소류신 류신 라이신 메티오닌 페닐알라닌 트레오닌 트립토판 발린 히스티딘	아르기닌 알라닌 아스파라긴 아스파르트산 시스테인 글루탐산 글루타민 글리신	아르기닌 시스테인 글루타민 티로신

Check point

페닐케톤뇨증(Phenylketonuria, PKU)은 유전적 대사질환으로 페닐알라닌 하이드록실라제(Phenylalanine hydroxylase)라는 효소가 없거나 부족해서 생긴다. 이렇게 효소 활성이 낮으면 페닐알라닌이 티로신으로 전환되지 못하고, 혈중 페닐알라닌 농도는 증가하게 되어 소변으로 페닐알라닌 대사물이 배출된다.

티로신 합성이 중단되면 멜라닌 생성이 감소하여, 페닐케톤뇨증을 조기에 치료받지 못한 아동은 눈이 파랗고 정상아보다 피부와 머리카락 색깔이 더 희고 연하다. 그리고 치료를 계속 방치하면 96~98%는 지능지수가 50 이하로 저하된다.

2. 단백질의 구조

1. 단백질의 구조

단백질 내에서 아미노산들이 펩티드 결합에 의해 일정하게 폴리펩티드 결합을 형성하고 있는 것을 1차 구조라 한다. 1차 구조는 구성 아미노산의 종류와 수, 펩티드 사슬의 수, 아미노산 배열에 따라 결정된다. 단백질의 2차 구조는 펩티드 결합에 관여하고 있는 CO와 NH가 수소에 의해 결합되며 α−나선구조(α−helix)나 β−병풍 구조를 이룬다.

3차 구조는 2차 구조로 이루어진 나선형 사슬이 다시 구부러지고 압축되어 복잡한 구조를 이루는 것이다. 이렇게 구부러지는 것은 수소 결합을 비롯해서 cysteine 간의 −S−S 결합, 반대 전하를 띤 이온이 서로 잡아당기는 힘, 즉 COO^-와 NH_3^+ 사이의 정전인력을 말하고, 소수성 잔기 간의 van der waals 결합력이 관여한다.

이러한 결합에 의해 단백질의 입체구조 및 형태를 결정하게 된다. 4차 구조는 3차 구조로 이루어진 폴리펩티드가 모여 다시 입체적으로 배열되는 구조로 대표적인 예가 헤모글로빈이다. 헤모글로빈은 네 개의 폴리펩티드로 결합되어 있다.

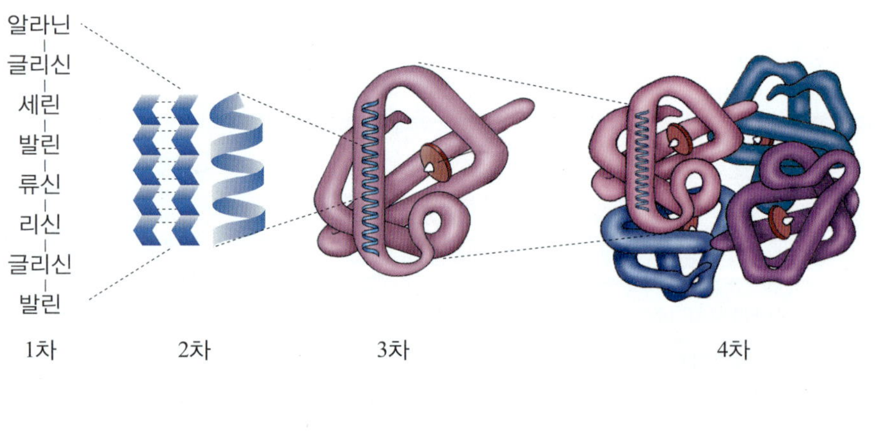

그림 6–2 단백질의 구조

Check point

펩티드 결합이란 한 아미노산의 카르복실기(−COOH)와 다른 아미노산의 아미노기(−NH_2)가 물(H_2O) 한 분자를 떼어내고 결합(CO−NH)한 형태를 말한다. 2개의 아미노산이 결합하면 디펩티드(dipeptide), 3개의 아미노산이 결합하면 트리펩티드(tripeptide), 4~10개 아미노산이 결합하면 올리고펩티드(oligopeptide), 10개 이상의 아미노산이 결합하면 폴리펩티드(polypeptide)라고 한다.

2. 단백질의 변성

단백질이 열, 압력, X선, 동결 등의 물리적 요인이나 산, 염기 등을 첨가하는 화학적 요인으로 안정된 단백질의 구조가 변화된 것을 변성이라 한다. 달걀을 삶거나 구우면 단단해지는 것, 우유에 식초를 넣으면 응고되는 것 등이 대표적인 단백질 변성의 예이다.

3. 단백질의 기능

(1) 체구성 성분

단백질은 체고형분의 약 56%를 차지하며, 체내의 여러 장기나 근육 및 피부와 머리카락의 주성분을 차지한다.

또한, 세포의 주성분으로 새로운 세포의 형성과 소모된 조직의 보수에도 필요하므로 체성분을 유지하려면 음식을 통해 단백질을 끊임없이 공급해야 한다. 만약 부족하면 골격근 · 심장 · 간 · 혈액 내의 단백질과 이외의 기관들의 크기 또는 양이 감소한다. 또한 발육기나 임신기에는 성장을 위해서, 수유기에는 유즙 생성을 위해서, 수술이나 출혈 시에는 세포의 회복을 위해서 단백질이 필요하다.

그 밖에 단백질의 중요한 기능으로는 적혈구 중의 헤모글로빈 성분으로 각 조직에 산소를 운반하고, 지질과 결합하여 지단백질이 되어 혈중으로 이동하는 것이 있다. 근육의 구성 단백질인 액틴과 미오신은 근육의 수축을 한다. 그 밖에 세포막의 인슐린 수용체와 같이 정보수용체의 대부분이 단백질이다

(2) 체액의 조절

알부민, 글로불린과 같은 혈장단백질은 체액조절을 한다. 단백질의 극성기는 물을 잡아당겨 조직의 삼투압과 수분평형을 조절한다. 단백질이 미치는 삼투압의

영향으로 세포와 세포 주위 조직 간의 수분교환을 조절한다.

예를 들면 혈장단백질 및 조직액 간의 단백질 농도는 각각 7%와 0.05%로 교질 삼투압에 차이가 생긴다. 따라서 물은 조직액으로부터 혈관 내로 침투하게 된다. 그러나 장기간 단백질 결핍으로 혈장단백질 농도가 저하되면 혈액의 교질삼투압이 저하되어 조직의 물이 혈관 내로 이동하기 어려워져서 물이 조직 내로 축적되어 부종(edema)이 생긴다. 그러나 단백질을 보충하면 조직 내에 있던 수분이 다시 혈장 내로 이동하게 되어 부종이 사라진다.

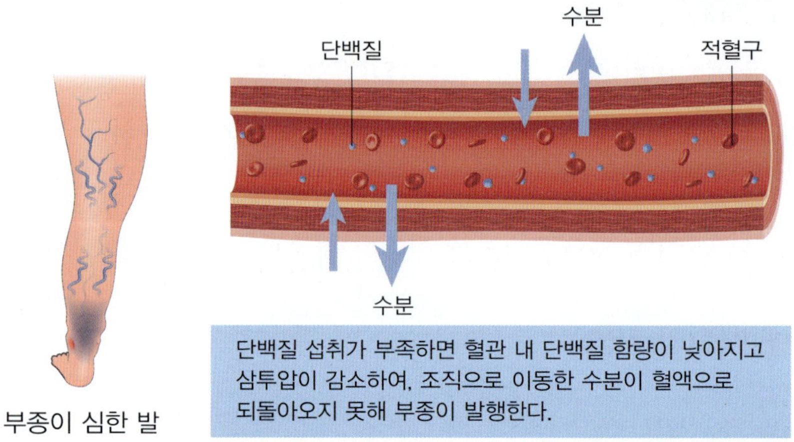

그림 6-3 단백질 섭취 부족으로 발생하는 부종

(3) 산·염기 및 전해질의 조절

단백질은 분자 내에 있는 +, − 이온을 가지는 양성 이온이므로 산 · 알칼리 평형 유지에 관여하며 pH를 조절한다. 혈액의 pH는 7.35~7.45로 조절되며 이 한계를 넘으면 생명이 위험할 수도 있다. 체액 중에 끊임없이 대사산물이 생김으로써 pH를 변동시키려 한다. 그러나 단백질은 양성 반응기를 갖고 있으므로 완충작용을 하여 혈액을 약 알칼리로 조절하여 중성으로 일정하게 유지시켜 준다.

(4) 호르몬과 효소의 형성

호르몬은 내분비기관 또는 특수한 세포에 의해 형성되는 특수한 물질로 체내에서 다양한 신체대사를 조절한다. 혈관 내에 직접 들어가서 다른 조직이나 장기에 이르러 그의 기능을 자극하거나 억제해서 조절하는 것이다. 갑상선호르몬인 티록신이나 부신수질호르몬인 아드레날린은 비필수 아미노산인 티로신에서 생성되며, 인슐린과 글루카곤은 췌장에서 분비되는 단백질로 혈당에 관여하는 호르몬이다.

효소도 단백질로 이루어졌으며, 세포 내에서 생성되어 여러 가지 화학반응을 촉매하는 중요한 물질이다. 예를 들면, 소화효소는 탄수화물, 단백질, 지질 등을 분해하는 데 관여한다.

(5) 면역체 형성

세균이나 이물질이 침입하면 새로운 항체가 신속하게 합성해야 하는데, 이 때 단백질의 공급이 충분해야 적절한 면역반응이 나온다. 그러나 필요 이상의 단백질을 섭취한다고 해서 면역기능이 증가하는 것은 아니다.

(6) 포도당(glucose) 형성

적혈구나 신경조직에 필요한 에너지 공급을 위해 혈중에는 포도당의 양이 일정하게 유지되어야 한다. 적어도 신체 에너지 요구량의 약 35%가 뇌기능 유지를 위해 사용된다. 만일 충분한 포도당을 공급하기 위해 충분한 탄수화물을 섭취하지 않으면 아미노산은 간에서 포도당으로 전환된다(당신생).

(7) 에너지원

단백질은 신체가 사용하고 있는 에너지의 약 2~5%를 공급하고 있다. 단백질은 체내에서 대사되어 탄수화물이나 지질로 전환되며, 체내에 저장되기도 한다. 또한 TCA 회로에서 연소하여 에너지를 발생하는데 1g이 4kcal를 낸다. 따라서, 탄수화물이나 지질의 섭취량이 부족하면 체단백질이 분해되어 에너지를 공급하게 된다. 생체는 에너지 보급을 우선적으로 하기 때문에 단백질은 지방과 탄수화물이 충분하게 있을 때에 본래의 중요한 역할을 한다.

3. 단백질의 소화 및 흡수

1. 소화

1) 위에서의 소화

단백질은 구강 내에서는 소화효소가 없기 때문에 분해되지 않고 침과 혼합하여 씹음으로써 물리적 작용을 받는다.

위에 들어오면 위점막에서 분비되는 호르몬인 가스트린이 위벽세포를 자극하여 위산이 분비되고 단백질을 변성시켜 효소작용을 받기 쉽게 만들어 준다.

위에서는 펩신의 작용에 따라 부분적으로 분해시키는데, 유문점막에서 불활성의 전구체인 펩시노겐(pepsinogen)으로 분비되어 HCl에 의해 펩신으로 활성화된다. 펩신은 단백질 중에서도 글루탐산이나 아스파르트산 같은 산성 아미노산의 COOH나 방향족 아미노산인 페닐알라닌(phenylalanine)과 티로신(tyrosine)의 NH_2 사이의 펩티드결합을 분해한다.

① **위액**: 위점막에 있는 선세포로부터 분비되는 혼합물로 단백질 분해효소인 펩신 · 염산 · 점액 · 내인성 인자(intrinsic factor) 및 일종의 호르몬인 가스트린(gastrin) 등을 분비하며 무색 투명하고 강산성(pH 1.5~2.0)으로 0.2~0.5%의 염산을 함유하고 있다. 그 밖에 레닌(rennin)이 소량 분비된다.

② **펩신**: 위점막의 주세포에서, 염산은 벽세포로부터, 점액은 점액세포에서 분비된다.

③ **염산**: 펩시노겐(pepsinogen)을 펩신으로 활성화하고 펩신의 최적 pH 유지, 음식물 중의 단백질 변성, 칼슘이나 철의 가용화에 의한 흡수촉진, 세균의 증식방지 등의 중요한 작용을 한다.

④ **뮤신**(mucin): 위액의 위점막의 윤활제 역할을 하며, 그 밖에 펩신 및 염산에 의한 손상을 방지해 준다.

⑤ **내인성 인자**(Intrinsic factor, IF): 위의 벽세포에서 분비되는 물질로 비타민 B_{12}가 회장까지 운반되게 함으로써 회장에서 비타민B_{12}가 흡수될 수 있도록 해준다.

Check point

단백질의 소화효소가 위와 장을 분해시키지 않는 이유

이 대부분의 단백질 분해효소는 음식이 없을 때에는 불활성 형태로 존재하기 때문에 소화기관의 자가 소화를 막아준다. 즉, 단백질 식품이 섭취되면 그 식품의 자극으로 활성화되어 분해할 수 있는 능력을 갖게 된다. 또한, 위벽세포와 장벽세포가 분비하는 점액 다당류가 위벽과 장벽을 둘러싸고 있기 때문에 단백질 분해효소의 작용을 받지 못하도록 보호하고 있다.

음식물의 위 내 체류시간

음식물이 위 내에 머무르는 시간은 음식물의 종류, 섭취량, 조리법 등에 따라 달라진다. 일반적으로 당질을 함유한 경우는 짧고, 지질을 함유한 경우는 긴데, 보통 식사에서는 2-3시간 정도이다.

표 6-2　식품이 위 속에 머무르는 시간

(100 g 섭취 시)

분비물	체류시간
밥 빵 떡 과　자	2~2.5 2~2.5 2.5 2~3
날달걀 반숙란 우　유**	2.5 1.5 1~2
버　터*	12
물 커　피**	1~2 2~3

*50g　**200g

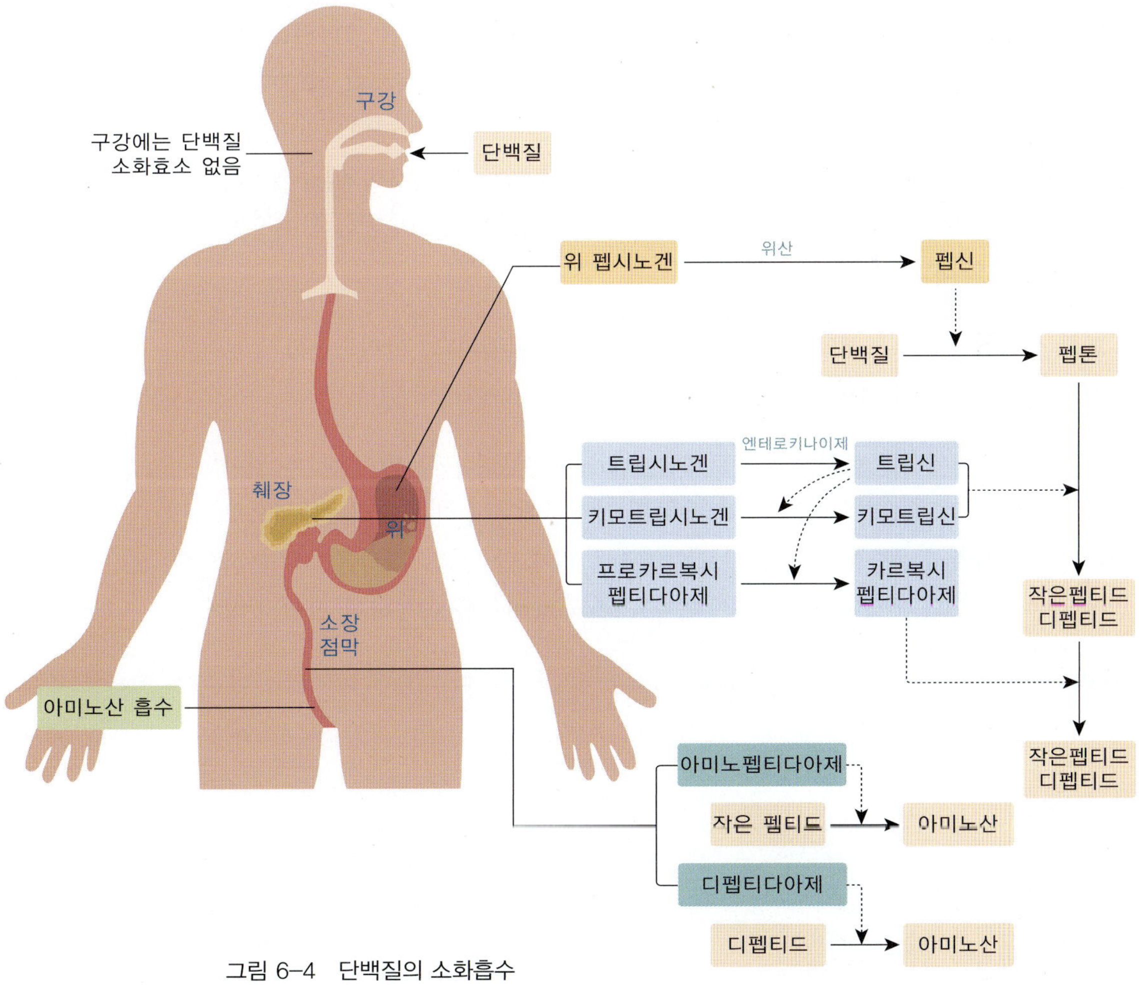

그림 6-4　단백질의 소화흡수

2) 소장에서의 소화

위의 내용물이 유문에서 십이지장으로 이동하면 췌장에서 췌액이, 담낭에선 담즙이 십이지장 상부에서 분비되고 이어서 장액도 분비된다. 이들 소화액 중의 효소에 의해 영양소는 소장을 통과하면서 저분자의 물질로 소화된다.

펩톤(peptone)이 십이지장으로 들어오면 세크레틴과 콜레시스토키닌 호르몬이 분비되어 췌액 분비를 촉진시킨다. 췌액에는 단백질 분해효소인 트립시노겐(trypsinogen)이 있는데 엔테로키나아제(enterokinase)의 작용으로 트립신으로 활성화되고, 활성된 트립신은 키모트립시노겐(chymotrypsinogen), 프로카르복시펩티나아제(procarboxypeptidase)를 활성화시켜 각각 키모트립신과 카르복시펩티나아제로 바꾼다. 트립신과 키모트립신은 펩톤을 폴리펩티드 결합을 분해시키고, 이어서 카르복시펩티다아제가 작용하여 펩티드와 아미노산이 된다.

트립신과 키모트립신은 펩티드 내부의 각각 특정한 펩티드결합을 절단한다. 트립신은 염기성 아미노산인 리신이나 아르기닌의 카르복실기로 형성된 펩티드 결합에 작용하고, 키모트립신은 방향족 아미노산인 티로신 · 페닐알라닌 · 트립토판 등의 카르복실기 사이의 펩티드결합에 작용한다. 카르복시펩티다아제는 폴리펩티드 분자의 말단에 유리된 카르복실기를 갖는 아미노산의 펩티드결합에 작용하여 펩티드 혹은 아미노산까지 분해시킨다.

또한 장액에는 아미노펩티다아제라는 효소가 있어 디펩티드, 아미노산까지 분해시키고, 디펩티드를 아미노산으로 분해시키는 디펩티다아제도 있다.

영유아의 위액에서는 불활성의 프로레닌(prorennin)이 분비되는데, 이것은 위산에 의해 레닌으로 활성화된다. 레닌은 유즙의 카제인에 작용하여 파라카제인으로 약하게 응고시켜서 유즙이 위에 머무르는 시간을 길게 만들어 소화작용을 충분히 받게 해주며, Ca의 존재하에 파라카제네이트(paracasenate)를 형성하여 펩신의 작용을 잘 받게 한다.

표 6-3 인체 내 소화효소의 활성과 그 작용

기관	소화효소 물질			소화작용
	비활성 전구체	활성촉진 물질	활성효소	
위	펩시노겐	위산(HCl)	펩신 레닌(유아에서)	단백질 → 펩톤 카세인 → 응유
췌장	트립시노겐	엔테로키나아제	트립신	펩톤 내부의 알라닌, Lys → 폴리펩티드, 디펩티드
	키모트립시노겐	트립신	키모트립신	펩톤 내부의 Tyr, Phe, Trp → 폴리펩티드, 디펩티드
	프로카르복시펩티다아제	트립신	카르복시펩티다아제	카르복시 말단 → 디펩티드, 아미노산
소장			아미노펩티다아제	아미노 말단 → 펩티드, 디펩티드, 아미노산
			디펩티다아제	디펩티드 → 아미노산

2. 흡수

대부분은 아미노산까지 분해되지만 일부는 펩티드형으로 주로 소장의 점막세포에 흡수된다. 흡수된 펩티드류는 아미노산까지 분해된 후 모세혈관으로 흡수되는데, 문맥을 거쳐서 간에 도달하면 일부는 단백질로 합성되고, 나머지는 아미노산 그대로 혈액에 의하여 전신으로 보내진다.

중성 아미노산이나 염기성 아미노산은 능동수송으로 흡수되고 산성 아미노산은 촉진확산에 의해 흡수되는데, 흡수의 속도는 아미노산의 종류에 따라 다르다.

중성 아미노산은 염기성 아미노산보다 흡수속도가 빠르며, L-형의 아미노산은 능동수송에 의하여 흡수되므로 D-형 아미노산의 확산에 의한 흡수보다 빠르다. 또한 흡수속도는 단백질 합성효율과 관계가 깊다.

또한 동물성 단백질은 흡수율이 높아서 97% 가량 흡수되었지만, 식물성 단백질은 62% 정도로 흡수율이 낮다. 아미노산은 문맥을 거쳐서 간으로 운반되어 필요에 의해 다른 조직으로 운반될 때까지 아미노산 저장체를 이룬다.

Check point

능동수송

소장점막에 존재하는 운반체가 영양소와 결합하여 농도경사를 거슬러 흡수하는 것으로 이러한 흡수기전은 에너지를 필요로 함.

촉진확산

소장의 점막에 물질을 받아들이는 역할을 하는 운반체가 존재하여 영양소를 세포 내로 받아들이는 것으로 에너지를 필요로 하지 않음.

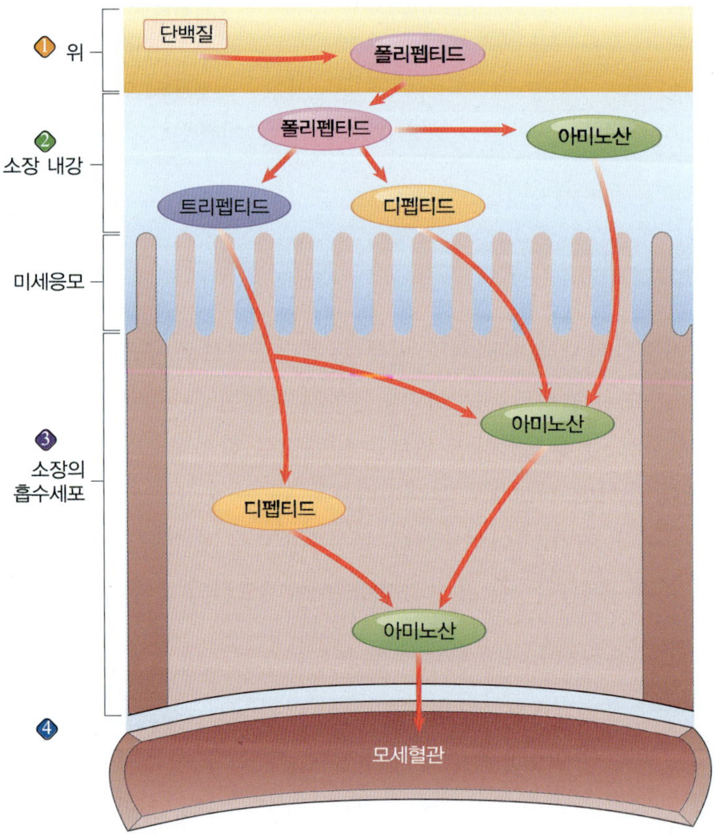

그림 6-5 단백질의 흡수과정

핵심문제 및 해답

*해답 본인 확인용 붉은 셀로판지를 이용하세요.

1. 단백질의 소화에 대한 설명으로 옳은 것은?

① 펩신은 카세인을 응고시킨다.
② 위액의 pH는 단백질의 소화효소와 관계가 있다.
③ 단백질의 소화는 구강에서부터 일어난다.
④ 위에서는 단백질의 소화가 일어나지 않는다.
⑤ 췌장에서 분비되는 트립시노겐은 활성형이다.

위는 인체가 섭취한 영양분 중에서 단백질을 흡수하기 위한 기초 작업을 담당하는데, 그 역할을 하기 위해서 위액에는 펩신과 염산이 포함되어 있다. 펩신이 단백질을 분해하고 염산은 살균과 효소(펩신)의 활성 pH를 만들어 주는 역할을 한다. 따라서 위액은 기본적으로 강한 산성을 띠고 있다. pH는 2 이하이다.

2. 단백질 소화효소와 분비되는 기관을 연결한 것으로 옳지 않은 것은?

① 펩신 - 위
② 트립신 - 췌장
③ 키모트립신 - 췌장
④ 카르복시펩티다아제 - 소장
⑤ 아미노펩티다아제 - 소장

췌장에서 프로카르복시펩티다아제로서 분비되고 트립신에 의해 활성화된다. 유리카르복실기를 지닌 폴리펩티드에 작용해 저분자인 펩티드와 아미노산을 유리하는 효소이다.

3. 식품을 통해서 반드시 제공되어야 단백질을 합성할 수 있는 아미노산은?

① 발린
② 글라이신
③ 프롤린
④ 티로신
⑤ 시스테인

발린 필수아미노산은 반드시 음식으로 섭취되어야 한다.

4. 단백질을 과잉섭취할 때 나타나는 증상은?

① 탄수화물의 절약작용
② 지방의 체내 이용 증가
③ 에너지 소모량 감소
④ 비타민의 체내 축적 증가
⑤ 칼슘 배설량 증가

단백질은 강한 산성물질로 많이 섭취하게 되면 체질이 산성체질로 바뀌게 되고 산성체질은 빠른 중화를 위해 알칼리 성분을 끌어다 쓰게 되는데 이 성분이 곧 칼슘이다. 이로 인해 뼛속 칼슘이 부족하게 되고 이는 곧 골다공증의 원인이 되기도 한다.

[정답] 1. ② 2. ④ 3. ① 4. ⑤

Chapter 7

단백질 대사

학습 목표

1. 아미노산 대사과정을 설명할 수 있다.
2. 단백질 대사 중 요소회로 과정을 설명할 수 있다.
3. 단백질의 질 평가방법을 설명할 수 있다.
4. 단백질의 과잉증과 결핍증에 대해 설명할 수 있다.

단백질은 우리 몸이 사용하고 있는 총 에너지의 약 2~5%를 공급하고 있는 중요한 영양공급원이다. 체내에서 대사되어 탄수화물이나 지질로 전환되며 체내에 저장되기도 한다. 또한 TCA 회로에서 연소하여 에너지를 발생시키는데 1g 당 4kcal의 에너지를 생성하고 있다. 따라서 탄수화물이나 지질의 섭취량이 부족하게 되면 체단백질이 분해되어 에너지를 공급하는 역할을 담당하기도 한다.

단백질은 다른 생체 성분과 똑같이 끊임없이 합성과 분해가 이루어지는 동적 평형을 유지하고 있다. 식사로서 섭취된 단백질은 아미노산으로 분해된 후 소장에서 흡수되어 문맥을 거쳐 간으로 운반된다. 일부는 간에서 섭취되고 나머지는 간 이외의 장기로 보내져 체단백질이나 특수 질소화합물로 된다.

한편 체단백질 등은 아미노산으로 분해되고 다시 대사되어서 체외로 배설된다. 간, 췌장, 소장, 신장의 단백질 대사는 활발하고 근육, 연골, 피부는 활발하지 않다.

1. 단백질의 대사

단백질은 각종 단백질 분해효소에 의하여 아미노산으로 분해된다. 탄수화물과 지방이 충분히 공급되면 분해된 아미노산은 각 조직에서 다시 단백질을 재합성하거나 탈아미노반응(deamination)에 의한 다른 아미노산이나 탄수화물이나 지방산의 합성에 쓰인다. 필요 이상의 잉여 아미노산은 요소를 생성하고 또는 TCA 회로에서 에너지를 생산하는 과정에 사용된다.

1. 아미노산 풀

식사 단백질의 소화와 흡수과정을 통해 생성된 아미노산, 체조직 단백질의 분해로 생성된 아미노산, 체내에서 합성된 아미노산들이 간과 다른 조직의 세포에서 혈액을 통해 지속적으로 교류를 하고, 필요에 따라 여러 용도로 사용할 수 있도록 아미노산의 총집합을 아미노산 풀(amino acid pool)이라고 한다.

2. 단백질 전환

체내에서 지속적으로 단백질을 합성하고 분해하는 재순환 과정을 단백질 전환(protein turnover)이라 하며, 이는 세포의 성장과 유지를 위해 매우 중요하다. 단백질 전환은 식사로 섭취해서 얻은 아미노산보다 더 많은 아미노산이 체내에서 재순환된다. 예를 들어, 건강한 성인남자(체중 70kg)가 하루 섭취한 단백질량이 100g이라고 가정할 때, 장점막세포와 효소 등 내인성 단백질이 약 70g, 변으로 배설되는 양 약 10g, 체내로 재흡수되는 총량은 약 160g이 된다(그림 7-1).

체내 단백질 교체량은 약 250g으로 근육, 간, 혈액, 조직 등에서 아미노산 재이용이 활발하게 이루어진다. 체내 단백질 전환량은 단백질 합성과 분해의 상대적인 비율에 따라 결정이 되는데 간에서는 단백질 분해율을, 근육 등 다른 조직에서는 단백질 합성율을 더욱 중요하게 조절하는 작용을 한다.

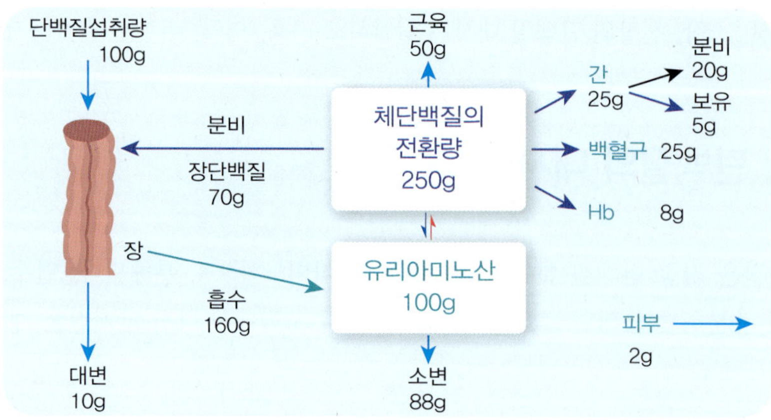

그림 7-1 1일 단백질 섭취, 분배 및 배설량(70kg 성인 남자의 예)

또한, 단백질 전환율은 생리적 상태에 따라 달라지기도 하는데 성인보다 영아에서 단백질 합성률이 증가하여 단백질 전환율이 높아지게 되고, 심한 스트레스를 받을 경우에도 단백질 분해율이 증가하여 단백질 전환율이 증가하게 된다. 모유영양아는 인공영양아보다 단백질 전환율이 더 높아서 조직의 발달과 성숙이 더욱 빠르다.

Check point

스트레스는 단백질 전환율에 영향을 주는데, 가벼운 스트레스는 단백질 합성률이 감소하게 되고, 심한 스트레스에는 단백질 분해율이 증가하게 된다.

3. 아미노산 분해대사

아미노산의 분해는 아미노산 구조에서 아미노기가 떨어져 나오는 것에서 시작된다. 떨어져 나온 아미노기는 생리적 pH에서 암모니아(NH4+)로 존재하며 체내 증가하면 독성을 나타내므로 간으로 이동하여 요소로 전환해야 한다. 아미노기가 떨어지고 남은 탄소골격은 에너지를 만들거나 글루코스, 케톤체 합성, 지방산 합성에 사용된다.

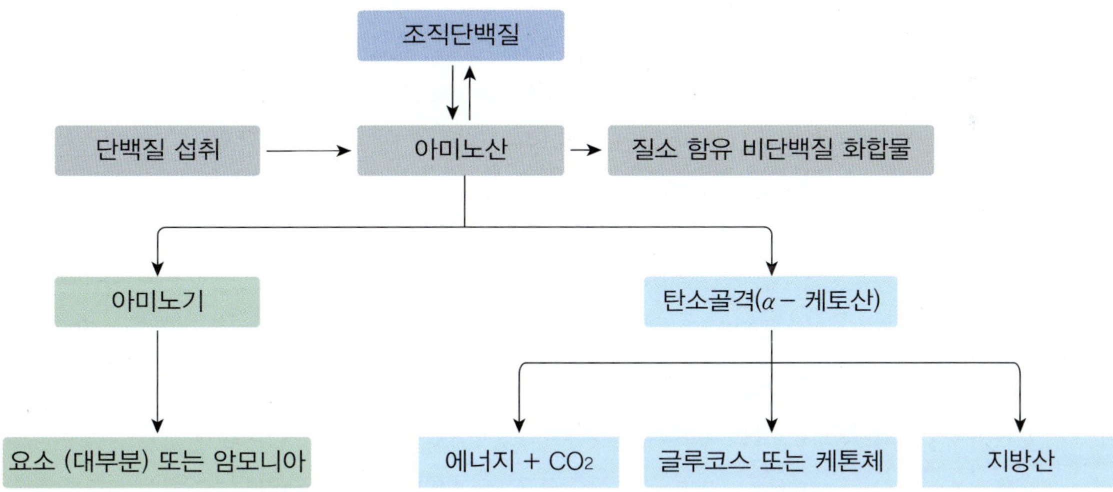

그림 7-2 아미노산의 대사과정

1) 탈아미노 반응

탈아미노 반응은 아미노산 산화효소에 의해 아미노기가 암모니아 형태로 떨어져 나오고, 아미노기를 잃은 나머지는 α-케토산이 되는 과정이다. 예를 들어 글루탐산이 글루탐산 탈수소효소에 의해 탈아미노화되어 α-케토글루타르산과 NH_4^+를 생성하는 것이다. 이 때 탈수소효소의 보조효소는 NAD를 필요로 한다.

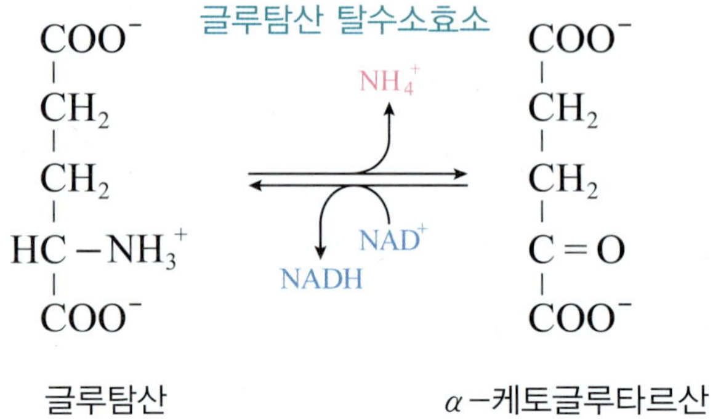

그림 7-3 탈아미노반응의 예

2) 아미노기 전이반응

아미노기 전이반응은 한 아미노산의 아미노기를 다른 α-케토산으로 전달하여 새로운 비필수 아미노산을 생성하는 반응이다. 이렇게 인체에서 합성되는 아미노산은 음식으로 꼭 섭취할 필요가 없으므로 비필수 아미노산이라고 한다.

이 반응에 관계하는 효소는 아미노기 전이효소이고, 그 중 대표적인 것은 glutamate pyruvate transaminase(GPT)와 glutamate oxaloacetate transaminase (GOT) 등이 있으며, 보조효소로 피리독살인산(PLP)을 필요로 한다. 이 GPT와 GOT는 각 조직에 널리 분포함과 동시에 활성도 강하며 아미노기 대사에 중요한 역할을 한다.

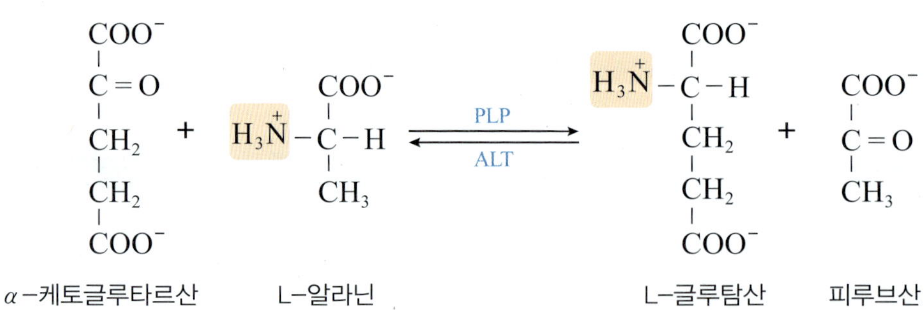

그림 7-4 아미노기 전이반응 예

3) 아미노산 탄소 부분(무질소 부분)의 대사

• 당원성 아미노산과 케톤원성 아미노산

아미노산 중에는 탈아미노 이후에 탄수화물을 생기게 하는 당원성(glycogenic) 아미노산과 케톤체를 생성하는 케톤원성(ketogenic) 아미노산이 있다. 기아나 고지방식을 할 때에도 혈당이 유지되는 것은 당원성 아미노산으로부터 당신생(gluconeogenesis)이 일어나기 때문이다.

당원성 아미노산은 피루브산, α-케토글루타르산, 옥살로아세트산, 프로피오닐 CoA를 생성하는 4곳으로 나누어지는데, 모두 TCA 회로에 들어가서 대사된다. 이것으로부터 옥살로아세트산을 거쳐서 당신생이 이루어진다.

이 당신생은 간이나 신장에서 일어난다. 케톤원성 아미노산에서 생성하는 아세틸 CoA도 TCA 회로에 들어가는데, 이 때 1분자의 옥살로아세트산을 소비해서 시트르산(Citric acid)을 생성하므로 당신생의 원료가 되지는 않는다. 이 아세틸 CoA의 축적에 의해서 케톤체가 형성된다.

아미노산 중에서 직접 당대사에 들어가는 것은 알라닌, 아스파르트산(aspartic acid), 글루타민산(glutamic acid)이고, 각각 아미노기 전이에 의해 피부르산, 옥살로아세트산, α-케토글루타르산를 생성시킨다. 각종 아미노산을 따라 각기 다른 중간 대사경로를 거쳐서 TCA 회로에 들어가 CO_2와 H_2O로 분해되면서 ATP를 생성한다.

표 7-1 포도당 생성 및 케톤 생성 경로로 가는 아미노산

분류	아미노산 종류
케톤 생성	류신, 라이신
케톤 생성 및 포도당 생성	이소류신, 페니알라닌, 티로신, 트립토판
포도당 생성	알라닌, 세린, 글리이신, 시스테인, 아스파르트산, 아스파라진, 글루탐산, 글루타민, 아르기닌, 히스티딘, 발린, 트레오닌, 메티오닌, 프로린

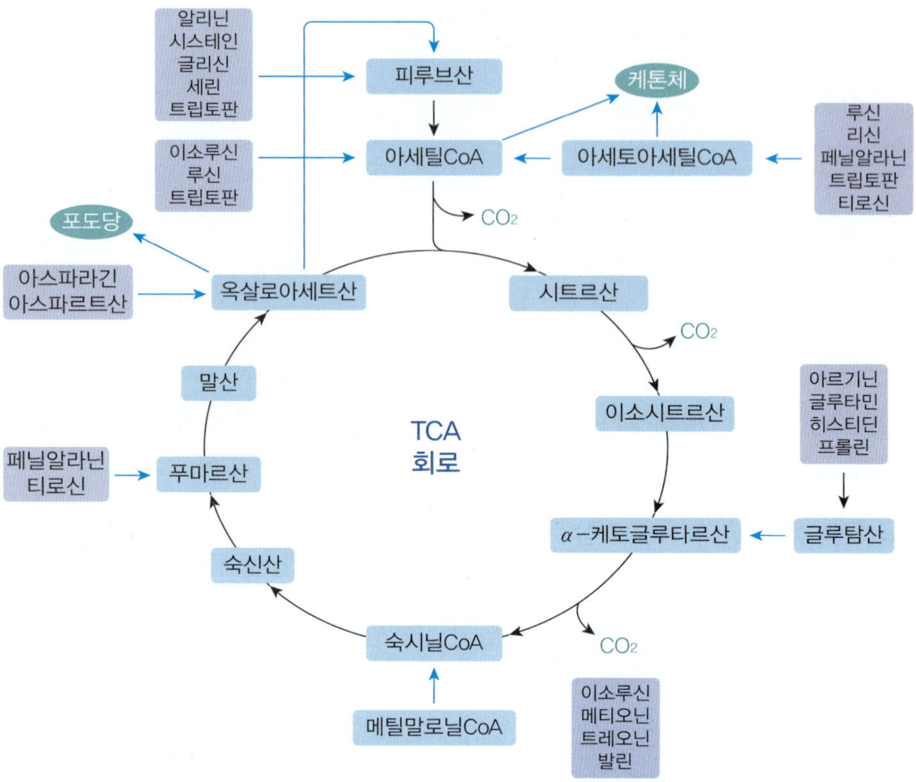

그림 7-5 아미노산의 대사

4) 요소 회로(urea cycle)

탈아미노 반응에 의해 생성된 암모니아(NH_3)는 유해하다. 그러므로 동물의 경우는 종류에 따라서 그대로 배설하고 사람은 간에서 무해한 요소(urea)로 바꾸어 소변으로 배설하는데 그 과정을 요소 회로라고 한다.

요소 회로는

① 먼저 NH_3가 CO_2와 반응하고 그 생성물은 오르니틴(ornithine)과 반응하여 시트룰린(citrulline)이 된다.

② 이것은 다시 aspartic acid과 반응하여 아르기노숙신산(argininosuccinic acid)를 경유하여 아르기닌을 생성한다.

③ 아르기닌은 아르기닌 분해효소에 의해 가수분해되어 요소와 오르니틴이 된다.

이렇게 하여 생성된 요소는 대부분 신장으로 배설되며, 이 오르니틴은 다시 미토콘드리아 내로 들어가서 시트룰린 합성에 사용된다. 이 요소의 생성경로를 요소회로(urea ycle) 또는 오르니틴 회로(ornithine cycle)라고 한다. 간 기능의 이상으로 암모니아가 요소로 전환되지 못하고, 체내에 축적되면 간성혼수의 유발할 수 있다.

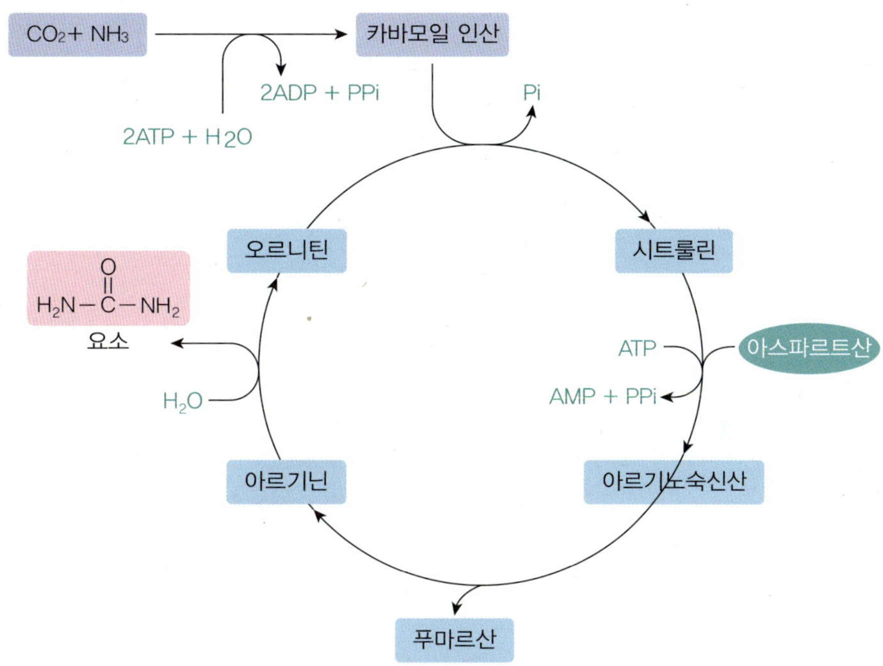

그림 7-6 요소회로

Check point

암모니아는 체내 쌓이면 독성이 생기므로 즉시 체외로 내보내거나, 독성이 적은 물질로 전환해야 한다. 수중생물은 암모니아를 직접 배출이 가능하고, 파충류와 조류는 요산으로 전환시켰다가 배설시킨다. 사람은 간에서 요소로 전환해서 신장으로 배설한다.

(1) 주요 조직에서의 대사

① 간

방향족 아미노산이 주로 간에서 대사되는데, 간에서 혈장으로 유입된 트립토판은 뇌로 이동하여 세로토닌 합성의 전구체로 사용된다. 곁가지 아미노산(류신, 이소류린, 발린)은 간에서 분해가 잘 되지 않고 주로 근육에서 분해된다.

② 근육

곁가지 아미노산(류신, 이소류신, 발린)은 근육, 뇌 등 에너지원으로 이용된다.

근육에서는 이들 아미노산의 합성과 분해가 활발히 진행되고 그 결과 유리된 질소는 글루타민과 알라닌의 형태로 방출된다. 이 때 알라닌은 간으로 이동하여 포도당 신생과정을 거쳐 혈당으로 재방출되어 근육로 흡수되고(포도당-알라닌 회로), 글루타민은 장으로 이동하여 알라닌이 된 후 다시 간으로 이동한다.

③ 신장

글루타민에서 암모니아를 유리하여 체내의 산-염기 평형 조절에 중요한 역할을 한다.

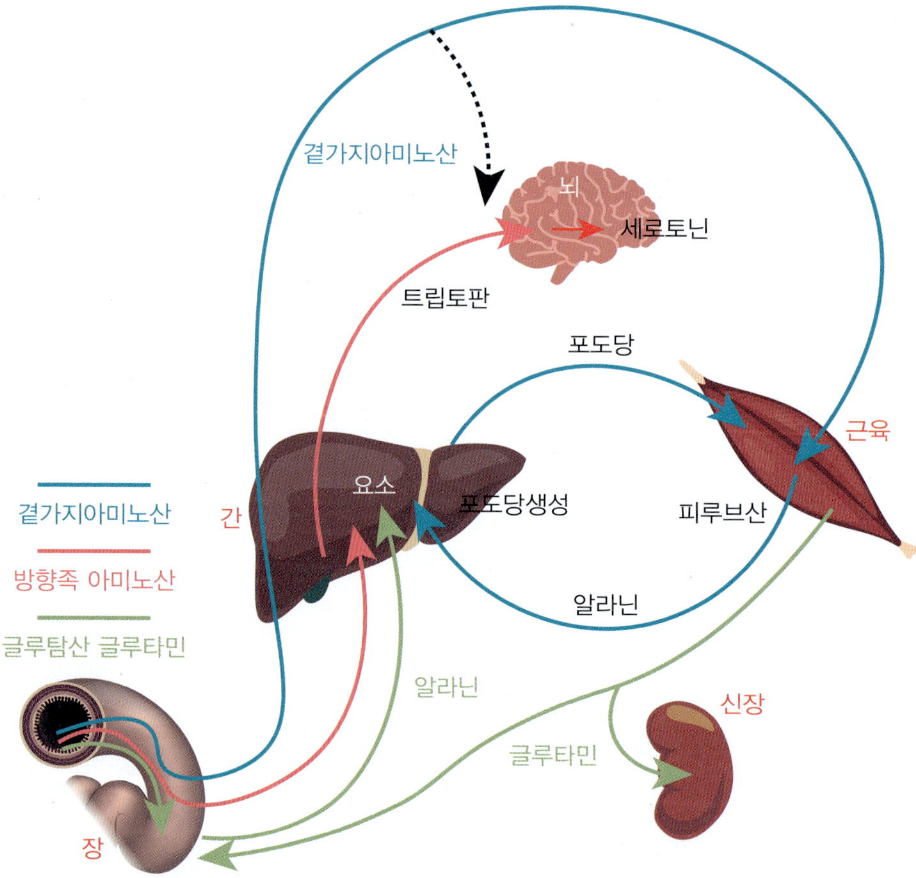

그림 7-7 주요 조직에서의 아미노산 대사의 상호작용

2. 단백질의 합성

단백질 합성을 위해 아미노산은 간에서 각 조직으로 이동해야 하고 각 조직에는 반드시 필수아미노산이 충분량 있어야 한다. 만약 필수아미노산이 한 개 라도 부족하면 단백질 합성은 일어나지 않는다. 특정 단백질 합성에 필요한 비필수아미노산은 혈액에서 직접 공급되거나, 세포에서 합성이 가능하다.

단백질은 종류에 따라 아미노산의 배열순서, 입체구조, 기능이 달라지게 된다. 아미노산들의 배열은 세포핵 중 염색체 내에 있는 유전자, 즉 DNA 중 염기의 배열에 의해 정해진다.

단백질 합성은 리보솜에서 진행되는데 단백질 합성과정은 다음과 같다.

① 핵에 항상 존재하는 DNA는 고유의 유전정보를 가지고 있다. DNA는 이 유전정보에 의하여 핵 내에서 mRNA(messenger RNA)에 유전정보를 전달한다.
② mRNA는 리보솜으로 이동하여 단백질을 합성하는 틀을 만든다. 이미 활성화된 아미노산들이 아미노산 고유의 tRNA(transfer RNA)와 결합하여 단백질 합성에 필요한 위치에 나열된다.
③ 활성화된 아미노산이 펩티드 결합으로 연결되어 자기 고유의 유전정보를 DNA에서 받아 폴리펩티드를 형성하고 단백질을 합성한다.

3. 단백질의 질

1. 단백질 평가방법

1) 생물학적 평가방법

① 단백질 효율(Protein efficiency ratio, PER)

섭취 단백질에 대한 체중 증가량을 비율로 나타내는 것으로, 단백질의 질을 평가하는 가장 간단한 방법이다. 동물실험을 통해 양질의 단백질을 일정기간 먹인 후 단백질을 섭취한 기간 동안 증가한 체중량을 측정한다. 그러나 이 방법은 동물에 필요한 아미노산이 사람과 같지 않고, 체중 증가가 반드시 체단백질 증가에 비례하는 것이 아니므로 정확하다고는 볼 수 없다.(체지방 증가 가능성)

$$\text{단백질 효율비(PER)} = \frac{\text{일정 사육기간의 체중 증가량(g)}}{\text{일정 사육기간의 단백질 섭취량(g)}} \times 100$$

② 생물가(Biological value, BV)

체내로 흡수된 질소량 중에 실제로 얼마만큼 체성분으로 전환되었는가를 나타내는 값으로 체단백질로 보유되는 것이 높을수록 단백질의 영양가가 높다. 일반적으로 생물가가 70 이상인 단백질은 양질이며 우유 · 고기 · 생선 등인 동물성 식품과 쌀 · 대두 등이 포함되고, 그 밖의 식물성 식품의 생물가는 낮다.

$$\text{BV} = \frac{\text{보유된 질소량}}{\text{흡수된 질소량}} \times 100 = \frac{\text{식이 N} - \text{대변 N} - \text{소변 N}}{\text{식이 N} - \text{대변 N}} \times 100$$

③ 단백질 실이용률(Net protein utilization, NPU)

생체의 요구에 맞는 아미노산 조성단백질이라도 완전히 소화, 흡수되지 않는 한 100% 이용된다고 할 수는 없다. 생물가는 흡수된 후의 단백질 이용의 정도를 가리키는 것이고, 단백질 실이용률은 섭취한 단백질이 몸 안에서 이용된 비율을 나타낸 것으로 생물가에 단백질의 소화흡수율을 고려하여 평가한다.

$$\text{NPU} = \frac{\text{보유된 질소량}}{\text{섭취한 질소량}} \times 100 = \text{생물가} \times \text{소화흡수율}$$

표 7-2 여러 가지 평가법에 의한 식품 중의 단백질영양가 비교

식품	chemical score	BV	NPU	PER
달걀	100	100	94	3.92
우유	95	93	82	3.09
생선	71	76	—	3.55
쇠고기	69	74	67	2.30
현미	67	86	59	—
백미	57	64	57	2.18
땅콩	65	55	55	1.65
귀리	57	65	—	2.19
통밀	53	65	49	1.53
옥수수	49	72	36	—
대두	47	73	61	2.32
참깨	42	62	53	1.77

2) 화학적 평가방법

① 화학가(Chemical score)

식품 단백질의 질을 측정하는 가장 간단한 방법으로 평가하고자 하는 식품 단백질의 함량을 기준 단백질의 같은 아미노산 함량으로 나눈 값의 백분율이다.

예를 들어, 두부 1g 중에 들어 있는 9개의 필수 아미노산에 대해 각각 아미노산 함량을 확인 후, 달걀의 필수 아미노산별 함량으로 각각 나눈 후 100을 곱해 백분율로 표기한다. 이 때 가장 낮은 값을 나타내는 아미노산을 제한아미노산이라고 하고, 이 제한아미노산의 값을 해당 식품단백질의 화학가라고 한다. 달걀 단백질의 필수아미노산 함량이 인체가 필요로 하는 필수아미노산 함량과 거의 일치하므로 기준으로 하여 비교하고 평가한다.

$$\text{화학가(\%)} = \frac{\text{식품 단백질 g당 제1 제한아미노산의 함량(mg)}}{\text{달걀단백질 g당 위와 같은 아미노산의 함량(mg)}} \times 100$$

② 아미노산가(amino acid score)

평가하고자 하는 식품 단백질의 각각의 필수아미노산 함량을 확인 후, 세계보건기구(WHO)가 제정한 이상적인 필수아미노산 필요량을 아미노산별로 각각 나누어 백분율로 나타내어 평가한다.

$$\text{아미노산가(\%)} = \frac{\text{식품 단백질 g당 제1 제한아미노산의 함량(mg)}}{\text{WHO 기준 단백질 g당 위와 같은 아미노산의 함량(mg)}} \times 100$$

2. 단백질의 상호보완 효과

식품에 따라 단백질의 영양가가 다른데, 몇 개의 식품을 섞어 먹으면 부족한 아미노산을 서로 보충해서 영양가를 높일 수 있다. 예를 들어, 쌀은 라이신이 부족하고, 콩은 메티오닌이 부족하기 때문에 두 식품을 함께 섭취함으로써 서로 부족한 단백질을 보완해 줄 수 있다. 이렇게 필수아미노산 조성이 다른 2개의 단백질은 함께 섭취함으로써 서로 부족한 제한아미노산을 보충하는 것을 단백질의 상호보완효과라고 한다.

표 7-3 식물성 식품에 부족한 아미노산과 단백질의 질 보충효과

식품	부족한 아미노산	단백질의 질 보충효과
곡류	라이신, 트레오닌	콩과 쌀밥
콩류	메티오닌	두부와 쌀밥
견과 및 종실류	라이신	콩과 잠깨가루를 넣어 만든 미소 된장, 땅콩과 완두 등의 콩을 섞은 샐러드
채소	메티오닌	나물과 쌀밥, 채소와 견과류를 섞은 샐러드
옥수수	트립토판, 라이신	옥수수와 달걀을 섞은 볶음밥

4. 단백질의 결핍과 과잉

1. 단백질 결핍

1) 단백질–에너지 영양불량(Protein-energy malnutrition, PEM)

전 세계적으로 저개발국가나 개발도상국가에서는 아직도 에너지와 단백질의 섭취가 낮은 지역이 있다. 단백질 부족만은 거의 드물고 일반적으로 불충분한 음식 섭취의 결과로 에너지 또는 다른 영양소의 부족과 함께 나타난다. 이처럼 단백질과 함께 에너지의 섭취가 부족하면 흔히 PEM(protein–energy malnutrition) 혹은 PCM(protein–calorie malnutrition)이라고 한다.

WHO의 추계에 의하면 적어도 전세계에서 5억 명의 어린이가 PEM으로 고통을 받고 있다고 한다. 선진국에서도 노인이나 질병(암, 신경성 거식증, 흡수불량증 등)으로 병원에 입원한 환자에서도 흔히 발생된다.

2) 콰시오커(kwashiokor)

영유아에서 장기간 단백질이 결핍되면 콰시오커 증세가 나타나게 된다. 초기 주요 증상으로 성장지연, 체중감소, 저항력 감소 등이 있고, 증상이 더욱 심해지면 머리카락 탈색, 피부염, 간에 지방침착, 복부와 다리의 부종이 나타난다. 에너지 부족이 마라스무스 만큼 심하지 않기 때문에 체지방은 그대로 유지된다. 이 질병을 가진 아이들에게는 충분한 단백질과 필요한 영양소를 공급하면 증상이 사라진다.

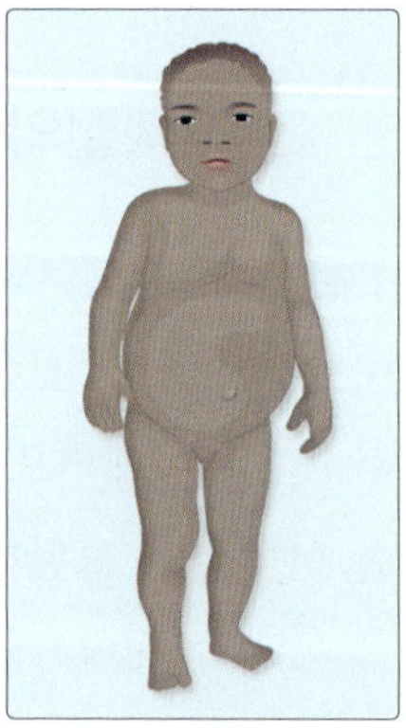

3) 마라스무스(marasmus)

마라스무스는 콰시오커보다 천천히 나타나며 단백질과 에너지의 섭취량이 모두 부족하여 체내 지방이 고갈되고 심한 근육소모 등의 증상이 나타난다. 마라스무스는 성인에서도 암이나 신경성 거식증의 기아상태에서도 발생할 수 있다. 이 질병으로부터 치료되기 위해서는 고열량식 및 고단백식과 여러 가지의 영양소가 필요하다.

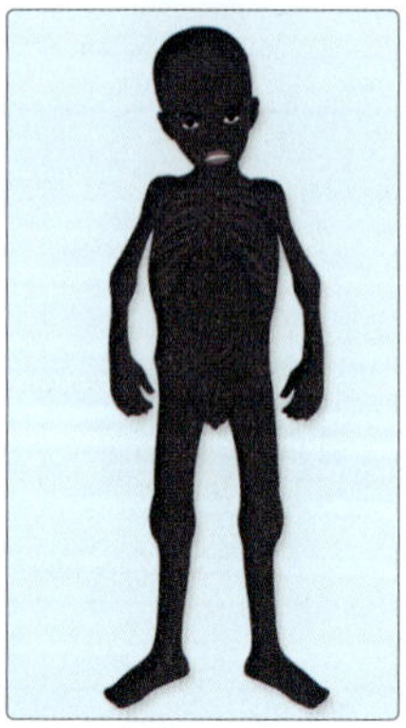

표 7-4 콰시오커와 마라스무스

식품	콰시오커	마라스무스
원인	단백질과 에너지가 부족한 편이나 특히 단백질 부족이 심함	단백질과 에너지가 모두 부족하며 특히 단백질 부족이 심함
발생시기	12~48개월(이유 후 어린이)	6~18개월
혈청 알부민	저하	정상
외모	약간 마름	피부와 뼈만 있음(노인 얼굴)
머리카락	건조, 변색	정상
부종	심함(둥글고 슬픈 얼굴)	없음
근육소모	흔함	약함
지방간	흔함	없음
체지방	정상	없음
식사요법	소화흡수에 장애를 보이므로 정맥을 통해 아미노산을 공급하고, 점차 구강을 통해 양질의 단백질을 충분히 공급함.	에너지와 단백질을 보충하되 특히 에너지를 충분히 공급함.

2. 단백질 과잉

key word

• 요독증

신장의 기능장애로 몸 안의 노폐물이 오줌으로 빠져 나오지 못하고 핏속에 들어가 중독을 일으키는 증상. 구토, 현기, 두통, 시력 감퇴, 전사경련 따위의 증상이 나타나고 말기에는 혼수상태에 빠진다.

• 간성혼수

간의 병 때문에 간 세포가 많이 죽거나 약해져서 간기능 상실이 생겨 정신이 혼미해지는 증상

단백질의 과잉증은 흔한 증상은 아니지만 많이 섭취할 경우에 발생할 수 있다. 동물실험에서 쥐에게 30~40%의 단백질을 함유하는 사료를 주면 물을 많이 요구하고 신장이 비대해지는데, 이는 단백질 분해 산물을 배설하기 위하여 신장의 일이 너무 많기 때문이다.

일반적으로 단백질을 과잉섭취하면 여분의 단백질이 글리코겐이나 지방으로 체내에 축적되어 체중이 증가한다. 또 단백질은 식이성 발열효과(thermic effect of food ; TEF)가 탄수화물이나 지방에 비해 훨씬 강하므로(30%) 대사항진, 체중 증가, 혈압 상승과 함께 피로가 쉽게 온다. 정상인인 경우는 별 문제가 없으나, 질병이 있을 때는 요독증 또는 간성혼수 등에 주의가 필요하다.

5. 단백질의 섭취기준

1. 단백질 필요량

단백질의 평균필요량은 질소평형 실험 결과를 근거로 하되 소화율을 반하여 추정하였다. 2015년 한국인 영양섭취기준에 따르면 성인의 경우, 성별에 상관없이 질소평형 유지를 위해 0.73g/kg/일을 1일 필요량으로 정하였고, 권장섭취량은 인구의 97-98%에 해당하는 사람들의 필요량을 충족시킬 수 있도록 평균필요량에 1.25배를 적용하여 0.91g/kg/일로 정하였다. 2010년에 비해 질소평형 유지를 위한 단백질 필요량 기준이 상향되고 체위 기준인 평균 체중이 증가하면서 유아와 임신 및 수유기를 제외한 거의 모든 연령에서 단백질 섭취기준이 상향 조정되었다.

표 7-5 한국인의 1일 단백질 섭취기준

성별	연령	단백질(g/일)			
		평균필요량	권장섭취량	충분섭취량	상한섭취량
영아	0-5(개월)			10	
	6-11	10	15		
유아	1-2(세)	12	12		
	3-5	15	20		
남자	6-8(세)	25	30		
	9-11	35	40		
	12-14	45	55		
	15-18	50	65		
	19-29	50	65		
	30-49	50	60		
	50-64	50	60		
	65-74	45	55		
	75 이상	45	55		
여자	6-8(세)	20	25		
	9-11	30	40		
	12-14	40	50		
	15-18	40	50		
	19-29	45	55		
	30-49	40	50		
	50-64	40	50		
	65-74	40	45		
	75 이상	40	45		
임신부	2분기	+12	+15		
	3분기	+25	+30		
수유부		+20	+25		

*보건복지부 · 대한영양사협회, '2015 한국인의 영양섭취기준'

2. 질소평형

단백질은 모든 신체의 성장과 유지를 위해 필요하다. 머리카락이나 손톱의 단백질은 끊임없이 합성해야 하므로 단백질을 보충해 주어야 하는데, 이로 인해 조직단백질을 구성하고 있는 체액의 아미노산과 그 조직단백질의 아미노산 사이에는 교환이 계속 이루어지고 있다. 탄수화물이나 지질과는 달리, 단백질은 1g에 대해 16% 정도 질소를 함유하고 있으므로 간접적으로 편리하게 질소를 측정할 수 있다.

질소평형(nitrogen equilibrium)이란 섭취된 질소와 배설된 질소량의 차이를 말하며, 또한 정상적인 성인의 체내에 있는 전체적인 단백질량이 항상 일정한 것을 말한다. 이때 섭취된 질소량이 배설된 질소량보다 많아질 때를 양의 평형(positive nitrogen balance)이라 하고, 섭취된 질소량이 배설된 질소량보다 적어지는 때를 음의 평형(negative nitrogen balance)이라 한다. 이것은 건강한 상태인지, 병든 상태인지 등을 나타내 주는 지표가 된다.

성장기 아동과 임신부는 양의 평형을 나타내는데 그들은 매일 새로운 단백질을 함유하는 혈액 · 뼈 · 근육을 만들기 때문이다. 반대로 질병 · 기아 · 발열 · 외상 등은 음의 평형을 나타낸다.

표 7-6 질소평형의 의의

구분	질소평형의 의미측정	의미
질소 평형	단백질 섭취 단백질 배설 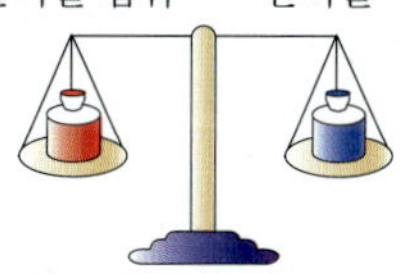	조직의 유지(성인)
양의 평형	단백질 섭취 단백질 배설 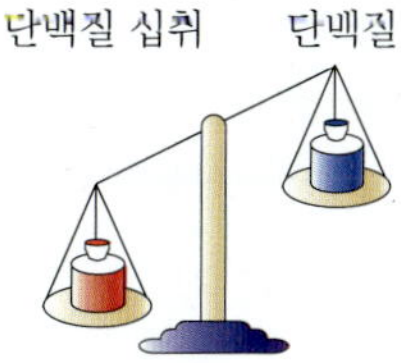	성장, 임신, 병으로부터의 회복, 인슐린 성장호르몬 등의 증가
음의 평형	단백질 섭취 단백질 배설 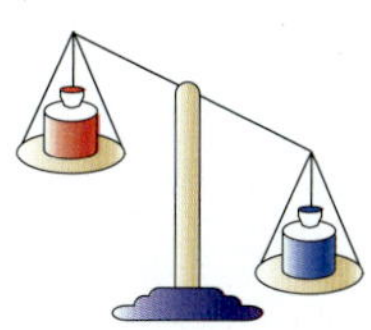	질환, 신체소모, 체중감소, 불충분한 섭취(기아, 위장질환)

6. 단백질 급원식품

대표적인 단백질 급원식품 중에서 필수아미노산이 충분히 함유되어 있는 완전단백질의 급원식품은 동물성 육류(소고기, 돼지고기, 닭고기), 생선, 달걀, 우유 및 유제품(치즈, 요거트) 등이 있다. 곡류, 견과류, 대두 등은 일부 필수아미노산이 양적으로 부족한 부분적 완전단백질의 급원식품이므로, 필수 아미노산의 부족을 예방하기 위해 완전단백질 급원식품과 함께 섭취할 것을 권장한다.

표 7-7 단백질의 주요 급원식품 및 함량

급원식품	단백질 함량(g/100 g)	급원식품	단백질 함량(g/100 g)
쇠고기, 한우안심	20.8	달걀	11.4
돼지고기, 목살	20.2	검정콩(마른 것)	34.3
닭고기	19.0	두부	7.6
생선, 고등어	20.2	두유	4.4
어묵	11.8	우유	2.8
새우, 보리새우	15.1	치즈	18.3
맛조개	9.7	요거트, 호상	5.2

농촌진흥청 국립농업과학원, 2017.

표 7-8 단백질 권장섭취량[1] 섭취방법

급원식품	1회 분량(g)	함량(g/1회 분량)	권장 섭취횟수(회/일)
쇠고기, 돼지고기	60	12	5
닭고기	60	11	6
고등어	60	12	5
검정콩(마른 것)	20	7	9
두부	80	6	10
두유	200	9	7
우유	200	6	10
요거트	100	5	12

1) 30-64세 남자의 권장섭취량 60 g/일을 충족할 수 있는 각 급원식품의 섭취횟수

농촌진흥청 국립농업과학원, 2017.

핵심문제 및 해답

*해답 본인 확인용 붉은 셀로판지를 이용하세요.

1. 다음 괄호 안에 들어갈 단어로 알맞은 것을 A, B, C 순서대로 나열하시오.

> 아미노산의 탈아미노반응으로 생성된 (A)는 간에서 (B)회로에 의해 (B)로 전환되어 소변으로 배설된다. (C)기능이 손상되어 (A)가 (B)로 전환되지 못하면 (A)가 혈중에 축적되어 중추신경계에 장애를 일으킬 수 있다.

① 암모니아, 요소, 신장
② 요소, 암모니아, 신장
③ 암모니아, 요소, 간
④ 요소, 암모니아, 간
⑤ 아미노기, 암모니아, 간

아미노산의 탈아미노 반응으로 생성된 (암모니아)는 간에서 (요소) 회로에 의해 (요소)로 전환되어 소변으로 배설된다. (간) 기능이 손상되어 (암모니아)가 (요소)로 전환되지 못하면 (암모니아)가 혈중에 축적되어 중추신경계에 장애를 일으킬 수 있다.

2. 골격근육에서 분해되어 에너지를 발생하는 아미노산으로 옳은 것은?

① 류신
② 글루타민
③ 메티오닌
④ 알라닌
⑤ 트립토판

류신은 필수 아미노산의 하나로 혈당을 조절하고, 뼈와 근육조직의 성장과, 호르몬 생성, 손상조직 치유, 에너지 생성 등에 관여한다.

3. 콰시오커(kwashioker)에 대한 설명이다. 적절하지 않은 것은?

① 영유아기 장기간 단백질 결핍 시 나타나는 증상이다.
② 초기 증상으로 성장지연, 체중감소, 저항력 감소 등이 나타난다.
③ 체지방이 빠지고 근육감소가 일어나며 성인에서도 나타나는 증상이다.
④ 심한 증상으로 머리카락 탈색, 피부염, 간에 지방 참착, 복부와 다리 부종이 나타난다.
⑤ 충분한 단백질과 필요한 영양소를 공급하면 증상이 사라진다.

콰시오커에서 체지방은 그대로 유지되며, 근육감소 증상은 마라스무스(marasmus) 증상에 해당된다.

4. 포도당 생성에 관계하는 아미노산에 해당되지 않는 것은?

① 류신 ② 알라닌 ③ 글라이신
④ 시스테인 ⑤ 글루타민

류신은 케톤 생성에 관여하는 아미노산이다.

[정답] 1. ③ 2. ① 3. ③ 4. ①

Chapter 8

에너지 대사

학습 목표

1. 에너지의 정의를 말하고 에너지의 단위를 설명할 수 있다.
2. 에너지 소비량 측정방법의 종류를 설명할 수 있다.
3. 인체에서 필요한 에너지의 구성요소와 특징을 설명할 수 있다.
4. 에너지의 불균형상태와 이로인한 건강문제를 설명할 수 있다.
5. 한국인을 위한 에너지 필요추정량과 설정과정을 설명할 수 있다.

인간이 생명을 유지하고 활동하기 위해서는 '일을 할 수 있는 힘', 즉 '에너지'가 필요하다. 에너지는 인체를 구성하고 있는 최소 단위인 세포에서 ATP라는 고에너지 인산화합물로부터 발생하며 다양한 형태로 전환되어 이용된다. 인간의 에너지 필요량은 에너지 소비량 측정을 통해 추정할 수 있다.

에너지 소비량 측정은 직접적으로 사람의 신체로부터 발생하는 열을 측정하거나 음식물의 대사와 관련된 산소소비 및 이산화탄소 생성을 측정하는 간접적인 방법이 있다.

인간이 살아가기 위한 에너지 필요량은 기초적인 생리활동을 유지시키기 위한 기초대사량과 신체활동에 요구되는 신체활동대사량 및 식사 때 섭취된 음식물을 소화흡수, 이용시키기 위한 식사성 발열에너지의 합계로 산출될 수 있다. 적절한 에너지 섭취는 영양적 균형을 유지하여 비만이나 열량부족을 예방할 수 있다.

이에 한국인에게 필요한 에너지 필요추정량이 설정되어 있으며, 이를 통해 비만을 예방하고 이로 인한 만성질환을 예방할 수 있다.

1. 에너지의 정의 및 측정단위

식물은 태양에너지를 광합성작용을 통해 사람과 동물이 사용할 수 있는 전분 · 설탕 · 지방 · 단백질 등의 화학에너지로 바꾸어서 저장한다. 그리고 저장된 에너지는 음식물로 섭취되고 체내에서 분해되어 ATP(adenosine triphosphate)의 형태로 변한다.

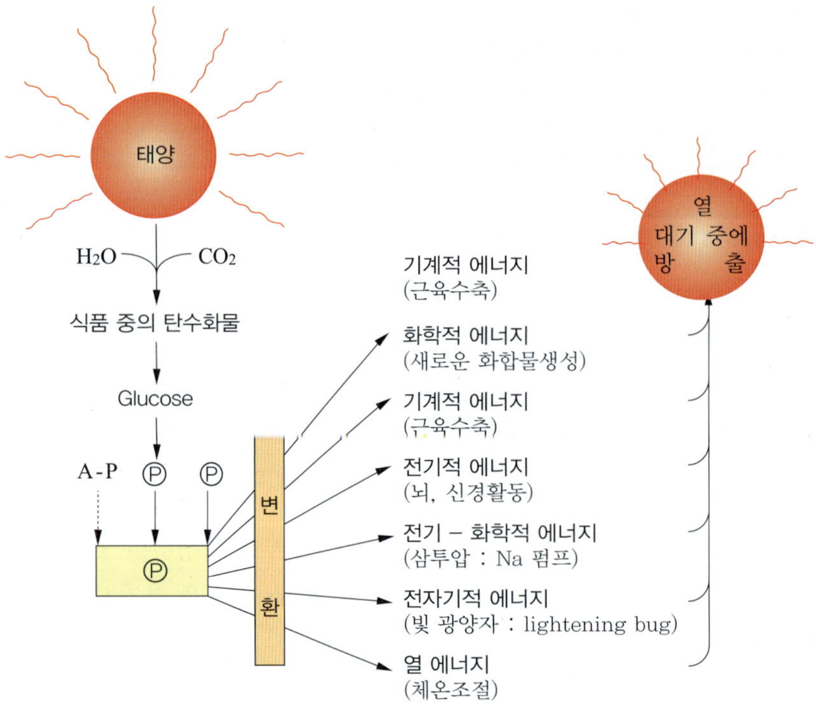

그림 8-1 체내 에너지 발생과 이용

ATP는 고에너지 인산결합(high energy triphosphoste bond)으로 에너지가 필요할 때 인산기 하나가 떨어져 나가면서 많은 열량이 발생한다.

> *key word*
> **• 고에너지 인산결합** (ATP)
> 생체 안의 에너지 대사와 저장에 관여하는 결합. 결합이 끊어질 때 높은 에너지를 방출한다.

에너지는 그리스어의 'en+ergon(in+work)'에서 유래되어 일을 할 수 있는 힘을 의미하고, 신체 내에서 여러 형태로 전환되어 이용된다. 근육을 움직이기 위해서는 기계적 에너지로, 새로운 세포의 합성 및 체내대사를 위해서는 화학적 에너지로, 체온조절을 위해서는 열에너지로, 신경과 뇌의 자극전달을 위해서는 전기에너지로, 그리고 시력의 명암조절을 위해서는 전자기적 빛에너지로 전환되어 사용된다(그림 8-1 참조).

에너지 측정단위는 열의 측정단위인 칼로리(C, kcal, kilo calorie)가 이용되고 있다. 1kcal는 1kg의 물을 14.5℃에서 15.5℃로 1℃ 올리는 데 필요한 열량을 의미하며 이때의 기압은 760 mmHg이다. 생체 내에서 발생하는 열량은 보통 킬로칼로리(kilocalorie)를 사용하며 kcal나 Cal로 표시한다.

key word

• **줄**(Joule, J)
에너지의 단위로서 1줄은 1 뉴우턴(1 kg의 물체에 1m/s의 가속도를 생기게 하는 힘)의 저항을 이겨내고 물체를 1m 움직이는 데 필요한 에너지이다. 최근 영양학 분야에서는 칼로리를 대신하여 줄을 이용하는 것을 권장하고 있다. 1kcal = 4.184kJ

최근 미터법에 의한 에너지측정의 국제단위로 줄(Joule, J)을 사용하는 경향으로 바뀌고 있으나 아직은 칼로리(calorie)가 보편적으로 사용되고 있다. 1줄(Joule)은 1 뉴턴(newton)의 힘으로 1kg의 물체를 1meter 옮기는 데 소요되는 열량을 말한다. kcal와 KJ과의 관계는 다음과 같다.

1 kilocalorie(kcal) = 4.184 kilojoules(kj)
= 4,184 joules(j)
= 4,184 × 1,010 erg
= 1,000 calories(cal)

1 kilojoule(KJ) = 0.239 kilocalories(kcal)
= 1,000 joules(J)

1 megajoule(MJ) = 240 kilocalories(kcal)
= 1,000,000 joules(J)

2. 식품에너지 및 신체에너지 소비량 측정

1. 식품에너지 측정

인체에 의해서 소비되는 에너지는 섭취된 음식물에 의해서 공급되므로 식품 속에 함유된 에너지를 측정하기 위해서는 각종 음식물을 연소시켜 발생되는 열량을 측정하여 칼로리로 환산하면 된다.

식품 속에 함유된 에너지를 측정하는 방법으로는 폭발열량계(bomb calorimeter)가 가장 많이 이용된다. 그림 8-2에서 알 수 있는 바와 같이 폭발 열량계의 중앙에는 산소가 들어 있는 연소실(bomb)이 있고, 그 속의 식품에 불을 붙일 수 있도록 전기선이 식품과 연결되어 있다.

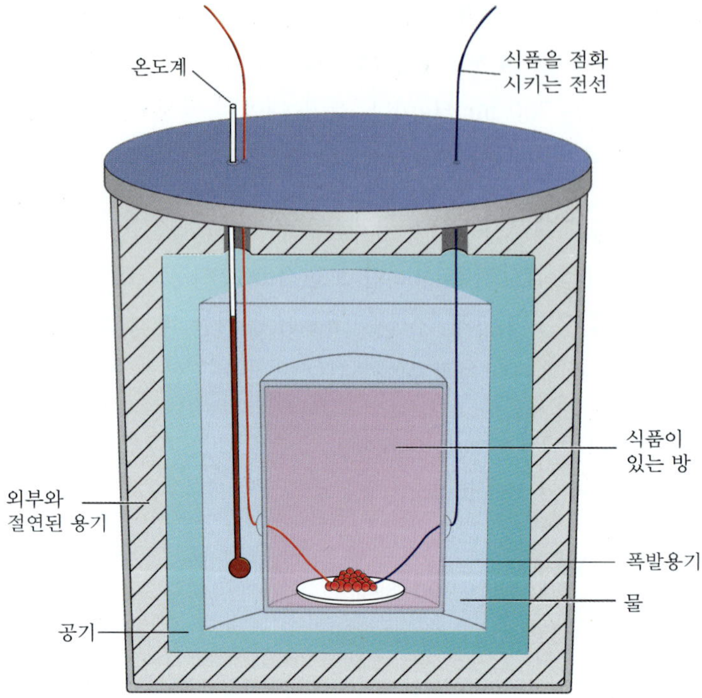

그림 8-2 폭발열량계(Bomb calorimeter)의 단면도

연소실 주위에는 일정량의 물로 둘러싸여져 있으며 실험하려는 식품이 연소되어 발생되는 열이 이 물에 전달되어 물의 온도를 상승시킨다. 물에는 교반기와 온도계가 있어서 물의 온도가 균등하게 전파될 수 있도록 하며 온도계에 의해 온도 상승을 측정한다.

식품 속에 함유된 열량가는 모두 다르다. 그 이유는 식품들을 구성하고 있는 영양소의 종류와 양이 다르며 이 영양소를 구성하고 있는 탄소 · 수소 · 산소 등 원소의 조성이 다르기 때문이다.

열량영양소가 연소되면 에너지, 물, 탄산가스가 발생되는데 탄소 1g이 CO_2가 될 때 8.08kcal, 수소 1g이 H_2O가 될 때 34.5kcal의 에너지가 발생한다. 이때 산소는 그 자체로 연소되지 않고 다른 물질이 연소되도록 도우며 분자 내에서 탄소와 수소의 일부는 산소와 결합하여 이미 연소된 것으로 간주된다. 그러므로 영양소가 연소되면 그 속의 탄소와 수소가 연소했을 때보다 에너지 발생량이 적다. 표 8-1에는 열량영양소의 원소조성을 나타내었다.

탄수화물, 지질, 단백질이 폭발 열량계에 의해서 완전히 연소될 때 평균적으로 다음과 같이 열량을 낸다.

표 8-1 탄수화물, 지질 및 단백질의 원소조성

원소 및 1g/kcal	탄수화물	지질	단백질
C	40.4	76.5	53
H	46.7	12.0	47
O	53.3	11.5	23
N	—		16
S	—		41
1g /kcal	4.15 kcal	9.45 kcal	5.65 kcal

그러나 체내에서는 식품이 완전하게 소화흡수가 되지 않으며 단백질은 흡수되어 CO_2와 H_2O로 완전히 연소되지 않고 1g당 1.3kcal의 질소가 소변 중의 요소로 배설된다. 그러므로 탄수화물, 지질 및 단백질의 생리적 열량가는 식품의 열량가에 98%, 95%, 92%의 소화흡수율을 고려한 값으로 다음과 같이 계산된다.

표 8-2 탄수화물, 지질 및 단백질의 생리적 열량가

영양소		식품의 열량가	소변 중 손실량	소화흡수율	생리적 열량
탄수화물	1g	4.1kcal	–	× 95%	= 4kcal
지 질	1g	9.45kcal	–	× 98%	= 4kcal
단백질	1g	5.65kcal	1.25kcal/g	× 92%	= 4kcal

key word

• 애트워터 계수
(Atwater factor)
미국의 애트워터에 의해 제안된 계수로서 식품 중의 탄수화물, 지방, 단백질의 체내에서의 이용 에너지를 계산하는 데 사용된다. 즉, 탄수화물, 지방, 단백질 각각 1 g당 4 kcal, 9 kcal, 4 kcal이다.

이 생리적 열량가를 애트워터 계수(Atwater factor)라고 하나 사실상 애트워터(Atwater)의 이용 에너지 산출은 각 영양소의 평균치를 사용하고, 식품마다 소화흡수율이 다르므로 FAO에서는 보다 정확한 값을 얻기 위해 식품별로 연소열과 소화율을 고려한 계수를 채택하여 이것에 의한 열량 계산을 하도록 하였다.

2. 신체의 에너지소비량 측정

식품에 함유된 에너지는 폭발열량계에 의해 측정될 수 있으며 신체에 의한 에너지소비량은 열과 일을 통해 발산된 에너지를 직접 측정하는 방법과 영양소의 연소율을 간접적으로 측정하는 방법이 있다.

(1) 직접열량측정법(direct calorimetry)

직접열량측정법은 인체가 소비하는 에너지를 열량계 안에서 대상자가 활동하여 생성된 열을 측정하는 방법이다. 즉, 인체에서 사용된 에너지는 결국 열로 발산된다는 것을 이용한 방법으로 측정원리는 폭발 열량계와 같다.

피험자를 잘 밀폐된 방에 넣어 그 안에서 활동시키고 그 결과로 발산된 열이 벽 안에 설치된 관의 냉수에 전도됨으로써 변화된 물의 온도와 물의 양의 차에 의하여 열량을 측정할 수 있다.

수분의 증발에 의해 제거된 열을 열량계에 남은 공기 중의 수분과 H_2SO_4에 흡수된 공기 중의 수분으로 구할 수 있다. 이 방법은 정확하나 열량측정계의 설치와 유지비용이 비싸고, 기계의 작동과 결과의 분석에 기술을 요하므로 간접 열량측정방법이 많이 이용되고 있다.

(2) 간접열량측정법(indirect calorimetry)

간접열량측정은 탄수화물 · 지방 및 단백질의 연소율을 측정하여 발생한 에너지의 양을 구하는 방법으로 연소 시에 사용된 산소량과 배출된 탄산가스의 양, 그리고 소변으로 배설된 질소의 양으로 구한다. 이러한 목적으로 사용되는 방법으로는 폐쇄식과 개방식이 있다.

Check point

• 휴식하고 있을 때 신체기관에서 사용하는 총 에너지의 비율

기관	비율	에너지
간	27%	380 kcal/day
뇌	19%	265 kcal/day
골격근	18%	350 kcal/day
신장	10%	140 kcal/day
심장	7%	100 kcal/day
나머지 기관	19%	265 kcal/day

• 탄수화물이나 단배질에 비해 지방질의 에너지 발생량이 많은 이유는 무엇일까?

탄수화물, 지방, 단백질은 모두 탄소-탄소 결합을 이루고 있는데 지방질은 동량의 탄수화물 및 단백질보다 탄소-탄소 결합이 더 많아 더 많은 에너지를 연소시킬 수 있기 때문이다.

• 잠을 많이 자면 살이 찐다고 하는데 사실일까?

잠을 많이 자면 살이 찐다는 것은 사실이다. 이는 잠자는 동안은 깨어 있을 때보다 기초대사량이 약 10% 정도 감소하므로 에너지 소비량도 그 만큼 감소한다. '잠을 잘 자는 아기가 잘 큰다'라는 옛말에는 이러한 과학적 사실이 숨어 있는 것이다.

폐쇄식은 코를 막고 산소가 채워진 폐활량계로부터 마우스피스(mouthpiece)를 통해 산소를 흡입하는 것으로 배출된 탄산가스는 소다석회를 통해 흡착되어 배설된 공기에서 제거된다. 호흡운동기록기(spirogram)에 의해 산소의 소모량이 표시되고 이것을 이용해 소비된 열량을 계산한다.

개방식은 피험자가 마우스피스를 통해 신선한 공기를 흡입하는 방법으로 더글라스 백(Douglas-bag)을 많이 사용한다(그림 8-4 참조).

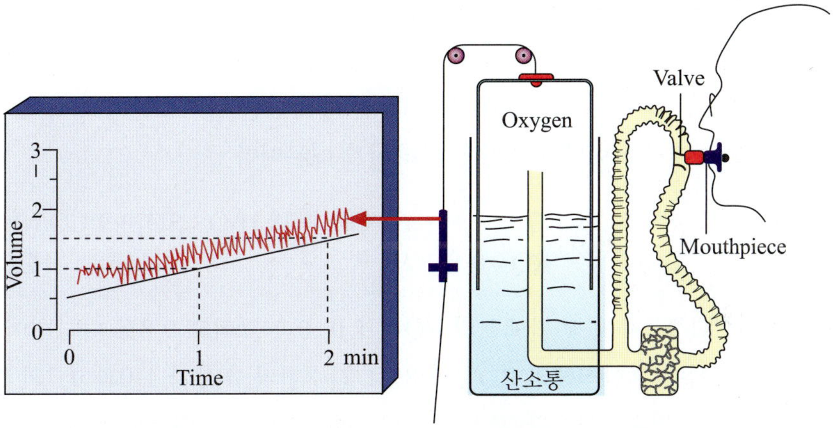

그림 8-3 폐쇄식 열량계

key word

• 더글라스 백(Douglas bag)

운동이나 노동시 가스대사량을 측정하기 위해 영국의 생리학자 더글라스가 고안한 호기를 모으는 백이다. 백을 등에 짊어지도록 한 후 모아진 호기로부터 산소와 이산화탄소의 농도를 측정한다.

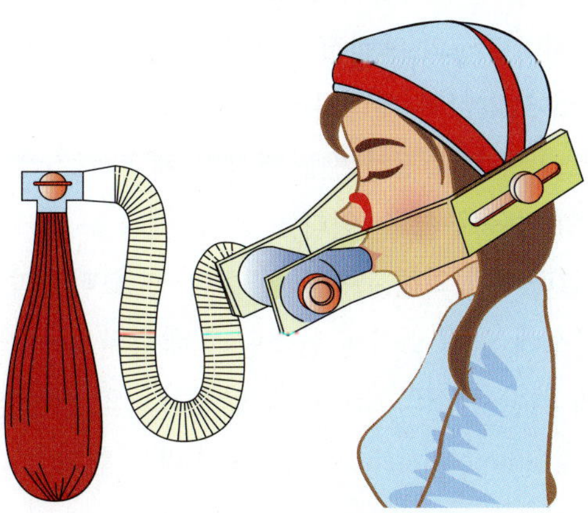

그림 8-4 Douglas-bag을 착용한 모습

이 방법은 코를 막고 배출한 공기를 전부 백(bag)에 모으고, 모여지는 데 소요된 시간을 정확히 측정한다. 그리고 모여진 공기의 일부를 분석하고 CO_2와 O_2의 양을 구하여 에너지를 측정한다.

에너지 측정은 배출된 탄산가스(CO_2)와 흡입한 산소(O_2)의 비율인 호흡계수(respiratory quotient ; RQ)에 의하여 계산되는데, 호흡계수는 열량영양소의 종류에 따라 다르다. 탄수화물이 연소되면 소모된 산소의 양과 배출된 탄산가스의 양이 동일하다.

key word

• 호흡계수(respiratory quotient)
호흡에 의해 체내에 들어온 산소소비량과 체외로 배설되는 이산화탄소의 용적비로서 CO_2/O_2로서 탄수화물 1.0, 단백질 0.8, 지방질 0.7이다.

$$C_6H_{12}O_6 + 6\ O_2 \longrightarrow 6\ CO_2 + 6\ H_2O$$

포도당

$$RQ = \frac{6\ CO_2}{6\ O_2} = 1.0$$

지방의 RQ는 연소원료를 적게 연소시키므로 1.0보다 적다. 예를 들어 트리스테아린(tristearin)은 114mol의 탄산가스를 생성하며 163mol의 산소가 이용된다.

$$2C_{57}H_{110}O_2 + 163\ O_2 \longrightarrow 114\ CO_2 + 110\ H_2O$$

스테아르산

$$RQ = \frac{114\ CO_2}{163\ O_2} = 0.70$$

단백질의 RQ를 구하는 것은 더욱 복잡하다. 왜냐하면 아미노산의 대사적 연소는 질소를 요로 배설하여 열량 손실을 나타내기 때문이다.

$$C_{72}H_{112}N_2O_{22}S + 77\ O_2\ RQ \longrightarrow 63\ CO_2 + 38\ H_2O + SO_3 + 9\ CO(NH_2)_2$$

$$RQ = 0.818$$

요소

이처럼 탄수화물, 지질 및 단백질의 RQ는 1.0, 0.7 그리고 0.8로 나타내며, 일상적으로 섭취하는 혼합식이의 RQ는 0.85로 간주한다. RQ가 1.0과 0.7의 어느 쪽에 가까우냐는 탄수화물이나 지질 중 어느 쪽이 더 많이 연소되었는가를 나타내 준다.

이미 설명한 바와 같이 단백질이 연소되면 질소는 소변으로 배설된다. 질소 1g의 배설은 체내에서 6.25g의 단백질이 연소된 결과이며 5.94 L의 산소와 4.76 L의 탄산가스 및 26.51kcal의 에너지를 발생한다. 따라서 일정한 기간 동안 소변으로 배설된 질소의 양을 측정하면 단백질의 체내 연소에 의한 산소의 소비량과 발생된 탄산가스의 양을 구할 수 있다.

그러므로 호흡열량계에 의해 측정된 산소의 총 소비량과 탄산가스의 총 배출량에서 단백질의 연소에 의해 소비된 산소량과 배출된 탄산가스량을 빼면 탄수화물과 지질의 연소에 의한 산소의 소비량과 탄산가스의 배출량을 구할 수 있으며 그 비를 비단백호흡계수(non-protein RQ, NPRQ)라고 한다.

표 8-3에 제시된 비단백호흡계수에 의해서 그 RQ값에 대한 산소나 이산화탄소 1 L에서 발생되는 열량을 알 수 있으므로 비단백영양소인 탄수화물과 지방에 의해 발생된 열량을 구할 수 있다.

표 8-3 산소와 탄산가스의 RQ값

비 단 백 호흡계수	산소 1L의 열 량 치	탄산가스 1L의 열 량 치	지방에 의해 소모된 총 O_2의 비율	지방에 의해 생성된 총 열량의 비율
0.707	4.686	6.629	100.07	100.07
0.717	4.690	6.606	99.07	98.97
0.727	4.702	6.531	95.67	95.27
0.737	4.714	6.458	92.27	91.67
0.747	4.727	6.388	88.77	88.07
0.757	4.739	6.319	85.37	84.47
0.767	4.751	6.253	81.97	80.87
0.777	4.764	6.187	78.57	77.27
0.787	4.776	6.123	75.17	73.77
0.797	4.788	6.062	71.77	70.17
0.807	4.801	6.001	68.37	66.67
0.817	4.813	5.942	64.87	63.17
0.827	4.825	5.884	61.47	59.77
0.837	4.838	5.829	58.07	56.27
0.847	4.850	5.774	54.67	52.87
0.857	4.862	5.721	51.27	49.37
0.867	4.875	5.669	47.87	45.97
0.877	4.887	5.617	44.47	42.57
0.887	4.899	5.568	41.07	39.27
0.897	4.911	5.519	37.57	35.87
0.907	4.924	5.471	34.17	32.57
0.917	4.936	5.424	30.77	29.27
0.927	4.948	5.378	27.37	25.97
0.937	4.961	5.333	23.97	22.67
0.947	4.973	5.290	20.57	19.37
0.957	4.985	5.247	17.17	16.07
0.967	4.998	5.205	13.77	12.87
0.977	5.010	5.165	10.27	9.51
0.987	5.022	5.124	6.83	6.37
0.997	5.035	5.085	3.41	3.18
1.007	5.047	5.047	0	0

자료 : Zuntz, M and H. Schumberg, J. Physiol., London, 72 : 349.

예를 들어 기초대사량을 측정하는 조건에서 일정기간 동안 신체의 산소소비량이 329L, 이산화탄소 배출량이 283L였다면 호흡계수는 0.86이 된다. 계산식은 다음과 같다.

$$비단백호흡계수(NPRQ) = \frac{배출된\ CO_2}{소비된\ O_2} = \frac{283\ L}{329\ L} = 0.86$$

표 8-3에 의하면 비단백호흡계수 0.86에 해당하는 산소 1L에서 발생된 열량은 4.875kcal이므로 소비된 산소의 양 329 L로부터는 4.875×329=1603.9kcal가 발생된다. 보통 단백질은 에너지대사에 기여하는 비율이 매우 낮기 때문에 비단백호흡계수를 결정함에 있어서는 무시된다.

3. 신체 에너지 소비량의 구성

사람이 살아가기 위해서는 에너지가 필요하다. 생명유지를 위한 내장 기관들의 무의식적인 활동과 근육활동 및 섭취한 음식물의 소화 · 흡수 · 대사 등 생리작용을 위한 에너지가 필요하다. 개인의 신체 에너지 소비량은 에너지 소비의 주요원인인 기초 휴식대사량, 활동에 의한 에너지 소모량, 식품 이용을 위한 에너지 소모량 등 세가지로 구성되어 있으며 모두를 더하여 신체에너지 소비량을 산출한다. 적응대사량(adaptive thermogenesis ; AT)이 여기에 속한다.

(3) 기초대사량(Basal Metabolic Rate, BMR)

사람이 살아서 움직이는 한 심장의 근육활동, 근육긴장의 유지, 혈액순환, 호흡작용, 신장기능을 위한 활동, 간의 대사작용, 세포의 대사작용, 내분비 작용 등 모든 생리적 기능은 계속적으로 행해져야 한다. 이러한 생명유지를 유지시키는데 필요한 최소의 에너지를 기초대사량이라고 한다. 기초대사량은 1일 열량필요량의 60~75%가 소요되며 대략 시간당 체중 1kg에 대하여 1kcal가 쓰인다.

Check point

휴식대사량(resting metabolic rate, RMR)도 정상적인 신체기능을 유지하고 체내 항상성과 자율신경계 활동을 위해 최소로 필요한 에너지량이다. 일반적으로 기초 대사량보다 약간 적으나 기초대사량과 거의 동의어로 사용한다.

1) 기초대사량의 측정

기초대사량은 직접 또는 간접적 열량측정법에 의해 측정할 수 있으나 특수한 경우를 제외하고는 간접열량측정방법에 의한다.

간접열량 측정방법은 호흡계수에 의하여 산출되거나 기초대사율이 체표면적과 깊은 관계가 있음이 밝혀져서 체표면적 · 신장 · 체중 · 연령 등을 이용한 계산에 의해 산출되기도 한다.

호흡계수(RQ)를 이용한 방법은 신체의 에너지소비량 측정방법과 같이 호흡기를 이용하여 소비된 산소의 양과 배출된 이산화탄소의 양을 측정하여 호흡계수를 구하고 표 7–2에 의하여 기초대사량을 구하는 것이다. 그러나 소비된 산소의 양과 배출된 이산화탄소의 양을 측정하기 위해서는 일정한 실험조건이 만족되어야만 한다.

첫째, 식사 후 12~16시간이 지나서 완전히 소화 · 흡수가 끝난 상태로 보통 아침식사 전의 공복상태에서 측정한다.

둘째, 잠에서 깨어나 조용히 누워서 마음이 안정되고 평안한 상태이어야 한다.

셋째, 개개인에게 알맞는 적절한 실내온도(18~20℃)에서 측정해야 한다.

넷째, 체온은 정상이어야 한다.

1916년 뒤 부아(Du Bois)는 체중과 신장으로 체표면적을 구하는 공식을 만들어 체표면적을 구한 다음 단위시간과 체표면적 $1m^2$당 연령에 따른 에너지의 소모량에 의해 기초대사량을 구하였다.

표 8–4 체중과 신장에 따른 체표면적(m^2)

체중(kg)		25	30	35	40	45	50	55	60	65	70	75	80	85	90	95	100	105
	200							1.84	1.91	1.97	2.03	2.09	2.15	2.21	2.26	2.31	2.36	2.41
	195						1.73	1.80	1.87	1.93	1.99	2.05	2.11	2.17	2.22	2.27	2.32	2.37
	190				1.56	1.63	1.70	1.77	1.84	1.90	1.96	2.02	2.08	2.13	2.18	2.23	2.28	2.33
	185				1.53	1.60	1.67	1.74	1.80	1.86	1.92	1.98	2.04	2.09	2.14	2.19	2.24	2.29
	180				1.49	1.57	1.64	1.71	1.77	1.83	1.89	1.95	2.00	2.05	2.10	2.15	2.20	2.25
	175	1.19	1.28	1.36	1.46	1.53	1.60	1.67	1.73	1.79	1.85	1.91	1.96	2.01	2.06	2.11	2.16	2.21
	170	1.17	1.26	1.34	1.43	1.50	1.57	1.63	1.69	1.75	1.81	1.86	1.91	1.96	2.01	2.06	2.11	
신	165	1.14	1.23	1.31	1.40	1.47	1.54	1.60	1.66	1.72	1.78	1.83	1.88	1.93	1.98	2.03	2.07	
장	160	1.12	1.21	1.29	1.37	1.44	1.50	1.56	1.62	1.68	1.73	1.78	1.83	1.88	1.93	1.98		
(cm)	155	1.09	1.18	1.26	1.33	1.40	1.46	1.52	1.58	1.64	1.69	1.74	1.79	1.84	1.89			
	150	1.06	1.15	1.23	1.30	1.36	1.42	1.48	1.54	1.60	1.65	1.70	1.75	1.80				
	145	1.03	1.12	1.20	1.27	1.33	1.39	1.45	1.51	1.56	1.61	1.66	1.71					
	140	1.00	1.09	1.17	1.24	1.30	1.36	1.42	1.47	1.52	1.57							
	135	0.97	1.06	1.14	1.20	1.26	1.32	1.38	1.43	1.48								
	130	0.95	1.04	1.11	1.17	1.23	1.29	1.35	1.40									
	125	0.93	1.01	1.08	1.14	1.20	1.26	1.31	1.36									
	120	0.91	0.98	1.04	1.10	1.16	1.22	1.27										

$$A = W^{0.425} \times H^{0.725} \times 71.84$$

A : 체표면적(m^2), W : 체중(kg), H : 신장(cm)

그리고 이 체표면적을 임상적으로 쉽게 이용할 수 있도록 표 8-4와 그림 8-5를 고안하였다. 표 8-4와 그림 8-5는 체중과 신장을 이용하는 방법으로 체중과 신장이 만나는 점의 좌표를 읽고, 체중과 신장을 연결하여 지나는 눈금을 읽어 체표면적을 알아낸다.

표 8-4는 각 연령과 성별에 따른 체표면적 $1m^2$에서 발생되는 열량을 제시하여 기초대사량을 쉽게 구할 수 있도록 하였다.

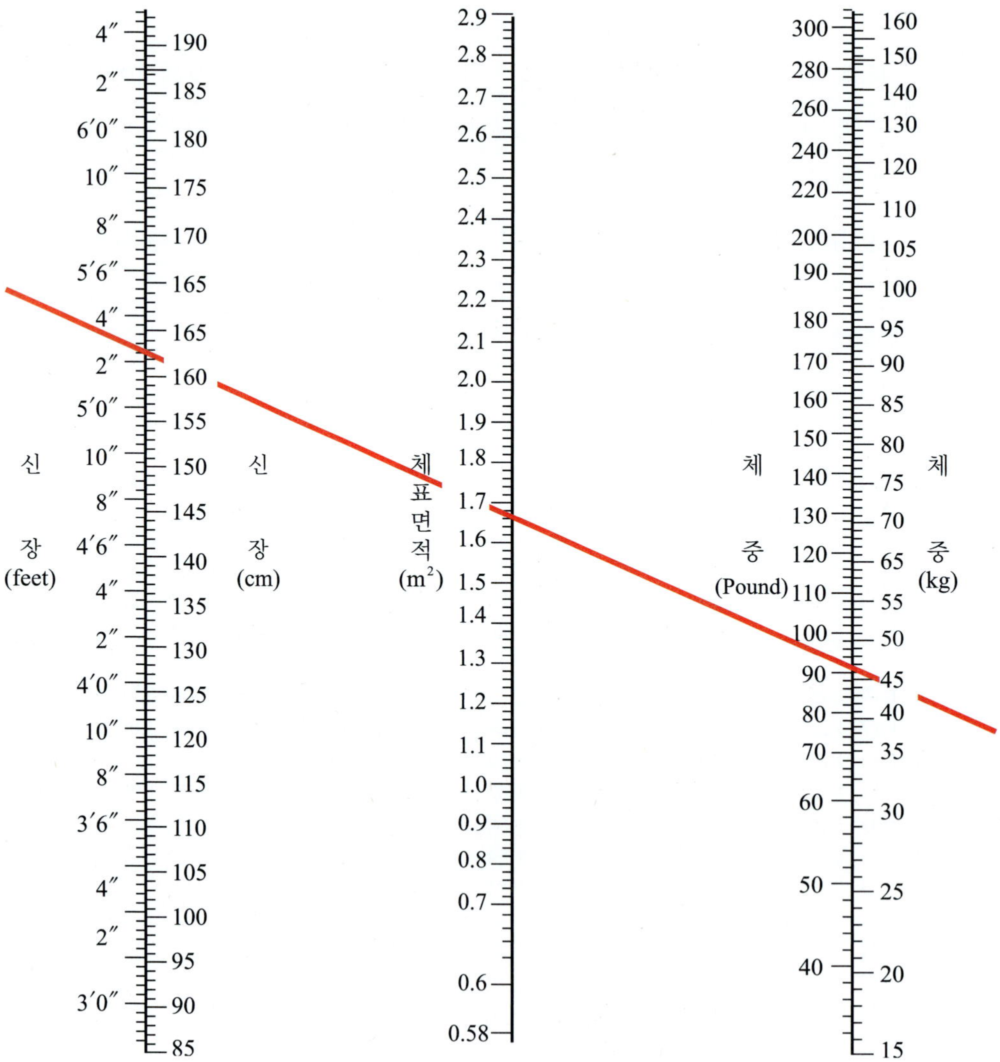

그림 8-5 체중과 신장에 해당되는 체표면적 계산

예를 들어 체중 50kg에 신장 165cm인 19세 여성의 1일 기초대사량을 계산하면 다음과 같다. 그림 8-5에 의해 이 여성의 체표면적은 1.54m^{2}이고, 표 8-5에 의하면 매시간 체표면적 1m^{2}에서 36.74kcal가 발생한다.

그러므로 1일 기초대사량은 36.74(kcal) × 1.54(m^2) × 24(시간) = 1,357.9kcal가 산출된다.

표 8-5 연령과 성별에 따른 체표면적 1m^{2}에 발생되는 열량

단위 : kcal/m^2/hr

남자		여자	
연령(세)	열량	연령(세)	열량
6	53.00	6	50.62
7	52.45	6½	50.23
8	51.78	7	49.12
8½	51.20	7½	47.84
9	50.54	8	47.00
9½	49.42	8½	46.50
10	48.50	9～10	45.90
10½	47.71	11	45.26
11	47.18	11½	44.80
12	46.75	12	44.28
13～15	46.35	12½	43.58
16	45.72	13	42.90
16½	45.30	13½	42.10
17	44.80	14	41.45
17½	44.03	14½	40.74
18	43.25	15	40.10
18½	42.70	15½	39.40
19	42.32	16	38.85
19½	42.00	16½	38.30
20～21	41.43	17	37.82
22～23	40.82	17½	37.40
24～27	40.24	18～19	36.74
28～29	39.81	20～24	36.18
30～34	39.34	25～44	35.70
35～39	38.68	45～49	34.94
40～44	38.00	50～54	33.96
45～49	37.37	55～59	33.18
50～54	36.73	60～64	32.61
55～59	36.10	65～69	32.30
60～64	35.48		
65～69	34.80		

자료 : The Mayo Foundation Normal Standards, American Journal Physiology.

기초대사량을 구하는 다른 하나의 방법은 1919년 해리스(Harris)와 베네딕트(Benedict)에 의해 고안된 체중, 신장 및 연령을 이용한 공식으로 다음과 같다.

성인남자 기초대사량 = 66 + (13.7 × W) + (5 × L) − (6.8 × A)
성인여자 기초대사량 = 655 + (9.6 × W) + (1.7 × L) − (4.7 × A)

W : 체중(kg), L : 신장(cm), A : 연령

위 공식에 의하면 한국인 성인남자(25세, 63kg, 171cm)의 기초대사량은 1,614 kcal/day이며, 여자(25세, 52kg, 160cm)는 1,303kcal/day이다. 일반적으로 기초대사량을 간단히 쉽게 구할 수 있는 방법으로는 다음 방정식을 이용한다.

성인남자 기초대사량 = 1.0kcal/시간 × 체중(kg) × 24시간
성인여자 기초대사량 = 0.9kcal/시간 × 체중(kg) × 24시간

2) 기초대사량에 영향을 주는 요소

① 연령

그림 8-6에서 보는 바와 같이 기초대사량은 신생아에서 성인에 이르기까지 변화되며 갓 태어난 신생아는 현저히 낮으나 그 후 급격하게 증가되어 생후 2세경에 최고치에 달한다.

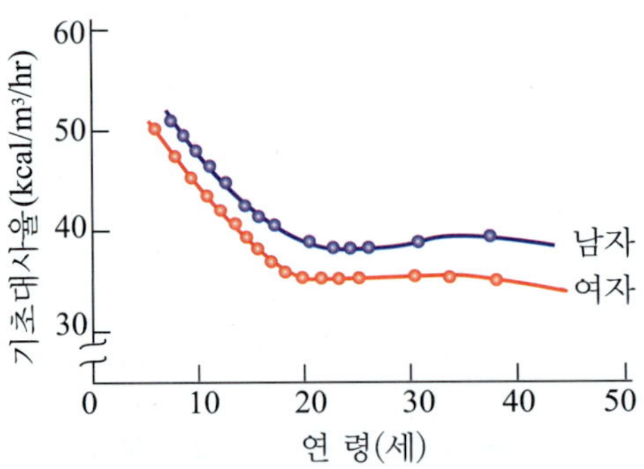

그림 8-6 연령에 따른 한국인 기초대사율

자료 : 김동준, Studies of Metabolism and Energy Expenditure of Koreans in Daily Life, Korean J Nutr. 4 : 49.

그러나 연령이 증가함에 따라 점차 감소하며 11~12세경에는 현저한 감소현상이 나타나고, 15세 이후부터 서서히 감소된다. 그러나 20세 이후에는 거의 변화가 없고 고령기에는 다시 서서히 감소되는 경향을 나타낸다.

이러한 현상은 어린이의 세포가 성인에 비해 활발히 움직이고 있으며, 성인은 지방조직이 증가되고 근육조직의 양이 줄어들기 때문이다.

그림 8-6은 우리나라 사람들의 기초대사율을 나타낸 것으로 연령증가에 따라 감소현상을 나타내고 있으나 20세 이후에는 변화가 거의 없다.

② 신체구성성분

기초대사량은 신체의 구성성분에 의해 크게 영향을 받는다. 운동선수나 심한 근육노동을 하는 사람들은 에너지 대사가 활발한 근육이 발달하여 기초대사량이 높다. 베네딕트는 운동선수가 다른 사람들에 비해 기초대사량이 5% 더 높다고 보고하였다. 따라서 기초대사량은 근육량(lean body mass, LBM)에 비례한다.

③ 성별

여성은 남성에 비해 기초대사율이 약 10% 정도 낮다. 일반적으로 여성은 남성에 비해 근육조직이 덜 발달되고 지방조직이 더 발달되어있기 때문이다.

④ 체표면적

체표면적이 넓을수록 피부를 통해 발산되는 열량은 커진다.

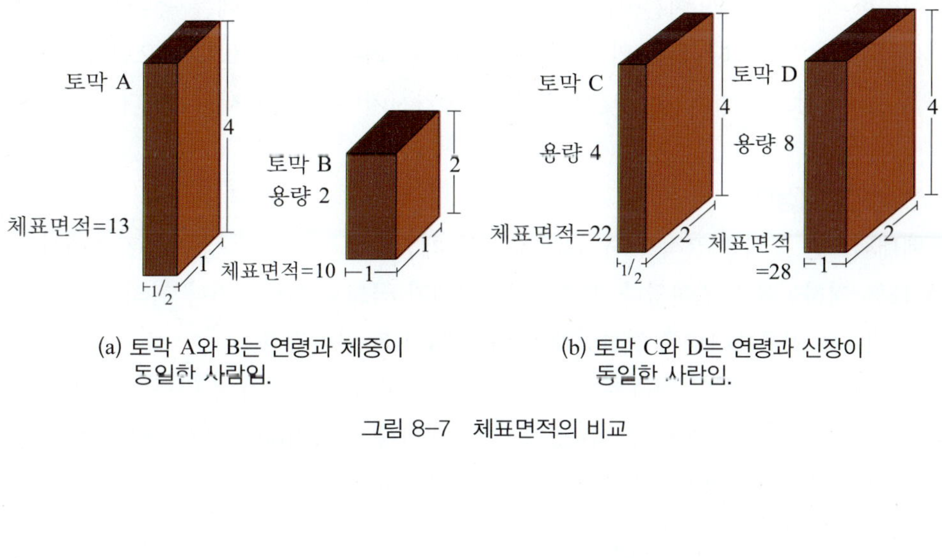

그림 8-7 체표면적의 비교

그림 8-7(a)에서 보는 것처럼 연령과 체중이 같은 A와 B 두 사람이 있을 경우, A는 키가 크고 말랐으며 B는 키가 작고 뚱뚱할 때 A의 체표면적이 B에 비해 약 1/3이 더 큰 것을 알 수 있다.

그림 8-7(b)에서는 연령과 키가 같은 C와 D 두 사람의 경우, 뚱뚱한 D가 마른 C보다 체표면적이 1/4 정도 큰 것을 알 수 있다. 이처럼 기초대사량은 단위체표면적에 비례한다.

⑤ 호르몬

갑상선 · 부신 · 뇌하수체 및 생식호르몬의 분비는 기초대사율에 영향을 준다. 특히, 갑상선 호르몬인 티록신(thyroxine)의 분비가 항진되면 기초대사율은 80~100%가 상승하고, 뇌하수체 전엽호르몬인 성장 호르몬의 과다분비도 기초대사율을 15~20% 상승시킨다.

또한, 부신수질호르몬인 에피네프린(epinephrin)과 남성 호르몬의 과잉분비도 기초대사율을 상승시킨다. 반면에 티록신의 분비가 저하되면 기초대사율의 30~50%가 낮아지며, 여성 호르몬의 분비저하도 기초대사율을 감소시킨다.

⑥ 기온

기온이 낮으면 체온의 발산이 크며 그것을 보충하기 위해서는 체내의 산화작용을 항진시켜야 하므로 대사율이 높고 갑상선호르몬의 분비도 높아진다. 그러므로 추운 지방에 사는 사람들은 더운 지방에 사는 사람보다 기초대사량이 높다. 평균기온 10°C 차이에 따라 기초대사는 3~5%가 증감한다.

이러한 이유로 봄과 여름에는 기초대사가 낮고 가을과 겨울에는 높아서 평균 5% 이상 차이가 난다. FAO의 열량위원회에서는 외부온도가 10°C 높으면 총 열량의 3%를 감소시키고 10°C 낮으면 3%를 증가시켜야 한다고 제시하였다.

⑦ 영양섭취상태

베네딕트는 장기간 감식을 하여 12% 정도 체중감소가 일어난 경우에 기초대사는 18% 저하됨을 발견하였다. 또한, 영양상태가 극도로 불량하거나 거의 기아상태일 경우의 기초대사량은 정상인에 비해 50% 정도 낮아진다.

이러한 기초대사량의 저하는 조직세포의 활동저하로 에너지 소비를 줄이려고 하는 신체의 적응현상이라 할 수 있다. 기초대사량은 섭취하는 음식물에 의해서도 영향을 받으며 단백질이 많은 식이는 기초대사율을 높인다.

⑧ 체온

체온이 정상보다 높으면 기초대사량은 현저하게 증가된다. 발열로 인해 체온이 1°C 상승할 때에 기초대사량은 12.6%가 상승된다.

⑨ 임신

여성의 기초대사량은 임신을 하면 증가된다. 임신말기에 최고의 증가치를 나타내고 평균 20~25% 정도의 증가를 나타낸다. 이러한 증가를 나타내는 이유는 태아 · 태반 · 어머니의 체내조직 대사활동이 많아지기 때문이다.

⑩ 수면

수면 시에는 깨어 있을 때보다 기초대사량이 8~10% 정도 낮아진다.

4. 활동에 의한 에너지 소모량(TEE)

key word

- **갈색지방**(brown fat tissue)

보통의 백색지방조직과는 달리 미토콘드리아가 풍부한 갈색지방세포로 구성되어 있으며, 혈류가 풍부하여 갈색을 띤다. 주기능은 열생산으로 에너지소모를 촉진시킨다.

활동에 의한 에너지 소모량(thermic effect of energy, TEE)은 1일 소비되는 총 열량 중 기초대사량 다음으로 많은 양이 소비되는 근육활동에 필요한 에너지를 의미한다. 신체활동을 하는 동안 근육은 신체의 움직임을 위하여 에너지를 필요로 하며, 심장과 폐는 영양소와 산소를 운반하고 노폐물을 처리하는 데에 더 많은 열량공급을 필요로 한다.

일반적으로 중등 정도의 활동을 하는 사람은 TEE가 총 에너지의 30% 정도이나 더 심하게 육체노동과 운동을 하면 TEE는 더욱 커진다. 활동에 소요되는 에너지는 근육을 많이 사용할수록 많이 소비되고, 활동시간이 길수록 더 많이 요구되며 체중이 무거울수록 소비량은 더욱 커진다.

표 8-6에는 등급별 1일 각종 활동대사량을, 표 8-7에는 각종 활동량에 따른 열량소모량을 제시하였다.

표 8-6 1일 각종 활동대사량

등급	활동상태	kcal/Lb/hr	kcal/kg/hr
A	하루 종일 휴식하고 있는 상태 (주로 앉아서 책을 읽거나, 바느질을 하거나, 약간 걷거나 서 있는 종류)	0.23	0.50
B	아주 가벼운 노동(활동) (주로 앉아서 하루 종일 일을 하거나, 약 2시간쯤 걷거나 서 있는 종류)	0.27	0.59
C	가벼운 노동(활동) (앉아서 타이프 치고, 실험실 등에서 서 있거나 걸어다니는 일의 종류)	0.36	0.79
D	중간 노동(활동) (서 있거나, 걸어다니면서, 집안일을 주로 하고 때때로 마당 손질하기)	0.50	1.10
E	심한 노동(활동) (서 있거나, 걷거나 또는 운동, 춤 등의 활동을 하며 별로 앉아 있지 않는 상태)	0.77	1.69
F	아주 심한 노동(활동) (심한 운동으로 수영, 정구, 농구, 배구, 달리기 등의 운동을 많이 하는 사람)	1.09	2.40

제공 : Taylor, C. M. and O. F. Pye, Foundation of Nutrition(New York : The MaCmillan Company) p.48.
기초대사량과 식품의 특이동적 작용은 포함시키지 않음.

표 8-7 각종 활동량에 따른 열량소모량

활동량	kcal/kg/10min	활동량	kcal/kg/10min
뛰 기	5.514	춤추기(petronella)	0.681
(단거리) 전속력으로 뛰기	3.423	마루걸레질	0.665
(treadmill) 수평으로 뛰기	2.879	짧고 빠른 스텝의 춤추기	0.650
(속도 : 11.60 mph)		옷다림질	0.627
(treadmill) 경사뛰기	2.803	춤추기(보통속도의)	0.612
(8.70mph 3.8%)		트럭, 자동차수리(정비)하기	0.612
(treadmill) 경사뛰기	2.652	창문닦기	0.607
(8.70mph 2.5%)		자리깔기	0.572
계단오르기	2.540	탁구게임	0.566
(treadmill) 수평으로 뛰기	2.273	수영(배영 25 yd/min)	0.566
(속도 : 8.70 mph)		목 공 예	0.564
장거리뛰기	2.203	농가의 잡일	0.564
(treadmill) 수평으로 뛰기		마루청소	0.535
(속도 : 7.00 mph)	2.045	오토바이타기	0.531

활 동 량	kcal/kg/10min	활 동 량	kcal/kg/10min
(treadmill) 수평으로 걷기	1.667	썰매끌기(2.27 mph)	1.242
(속도 : 5.80 mph)		수영(횡영)	1.222
들을 횡단하는 경주	1.630	수영(배영 40 yd/min)	1.222
수영(자유형 55 yd/min)	1.556	(treadmill) 수평으로 걷기	1.212
공 치 기	1.522	(4.60 mph)	
등 산	1.470	미식축구	1.178
수영(오락)	1.454	push ball게임	1.122
수영(평영 40 yd/min)		장작패기	1.101
(treadmill) 수평으로 걷기	1.408	수영(평영 30 yd/min)	1.056
(5.18 mph)		노젓기(2.5 mph)	1.029
정원돌보기, 땅파기	1.382	춤추기(rumba)	1.014
축 구	1.365	테니스	1.014
수영(자유형 45 yd/min)	1.308	춤추기(eightsome reel)	1.000
썰매끌기(87 Lb)	1.278	수영(배영 35 yd/min)	1.000
활 쏘 기	0.754	농사일, 건초만들기, 말을	0.979
춤추기(왈츠)	0.750	사용하여 경작하기	
자전거 타기	0.734	파고, 삽질하는 일	0.979
calisthenics	0.734	계단 내려가기	0.976
도로포장	0.734	볼링(bouling)	0.975
노젓기 놀이	0.734	(treadmill)수평으로 걷기	0.969
(treadmill) 수평으로 걷기	0.733	(4.47 mph)	
(3.50 mph)		화 장	0.278
수영(평형 20 yd/min)	0.704	이야기(대화)	0.269
(treadmill) 수평으로 걷기	0.690	쓰 기	0.268
(3.20 mph)		강 의	0.245
야구(투수는 제외)	0.686	카드놀이	0.210
써레질 하기	0.686	서 있는 것(mormal)	0.206
수영(배영 30 yd/min)	0.773	앉아서 먹는 것	0.204
말편자 던지기	0.518	조용히 누워 있는 것	0.195
집안칠하기	0.514	앉아서 책읽기	0.176
금 속 공	0.514	정중하게 앉아 있기	0.176
(treadmill) 수평으로 걷기	0.513	휴식을 취하기(누워서)	0.174
(2.27 mph)		잠자기	0.172
배 구	0.503	석 공	0.930
옷갈아입기	0.466	마당가꾸기, 제초작업	0.862
샤워하기	0.466	목재쌓기	0.856
노젓기(2.5 mph)	0.441	눈신을 신고 걷기	0.835
차 운 전	0.438	춤추기(과격한 종류의 춤)	0.831
구두 닦기	0.437	골 프	0.794
세수 및 면도하기	0.419	트럭운전	0.342
세수 및 옷 갈아입기	0.382	물에 뛰어들기(pool)	0.299
가볍게 움직이며 서 있기	0.356		

5. 식품이용을 위한 에너지소모량(TEF)

인체는 섭취한 음식물을 소화 · 흡수 · 운반 · 대사 및 저장하는 데 에너지를 필요로 한다. 사람이 음식물을 섭취하면 위장의 근육은 그들의 규칙적인 수축작용을 촉진시키고 소화액을 분비하여 에너지생산을 증가시키는데, 이 에너지를 식품이용을 위한 에너지소모량(thermic effect of food ; TEF)이라고 한다.

식품 이용을 위한 에너지 소모량은 섭취한 식품의 종류와 양에 따라 달라져 섭취한 식품에 함유된 단백질과 지질 및 탄수화물의 양과 형태에 매우 관련이 깊다. 단백질은 질소제거 · 요소생성 · 당신생 등을 위해 그 영양소 섭취열량의 30% 정도를 소모하며, 탄수화물은 글리코겐으로 전환될 때는 적으나 중성지질로 전환 · 저장될 때는 상당량이 소요되어 6% 가량 증가된다.

지질은 지방산 산화에 소량 소모되고, 저장조직에 저장되는 데 약 5% 가량 소요된다. 일반적으로 혼합식을 섭취했을 때 TEF를 위한 증가량은 10% 가량이다.

6. 1일 필요에너지 소요량

중등 활동을 하는 사람의 1일 에너지 소비량은 다음과 같은 방법으로 계산할 수 있다.

1일 필요한 총 에너지 소요량 = 기초대사량 + 활동대사량 + 식이성 발열효과

[기초대사량-수면시에 대사저하로 인한 열량(10%)]

key word

- **이중표시 수분측정법** (doubly labeled water technique; DLW)
평상시 활동을 그대로 유지하면서 에너지 소비량을 측정하는 간접적 열량측정법의 하나로서 정확도가 높은 방법이다. 동위원소로 표지된 H_2O와 H_2O_{18}를 함유한 물을 섭취한 후 2주동안 체수분(뇨, 타액, 혈청)을 수시로 채취하여 농도변화를 측정하여 산출한다.

Check point

[계산 예] 체중 : 50kg 성별 : 여자

수면시간 : 8시간 활동상태 : 저활동

1. 24시간 동안의 기초대사량 : 1,080kcal (A)
   기초대사량 : 0.9kcal×50kg×24시간=1,080kcal
   수면에 의한 공제(10%) : 0.1×50×8=40kcal (B)
2. 활동에 의한 에너지 소모량 : 1.1kcal×50kg×16시간=880kcal (C)
3. 식품이용을 위한 에너지 소모량(A+B의 10%) :
   (1,040+880)×0.1=192kcal (D)
4. 1일 필요한 총 에너지 소모량(A-B+C+D) :
   1,040+880+192=2,112 kcal
   (수면시간을 고려한 1일 필요 총에너지 소비량)

만일, 수면시간을 고려한다면 1일 총에너지 소비량은 2,112kcal가 된다. 이는 수면 시에는 기초대사량의 90%만을 소비하기 때문에 수면에 의한 10% 에너지량을 빼주어 계산한다.

3. 에너지의 부족증과 과잉증

key word

• **비만**(obesity)
체지방 또는 지방조직이 체내에 과다하게 축적되어 있는 상태.
수명단축, 당뇨, 고혈압, 관절염, 심장병, 각종 암, 통풍, 간장질환 등 질병 유발

건강한 삶을 살기 위해서는 충분한 에너지를 공급받아야만 한다. 에너지 부족은 체중을 감소시키거나 기초대사를 낮추고 저장된 에너지를 소모시키며, 근육량을 감소시킨다.

에너지 결핍이 심한 상태에서는 이 결핍에 적응현상이 일어나므로 조직의 손상으로 인해 방출되는 유리아미노산의 분해가 감소되거나, 조직합성을 위해서 재이용되는 비율이 증가되는 등 체내의 모든 기관 · 조직세포 · 효소 등의 신체 자체에서 수행하는 실제의 일이 감소된다.

신체조직의 소모와 신체조직에서 수행하는 일의 능력저하로 신체는 내적 또는 외적 환경의 변화에 대해서 저항하는 힘을 잃게 되며 항상성의 유지능력이 저하되고, 각종 스트레스에 대해 적절한 반응을 할 수 없다. 또한, 질병에 대한 저항력이 약해져서 몸은 극도로 쇠약해진다. 최근에는 에너지 섭취부족보다 과잉섭취에 대한 문제가 더 중대한 관심사로 등장하고 있다.

에너지의 과잉섭취는 지방의 형태로 체내에 저장되어 체중증가를 초래하고 그 정도가 과다해지면 비만에 이르게 된다. 비만은 수명을 단축시키고 당뇨 · 고혈압 · 관절염 · 심장병 · 각종 암 · 통풍 · 간장질환 등 많은 질병을 유발시킨다.

4. 에너지 영양섭취기준

에너지 영양섭취기준은 에너지 소비량을 통해 추정하고 있다. 따라서 에너지는 평균필요량이라는 용어 대신에 필요추정량(Estimated Energy Requirement, EER)이라는 용어를 사용한다. 에너지 필요추정량은 모든 연령층에 대해 설정되어 있으나 권장 섭취량을 설정하지 않은 이유는 여분의 에너지는 체지방으로 축적되어 비만을 초래하고 비만은 각종 질병의 직 · 간접의 원인이 되기 때문이다.

2015년도 개정된 한국인 영양소 섭취기준에 따른 생애주기별 에너지 섭취기준은 다음과 같다.

1. 성인 및 노인

성인(19세 이상) 남녀의 에너지 필요추정량은 총에너지소비량으로 정한다. 산출공식은 아래와 같다.

성인 남자 662－9.53×연령(세)＋PA[15.91×체중(kg)＋539.6×신장(m)]
PA＝1.0(비활동적), 1.11(저활동적), 1.25(활동적), 1.48(매우 활동적)
성인 여자 354－6.91×연령(세)＋PA[9.36×체중(kg)＋726×신장(m)]
PA＝1.0(비활동적), 1.12(저활동적), 1.27(활동적), 1.45(매우 활동적)

한국 성인의 신체활동수준은 운동선수와 특수 노동자를 제외한 대부분의 사람들이 신체활동수준(physical activity level, PAL) 1.60 미만의 저활동적 상태로 보고되었으므로 우리나라 성인 남녀의 에너지필요추정량은 남녀 각각 저활동적 계수인 1.11과 1.12를 적용하였다.

그리고 성인은 연령에 따라 19~29세, 30~49세, 50~64세, 65~74세 및 75세 이상으로 구분하였으나 모두 동일한 공식을 적용하여 산출하였다.

2. 임신부 및 수유부

임신여성의 에너지필요추정량은 임신으로 인한 에너지소비량 증가와 태아와 모체조직의 성장에 요구되는 에너지 축적량으로 산출하는데, 임신 1/3분기에는 임신에 따른 에너지소비량 증가분 및 모체조직내 에너지 축적량이 없기 때문에 성인여성의 에너지 필요추정량과 동일하다.

2/3분기와 3/3분기에는 임신하지 않은 성인여성의 에너지필요추정량에 임신에 따른 에너지소비량 증가분과 에너지 축적량의 합계인 340kcal와 450kcal를 각각 하루에 더 섭취하도록 설정하였다.

수유부의 추가 에너지 필요량은 비수유 여성의 에너지 필요추정량에 모유로 방출되는 에너지(510kcal/일)를 더하고 지방조직에서 동원되는 잉여 에너지(170kcal/일)를 빼는 방법으로 계산하여 임신 2/3분기에는 340kcal/일을, 3/3분기에는 450kcal/일을 더 섭취하도록 권장하고 있다.

3. 영 아

영아의 에너지 필요추정량은 영아의 에너지 소비량에 성장에 필요한 에너지 축적량(추가필요량)을 더하여 산출한다. 우리나라 영야의 전기(0~5개월)와 후기(6~11개월)의 표준체중인 6.2kg과 8.9kg을 각각 적용하여 영아 0~5개월 550kcal/일, 6~11개월 700kcal/일을 에너지 필요추정량으로 결정하였다.

4. 유아와 아동 및 청소년

유아 및 아동의 에너지필요량은 에너지소비량과 성장에 따른 추가 필요량을 더하여 산출하였다. 1~8세의 유아 및 3~8세 아동은 성장 에너지 소요량을 남녀 모두 20kcal/일로 책정하였고, 9~11세 아동은 남녀 모두 25kcal/일로 책정하였다.

청소년 역시 에너지소비량에 성장소요 에너지를 추가하여 산출하며 성장소요 에너지를 아동과 동일한 1일 25kcal/일로 하였다.

표 8-8 한국인 1일 에너지섭취기준 (kcal/일)

연령		에너지 필요추정량	
영아			
0~5(개월)		550	
6~11(개월)		700	
유아			
1~2(세)		1,000	
3~5(세)		1,400	
아동, 청소년, 성인, 노인		남자	여자
6~8(세)		1,700~1,800	1,600
9~11		2,100	1,800
12~14		2,500~2,600	2,000
15~18		2,700	2,000
19~29		2,700	2,100
30~49		2,400	1,900
50~64		2,300	1,700
65~74		2,100	1,600
75 이상		2,000	1,500
임신부	1 분기		+0
	2 분기		+340
	3 분기		+450
수유부			+320

자료 : 한국영양학회, "한국인 영양섭취기준", 2015.

핵심문제 및 해답

*해답 본인 확인용 붉은 셀로판지를 이용하세요.

1. 신체에서 발생하는 에너지 형태는 무엇이며 어떻게 에너지를 발생하는가?

신체에서 사용하는 에너지 형태는 ATP라는 물질로서 고에너지 인산결합을 가지고 있어 에너지를 필요로 할 때 인산분자가 떨어져 나가면서 에너지를 발생한다.

2. 생리적 열량가란 무엇인가?

생리적 열량가란 식품의 열량가(탄수화물 4.15 kcal/g, 지방 9.45 kcal/g, 단백질 5.65 kcal/g)에 소화흡수율(탄수화물 98%, 지방 95%, 단백질 92%) 및 단백질의 불완전 연소(1.25 kcal/g)를 고려하여 계산한 것이다. 따라서 탄수화물 4kcal/g, 지방 9kcal/g, 단백질 4kcal/g 이다.

3. 신체에너지 소비량을 측정하는 방법 중 탄수화물, 지방 및 단백질의 연소율을 측정하는 방법을 무엇이라 하며 측정원리는 무엇인가?

신체에너지 소비량 측정법에는 직접적 열량측정법과 간접적 열량측정법의 2가지 있는데 이 방법은 간접적 열량측정법에 해당된다. 측정원리는 신체가 에너지를 낼 때 사용하는 열량원의 종류에 따라 일정량의 산소를 소비하고 일정량의 이산화탄소를 배출한다는 사실에 기초한 것으로 호흡계수(RQ)로부터 산출한다.

4. 신체의 호흡계수(RQ)가 0.98로 측정되었다면 추정할 수 있는 식사패턴은 무엇인가?

호흡계수(RQ)는 이산화탄소량(CO_2)과 흡입한 산소(O_2)의 비율(CO_2/O_2)로서 신체의 호흡계수가 0.98이면 탄수화물위주의 식사패턴으로 추정할 수 있다. 지방이나 단백질이 산화될 때 소모되는 산소량보다 적기 때문이다.

5. 기초대사량(BMR)이란 무엇이며, 기초대사량에 영향을 주는 요인은 무엇인가?

기초대사량이란 인체가 생명을 유지하기 위해 필요한 최소한의 에너지로서 체내 항상성 유지, 장기들의 활동, 혈액순환, 체온유지 등에 필요한 에너지를 말한다.

기초대사량은 연령, 근육량, 성별, 체표면적, 호르몬, 체온, 기온 등에 영향을 받으며 근육량과 체표면적에 비례하고, 체온이 높으면 증가하고 기온이 낮으면 증가한다.

6. 기초대사량을 간단히 구할 수 있는 방법으로 체중 70 kg인 성인남자의 기초대사량을 구한다면 얼마인가?

성인남자의 기초대사량은 1.0 kcal/시간 × 체중(kg) × 24시간 이므로 1 kcal/ 시간 × 70 kg × 24시간=1,680 kcal이다.

7. 식품이용을 위한 에너지 소비량(TEF)이란 무엇이며 어떻게 계산하는가?

식품이용을 위한 에너지 소비량은 인체가 섭취한 음식물을 소화, 흡수, 운반, 대사 및 저장하는 데 필요한 에너지를 말한다. 일반적으로 혼합식을 섭취했을 때 TEF를 위해 증가하는 에너지는 10% 가량이다.

8. 사람의 1일 에너지 소비량을 계산하기 위해 알아야 할 구성요소는 무엇인가?

1일 에너지 소비량을 계산하기 위해서는 기초대사량, 활동대사량, 식품이용을 위한 에너지 소비량을 모두 합하여 산출한다. 이 때 식품이용을 위한 에너지 소비량은 기초대사량과 활동대사량의 약 10%를 적용하여 계산한다.

9. 2015년도 한국인 영양소 섭취기준에서 생애주기별 에너지 섭취기준을 산출할 때 사용된 신체활동수준(physical activity level, PAL)은 무엇인가?

신체활동수준(PAL)은 신체활동단계를 성별 및 연령대별로 활동정도를 분류한 것으로 비활동적(sedentary), 저활동적(low active), 활동적(active), 매우 활동적(very active)의 4단계로 분류하여 활동정도에 따라 에너지필요추정량을 산출할 수 있게 하였다.

10. 임신 1/3분기의 에너지 섭취기준이 정상여성과 동일한 이유는 무엇인가?

임신 1/3분기에는 임신에 따른 에너지 소비량 증가분 및 모체조직내 에너지 축적량이 없기 때문에 성인여성의 에너지필요추정량과 동일하게 설정되어 있다.

Chapter 9

지용성 비타민
(Fat soluble vitamin)

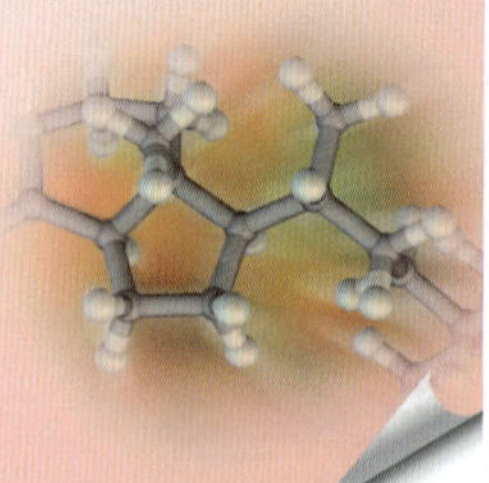

1. 지용성 비타민의 종류와 기능에 대해 설명할 수 있다
2. 비타민 A의 종류와 기능, 체내 흡수, 대사작용, 결핍증 및 영양소 섭취기준을 설명할 수 있다.
3. 비타민 D의 기능, 체내 합성, 활성화 과정, 결핍증 및 영양소 섭취기준을 설명할 수 있다.
4. 비타민 E의 기능, 결핍증 및 급원식품과 영양소 섭취기준을 설명할 수 있다.
5. 비타민 K의 기능, 결핍증 및 급원식품과 영양소 섭취기준을 설명할 수 있다.

비타민은 인체 내에서 대사를 조절하며 생명유지에 필수적인 유기화합물이다. 체내에서 합성되지 않거나 합성되는 경우에도 필요량만큼 충분히 합성되지 않으므로 반드시 공급되어야만 하는 필수영양소이다. 따라서 식품마다 함유하는 비타민의 종류나 양이 다르므로 여러 식품을 다양하고 균형있게 섭취해야만 인체 내 필요한 비타민을 충분히 섭취할 수 있다.

지용성 비타민은 물에 용해되지 않고 지방이나 유기용매에 용해되는 성질을 가진다. 이들은 식사를 통해 섭취한 지방과 함께 소장에서 흡수가 이루어진 후 지단백질 형태로 림프관을 통해 이동하게 된다.

따라서 지용성 비타민의 흡수율은 식이 지방의 양과 체내 지질 대사에 의해 밀접한 영향을 받으며, 지질의 흡수나 대사작용에 문제가 있는 경우에는 지용성 비타민의 흡수율도 감소하게 된다. 또한 지용성 비타민을 과잉섭취 시에는 주로 간과 지방조직에 상당량이 축적되고 쉽게 배설되지 않으므로 독성 증상을 나타낼 수 있다.

Check point

지용성 비타민은 지방과 유기용매에 용해되며 식이성 지방과 함께 흡수되고 담즙에 의해 유화된 후 췌액효소에 의해 분해된다. 흡수된 지용성 비타민은 카일로미크론에 포함되어 림프관을 경유해서 혈액을 통해 간으로 이동한다.

1. 비타민

1. 비타민의 개요

비타민의 결핍과 이에 대한 처방은 부분적이긴 해도 오래 전부터 시도되고 있었다. 고대 이집트에서는 '밤눈이 어두울 때 동물의 간을 섭취하면 효과적'이라고 전해져 왔으며, 히포크라테스 시대에도 '어떤 음식이 특수한 질병에 효과가 있다'는 등의 지식을 가지고 있었고, 신대륙 발견 시기에도 '감귤류나 신선한 채소가 오랫동안 항해하는 선원에게 필수적인 식량'이라고 생각하였다.

19세기 중엽에는 생물체 구성 물질이 열량을 내는 세 가지 기본영양소로만 알았으며, 20세기 초에 이르러서도 세 가지 기본물질에 무기질만 첨가하여 주면 생물체에 완전한 영양소를 충족하는 것으로 믿었다.

그 후 홉킨스(Hopkins)는 이들 물질 외에도 동물에게 필요한 식품인자가 또 있다고 주장하였고 이러한 주장을 근거로 영양학의 지속적인 발달이 이루어졌다.

비타민이라는 용어는 풍크(Casimir Funk)에 의하여 처음 사용되기 시작했는데, 이는 쌀겨에서 추출해 낸 보조인자가 아민(amine)기를 포함하고 있다고 해서 붙여진 이름이다.

처음 비타민을 연구하던 시기에 맥클럼(McCullum)과 데이비스(Davis, 1913)는 유지방에 함유되어 있는 물질 중 필수인자를 지용성 인자 A(fat soluble A)라고 하였다. 그 후 2년 만에 밀의 배아에서 각기 치료에 유효한 쥐의 성장필수인자를 발견하여 수용성 B(water-soluble B)라고 불렀다.

이후 지속적인 비타민의 발견으로 지용성 A에서는 비타민 D에 이어 비타민 E와 K가 발견되었고, 수용성 B에서는 여러 종류가 발견되어 번호를 붙여서 불렀으나 오늘날에는 화학명으로 부르고 있다.

현재까지 인정된 비타민은 15개에 이르며 생리적 기능이나 화학적 특성도 많이 연구되었으나 비타민의 가능성을 규명하는 연구가 더 필요하다.

비타민은 동물이 소량을 필요로 하는 여러 형태의 유기물질로서 동물의 세포에서 정상적인 대사활동에 필수적인 물질을 의미한다. 신체에서는 합성되기 어려우므로 음식이나 또 다른 공급원으로 체내에 공급되어야 한다.

또한 대부분 조효소의 기능을 위해 소량이 필요하지만 모든 비타민이 반드시 식사로 제공되는 것이 아니다. 특히 장내에서 합성되는 물질을 이용할 수 있고, 체내 대사작용으로도 생성되지만 그 양이 부족한 것도 있으며 동물의 종류에 따라 합성능력과 내성에도 차이가 있다.

비타민은 종류에 따라 필요량이 mg에서 μg에 이르기까지 다양하다. 또 식품에서 쉽게 얻을 수 있으나 그 양은 차이가 많아서 한 가지 식품으로 여러 가지 비타민을 공급받을 수는 없다.

2. 비타민의 중요성

일반적인 비타민의 중요성을 요약하면 다음과 같다.

① 시력, 골격형성, 번식 등의 고유한 생리현상을 좌우한다.
② 조효소의 구성성분으로 탄수화물의 대사와 에너지 발생에 관여한다.
③ 여러 가지 영양소의 효율적인 이용을 돕는다.
④ 피부병, 빈혈, 신경증, 근육위축 등의 질병을 막아 준다.
⑤ 어떤 비타민은 항산화제로서 여러 효소의 산화를 방지한다.
⑥ 성장률이나 번식활동 등의 생산성을 향상시킨다.

사람에게 적용할 수 있는 비타민의 역할은 체내의 대사조절 기능과 결핍증 예방 기능으로 대별할 수 있다. 이러한 결핍증은 부족된 영양소를 섭취함으로써 질병을 치료할 수 있는데 동물과 사람에 따라 그 증세는 차이가 있다.

따라서 동물실험에서 나타난 비타민의 결핍증세를 그대로 사람에게 적용하는 데에는 문제가 있으며, 또 결핍증은 단일 영양소의 결핍보다는 대부분 여러 영양소의 결핍이 동시에 일어난다고 본다.

비타민을 신체기능조절 면에서 보면 체내에서 조효소 기능을 하는데, 세포에 관여하는 수많은 효소의 반응을 도와서 적절하게 활성화하며 매개체의 역할을 한다. 따라서 보조작용을 하는 조효소의 결핍은 화학반응에 문제가 생겨 중간대사산물이 체내에 축적되어 신체적인 장애로 나타나게 된다.

비타민에는 자연계에 화학적인 구조와 유사한 물질이 존재한다. 이것은 두 가지로 대별할 수 있는데, 전구체(provitamins) 비타민과 길항작용을 하는 항비타민(antivitamins 또는 antagonists)이다. 비타민의 전구체는 생리적인 활성이 비타민과 유사하여 체내에서 흡수되므로 활성화가 된다.

그에 반해 비타민의 기능을 저해하는 항비타민은 그 구조가 매우 유사하지만 정상적인 활성을 오히려 저해하고 비타민의 결핍을 초래한다. 자연에 존재하는 항비타민에는 항비타민 K인 디쿠마롤(dicoumarol)과 비오틴의 항비타민으로서 아비딘(avidin)이 있다.

영양학 연구에서는 결핍증세를 알기 위하여 이를 투여하여 대사과정의 문제를 관찰하기도 하고 의료용으로 사용하여 질병의 진행억제효과를 관찰한다.

Check point

지용성 비타민과 수용성 비타민의 특성

	지용성 비타민	수용성 비타민
종류	A, D, E, K	B, C
용해성	기름과 유기용매에 녹음	물에 녹음
구성 성분	C, H, O, N, S, Co	C, H, O
흡수 및 이동	지단백질 형태로 림프관을 통해 흡수된 후 흉관을 거쳐 혈액으로 이동, 이동시 운반단백질 필요	모세혈관으로 흡수 된 후 문맥을 통해 간으로 이동
저장 및 배설	과잉섭취 시 간과 지방조직에 저장되어 쉽게 배설되지 않음	체액에서 자유로이 순환되고 과잉 분은 소변으로 배설됨
방출	주로 담즙을 통해 서서히 방출	요를 통해 방출
독성	과량섭취 시 간과 지방조직에 축적되어 쉽게 배설되지 않으므로 독성 증상이 나타날 수 있음	과량섭취 시에도 소변으로 쉽게 배설되므로 독성 증상이 잘 나타나지 않음
결핍증	결핍증세는 서서히 나타남	결핍증세는 빨리 나타남
필요량	매일 섭취하지 않아도 됨	매일 섭취해야 함

비타민 전구체

전구체	비타민
카로티노이드(α-, β-, γ-carotene, cryptoxanthin)	비타민 A
에르고스테롤(ergosterol)	비타민 D_2
7-디하이드로 콜레스테롤(7-dehydrocholesterol)	비타민 D_3
트립토판	니아신

Check point

항비타민

비타민	항비타민
비타민 K	디쿠마롤(dicumarol), 와파린(warfarin)
티아민	피리티아민(pyrithiamine)
엽산	아미노프테린(aminopterin), 메토트렉세이트(methotrexate)
비오틴	아비딘(avidin)

2. 비타민 A

1. 개요

기원전 3,000년경에 이집트의 파피루스에는 밤눈이 어두울 때에 간을 먹도록 기록되어 있다. 19세기 말에 순수정제 식이만으로는 동물이 살지 못함을 알았고, 또 우유에는 성장촉진인자가 있어서 알코올에 녹는다는 사실이 밝혀졌다.

같은 시기 독일에서 지질에 '최소 질적인자(minimal quality)'가 있다고 하였으며 쥐의 성장에 필수적인 지용성 인자가 난황과 버터에는 있으나 라드(lard)에는 없음이 밝혀져(McCollum과 Davis, 1915) 이를 '지용성 A'라고 명명하였다.

한편 오스본(Osbone)과 멘델(Mendel)은 동시에 대구 간유와 버터에서 쥐의 성장을 촉진시키는 필수성분을 발견하였다. 그 후 간의 추출물과 식물의 지방성 물질이 생물학적 활성을 가진다는 사실을 밝혀 냈으며, 영국의 무어(Moore)는 식물 색소 β-카로틴을 발견하여 이것이 조직에서 무색의 비타민으로 전환된다는 것을 발표하였다.

1920년대 초에 비타민 A 결핍의 특징이 밝혀졌고 1930년대에는 β-카로틴과 비타민 A의 구조를 결정하였으며 그 유도체를 합성하였다.

그 후 방사선 물질을 사용함으로써 대사연구분야는 발전을 거듭하여 오늘날에는 많은 지식이 이루어졌다. 비타민 A에 대하여 눈의 로돕신(rhodopsin)과 관련된 시각회로에 대한 부분과 성장과 관련된 체기능에 대하여 관심이 모아지고 있다.

표 9-1 비타민 A(retinol)와 그 유도체의 구조와 이름

구조식	명 명	동의어
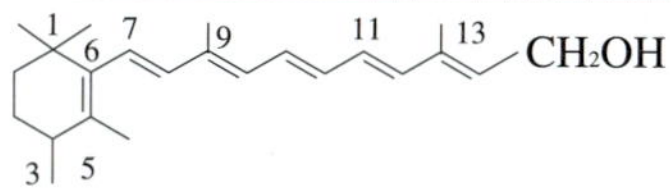	retinol	비타민 A_1 alcohol axerophtol
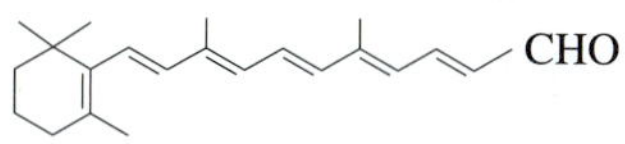	retinal, retinaldehyde	비타민 A_1 aldehyde retinene
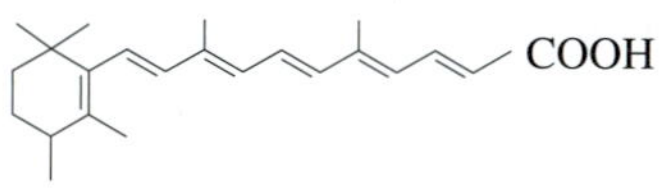	retinoic acid	비타민 A_1 acid
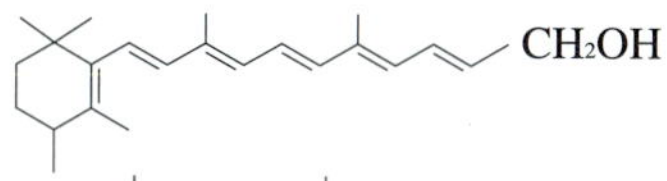	3-Dehydro retinol	비타민 A_2
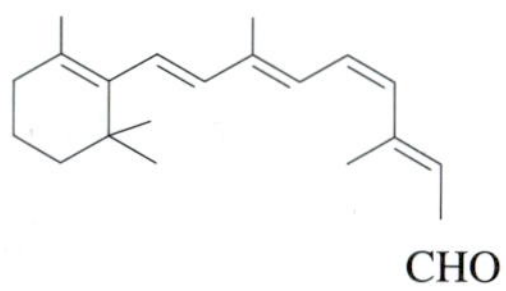	11-*cis*-retinaldehyde	11-cis or neo b 비타민 A aldehyde
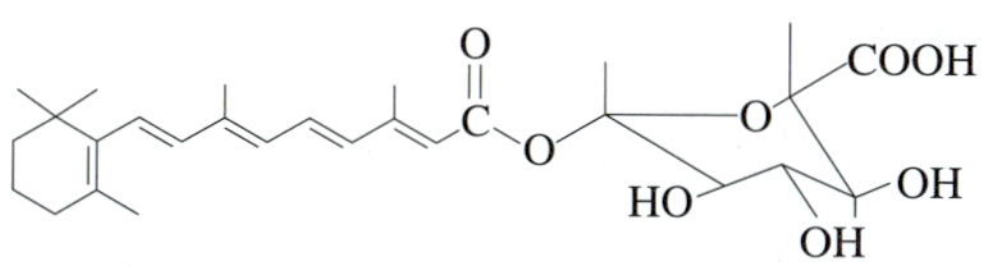	Retinoyl β-glucuronide	비타민 A acid γ-glucuronide
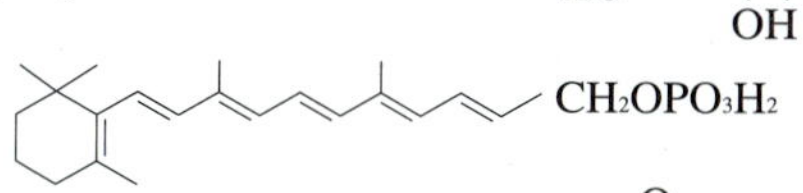	Retinyl phosphate	비타민 A phosphate
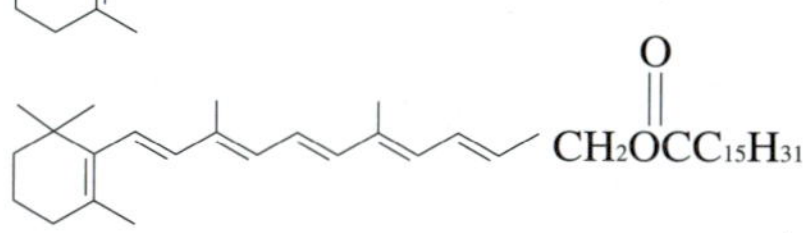	Retinyl palmitate	비타민 A palmitate
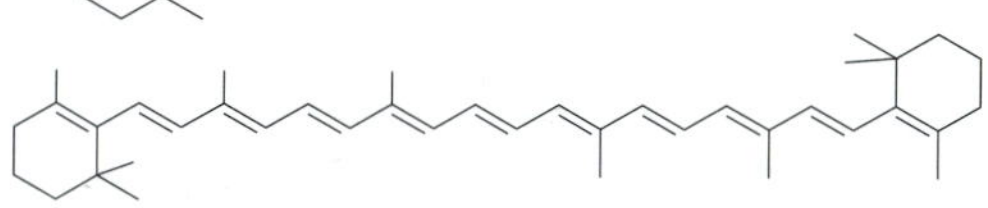	β-carotene	

2. 화학적 특성

(1) 구조와 명명

올-트랜스-레티놀(All-trans-retinol)의 에스테르는 레티닐에스테르이며 알데히드는 레티날 또는 레틴알데히드이다. 분자의 끝에 카르복실기가 있으면 레티노산이라고 한다.

600여 가지의 카로티노이드가 자연계에서 분리되는데 이 중 단 50가지만이 생물적 활성을 가지고 있다는 사실이 밝혀졌다. 이들을 '전구체 비타민 A'라고 하며 그 중에도 가장 생물적 활성이 크고 양적으로 많은 것이 β-카로틴이다.

비타민 A로 전환될 수 없는 카로티노이드는 '비전구체 카로티노이드'라고 하는데 리코펜(lycopene), 아스타크산틴(astaxanthin) 등이 있고, '피토케미컬(phytochemical)'로 명명되며 함유하는 식품을 '기능성 식품'이라 한다.

모든 비타민 A는 이성체를 갖는데, 주로 13-cis와 9-cis가 식품과 간유에서 발견된다. 가장 흥미있고 중요한 이성체는 11-cis 레틴알데히드로서 시각색소 로돕신(rhodopsin)에 포함되어 있다.

(2) 특 성

농축된 용액에서 레티놀과 그 에스테르는 밝은 노랑색에서 붉은색이며, 가벼운 향을 가진다. 물에는 불용성이지만 유기용매에는 녹는다. 결정형이나 기름에 녹은 형태로 만든 다음에 어둡고 서늘한 곳에서 질소건조로 보관하면 오랫동안 안정하지만 산소와 광선, 특히 자외선에 의해 분해되기 쉽다.

3. 함유식품

일반적인 식품급원은 유제품인 우유, 치즈, 버터, 아이스크림, 계란과 간을 비롯하여 신장과 심장 등의 내장이다. 또한 청어, 고등어, 참치 등의 생선류에도 많이 함유되어 있다.

가장 풍부한 급원은 바다생선의 간유이며, 카로티노이드는 당근 및 녹색잎 채소로서 시금치나 비름나물 등에 많다. 토마토의 주요 색소는 리코펜으로서 카로티노이드로서의 생물적 활성이 빈약하다. 파파야나 오렌지 같은 과일에는 카로티노이드 물질이 많지만 곡류에는 거의 없다.

Check point

비타민 A는 레티노이드 화합물인 레티날, 레티놀, 레티노산으로 구성되어 있으며, 카로티노이드 중 α-, β-, γ-carotene, cryptoxanthin는 비타민 A로 전환 가능하다. 비타민 A는 시각작용에 관여하며 상피세포의 유지, 면역기능, 성장과 발달 등에 관여한다.

따라서 비타민 A가 부족하면, 야맹증, 각막연화증, 비토반점이 발생하며 과잉섭취 시에는 기형발생과도 관련이 있다. 레티노이드 급원식품으로는 간, 난황, 어유이며, 카로티노이드의 급원식품으로는 녹황색 채소 등이 있다.

Check point

2015 한국인 영양소 섭취기준에서는 기존에 사용하던 비타민 A의 단위인 RE(Retinol Equivalents)에서 미국과 캐나다 등 국제적으로 통용되고 있는 레티놀 활성 당량(RAE, Retinol Activity Equivalents)을 비타민 A의 기본 단위로 변경하여 사용하기 시작하였다.

1 레티놀 활성 당량(RAE, Retinol Activity Equivalents)

= 1 ㎍ (트랜스)레티놀(all-trans-retinol)

= 2 ㎍ (트랜스)베타-카로틴 보충제(supplemental all-trans-β-carotenoids)

= 12 ㎍ 식이(트랜스)베타-카로틴 보충제(dietary all-trans-β-carotenoids)

= 24 ㎍ 기타 식이 프로비타민 A 카로티노이드(other dietary provitamin A carotenoids)

4. 대 사

(1) 흡 수

섭취한 동물성 식품의 비타민 A와 식물과 과일의 카로티노이드는 위에서 펩신의 작용으로 분리되고, 소장에서는 단백질 분해효소의 작용으로 분리된다. 위에서 분해된 유리형 카로티노이드와 레티닐 에스테르는 지질입자와 함께 십이지장으로 이동하여 담즙의 도움으로 작은 지질입자로 나누어진다.

그렇게 됨으로써 쉽게 췌장 리파아제, 레티닐 에스테르 가수분해효소, 콜레스테릴 에스테르 가수분해효소 등에 의해 좀 더 분해된다. 그리고 분해가 이루어지면 다른 지방분해입자와 함께 미셀(micelle)을 형성하여 점막세포의 당단백질층에 확산되어 세포막에 접촉한다.

미셀의 다양한 구성분들은 빠르게 점막세포에서 흡수되는데, 소장 상부에서는 흡수와 함께 β-carotene의 비타민 A로의 전환도 이루어진다.

지방의 섭취는 이 비타민의 이동과 분해에 도움이 되며 담즙염은 유화제로서 레티닐과 카로티노이드의 에스테르 결합을 쪼개어 지질과 점막세포로 이동시키는 역할을 한다.

흡수된 레티놀은 점막세포에서 다시 에스테르 결합을 이루는데, 주요 에스테르형은 팔미트산(palmitic acid)이다. 또는 에스테르화된 레티놀은 주로 중성 지방이나 인지질과 함께 유상지립(乳狀脂粒, chylomicron)의 형태가 되어서 림프관으로 나간다.

흡수율은 약 80~90%이지만, β-카로틴의 경우는 대략 50~60%이다. 그러나 식품으로 많은 양을 섭취하면 흡수율은 급격히 낮아진다.

(2) 이 동

식사 때의 레티놀은 대부분 소장에서 지단백질의 형태로 림프와 혈액을 통해 간으로 이동된다. 또 간에 저장된 비타민 A가 말초조직으로 이동할 때는 레티놀 결합단백질(retinol binding protein ; RBP)에 의해 그 양이 조절된다. 간에서 만들어지는 이 단백질은 정상 상태에서 대략 90% 정도가 레티놀로 포화된다. 어린이는 혈장의 RBP수준이 ㎖당 약 20~30μg이며 성인은 40~50μg이다.

(3) 저 장

정상조건에서 동물은 비타민 A의 90% 이상을 간에 저장하지만 적은 양은 신장과 부신에 저장된다. 간세포 내에서 CRBP(cellular retinol binding protein)와 복합체를 이룬 레티놀은 ester화되어 저장되기 때문에 이동할 때에는 Acyl-CoA가 필요하다. 전구체 비타민 A는 주로 15-15' β-carotene dioxygenase에 의해 소장점막에서 분해된다.

정상적인 성인의 경우는 4~12개월 정도 사용할 수 있는 양을 간에 저장한다. 그러나 어린이는 저장량이 적어서 결핍증이 나타나기 쉽다.

(4) 대 사

β-카로틴과 다른 전구체 비타민 A는 한 번 소장세포에 들어가면 산소요구반응에 의해 레틴알데히드로 분해되는데, β-카로틴은 대칭성 분자로서 두 분자의 레틴알데히드가 되지만 다른 카로티노이드는 하나만 얻게 된다.

간에서 레티놀은 ATP의 존재로 레티닐-인산(retinyl-phosphate)으로 인산화되고 이것이 GDP-mannose와 반응하여 얻은 레티닐-포스포-만노스(retinyl-phospho-mannose)는 당단백질 합성인자가 되며, 만노실 당단백(mannosyl-glycoprotein) 유도체를 형성한다. 그리고 간세포에서 레티노일 베타-글루쿠로니드(retinoyl β-glucuronide)로 전환된 레티놀은 담즙으로 배설된다.

레틴알데히드는 레티노산(retinoic acid)으로 산화되는데 생물적 활성은 다르다. 레티노산은 5,6-epoxy유도체를 형성하고, 레티노일 베타-글루쿠로니드(retinoyl β-glucuronide)를 형성하여 담즙으로 배설되거나 4-OH유도체, 즉 4-케토레티노산(4-ketoretinoic acid)으로 산화된다.

(5) 배 설

섭취된 비타민 A의 약 20%는 흡수되지 않으며 1~2일 내에 변으로 배설되고 80%는 흡수된다. 그 중 20~50%는 결합하거나 산화되어 1주 이내에 변이나 요로 배설되며 나머지 30~60%는 저장된다.

이와 같이 약 $^{1}/_{3}$에서 $^{2}/_{3}$는 1주 내에 배설되고 나머지가 체내 저장된다.

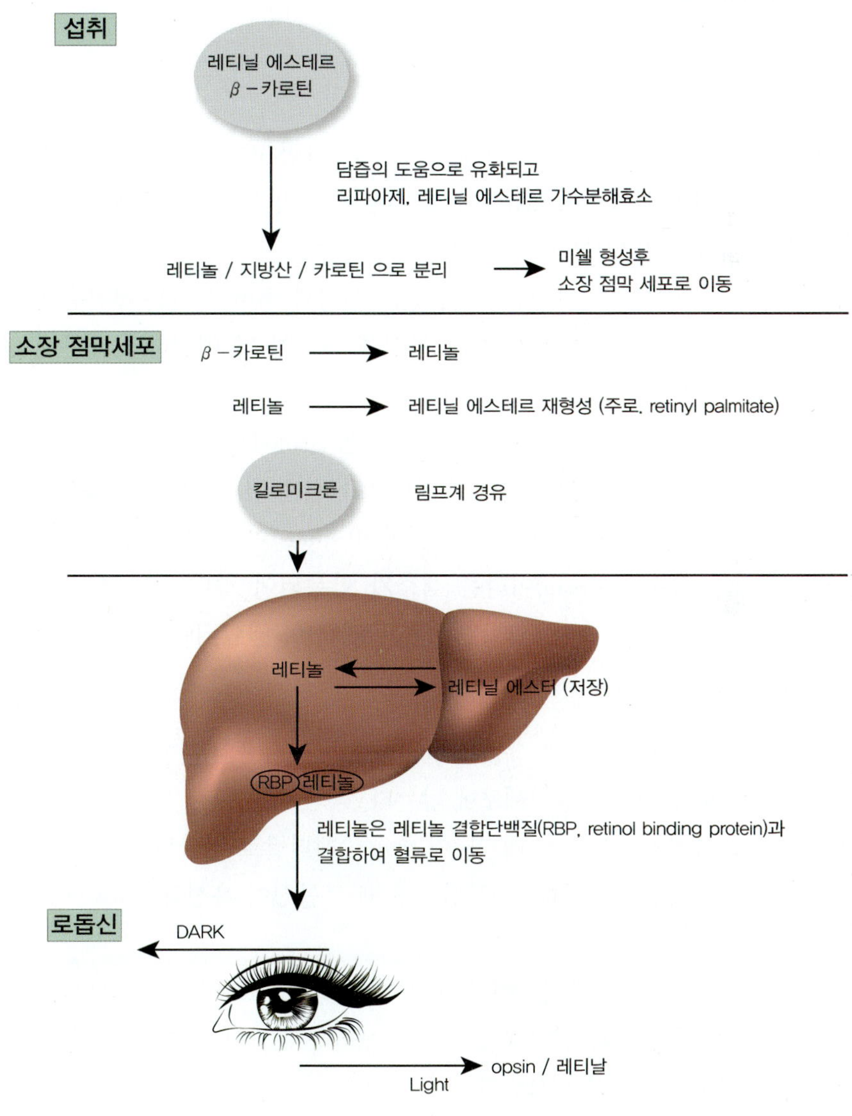

그림 9-1 비타민 A의 인체 내 작용

저장된 비타민 A는 매우 느리게 배설된다. 즉, holo-RBP와 결합한 레티놀을 혈액으로 내놓으며 신장과 말초조직에서 분해되고, 산화나 결합반응으로 대사가 이루어진 후에 배설된다.

일반적으로 탄소 사슬이 그대로 남아 있는 비타민 A유도체는 변으로 배설되고 짧아진 물질은 소변으로 배설된다.

5. 생리적 기능

(1) 시각작용

9-*cis*와 11-*cis* retinal이 빛에 예민한 색소임이 1950년대 초에 알려졌다.

안구는 가장 안쪽에 망막(retina)층이 있으며 이 망막은 간상세포(rod)와 원추세포(cone)로 구성되어 있다(그림 9-2 참조).

이 두 세포의 끝에는 색소가 함유되어 있고 신경과 접하고 있는 부분은 내부를 향하고 있다. 간상세포는 원추세포보다 광선에 대하여 더 예민하기 때문에 강도가 약한 광도에서도 물건의 형태를 감지할 수 있다.

간상세포에는 시각조절을 위한 시각색소 로돕신(rhodopsin)이 함유되어 있다. 어둠에 익숙한 상태에서 빛이 각막에 비치면 로돕신은 변형되는데 로돕신의 발색단(chromophore)인 11-*cis* retinal은 올-전이(all-trans)이성체로 전환된다.

원추세포에는 시홍(iodopsin)이라는 색소가 함유되어 있다. 로돕신과 요돕신(iodopsin)은 모두 비타민 A와 단백질인 옵신(opsin)이 결합되어 만들어지는 색소단백질이다.

시각형성에 대한 비타민 A의 작용은 시각색소와 레티날의 결합이다.

① 빛이 눈으로 들어와서 망막세포에 닿는다.
② 빛이 로돕신에 닿으면 *cis*-레티날이 *trans*-레티날로 전환된다.
③ 신경자극이 시신경을 통해 뇌로 전달될 때 로돕신이 옵신과 *trans*-레티날로 나누어진다.
④ *trans*-레테날이 *cis*-레티날이나 레티노산(relinoic acid)으로 전환된다.
⑤ *cis*-레티날이 옵신과 결합해 로돕신을 생성한다. 비타민 결핍시에 이 과정이 손상되어 야맹증을 일으킨다.

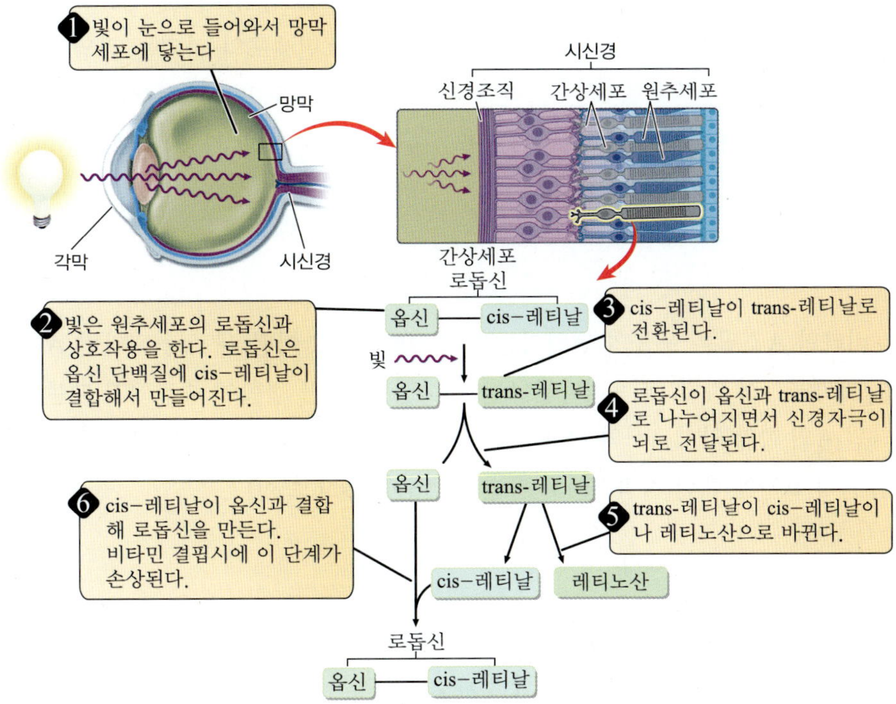

그림 9-2 비타민 A와 로돕신의 작용

(2) 성장과의 관계

비타민 A는 쥐의 성장에 관여한다. 비타민 A 중 레티노산(retinoic acid)은 성장 촉진에는 관여하나 시각유지는 불가능하다는 사실이 관찰되었다. 또 비타민 A가 결핍되면 성장이 멈추고 빠른 체중감소로 이어져서 결국 사망에 이른다.

(3) 상피세포의 유지

20세기 초 비타민 A가 결핍된 쥐에서 조직의 변화가 관찰되었다. 점액분비세포는 점차 케라틴화되고 대부분 상피조직에서 변화가 일어난다. 조직 중에서 특히 비타민 A에 민감한 부분은 기관과 피부 · 타액선 · 각막 · 고환 등이다.

비타민 A의 결핍으로 각막에 괴사가 일어나기도 하는데 이것은 어린이의 실명 원인으로 이어질 수도 있다. 각막파괴의 몇 가지 요인을 보면 비타민 A결핍으로 배상세포 등 눈가의 분비조직이 위축되므로 눈물은 점액을 적게 함유하여 각막이 마르게 되고, 각막의 원주상피세포의 얇은 막은 각질화되어 정상적인 구조를 파괴한다.

각막궤양이 일어난 다음에는 각막의 콜라겐화 효소와 단백질분해효소가 크게 증가하여 조직분해가 촉진되고 마지막으로 각막표면세포의 파괴는 감염과 함께 온다. 비타민 A결핍으로 오는 조직변형은 소화관에서도 발생되고 소장의 기저부에 있는 배상세포 수가 감소한다. 또 다른 비타민 A의 기능은 세포분화(cell differentiation)에 기여하는 것이다.

(4) 면역기능

비타민 A결핍은 동물의 면역기능을 억제한다. 또 어떤 세포는 비타민 A가 없는 매개물에서 자랄 때는 비타민 A를 더하면 세포 간 접합이 증진되기 때문에 비타민 A의 항암 약제로서의 사용가능성을 제시하며 세포 사이의 작용 표면에 비타민 A의 효과에 대한 지속적이고 활발한 연구를 필요로 한다.

6. 결핍증상

야맹증(night blindness)은 비타민 A와 밀접한 관련이 있다. 결핍증의 다른 주요 증세는 각막건조증으로 결막건조(xerophthalmia), 비토반점(Bitot spot), 각막연화(keratomalacia) 등의 현상이다. 비톳점은 보통 결막에 탈락세포의 비누거품 같은 백색 축적물로서 결막세포상태가 비늘 모양으로 변하여 육안적으로 볼 수 있는 증상이다. 피부의 변화는 모공각화증으로 관찰된다.

Guide

- **비토반점(Bito Spot)** 망막 파열로 인해 떨어져 나간 세포들이 결막의 가장자리쪽에 거품 같은 형태로 축적되는 것

비타민 A 결핍은 건강한 성인에게도 문제이지만 어린아이에게는 단백질과 에너지 결핍으로 이어질 수 있다. 이것은 위장 상피조직의 형성 부진으로 영양소 흡수의 어려움이 오기 때문이며 또 다른 주요 상피조직인 호흡계에도 비타민 A 결핍영향의 질환이 나타난다.

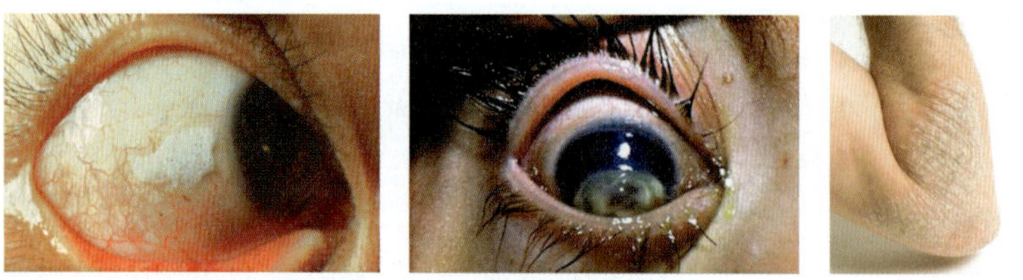

Bitot's 점　　각막연화증　　포화각화증

그림 9-3　비토점 각막연화증

Check point

7. 영양평가방법

비타민 A의 결핍은 보통 단백질-열량 영양불량, 지방질 섭취부족, 흡수장애증후군, 그리고 호흡성 질환 등과 관련이 있다.

임상 증세는 풍토조사에서 일찍 발견되었으며, 눈에 보이는 결핍은 분류가 가능하다. 심각한 정도에 차이는 있으나 모든 증상이 비타민 A만의 결핍증상은 아니라고 하더라도 대부분이 비타민의 결핍으로 분류된다.

더 심각한 증세로 각막궤양 · 각막연화증이 있으며, 각막의 심각한 변화가 빠르게 진행되기 때문에 각막이탈과 실명으로 이어진다. 야맹증은 비타민 A 결핍의 일반적인 증상이며, 특히 어린아이에게서 자주 나타난다.

8. 비타민 A 섭취기준

섭취기준은 체내필요량에 의해 달라지는데 필요량에 영향을 미치는 요인은 흡수에 영향을 주는 식이지방량 · 감염상태 · 급원식품 조리방법 등이다.

비타민 A의 섭취기준은 먼저 성인과 노인에 대한 체내 비타민 A 총량을 유지하는 필요량을 다음 6가지 요인들의 곱으로 표현한다.

① 비타민 A가 제외된 식단의 경우, 하루 손실되는 인체의 비타민 A 저장량의 백분율(0.5%)

② 용인될 수 있는 최소의 간 비타민 A 저장량(20μg/g)

③ 간 무게 대 체중 비율(1 : 33이므로 0.03을 적용)
④ 특정연령층과 성별에 해당되는 기준 체중
⑤ 신체 전체 대 간 비타민 A 저장량의 비율(10:9 즉 1.1을 적용)
⑥ 섭취한 비타민 A의 저장 효율(40%)이다.

이를 근거로 계산된 평균필요량은 10단위를 조정하여 성인 남자 · 여자로 정하고 있다. 65세 이상 노인의 경우 약간의 차이를 두었다.

권장섭취량은 간에 저장된 비타민 A 반감기를 계산하여 변이계수의 두 배를 더함으로써 필요량의 140%로 정하고 50단위에서 수치를 조정하여 책정한다.

임신기에는 태아의 간에 축적된 비타민 A량을 기초로 하고 있다. 즉, 태아의 간의 보유량은 3,600μg이며 모체흡수율을 70%로 보고 있다. 또한 임신 3기에 많은 부분이 축적되므로 이 시기는 하루 50μg을 증가한 양으로 보고 있으며 필요량의 2배 변이계수 더한 값으로 권장량을 정하고 있다.

수유기에는 모유섭취기준 328μgRE을 토대로 하루 350μgRE로 필요량을 정하고 권장량은 2배 변이계수를 더하여 설정하였다.

표 9-2 비타민 A의 섭취기준

성별	연령	비타민 A(μgRE/일)							
		평균필요량		권장섭취량		충분섭취량		상한섭취량	
		남	여	남	여	남	여	남	여
영 아	0~5(개월)					350	350	600	600
	6~11					450	450	600	600
유 아	1~2(세)	200	200	300	300			600	600
	3~5	230	230	350	350			700	700
청소년 및 성인	6~8(세)	320	290	450	400			1,000	1,000
	9~11	420	380	600	550			1,500	1,500
	12~14	540	470	750	650			2,100	2,100
	15~18	620	440	850	600			2,300	2,300
	19~29	570	460	800	650			3,000	3,000
	30~49	550	450	750	650			3,000	3,000
	50~64	530	430	750	600			3,000	3,000
	65~74	500	410	700	550			3,000	3,000
	75 이상	500	410	700	550			3,000	3,000
임신부		+50		+70				3,000	
수유부		+350		+490				3,000	

자료 : 보건복지부 · 한국영양학회, "한국인 영양섭취기준", 2015.

상한 섭취량의 경우에 가임기 여성은 태아 기형발생 가능성을 독성 종말점으로 하여 최대 무독성량 4,500μgRE에 불확실계수 1.5를 적용하여 3,000μg로 정하였으며, 비가임기 모든 성인에서는 간 독성 종말점으로 최저 독성량 14,000μg에 불확실계수 5를 적용 3,000μg을 상한으로 하고 있다.

영아에서는 독성사례에 의한 과잉증에 따라 최저 독성량 6,000μg에서 불확실계수 10을 적용하여 상한섭취량은 600μgRE으로 정하고 있다.

9. 비타민 A에 영향을 주는 요인

(1) 약 물

비타민 A 대사는 항생제나 진통제 등 자주 섭취하는 약제에 영향을 받는다. 황화합물 · 네오마이신은 지방산과 담즙을 침전시키고 지질의 미셀(micelle) 형성을 방해하여 소장에서 비타민 A의 흡수를 저해한다.

(2) 질 병

비타민 A와 관련된 질병은 흡수 · 저장 · 조직 이용 · 재순환 등의 과정이 관련된다. 즉, 카로티노이드와 비타민 A의 흡수는 미셀을 형성하는 담즙염에 의존하고, 이는 에스테르 결합이 췌액의 리파아제(lipase)와 에스테라아제(esterase)에 의해 분해되므로 만성 지질흡수불량증세와 열대성 설사 · 만성 설사 및 급성 단백질 칼로리 불량은 카로티노이드와 비타민 A의 흡수를 낮춘다.

비타민 A의 충분한 이동과 저장은 간의 기능에 의존되므로 간질환은 흡수와 저장을 저해하며, 약물에 의한 간중독은 간의 세포막체계를 파괴하여 비타민 A 상태에 영향을 주고 간경화는 혈장과 간의 비타민 A 수준을 낮춘다.

(3) 기생충

기생충 감염은 혈장과 전체 비타민 A 저장수준에 영향을 주기 때문에 성인에게서 흡충류의 감염은 혈장농도를 정상인의 $^1/_3$~$^1/_4$로 떨어뜨린다. 소장 기생충은 주로 흡수를 감소시키고, 간 기생충은 간의 기능과 비타민 A의 저장을 나쁘게 만든다.

(4) 알코올

반복되는 알코올 섭취는 실험동물에서 비타민 A의 저장을 낮추며 간의 기능과 구조에 영향을 주었다. 알코올에 의해 유도된 간경화는 간에 비타민 A 저장 및 RBP의 합성과 분비에 매우 제한적이다.

(5) 나 이

어린이는 어른보다 비타민 A 결핍에 더 민감하다. 사실 비타민 A 결핍 증상인 야맹증을 보이는 어린이는 생후 6개월에서 6세까지이다. 출생했을 때의 어린이는 매우 적은 비타민 A를 저장하고 있으며, 성장과 빠른 세포분화로 인해 처음 2년 동안 비타민 A 부족이 특히 두드러진다. 어린이의 대사는 영양소의 교체율이 빠르므로 어른보다 빠르게 대사된다. 따라서 나이가 들수록 다른 영양소 결핍은 증가할 수 있지만 비타민 A 결핍은 드물다.

(6) 다른 영양소와의 관계

급성 단백질결핍은 비타민 A 대사를 방해한다. 식사의 지질은 카로티노이드와 비타민 A의 흡수에 큰 관련이 있어서 담즙분비 또는 지질의 흡수는 비타민 A 흡수를 돕는다.

소장에서 철분은 비타민 A 전구체의 산화제로 작용하여 비타민 A의 흡수에 기여하며, 철분결핍성 빈혈과 비타민 A 결핍은 세계적으로 중요하게 생각하는 두 가지 영양문제이다. 비타민 E가 결핍된 동물에서 비타민 A의 흡수는 부진하고 간의 저장도 불충분할 뿐만 아니라 더 빠르게 간에서 고갈된다.

최근 몇 년 동안 아연과 비타민 A의 대사적 상관가능성이 발견되었다. 두 영양소의 결핍증이 유사하여 입맛 상실, 성장률 감소, 상피세포의 케라틴화 등의 현상이 같이 일어난다. 아연 결핍은 비타민 A의 혈장농도를 낮게 유지시키고 간의 농도는 증가시키는 경향을 보인다.

10. 다량섭취

비타민 A 유사물질은 실험적으로 항암작용의 화학요법으로 널리 쓰이는데 간에 대한 독성작용이 있으므로 다량 반복사용에는 문제가 있다.

비타민 A와 유사한 물질과 이성체는 그 종류가 많아서 종양에 대한 치유제로도 다양하기 때문에 비타민 A를 '암에 대한 약제'라고 하기에는 적당하지 않다.

3세 어린이는 700mg 섭취로 간과 비장이 커지고 형성부전성 빈혈(hypoplastic anemia), 백혈구 감소증(leucopenia), 조발성 골격발달(precocious skeletal development), 손가락의 곤봉 모양(clubbing fingers), 드물고 거친 머리카락 등의 증상이 보였다.

만성 다량섭취로 인한 독성은 두통 · 탈모증 · 피부건조 및 가려움증 · 고관절 통증 등이 있다.

특히 기형 발생과도 관련이 있다고 하며 사산되거나 출산되더라도 영구적인 학습장애를 보인다고 한다. 카로틴이 포함된 카로티노이드는 독성이 비교적 없는 것으로 알려졌으나 매일 다량섭취하면 피부색이 노랗게 된다.

Check point

고 카로틴 혈증 carotenemia

다량의 카로틴 섭취로 인해 혈액 중에 고농도의 카로틴이 존재하는 상태로 피부색깔이 황색으로 변하기도 한다. 하지만 이러한 현상은 카로틴 섭취를 감소시키면 원상태로의 회복이 가능하다.

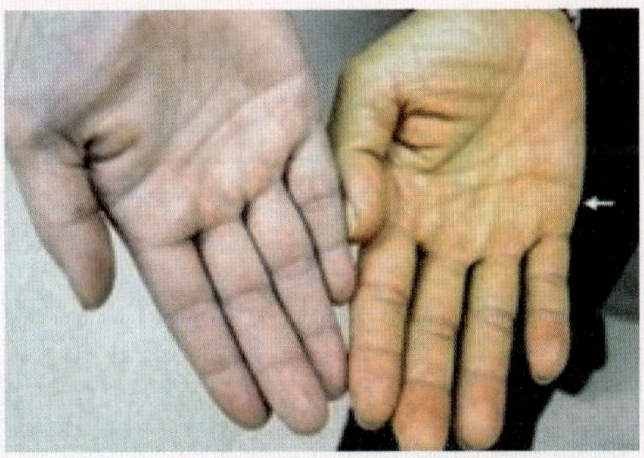

key word

- **에르고칼시페롤** (D_2, ergocalciferol) 식물성 급원 식품에 존재하는 형태

3. 비타민 D

1. 개요

비타민 D는 항구루병적 인자이며 그 종류에는 에르고칼시페롤(ergocalciferol: D_2) · 콜레칼시페롤(cholecalciferol: D_3) 및 프로비타민 D가 있다. 에르고칼시페롤은 식물성 스테로이드(steroid)인 에르고스테롤(ergosterol)에서 유래되며 콜레칼시페롤은 피부에서 태양빛을 받아서 만들어진다. 신체는 콜레칼시페롤을 만들 수 있고 생물적 활성형으로 전환되어 스테로이드 호르몬과 유사한 작용을 한다.

key word

- **콜레칼시페롤** (D_3, cholecalciferol)
동물성 급원 식품 또는 피부에 존재하는 7-디하이드로콜레스테롤이 자외선에 의해 합성되는 형태 (p352)

두 가지 주요 펩티드 호르몬인 칼시토닌 · 파라타이로이드와 함께 비타민 D는 칼슘과 인의 항상성 유지에 작용한다. 칼슘의 항상성에 대한 비타민 D의 작용 메커니즘은 소장에서의 칼슘 흡수와 뼈와 신장에서의 배설로 구성된다.

구루병(rickets)의 원인을 찾다가 비타민 D를 발견하였는데, 구루병이 자주 보이는 지역을 보면 대체로 태양빛이 모자라게 쪼이는 곳이다. 동시에 고당질식이와 저지방식이를 하면서 오랜기간 실내에서만 생활할 때에 발현빈도를 보였다.

key word

- **구루병**
비타민 D의 결핍으로 일어나는 뼈의 병. 비타민 D가 부족하면 뼈에 칼슘이 결합되기 어려워짐으로써 뼈의 변형이나 성장 장애 등이 발생.

자외선과 비타민 D는 구루병의 예방에 같은 효과가 있다. 자외선에 쪼인 식품을 구루병에 걸린 쥐에게 먹인 결과 구루병이 낫게 되었고, 피부를 조사한 경우에도 같은 효과를 나타내어 모두 항구루병인자임이 증명되었다.

이로써 비타민 D로 전환되는 전구체 비타민 D가 있음을 제안하였고 항구루병적 인자는 때문에 콜레스테롤이 전구체 비타민 D로 추측되었다.

방사성 $^{45}Ca^{2+}$를 사용하여 비타민 D를 먹은 경우와 아닌 경우의 생리적 반응에 대한 지연시간을 관찰한 결과, 소장의 칼슘흡수촉진을 위한 시간은 36~48시간이 소요됨을 보였다. 이 지연시간은 비타민 D가 생물적 활성을 가지기 전에 대사되어야 함을 설명할 수 있었으며 비타민 D 자체의 대사에 관한 연구는 방사성 표지 비타민 D를 사용하여 발달하였다.

생물적 활성을 알아봄으로써 에르고칼시페롤(ergocalciferol)의 대사과정으로 구조가 변화된다고 결론을 내리고 항구루병의 활성을 가진 대사물 3가지를 얻었다. 또 이것을 분리 정제하여 25-OH유도체 D_3와 D_2를 분리하고 화학적 특성을 밝혔다. 즉, 25(OH)D는 비타민 D_2와 D_3 자체보다 구루병의 치유에 1.5배의 큰 활성을 가지며 25(OH)D_3가 더 극성분자로 대사되는 증거를 보였다.

또 세포핵 분획에서 OH기를 3개 포함하는 콜레칼시페롤(cholecalciferol)을 발견하였는데 생물적 활성은 비타민 D와 비교하여 13~15배이며, 소장에서의 칼슘 흡수에 더 효과적이고 혈청 칼슘을 5~6배 상승시킴을 알 수 있었다. 1971년에 이 물질의 구조는 1,25-디히드록시비타민 D[Dihydroxy Vitamin D ; 1,25$(OH)_2$D]로 발표되었다.

2. 화학적 구조

(1) 구 조

비타민 D는 일반명으로서 4개의 고리를 가지는 스테로이드의 고리가 하나 열린 세코스테로이드(secosteroid)에 속한다. 그 중에서 B고리가 열려 9-10 세코스테로이드이다.

그 구조는 그림 9-5와 같으며, 그 밖에 비타민 D의 전구체와 종류는 표 11-3과 같다.

Check point

비타민 D는 상당량이 체내에서 합성된다. 비타민 D_2는 식물성 급원식품에 존재하는 형태로 버섯과 효모에 들어 있는 에르고스테롤로부터 자외선을 받아 생성되며 비타민 D_3는 피부에 존재하는 7-디하이드로콜레스테롤이 자외선에 의해 합성되는 형태이다.

비타민 D는 간과 신장에서 대사되어지는데 혈중 칼슘농도가 저하되면 부갑상선 호르몬은 신장에서 1,25-$(OH)_2$-D_3의 합성을 촉진하여 칼슘 결합 단백질의 합성을 증가시켜 소장에서는 칼슘의 흡수를 촉진하고, 신장에서는 칼슘과 인의 재흡수를 증가킨다. 또한 파골세포에서 칼슘을 용출시켜 혈중 칼슘농도를 증가시켜 칼슘의 항상성 유지에 관여한다. 결핍증으로는 구루병, 골연화증, 골다공증이 있다.

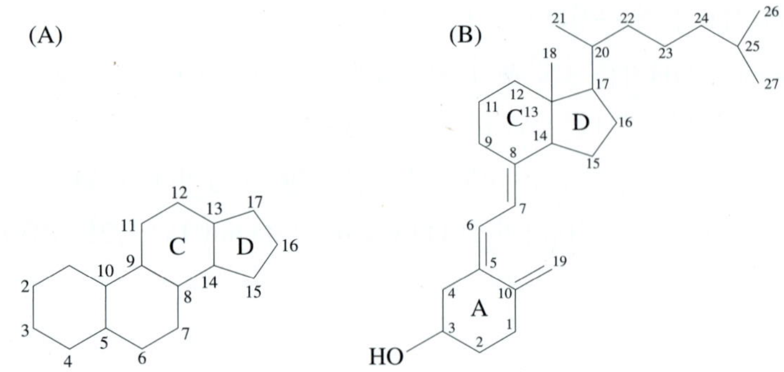

(A) 그림의 스테로이드 핵을 형성하는 소리구조가 (B) 그림의 비타민 D로 전환된다.

그림 9-4 비타민 D의 구조

표 9-3 비타민 D 전구체의 곁사슬 구조

전 구 체	자외선 조사로 생기는 비타민 D	곁사슬 구조
ergosterol	D_2	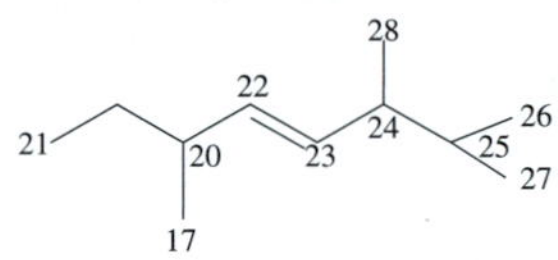
7-dehydrocholesterol	D_3	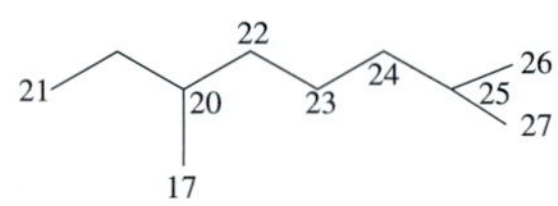
22,23-dihydroergosterol	D_4	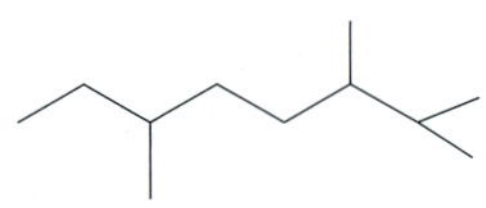
7-dehydrositosterol	D_5	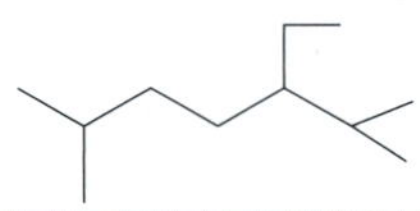
7-dehydrostigmasterol	D_6	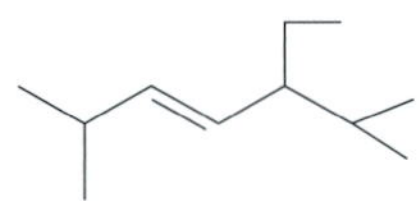
7-dehydrocampesterol	D_7	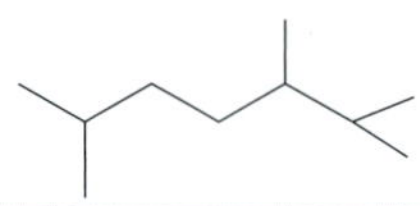

(2) 명 명

비타민 D_3는 9,10-secocholesta-5,7,10-triene-3-β-ol이며 D_2는 9,10-seco-ergosta-5,7,10,22-tetraene-3-β-ol이나 간단하게 콜레칼시페롤과 에르고칼시페롤이란 이름으로 사용한다. OH기를 더 첨가한 대사물은 비타민 D 구조에 이름을 더 보태어 첨자로 숫자를 쓴다.

예를 들어 1,25$(OH)_2D_3$는 비타민 D_3구조의 첫 번째와 25번째 탄소에 OH기를 첨가하였다는 의미이다. 그 밖에 다양한 비타민 D의 전구체 모습은 표 9-3과 같다.

(3) 특 성

순수한 비타민 D는 무색침상으로 냄새가 없고 지방과 유기용매(ether, chloroform, acetone, alcohol 등)에 용해된다. 그리고 열, 산화, 산 및 알칼리에 안정하고 물에는 용해되지 않는다.

전구체들은 자외선에 의해 활성화되나 자외선에 과잉으로 노출되면 항구루병의 활성이 없는 독성물질을 형성한다.

3. 함유식품

일반식품에는 비타민 D의 함량이 적다. 그러나 청어나 연어 및 정어리 등은 비타민 D의 풍부한 급원이며 생선간유에 가장 풍부하다. 또 계란과 양고기, 소고기, 강화되지 않은 우유, 버터에는 함량이 적다. 식물에는 극소량이 함유되어 있다. 특히 과일과 너트에는 비타민 D가 거의 함유되어 있지 않다. 그리고 버섯 · 곡류 · 식물성 기름 등에는 적은 양이지만 전구체로 존재한다.

4. 대 사

비타민 D의 생물적 활성 증가는 대사경로를 통하여 이루어지는데, 이것은 비타민 D의 기능을 이해하는 데 중요하다. 즉 비타민 D_2와 비타민 D_3 모두 생물적 활성을 가지려면 구조의 첫 번째 C와 25번째 C에 OH기를 첨가하는 수산화 과정이 필요하다(그림 9-6).

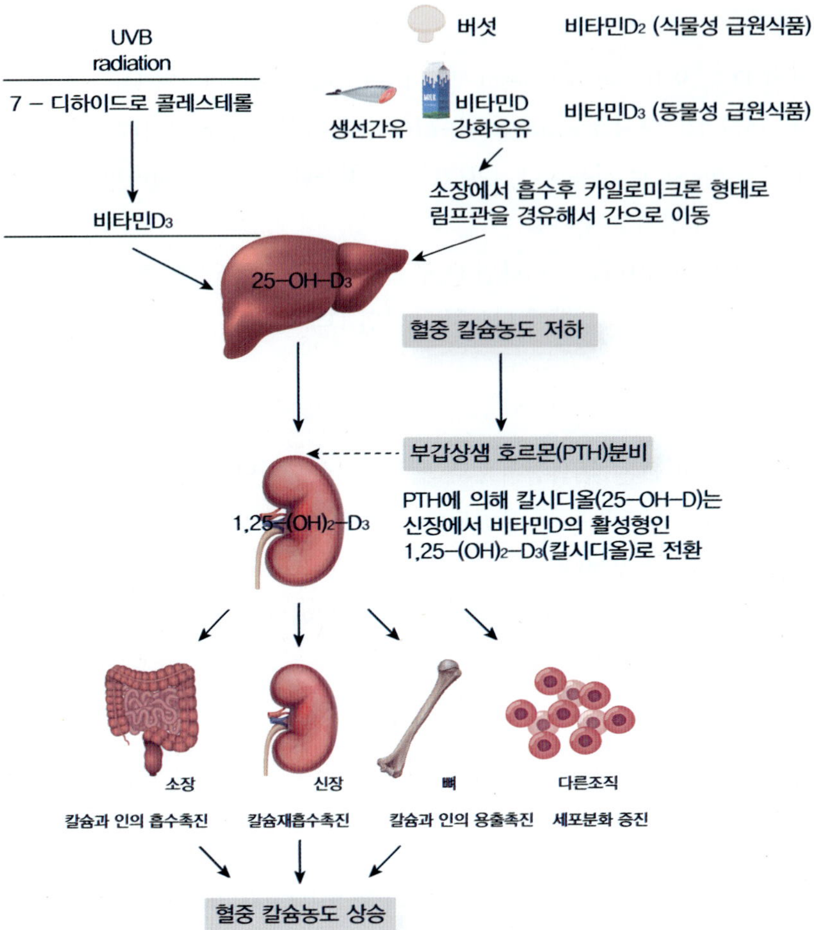

그림 9-5 비타민 D의 활성화

(1) 흡 수

식사로 섭취한 비타민 D는 담즙염의 도움으로 소장에서 흡수된다. 그러나 주요 급원은 피부에 자외선을 쪼이면 생성되는 것이다. 7-디히드로콜레스테롤(dehydrocholesterol)에 빛을 쪼이면 비타민 D 세코스테로이드(secosteroid) 구조에서 B고리의 9와 10번째 탄소의 결합이 끊어진다. 비타민 D의 형성은 피부에 쪼여진 자외선에 의존하므로 계절에 따라 구루병이 발병함을 관찰할 수 있다.

(2) 이 동

스테로이드와 같이 혈장에서의 순환은 단백질과 결합하는 형태를 보인다.

비타민 D를 운반하는 단백질은 트랜스 칼시페린(trans calciferin) 또는 비타민 D 결합단백질(비타민 D binding protein ; DBP)로 불린다.

(3) 저 장

비타민 D는 간에 빠르게 저장되며 간은 지용성 비타민의 저장장소로서의 기능을 한다. 그러나 혈액에는 간보다 몇 배 이상 많다. 그 밖에도 지방조직과 근육 등에 다양한 비타민 D의 대사물을 저장한다. 하지만 쥐에서는 비타민 D를 저장하는 조직이 없거나 농도구배로 대사됨을 보였다.

(4) 대 사

비타민 D는 생물적 활성을 나타내기 전에 신체에서 활성형으로 변화되는 대사과정을 거쳐야 한다. $1,25(OH)_2D_3$는 가장 활성이 높은 것으로 알려졌다.

1) $25(OH)D_3$

간에서는 비타민 D 구조의 탄소 25번째에 OH기를 붙이는데, 간의 비타민 D 25-hydroxylase의 촉매반응으로 형성된 25(OH)D는 주요 혈액 내의 순환물질이다.

2) $1,25(OH)_2D_3$

간에서 형성된 25(OH)D는 순환계를 통해 신장으로 운반된다. 신장에서는 첫번째 탄소에 OH기를 더하며 효소는 $25(OH)D_3$의 1α-hydroxylation 반응을 하는 25-hydroxyvitaminD-1α-hydroxylase(1-hydroxylase)이다. 이 효소는 신장피질에서만 발견되고 미토콘드리아에 있다.

1-히드록시라이제(hydroxylase)의 활성조절은 비타민 D의 활성을 결정한다.

$1,25(OH)_2D_3$를 생성하는 1-히드록시라이제에 영향을 주는 인자는 칼슘, 부갑상선호르몬, 비타민 D의 상태이다. 그 밖에 다른 요인으로 에스트로겐(estrogen)은 1-히드록시라이제의 활동을 증가시킨다. 식사의 인 함량도 혈청 $1,25(OH)_2D_3$의 농도에 영향이 있다는 사실을 보고하고 있다. 칼시토닌도 $1,25(OH)_2D_3$의 생성에 영향을 주며, 글루코코티코이드와 인슐린 및 성장호르몬도 약간의 영향이 있음이 알려졌다.

3) $24,25(OH)_2D$

이는 신장에서 생성되는데 관련효소는 25-OH D_3-24-hydroxylase이며, 이의 활성은 고칼슘식이와 $1,25(OH)_2D_3$ 농도증가에 의해서 증가된다.

(5) 이화와 배설

비타민 D의 대사물에 대해 알려진 것은 1-α,25(OH)$_2$D$_3$-26,23-lactone이 1,25(OH)$_2$D$_3$의 이화에서 첫 단계로 제시되었다. 담즙의 도움에 의해 대변으로 배설되며 매우 작은 양만이 요(尿)에서 발견된다.

5. 생리적 기능

활성형인 1,25(OH)$_2$D$_3$는 호르몬적 활성을 가지고 있으며 조직에서의 기능은 그 호르몬에 특이적인 수용체의 존재여부에 따라 결정되어 뼈와 소장에서 칼슘의 항상성을 유지하는 작용을 하는 것으로 알려졌다.

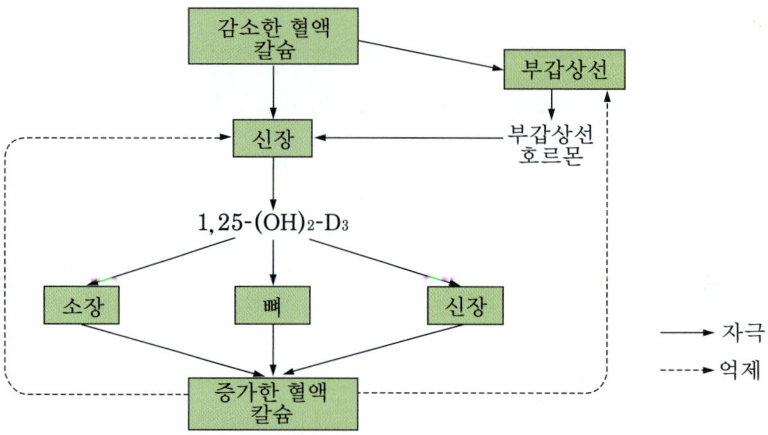

그림 9-6 혈중 칼슘농도의 조절

최근에는 다른 조직도 1,25(OH)$_2$D$_3$의 표적조직(target tissue)으로 작용하고 있다고 보고되고 있으며 췌장 · 신장 · 부갑상선 · 뇌하수체 · 태반에도 1,25(OH)$_2$D$_3$ 수용체가 있음이 증명되고 있다. 비타민 D 의존성 칼슘결합단백질은 뼈, 신장, 췌장에서 발견되어 1,25(OH)$_2$D$_3$ 수용체의 존재로 확인되었다.

> *Guide*
> **· 표적조직**
> 항체가 형성된 특정 호르몬에 특이적으로 반응하는 조직.

비타민 D의 표적세포 내 활동모습은 스테로이드호르몬과 같다. 스테로이드와 수용체 복합체는 핵으로 이동하여 mRNA전사를 촉진하는 메커니즘에 의해 크로마틴과 상호작용을 한다. 세포질에서 mRNA의 해석은 호르몬 의존단백질을 생성하고 궁극적으로 호르몬의 생물적 반응을 보이는 결과로 나타난다.

기능면에서 비타민 D는 스테로이드 호르몬과 같은 개념으로 1,25$(OH)_2D_3$을 구루병을 앓는 동물에 투여하여 소장점막의 몇 가지 단백질의 합성을 촉진하였다. 그중 하나는 칼슘결합단백질(calcium binding protein, calbindin ; CaBP)이며, 이 단백질은 닭이 구루병의 상태에 있을 때는 발견되지 않고 비타민 D를 처방한 후에 나타났다.

비타민 D의 처방 후, 소장점막에서 증가되는 다른 단백질은 알칼리성 인산가수분해효소(alkaline phosphatase), Ca-stimulated ATPase, 피타아제(phytase) 등이다.

신장 · 부갑상선 · 근육에서의 비타민 D의 효과는 신장에서 칼슘 재흡수의 증가와 부갑상선에서 PTH의 분비조절에 있다. 그러므로 구루병과 골연화증으로 고통받는 환자의 조직에서 이러한 비타민 D의 작용을 관찰할 수 있다.

6. 결핍증상

비타민 D의 결핍은 소장에서 칼슘과 인의 흡수부진과 신장의 재흡수부진으로 나타난다. 이로써 혈청 칼슘과 인의 농도는 떨어지고 이에 대한 반응으로 부갑상선 호르몬의 분비가 많아져서 뼈의 탈무기질화를 일으킴으로써 어린이에서 구루병이 나타나고, 어른에게서는 골연화증이 발생된다.

구루병은 골격의 변형으로 나타난다. 이는 굽은 다리, 튀어나온 무릎, 척추의 굽음, 치골과 가슴뼈의 변형으로서 탈무기질화된 뼈에 가해지는 기계적 스트레스가 원인이다. 어린이는 뼈의 성장이 일어나는 단계이므로 골단의 비정상이 나타날 수 있고, 치아의 에나멜질과 상아질의 무기질화에 이상이 생기며 어린 영아에게서는 경련과 테타니(tetany)가 나타난다.

골연화증은 뼈가 완전히 발달된 후에 일어나는데, 구루병과 같이 뼈의 무기질화가 멈추어도 콜라겐의 형성은 지속되어 칼슘 침착이 되지 않은 뼈를 형성한다. 칼슘의 혈청농도는 100mL당 5~7mg에 불과하고 혈청 알칼리성 인산분해효소의 활성이 높은 것은 구루병과 골연화증의 진단증상으로 사용할 수 있다. 골연화증 환자는 순환하는 1,25$(OH)_2D_3$ 수준도 현저히 낮다.

7. 비타민 D의 섭취기준

비타민의 필요량을 추정할 때에는 혈청 25(OH)D의 농도를 알아본다. 이는 바로 피부합성량과 섭취량이 충분한지를 알아보는 지표이다. 햇빛을 충분히 쪼이면 체내에서 만들어지고 또 조직에 장기간 저장되기 때문에 최소필요량을 정하기에 어려움이 있다.

적절한 혈청비타민 D의 수준을 유지하기 위하여 한국 성인의 경우에 하루 10μg 섭취를 적정량으로 정하였다. 노인은 체내 합성률이 떨어지고 햇빛에 노출되는 시간이 성인보다 상대적으로 제한될 뿐만 아니라, 골다공증이나 골절의 발생빈도가 증가하는 경향을 고려하여 15μg을 충분섭취량으로 정하고 있다. 임신과 수유기에는 보충이 필요하므로 5μg 추가섭취를 제안한다.

비타민 D의 과다섭취로 발생하는 여러 이상을 막기 위하여 상한섭취량을 정하고 있다. 즉 독성 종말점을 고칼슘혈증(11mg/100mL)에 두고 최대무독성량(No Observed Adverse Effect Level; NOAEL)을 60μg으로 정하며, 불확실계수를 1.0으로 보아 60μg로 설정하였다.

영아의 경우는 최대무독성량을 45μg으로 보고 불확실계수 1.8을 적용하여 하루 25μg(1000 IU/일)을 상한섭취량으로 하고 있다.

8. 비타민 D에 영향을 주는 요인

(1) 질 병

비타민 D의 내분비계에 대한 복잡한 작용으로 보아서 많은 질병상태가 비타민 D와 관련되어 있다는 사실을 추측할 수 있다.

1) 소장의 질환

소장은 비타민 D의 흡수부위이며 비타민 D의 흡수불량은 지방흡수불량에서 온다. 대부분 열대성 설사 · 장염 · 공장게실증 등의 질환이 원인이며 소장에서의 흡수불량은 골연화증으로 진행될 수 있다. 또한 위를 절단하거나 비만치료를 위해 십이지장이나 회장을 수술하여도 비타민 D의 흡수가 나빠진다.

표 9-4 비타민 D의 섭취기준

구분	연령	비타민 D(μg/일)			
		충분섭취량		상한섭취량	
		남	여	남	여
영 아	0~5(개월) 6~11	5 5	5 5	25 25	25 25
유 아	1~2(세) 3~5	5 5	5 5	30 35	30 35
청소년 및 성인	6~8(세) 9~11 12~14 15~18 19~29 30~49 50~64 65~74 75 이상	5 5 10 10 10 10 10 15 15	5 5 10 10 10 10 10 15 15	40 60 100 100 100 100 100 100 100	40 60 100 100 100 100 100 100 100
임신부			+0		100
수유부			+0		100

자료 : 한국영양학회, "한국인 영양섭취기준", 2015.

2) 간 질환

간은 비타민 D의 내분비작용에 기여한다. 25(OH)83를 생성하는 부위일 뿐만 아니라 소장의 비타민 D의 흡수에 도움을 주는 담즙염의 생성장소이기도 하다. 또 비타민 D 결합단백질이 합성되는 장소이다.

간의 기능부진은 비타민 D의 흡수 · 이동 · 대사 모두를 방해한다. 칼슘의 흡수 불량과 뼈질환은 간경화나 폐쇄성 황달로 고통받는 환자에게서 관찰된다.

3) 신장 질환

신장은 $1,25(OH)_2D_3$에 대한 내분비선의 역할과 같으므로 신장의 질병상태는 칼슘의 항상성을 위한 호르몬(calcitriol)의 생성에 영향을 미친다. 신장기능부진 환자는 골격의 비정상으로 오는 고통이 동반되기도 한다. 즉, 신장성 골이영양증(renal osteodystrophy)은 신장기능부진에서 오는 뼈의 기능부진이고, 그 밖에 섬유성 골염(osteitis fibrosa), 골연화증(osteomalacia), 골다공증(osteoporosis), 골경화증(osteosclerosis) 등도 생길 수 있다.

4) 부갑상선의 질환

부갑상선 호르몬(PTH)은 1,25$(OH)_2D_3$의 생성에 영향을 준다. 부갑상선의 활성이 높으면 골연화증과 유사한 뼈의 질병이 발생하며 이때 저칼슘혈증이 일어난다. 이런 환자에게는 1,25$(OH)_2D_3$를 처방하면 혈청칼슘수준은 정상으로 회복된다.

key word

• 부갑상선 호르몬
(PTH, para thormone)
부갑상선에서 분비되는 폴리펩티드 호르몬으로 혈청 칼슘농도 저하 시 분비되어 파골세포로부터 칼슘의 용출을 증가시키고 신장에서는 칼슘의 배설을 억제하여 혈청 칼슘 농도를 증가시키는 작용을 한다.

(2) 유 전

비타민 D 저항성 구루병은 X염색체와 연관되어 이루어지는 유전적 질환이다. 또 다른 유전적 결함으로 오는 질병은 비타민 D 의존성 구루병으로 추정된다. 이는 25$(OH)D_3$가 1,25$(OH)_2D_3$로 전환되는 과정에 결함이 있는 것으로 추정한다.

(3) 약 물

항경련성 약물에 의해 칼슘대사의 변화와 구루병 또는 골연화증이 발현될 수 있는데, 혈청 25$(OH)D_3$ 수준이 이런 약물을 투여받은 환자에게서 현저하게 감소하였다고 보고되고 있다.

또 여러 비타민의 상태에 영향을 주는 먹는 피임약은 1,25$(OH)_2D_3$의 혈장수준을 높인다.

(4) 알코올

만성 알코올 중독으로 고통받는 환자는 혈장의 25(OH)D 수준이 낮고 소장에서 칼슘 흡수가 낮아지며 뼈에서는 무기질의 농도가 감소한다. 소장 칼슘 흡수부진은 25(OH)D의 농도감소에서 온다고 지적하고 있다.

(5) 나 이

노화와 함께 비타민 D 대사가 변화되고 뼈의 손실과 뼈세포의 위축이 일어나므로 노인의 비타민 D 필요량은 증가할 것으로 추정하고 있다.

9. 다량섭취

비타민 D의 다량섭취는 자연적으로 일어나지 않고 부갑상선호르몬증, 비타민 D 저항성 구루병, 신장성 골이영양증(renal osteodystrophy), 골다공증(osteoporosis)에 비타민 D를 처방할 경우에 일어난다.

과다한 비타민 D혈증은 심장, 폐, 신장과 다른 연조직에 비가역적인 칼슘의 축적으로 심각한 문제를 일으킨다. 그러므로 약리적 처방을 받는 환자에게 비타민 D의 독성을 주의 깊게 관찰해야 한다.

독성 증상은 고칼슘혈증(hypercalcemia), 고칼슘뇨증(hypercalciuria), 식욕부진(anorexia), 오심(nausea), 구토(vomiting), 갈증(thirst), 다뇨(polyuria), 근육약화, 관절통증, 뼈의 탈무기질화 확대 등으로 심해지면 사망할 수도 있다.

독성이 약한 단계에서의 효과는 언제나 가역적이어서 단순히 식사에 비타민 D를 제거하거나 식이칼슘 섭취의 감소 등의 처방으로 혈청칼슘수준을 낮출 수 있다. 더 심각한 경우는 비타민 D 활동의 길항작용을 한다고 알려진 당질 코르티코이드(glucocorticoid)의 처방으로 고칼슘혈증을 수정할 수 있다. 칼시토닌은 혈청칼슘수준의 감소를 유도하기 때문에 비타민 D 과잉증의 처방으로 사용된다.

4. 비타민 E

1. 서 론

비타민 E는 에반스(H. Evans)와 비숍(K. Bishop)에 의해서 알려졌다. 정제지방을 사료로 주었을 때 생식계에 이상이 있었으나 곡류 추출지방을 주어 불임을 치료함으로써 이 물질을 항불임인자(antisterilityfactor)라고 불렀다. 1925년 에반스는 이 비타민을 기호 E로 표기하기를 제안하였다.

토코페롤(tocopherol)의 tocos는 그리스어로 아이의 '출산'을 뜻하며, phrein은 '앞으로 가져온다'는 뜻으로 합성어이다. 천연 알코올 물질이므로 어미에 '-ol'을 붙임으로써, 토콜(tocol)과 토코트리에놀(tocotrienol) 유도체를 포함하는 분자들의 비타민 활성을 가지는 물질 모두를 명명하는 이름이 되었으며 그중에서 가장 활성이 큰 것이 α의 토코페롤이다.

1938년 페른홀츠(Fernholz)는 α-토코페롤의 구조를 결정하였고, 이어서 카(Karr)는 최초로 합성을 하였다. 이후 20년 동안 이 비타민의 확인 · 정제 · 합성 및 생물적 특성을 규명하였다.

2. 화 학

(1) 구조와 활성

적어도 8가지는 식물에서 분리가능하며 그 구조는 그림 9-7과 같다. 이들은 전부 6-크로마놀(chromanol) 고리와 가지사슬을 가진다. 토콜(tocol)은 피톨(phytol) 사슬을 가지고, 트리에놀(trienol)은 3'7'11'에 이중결합을 가지는 유사한 구조이다.

크로마놀(chromanol) 고리의 메틸기 위치에 따라 많은 이성체가 생긴다. 그 중에서도 알파토코페롤은 가장 활성이 큰 비타민 E이며, 토콜은 고리의 2위치 사슬에 4'8'에 3 개의 비대칭 탄소를 포함하여 8개의 광학이성체를 만들고 2위치의 에피머(epimer) 배열은 생물학적 활성을 결정하는 데 작용한다.

Tocol

Tocotrienol

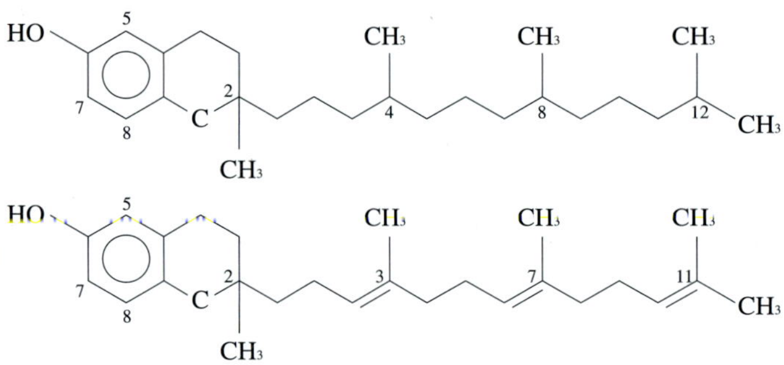

	Methyl 기	광학이성체
Tocol	5, 7, 8	a-tocopherol(α-T)
	5, 8	b-tocopherol(β-T)
	7, 8	d-tocopherol(γ-T)
	8	e-tocopherol(δ-T)
Tocotrienol	5, 7, 8	a-tocopherol(α-T-3)
	5, 8	b-tocopherol(β-T-3)
	7, 8	d-tocopherol(γ-T-3)
	8	e-tocopherol(δ-T-3)

그림 9-7 비타민 E의 구조

표 9-5 비타민 E의 생물학적 활성 비교

명 명	구 조	태아흡수능(%) (쥐)	용 혈(%) (쥐)	근무력증(%) (닭)
α-T	5,7,8-Trimethyl tocol	100	100	100
β-T	5,8-Dimethyl tocol	25~40	15~27	12
γ-T	7,8-Dimethyl tocol	1~11	3~20	5
δ-T	8-Methyl tocol	1	0.3~2	-
α-T-3	5,7,8-Trimethyl tocotrienol	29	17~25	-
β-T-3	5,8-Dimethyl tocotrienol	5	1~5	-

(2) 명 명

토콜은 2−methyl−2(4−2 trimethyl−tridecyl)chroman−6−ol로 이름한다. 토코페롤 구조는 비대칭 탄소원자를 3개 가지고 있어서 여러 가지의 입체이성질체를 나타낼 수 있으나 자연계에는 한 가지밖에 없어서 이를 RRR로 표기한다.

따라서 가장 활성이 높은 α형은 RRR−α−tocopherol이다. 그러나 합성 토코페롤은 이성질체의 혼합물이 얻어지며 α−tocol, 즉 앞에서 dl−α−tocol로 말하는 것은 모두 all−rac−α−tocol로 표시한다.

α−토코페롤의 활성과 종류는 다음 표 9−6과 같다.

(3) 특 성

물에 불용성인 α−토코페롤은 기름, 지방, 아세톤, 클로로포름, 에테르, 벤젠 등의 다른 지방성 용매에 완전히 녹는다. 열과 알칼리에서는 안정하여 산소가 없는 환경에서는 100℃ 이상이라도 안정하다. 산화는 빛 또는 철과 구리이온에 의해 촉진된다.

표 9−6 α−토코페롤의 여러 가지 형태

형 태	I.U./mg
dl−α−Tocopheryl acetate (all−rac)	1.00
dl−α−Tocopherol (all−rac)	1.10
d, α−Tocopheryl acetate (RRR)	1.36
d, α−Tocopherol (RRR)	1.49
dl−α−Tocopheryl acid succinate (all−rac)	0.89
d, α−Tocopheryl acid succinate (RRR)	1.21

3. 함유식품

비타민 E는 식물성 기름과 씨눈에 풍부하다.

콩기름은 α−토코페롤이 전체의 8∼10%을 함유하여 중요한 식품급원이다. 그러나 자연의 α−토코페롤은 안정되지 않고 또 저장과 요리과정에서 손실된다.

예를 들어 감자 칩은 실온에서 2주 저장으로 48%가 손실된다. 식품에서의 자연적 손실은 비교적 적지만 조리과정에서 손실이 많고 가공과정에서도 손실이 일어나며 열과 산소에 노출 시에는 증가한다(그림 9−9).

호두 아몬드 달걀 콩 들기름 참기름 녹차

그림 9-8 비타민 E 함유식품

4. 대 사

(1) 흡 수

비타민 E의 흡수는 지방의 흡수와 관련이 있다. 췌장의 지방가수분해효소에 의해 가수분해되고 담즙으로 유화된 상태로 흡수되기 때문이다.

정상적인 섭취범위(5~15mg/일)에서는 20~80%가 흡수된다. 섭취량이 증가하면 흡수율이 떨어지므로 어떤 포화과정(saturation process)이 있다고 본다.

담즙과 췌액은 비타민 E의 흡수에 필수적이다. 소장관의 중간 부분에서 최대흡수가 일어나고 포유동물은 소장에서 림프 모세관으로 이동한다. 콜레스테롤이나 비타민 A와는 달리, α-토코페롤은 흡수상피세포에서 다시 에스테르화되지는 않는다.

(2) 림프와 혈액의 이동

림프와 혈액의 비타민 E 순환은 리포단백질과 결합하여 일어난다. 특수한 운반단백질이 있다는 증거는 없고 혈청지질과 토코페롤 함량 간에는 높은 상관이 있다.

적혈구의 비타민 E 농도는 혈장의 20% 정도이다. 건강한 성인의 비타민 E의 혈장농도는 11.6~26.9μmol/L이며 모두 막에 존재하고 적혈구와 혈장 간의 교환은 상대적으로 빠르게 일어난다. 그러므로 적혈구의 비타민 E 농도는 혈장수준을 반영한다.

(3) 조직축적과 저장 및 이동

부신과 뇌하수체 · 고환 · 혈소판은 비타민 E의 농도가 높다. 세포 내의 분획 중에는 미토콘드리아와 미크로좀의 막에 높은 농도로 함유되어 있다. 조직 중에는 지방조직 · 간 · 근육이 주요 저장고이다. 식사에 α-토코페롤이 없으면 혈장과 간의 α-토코페롤이 빠른 속도로 먼저 손실되고 골격과 심장근에서는 느리게 손실되며 지방조직은 더 느리게 이루어진다.

(4) 대사와 배설

섭취량의 1% 미만이 요로 배설되고 주요 경로는 변이다. 다른 물질과의 복합체는 가끔 요에서 발견되며, 대부분 글루쿠론산과 비타민 E의 대사물질은 복합체를 형성한다. 이 복합체는 비타민 E의 활성은 없고 독성 제거를 위한 물질로 보인다.

5. 생리적 기능

(1) 항산화 작용

비타민 E는 세포막에 주로 분포하여 산화로부터 지방조직을 보호한다. 비타민 E결핍 동물에게 고도 불포화지방을 섭취시키면 특히 지방조직에 과산화물이 생성됨을 보인다. 세포는 강력한 손상을 동반하는 산화물(oxidative produts)로서 유리 래디칼(free radical)을 생성하여 감염에 대항한다.

key word

• 항산화제
유리라디칼에 의한 산화 반응을 억제함으로써 세포의 산화를 억제하는 물질

유리 래디칼은 전자를 얻기 위해 다른 물질을 공격함으로써 강한 산화작용을 하고 DNA나 세포막을 파괴한다. 유리 래디칼은 세포대사의 정상적인 결과에 의해서 생성되는데, 예를 들면 백혈구가 감염에 대항하기 위해서는 superoxide radical(O_2 · −)을 생성한다.

생성된 슈퍼옥사이드 래디칼[superoxide radical(O_2 · −)]은 수소이온과 반응하여 과산화수소를 생성하고, 셀레늄(Se)을 함유한 효소인 글루타티온 과산화효소(glutathione peroxidase)는 세포막 안으로 과산화수소를 이동시켜서 과산화수소를 파괴한다.

비타민 E의 기능으로서 항산화제의 역할은 세포막에 존재하여 세포 내에서 효소적 · 비효소적으로 생성되는 유리 래디칼을 막는다고 한다. 비타민 E와 함께 세포에서는 과산화물 제거효소(superoxide dismutase), 카탈라아제(catalase), 글루타티온 과산화효소(glutathione peroxidase), 글루타티온 환원효소 등의 효소가 산화에 대하여 방어역할을 한다.

세포막에 남겨진 약간의 과산화수소는 슈퍼옥사이드 래디칼[superoxide radical(O_2 · −)]과 반응하여 하이드록시 래디칼[hydroxy radical(O · H)]을 형성한다. 이 산화를 일으키는 하이드록시 래디칼(O · H)은 세포막에 존재하는 비타민 E와 반응하여 세포막에 있는 고도불포화지방산의 과산화를 막는다(그림 9-11).

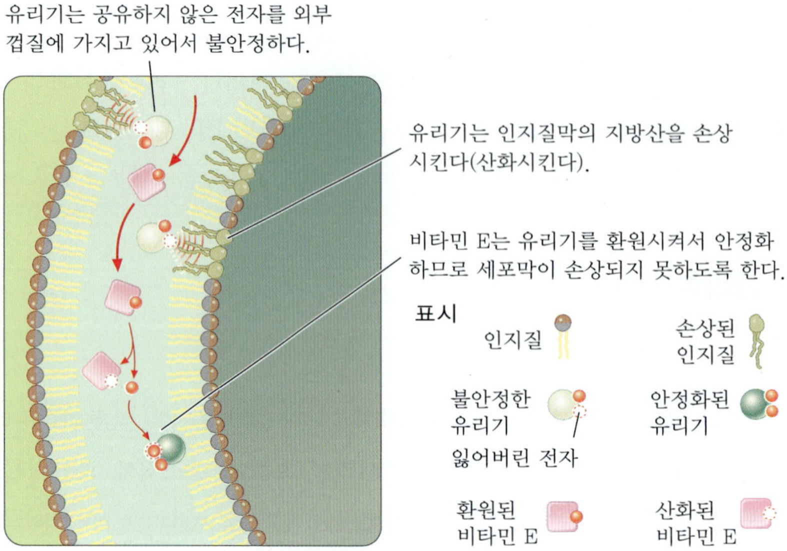

그림 9-9 항산화작용에 의한 비타민 E 세포막의 보호작용

또 다른 생체보호작용은 비타민 E의 중금속이나 벤젠 등 화합물이 형성하는 유리 래디칼을 처리함으로써 독물에 대한 방어기능을 하며 환경오염 물질도 비타민 E로서 방어력이 증가됨을 보였다고 한다.

(2) 아라키돈산과 프로스타글란딘 대사의 활성화

지질산화효소(lipoxygenase)와 산소고리화효소(cyclooxygenase)는 아라키돈산의 대사로 프로스타노이드 물질을 생성하는 데에 작용하는 효소이다.

이들 효소 반응에 비타민 E는 양쪽성(biphasic) 작용으로 트롬복산과 프로스타글란딘의 합성에 관여하고, 혈소판과 백혈구에서 지질산화효소의 활성에 영향을 준다.

(3) 미토콘드리아와의 관련

미토콘드리아는 주로 내막에 많은 토코페롤을 함유하고 있다. 전자현미경으로 근육과 심근의 구조를 보면 비타민 E결핍의 초기 증상으로 미토콘드리아의 구조가 파괴되는 것을 알 수 있다.

(4) 호르몬과의 관련

실험동물에서 보면 비타민 E 결핍으로 정자형성이 현저하게 억제된 상태에서도 남성호르몬의 생성은 손상받지 않았다. 또 결핍상태의 암컷에서 생식이 이루어지지 못한 상태에서도 여성호르몬은 정상적으로 생산되었다. 그러나 비타민 E 결핍 쥐의 부신에서 스테로이드 형성이 억제되었고 갑상선활성은 결핍 쥐에서 감소되었다.

6. 결핍 증상

(1) 동 물

연조직은 비타민 E의 결핍에 영향을 받는다. 그 정도의 차이는 동물의 종과 다른 영양소섭취에 따라 달라서 특히 불포화지방산과 셀레늄의 섭취에 영향을 받는다. 가장 일반적인 결핍증은 근육의 괴사로서 거의 모든 동물의 골격근에 나타나지만 심장근과 평활근에서는 일어나지 않는다.

토끼는 비타민 E 결핍에 의한 근육 쇠약이 심각하지만 쥐는 심각한 결핍식이로도 비교적 건강하고, 닭은 함황아미노산과 비타민 E가 함께 결핍되어야 증세를 보인다. 그 밖에도 생식체계에 변형을 초래하여 불임증이 나타나고 신경계와 순환계에도 변형을 초래한다.

(2) 사 람

1) 혈액 토코페롤 농도

사람의 혈장농도가 0.5mg/dL 이하일 때 적혈구는 산화에 의한 용혈이 증가하고 정상적혈구보다 수명이 짧았다. 이런 결과와 동물실험으로 혈장농도 0.5mg/dL 이하이면 결핍으로 본다.

혈장 토코페롤 수준은 지질함량과 상관이 있다. 고지혈증에서 비타민 E의 수준은 실제 섭취는 낮지 않아도 더 많은 양이 필요하여 결핍상태가 될 수 있으므로 혈장 토코페롤과 혈장지질의 비율로 표시하는 것이 더 유용하다. 이렇게 표시할 때, 성인의 혈장 토코페롤은 0.8mg/g lipid보다 낮은 경우를, 어린이는 0.6mg/g lipid 이하일 경우를 결핍이라고 본다.

2) 저체중아

저체중아의 경우 출생 시에 호흡계 이상이 자주 발생되므로 높은 압력의 산소를 처방하는 경우가 있다. 이때 비타민 E 결핍상태이면 안구후면의 섬유성 증식과 같은 산소독성 위험이 생길 수 있다.

임신기 비타민 E의 섭취는 미숙아가 출생하더라도 출생 시에 비타민 E를 충분히 보유한다.

비타민 E 결핍으로 태어난 아이와 작게 난 아이는 정상아에 비하여 결핍 정도가 비교적 크다. 모유를 섭취할 때에는 어머니의 혈장 토코페롤을 빠르게 얻을 수 있지만 미숙아는 조직의 저장능력이 제한되어 결핍상태가 되기 쉽다.

또 소장의 흡수불량과 빠른 성장으로 상대적 결핍이 지속되지만 소화계가 성숙하면 흡수증가로 혈장수준은 상승한다. 출생 시에 1.5kg 이하의 어린이는 적어도 2~3개월 동안 흡수불량이 지속된다.

혈액의 낮은 함량은 용혈성 빈혈과 관련 가능성이 있으므로 토코페롤을 좀 더 일찍 공급하면 혈청 빌리루빈 농도가 낮아지기 때문에 황달에 대한 광처방 기간이 짧아진다.

3) 어린이

어린이는 비타민 E의 혈장농도가 성인보다 낮은데 이는 혈장의 지질함량이 낮은 것과 같은 이치이다. 단백질열량 영양불량(PCM)인 어린이는 혈장 비타민 E의 수준이 낮고 가끔 빈혈증세가 나타나게 된다.

4) 흡수불량과 신경근육계의 이상

비타민 E의 결핍을 보이는 어린이의 임상적 증상은 심각한 흡수불량으로 오며 오랜 신경질환은 비타민 E 결핍증상과 비슷하다. 비타민 E 결핍의 신경증상은 오래된 담즙성 간질환과 함께 진행되는데, 반사소실(areflexia)이나 보행장애(gait disturbance) 증상을 보인다.

이러한 경우에는 혈청 비타민 E의 농도가 매우 낮다. 그리고 대뇌의 선택적 손실과 함께 대뇌후엽 원추의 쇠퇴 및 말초신경에서 수초화된 축색(axon)의 쇠퇴와 여러 모양의 핵에서 구상체 부분의 쇠퇴를 부검으로 볼 수 있다.

5) 성인

실험적으로 하루 식사 중에 2~3mg의 토코페롤을 함유하도록 하면 1~2년 후의 혈액수준은 0.5mg/dL 이하로 떨어진다. 하루 15mg을 먹은 사람과 비교하면 적혈구는 과산화성 용혈에 대한 민감도가 높아지고 혈구의 반감기는 감소한다. 또 불포화지방산의 섭취를 증가시키면 혈액농도는 더 빨리 감소된다.

성인의 흡수불량은 토코페롤의 혈청농도를 낮추고 적혈구는 과산화성 용혈에 대한 민감성을 높이며, 적혈구 생존시간을 짧아지게 한다. 소장과 같은 평활근에 이상지질(ceroid)의 비정상적인 축적은 비타민 E 상태가 낮은 경우에 일어나며, 크레아틴뇨증(creatinuria)의 증가나 근육무력증(muscular dysfunction)과 같은 비정상 증상은 아직 밝혀지지 않고 있다.

7. 비타민 E의 섭취기준

key word

- **α-토코페롤 당량** (α-TE)
  비타민 E의 단위, 1mg의 α-토코페롤이 가진 비타민 E의 활성을 기준으로 나타냄

비타민 E의 섭취기준으로 사용할 수 있는 지표는 주요 기능인 항산화작용과 관련된 산화물을 사용하기에는 비타민 E 이외의 여러 요인이 작용하므로 적용하는 데 어려움이 있다.

또한, 소변으로 배설되는 대사 산물도 식이섭취량과는 무관하여 사용하기 어려움이 있으며, 체내 저장량을 유지하는 데에 필요한 양의 설정에도 정보가 부족하다. 그뿐만 아니라 결핍증이 흔하지 않으므로 결핍증을 예방하는 양도 사용하지 못하기 때문에 북미에서는 시험관 내 상태에서 과산화수소에 의한 용혈현상을 예방하는 충분한 혈액의 α-토코페롤 농도(516μg/dL)를 근거로 평균필요량을 하루 12mg으로 정하고 있다.

한국 성인 남녀의 혈중 α-토코페롤의 농도는 정상범위에 속하나 섭취량은 부족한 상태이므로, 성인 및 노인의 경우는 자료 부족과 영양상태평가가 어려움에도 불구하고 혈청농도와 섭취량을 근거로 하여 충분섭취량을 성별에 관계 없이 12mg α-TE를 적용하고 있다.

노인은 질병예방과 건강증진을 위하여 충분히 섭취하여야 하지만 관련 연구와 과학적 근거가 부족하므로 성인과 같은 충분섭취량을 설정하고 있다.

임신기에 비타민 E를 더 섭취하여야 한다는 근거가 부족하여 성인과 차이를 두지 않고 있으며, 수유기에는 유즙으로 분비되는 양이 있으므로 모유의 함량(300~540μg/100mL)과 모유섭취량(780mL/일)을 근거로 평균 3.0mg/일을 더 섭취할 필요가 있어서 충분섭취량에 3.0mg을 가산하여 15mg α-TE로 하고 있다.

표 9-7 비타민 E의 섭취기준

구분	연령	비타민E(mgα-TE/일)			
		충분섭취량		상한섭취량	
		남	여	남	여
영 아	0~5(개월) 6~11	3 4			
유 아	1~2(세) 3~5	5 6		200 250	
청소년 및 성인	6~8(세)	7	7	300	300
	9~11	9	9	400	400
	12~14	10	10	400	400
	15~18	11	11	500	500
	19~29	12	12	540	540
	30~49	12	12	540	540
	50~64	12	12	540	540
	65~74	12	12	540	540
	75 이상	12	12	540	540
임신부		+0		540	
수유부		+3		540	

자료 : 한국영양학회, "한국인 영양섭취기준", 2015.

상한 섭취량은 인체의 용량 반응평가 결과를 적용하여 540mg RRR-αtocopherol (800IU)를 최대 무독성량으로 하고 불확실계수는 1.6으로 하여 540mg α-TE를 상한섭취량으로 하고 있다.

8. 다른 영양소와의 상호관계

(1) 불포화지방산

식사에 불포화지방이 많으면 비타민 E 필요량은 증가한다. 즉 비타민 E의 섭취가 부족할 때의 리놀레산의 섭취증가는 닭에서 뇌연화증을 증가시키고, 생선기름을 증가시키면 골격과 심장의 질환이 일어날 수 있다. 그러나 사람의 경우는 고도 불포화지방산 섭취가 혈장의 α-토코페롤량을 낮추지만 아직도 분명하게 설명되지 않고 있다.

Check point

불포화지방산의 산화를 방지하는 비타민 E

세포막에 존재하는 불포화지방산은 세포 내 자유기에 의해 산화적 공격을 받게 되는데 이 때 비타민 E는 세포막의 산화반응을 억제하는 항산화제로 작용한다. 불포화 지방산의 산화반응으로 생성된 지질과 산화물은 세포막을 파괴시키고, 발암가능성을 증가시켜 우리 몸에 해로운 영향을 줄 수 있다. 따라서 증가된 불포화지방산의 섭취는 항산화 효과를 갖는 비타민 E의 사용을 증가시켜 체내 비타민 E의 보유량을 감소시킨다. 이와 관련해 비타민 E의 요구량은 불포화지방산의 섭취량 증가에 따라 증가되어진다.

(2) 셀레늄(Selemium)

동물실험에서 쥐의 간괴사나 닭의 삼출성 소질은 셀레늄과 비타민 E로 예방될 수 있었고 닭은 셀레늄이 결핍되면 비타민 E의 흡수도 나빠졌다. 닭에서 셀레늄은 비타민 E의 흡수를 돕고 세포의 산소손상을 막아 줄 수 있는 효소인 글루타티온 과산화효소(glutathion peroxidase)의 전구체로 작용하므로 비타민 E의 결핍을 완화시킨다. 다른 동물에서는 셀레늄이 비타민 E의 흡수를 증진시킨다는 증거는 거의 없다.

(3) 아미노산

쥐의 괴사성 간 퇴행성 질병은 비타민 E, 시스틴, 셀레늄으로 예방할 수 있다. 닭은 함황아미노산의 낮은 섭취와 비타민 E 결핍이 동시에 발생함으로 근무력증을 일으킨다. 그 원인은 단백질과 펩티드의 황화수소기 환원 특성에 있다고 본다.

(4) 아 연

많은 효소의 구성분으로서 아연은 생체막의 안정기능에 작용한다는 증거는 많다. 비타민 E와 아연이 결핍된 동물의 적혈구는 과산화에 의한 용혈이 잘 일어난다. 이들 식사에 아연이나 비타민 E를 추가하면 적혈구의 용혈을 막는 결과를 가져온다.

겸상적혈구의 비가역성은 비정상적인 막의 기능과 관련되어 있다고 본다. 겸상적혈구성 빈혈환자에게서 아연과 비타민 E를 투여함으로써 겸상적혈구 수가 줄었다.

(5) 비타민 A

생체 내의 항산화제로서 비타민 E는 비타민 A를 보호하는 것으로 추측된다. 비타민 E 결핍동물은 비타민 A의 흡수와 저장이 잘 일어나지 못하고 간저장량은 정상보다 더 빠르게 감소한다. 다량의 비타민 A를 먹을 때에 비타민 E의 요구량도 늘어나고, 비타민 A 독성은 비타민 E 투여로 감소된다. 인체에서 비타민 E는 비타민 A의 저장과 이용에 필요하며 비타민 A의 독성을 완화시킨다고 본다.

(6) 철 분

철분이 지질의 과산화를 유도하는 데 반하여 비타민 E는 과산화를 막는 항산화 작용 특성이 있다. 저체중아에게 철분을 먹일 때에는 비타민 E 결핍 가능성이 있다.

특히 고도불포화지방을 포함하는 경우는 더욱 위험하다는 사실을 염두에 두어야 한다.

(7) 비타민 C

비타민 E와 비타민 C의 항산화특성에 상호 도움이 되는 증거는 많이 있지만 생체 내에서의 작용에 대한 증거는 부족하고, 비타민 C가 비타민 E를 절약한다는 증거는 없다. 즉 비타민 C를 먹더라도 인체의 혈장 토코페롤 수준에 변화는 없다.

9. 환경인자의 영향

(1) 약 물

1) 안트라싸이클린(아드리아마이신)

안트라싸이클린은 생체에서 유리 래디칼(free radical)을 생성하는 물질로 알려져 있다. 비타민 E는 이들 독성을 완화하는 물질로 제안됨으로써 이 약제의 독성을 감소시키는 효과가 몇몇 동물을 모델로 급성투여한 실험에 의해 증명되었다.

2) 사염화탄소[Carbon Tetrachloride(CCl_4)]

이 약제에 의해 간독성이 생긴 경우 비타민 E는 유리 래디칼 생성을 중재하고 동물에게 비타민 E를 투여함으로써 간독성이 완화되었다.

3) 아세트아미노펜(Acetaminophen)

진정제로서 간독성을 일으키는 약물이며 쥐에서 간독성은 비타민 E의 투여로 완화되었다.

4) 아스피린(Aspirin)

쥐의 실험으로 비타민 E의 결핍증에서 이 약제는 과잉작용을 보였다. 근질환의 예방을 위해 아스피린을 섭취하는 경우에 식이의 비타민 E를 더 많이 먹을 것을 권장한다.

5) 니트로사민(Nitrosamines)

위에서와 같이 pH가 낮은 경우 단백질의 일부는 질산염(nitrate)과 반응하여 간에 독성을 주면서 발암성을 가진 니트로사민을 형성한다. α-토코페롤은 니트로화합물이 니트로사민으로 형성됨을 억제한다.

베이컨에 α-토코페롤을 넣을 때 요리하는 동안에 니트로사민의 형성이 급격히 감소하였다. 비타민 E는 생체 내에서도 니트로사민의 형성을 막았다.

(2) 중금속

1) 납

납과 비타민 E와의 관계는 일찍부터 연구되었다. 아급성 납중독인 토끼에게 비타민 E의 처리로 코프로포르피린뇨증(coproporphyrinuria)과 빈혈의 발현이 감소하였다.

2) 수은

쥐와 메추리에서 식이에 적절한 비타민 E와 셀레늄의 섭취로 메틸수은에 의한 독성이 감소하였으며 햄스터에서도 메틸수은의 신경독성은 비타민 E로 예방되었다.

(3) 오존과 이신화질소

오존과 이산화질소는 일반적인 환경오염물질로서 강력한 산화인자이며 폐 손상의 원인이 될 수 있다. 동물연구에서 비타민 E 결핍은 이들의 독성에 민감하며,

이는 비타민 E 부족상태(미숙아, 흡수불량환자, 용혈성 빈혈환자 등)인 경우에 주목할 만큼 독성의 위험이 증가한다.

10. 그 밖에 여러 인자와의 관련성

(1) 유 전

비타민 E의 결핍 증상은 동물에 따라 차이가 있다. 예를 들어 토끼는 식이 비타민 E를 적게 먹으면 쇠약한 근질환(myopathy)을 일으키지만 쥐와 닭은 비교적 저항성이 있다. 종 간의 차이는 쥐에서도 관찰되어 고혈압쥐(spontaneously hypertensive rat ; SHR)에서는 정상의 위스타(Wistar)종이나 스프라그 다울리(Sprague Dawley)종보다 비타민 E 결핍에 더 민감하다.

(2) 노화와 수명

노화와 관련된 조직의 변화는 비타민 E 결핍동물에서 나타난다. 특히 리포푸신(lipofuscin)의 조직 내 누적, 신경축색 기능부전(neuroaxonal dystrophy), 크레아틴뇨증(creatinuria)의 증가로 오는 근육기능의 상실 등이 노년기 또는 비타민 E가 결핍된 쥐와 사람에서 관찰된다. 그래서 사람들은 비타민 E가 수명을 연장하는 것으로 생각하지만 이런 점만으로 결론짓기는 어렵다.

(3) 암

비타민 E는 생쥐 및 햄스터에서 화학적으로 유도된 암발생을 억제하고, 비타민 E의 항산화제 역할은 여러 가지 발암물질의 과산화물 형성활동을 줄이는 것으로 여겨지고 있다.

(4) 운 동

운동은 동물에서 비타민 E와 셀레늄 결핍으로 일어난 근질환을 악화시킨다. 즉 운동은 펜탄(pentane) 배출을 증가시키므로 운동이 생체 내에서 지질의 과산화를 촉진시킨다고 본다.

(5) 면역반응

다량의 비타민 E 투여는 영양적으로 적합한 식이라도 인체의 체성 항체형성을 증진시킨다는 사실이 생쥐, 닭, 기니피그의 연구에서 관찰되었다. 다량의 비타민 E의 투여로 helper T-cell의 활성이 증진된 결과는 이를 설명한다.

비타민 E 결핍상태의 개, 쥐, 기니피그는 T-cell과 B-cell의 유사분열물질이 감소되는 반응이 있었다. 이것은 세포면역에 비타민 E의 효과로 추정하고 있다. 다핵백혈구(polymorphonuclear leukocytes)도 비타민 E 상태에 영향을 받는다. 식작용은 비타민 E 결핍동물의 세포에서 줄어들고 백혈구가 가지는 부착력(adherence)과 주화성(chemotaxis)이 감소되었다.

11. 다량섭취의 효과

key word

• 용혈성 빈혈
비타민 E의 결핍으로 적혈구의 세포막에 산화적 손상이 발생함으로써 적혈구가 용해되어 파괴되면서 나타나는 빈혈

비타민 E의 동물조직 내의 함량은 섭취량에 따라 지수적인 비율로 증가된다. 다량의 all-rac-α-tocopheryl acetate를 정상인에게 주었을 때의 혈액수준도 섭취에 비례하여 증가되었다.

(1) 선천적인 용혈성 빈혈

선천성 용혈성 빈혈인 베타-탈라세미아(β-thalassemia 지중해 빈혈)에서 토코페롤의 혈액농도가 낮더라도 비타민 E를 많이 섭취하면 혈색소 함량이 증가하는 등의 이점이 있다. 겸상세포 빈혈에서도 혈액 토코페롤 함량은 낮은데, 비타민 E의 섭취는 비가역적인 겸상세포형성의 비율을 낮게 한다고 하지만 다량섭취에 대한 증거는 없다.

(2) 흡수불량 결함

무지단백혈증(abetalipoproteinemia)과 간질환과 관련되어 일어나는 신경계 문제는 다량의 비타민 E를 이른 시기에 섭취함으로써 좋아지거나 예방할 수 있다.

(3) 심혈관계 질환

근육이상증으로서 간혈성 파행증(intermittent claudication) 환자의 경우 하루 300~600 I.U.의 비타민 E 섭취로 6개월 후에 혈액 흐름의 향상과 통증없이 걷는 기간을 길게 하였다.

5. 비타민 K

1. 개 요

비타민 K의 발견은 쥐에서 콜레스테롤의 역할에 대해 연구를 하던 담(H. Dam)의 실험결과에서 이루어졌다. 담은 비극성 용매로 추출한 식이를 먹인 쥐에게 경막하(subdural)나 근육에 출혈이 있음을 발견하였고 이때에 출혈된 피가 느리게 응고하였음을 발견하였다.

key word

• 혈액응고
혈액이 혈관밖으로 나왔을 때 혈병이 형성되는 것(p377)

그 후에 학자들은 이 현상이 이미 알려진 비타민 E나 지질의 투여로 치유가 되지 않음을 설명하였다. 담은 채소와 육류에 대한 지속적 연구를 통하여 1935년 마침내 출혈을 방지하는 비타민으로 이용될 새로운 지방용해 비타민을 발표하였는데, 독일어의 '응고(koagulation)'라는 단어의 첫 번째 문자 'K'를 제안하였다.

이는 혈액응고와 관련된 혈장단백질이 프로트롬빈(prothrombin)과 피브리노겐(fibrinogen)이라는 사실이 발견됨과 동시에 더 명확해졌다. 담 등은 혈장의 프로트롬빈 분획으로 비타민 K 결핍 때에 활성이 약해지는 것을 보여주었고, 거의 같은 시간에 폐색성 황달이나 담즙문제로 인한 용혈성 조건은 환자의 이 비타민 사용능력이 약해서 발생된다고 보고 있다.

카(Karr)와 함께 담(Dam)이 협력하여 알팔파에서 그 비타민을 분리하는 데에 성공하였으며 그 모습을 퀴논(quinone)형으로 발표하였다.

Check point

비타민 K 길항제 – 와파린(쿠마린 유도체)

비타민 K는 간에서 불활성형의 프로트롬빈을 활성형인 프로트롬빈으로 전환시킴으로써 혈액응고작용에 관여한다. 그런데 이와 반대로 작용하게 되는 물질인 와파린은 뇌졸중, 심근경색의 위험군에서 혈전과 색전 형성을 방지하기 위해 사용되어 진다.

하지만 비타민 K의 길항제인 와파린 복용 중에는 비타민 K가 풍부한 음식들을 섭취할 경우 와파린의 작용을 방해할 수 있는데 이는 와파린이 비타민 K 산화환원효소의 결합포켓 부위와 결합함으로써 epoxide reductase를 저해하여 혈액응고 작용을 저해시킨다.

2. 화학적 구조 및 특성

비타민 K의 이름은 IUPAC-IUB에서 채택된 2-methyl-1,4-naphtoquinone(I)이다. 다른 복합체인 2-methyl-3-phytyl-1,4-naphtoquinone은 일반적으로 비타민 K_1이라고 불리는 필로퀴논(phylloquinone)이다.

또 동물과 박테리아 조직에서 발견되는 비타민 K_2는 메나퀴논(menaquinone)이라고 하며, 7개의 이소프레노이드 유닛(isoprenoid unit)을 가지고 탄소 35개를 이루어 menaquinone-7(MK-7)라고도 불린다. 2-methyl-1,4-naphtoquinone은 비타민 K_3로 불리지만 더 정확하게 메나디온(menadione)으로 지명된다.

비타민 K의 자연형태는 노란 기름이고 합성형은 결정형 가루이다. 모든 비타민 K는 열과 수분에 강하고 산과 알칼리를 비롯하여 산화제 및 자외선에 약하며, 자연형태의 비타민 K는 열에 안정하고 물에 용해되지 않으므로 조리할 때에 안정하다. 합성형 비타민 K의 일부는 물에 용해된다.

표 9-8 비타민 K의 명명

화 학 명	IUPAC(abbreviation)	
2-Methyl-1,4-naphthoquinone	Menadione	K_3
2-Methyl-3-phytyl-1,4-naphthoquinone	Phylloquinone(K)	K_1
2-Methyl-3-farnesylgeranylgeranyl-1,4-naphthoquinone	Menaquinone-7(MK-7)	$K_{2(35)}$

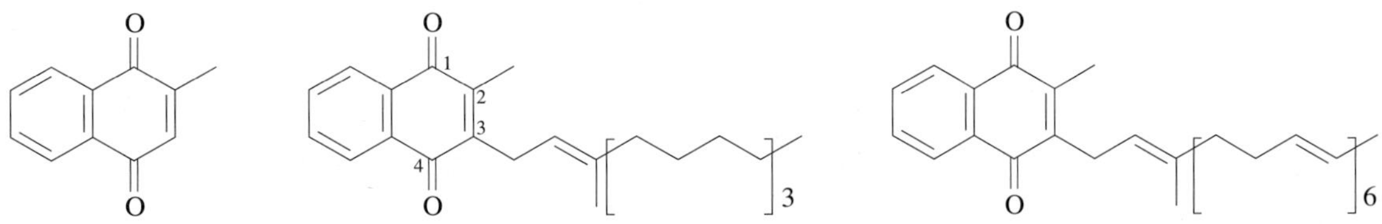

Menadione(I) Phylloquinone(II) Menaquinone(III)

그림 9-10 비타민 K의 구조

3. 함유식품

보통 녹색 또는 잎채소는 비타민 K의 좋은 급원이다. 식물성 유지류인 콩기름과 유채유도 좋은 급원이다. 비타민 K의 체내요구량은 낮아서 일상식품으로도 충분하여 결핍은 쉽게 일어나지 않는다. 식품 중의 비타민 K는 저장과 가공과정에서 변화가 생기거나 열처리에서 변화가 있지만 냉동식품으로의 15개월 저장으로는 주목할 만한 차이가 없다.

4. 대 사

(1) 흡 수

혼합 미셀(micelle)의 형성으로 10~70%가 림프계로 흡수된다. 미셀 구조 형성은 담즙과 췌액이 필요하다.

필로퀴논의 흡수는 N2아래에서와 2, 4-dinitrophenol의 존재로 억제되며 소장의 근위부분(proximal portion)에서 소화된 필로퀴논은 에너지 의존형으로 흡수된다. 필로퀴논은 능동적 수송으로 흡수되지만, 메나퀴논(menaquinone)-7은 수동적인 운반체의 도움없이 소장에서 흡수된다. 또 장내 세균에 의해 합성된 비타민 K는 체내요구량에 도움이 되지만 대장의 담즙농도만으로는 흡수하는 데 충분치 않다.

세균 합성된 비타민 K도 흡수가 될 수 있으나 매우 느리다. 정상적인 장기능을 가진 사람은 일상 식품 섭취로 부족상태가 거의 없다.

(2) 이 동

림프계는 장에서 흡수된 필로퀴논 운반의 주된 경로이며 유미입자(chylomicron)의 형태로 이동된다.

(3) 조직축적과 저장

비타민 K를 주사하면 특히 간에 농축되어 저장되며 조직에도 널리 분배되고 빠르게 이동한다. 필로퀴논은 빠르게 간에 저장되지만 보유기간은 길지 않고 간보다 다른 기관에서 더 농축된다. 그 활성은 부신(adrenal gland), 폐(lung), 골수(bone marrow), 신장(kidney), 림프절(lymph nodes)에서 활발하다.

(4) 대 사

동물은 나프토퀴논(naphthoquinone) 고리를 합성하지 못하므로 식사로 섭취하여야 한다. 동물조직에서 필로퀴논과 메나퀴논의 상호변화는 세균의 작용없이도 일어날 수 있다.

쥐의 실험으로 요 중에 접합체(conjugates)를 이룬 인산염이나 황산염 및 황산염의 글루쿠로니드(glucuronide)가 확인되었고 그 밖의 대사물도 나타났다. 확인된 대사물은 담즙에서 배설되는 글루쿠로니드 형태이고 혈장성분으로는 메나디올(menadiol)의 황산염 접합체(sulfate conjugate)형이다.

(5) 배 설

비타민 K 45mg～1mg을 주사하면 약 20%는 3일 동안 요로 배설되며 40～50%는 담즙을 통해서 변으로 배설된다.

5. 생리적 기능

(1) 혈액 응고인자

담(Dam) 등이 병아리의 출혈이 식물추출물로 치유됨을 발견할 때만 해도 피브리노겐(fibrinogen)의 피브린(fibrin)으로의 전환을 포함한 모든 혈액응고반응이 명확히 밝혀지지는 않았다. 혈액응고에 대한 의문이 풀린 것은 활성화된 응고인자 X의 작용으로 프로트롬빈(prothrombin)에서 트롬빈(thrombin)으로의 전환과정이 밝혀진 이후이며 혈액응고에 관여하는 인자들의 합성이 비타민 K에 의존한다는 사실도 밝혀졌다.

프로트롬빈 합성에 비타민 K-의존성 과정은 γ-carboxylic acid 잔기의 형성단계이다.

동물조직에서 비타민 K-의존단백질은 혈액응고인자(II, VII, IX, X)뿐이라고 가정되어 왔으나, 소의 혈장에서 프로테인(protein) C와 다른 혈장단백질로서 단백질 Z(protein) Z, 단백질(protein) m이라고 부르는 비타민 K의 의존형 단백질이 밝혀졌다. 감마카르복실글루탄산(γ-Carboxyl glutamate: Gla) 잔기를 가지는 이런 단백질은 혈액응고인자와 비슷하지만 기능에 대해서는 불분명하다.

6. 결핍증과 영양평가방법

비타민 K의 결핍여부는 비타민 K 의존 응고인자인 프로트롬빈(Ⅱ) · factor Ⅶ · factor Ⅸ · factor Ⅹ의 혈장농도와 혈액응고시간을 측정하여 알 수 있는데 비타민 K가 결핍되면 혈액응고시간이 지연되며 출혈이 나타난다.

주로 가금류 · 소 · 돼지 · 쥐 · 개 등의 동물에서 비타민 K의 결핍증이 발생된다. 하지만 사람에서는 흡수불량증후군에 걸렸거나 항생제 복용으로 비타민 K의 장내 합성이 감소되는 경우 또는 항응고성 약제복용 등을 제외하고는 드물게 나타난다. 또 신생아는 장내 박테리아가 없으므로 비타민 K를 합성할 수 없기 때문에 출혈이 나타날 수 있다.

그 예방으로 출생 후에 1mg의 비타민 K를 공급한다.

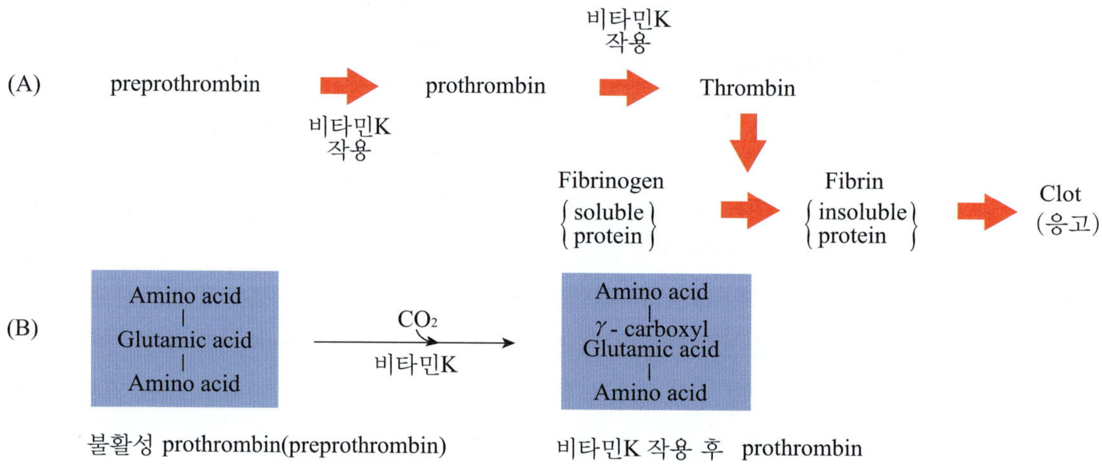

그림 9-11 비타민 K의 생리적 기능

7. 비타민 K의 섭취기준

비타민 K의 결핍증으로 말하는 비타민 K-의존성 저프로트롬빈혈증과 다른 혈액응고인자의 활성도를 근거로 필요량을 추정하였으나 섭취량의 변화를 반영하지 못하고 혈장 필로퀴논 농도가 섭취변화에 반응하므로 이를 반영한다.

표 9-9 비타민 K의 섭취기준

성별	연령	비타민 K (μg/일) 충분섭취량	
		남	여
영 아	0~5(개월)	4	4
	6~11	7	7
유 아	1~2(세)	25	25
	3~5	30	30
청소년 및 성인	6~8(세)	45	45
	9~11	55	55
	12~14	70	65
	15~18	80	65
	19~29	75	65
	30~49	75	65
	50~64	75	65
	65~74	75	65
	75 이상	75	65
임신부		+0	
수유부		+0	

자료 : 한국영양학회, "한국인 영양섭취기준", 2015.

그러나 상관관계는 미약하여 소변의 감마 카르복실글루탐산(Gla)잔기의 배설량이 지표로 이용된다. 또 다른 지표로는 카르복실화가 되지 않은 오스테오칼신이 있으나 이는 측정방법에 문제점이 있기 때문에 일관성 부족의 단점을 지닌다.

그럼에도 한국인의 비타민 K 섭취에 대한 연구는 매우 부족하여 기준설정에 이용하기 어려움이 있기에 미국과 일본의 자료를 토대로 충분섭취량을 설정하고 있다. 임신기 및 수유기에 대한 측정 자료도 부족하여 설정하지 못하고 있으며 독성에 대한 자료가 불충분하여 상한 섭취량도 설정하지 못하고 있다.

8. 비타민 K에 영향을 주는 요인

(1) 성 인

비타민 K 결핍은 매우 드물지만 병원의 노인환자에게서 저프로트롬빈혈증(hypoprothrombinemia)이 나타나는 비율은 높다. 이 경우에 여러 복합원인이 있을 것으로 보이는데, 동물에게도 어린 쥐에서보다 늙은 쥐에서 결핍증의 발현이 쉽게 나타나게 되는 것으로 볼 때에 연령증가로 오는 복합적인 원인이라 할 수 있다.

(2) 신생아의 용혈질환

신생아의 용혈질환은 오래 전부터 알려진 방법인 비타민 K로 처방한다. 신생아의 혈액은 프로트롬빈 함량이 낮지만 시간이 지나면서 정상이 된다. 또 신생아의 소장은 거의 무균상태로서 비타민 K를 합성하기 어렵다. 모유와 같은 분유에는 그 함량이 낮아서 생후 며칠 동안 비타민 K공급에 어려움이 있다.

미국소아과학회에서는 분유에 비타민 K를 첨가하거나 신생아에게 모유수유를 권고한다. 그리고 비타민 K을 첨가하지 않은 분유를 먹는 아이는 한 달에 한 번 1mg 필로퀴논 근육주사를 제공한다.

> key word
> **• 신생아 출혈**
> 출생시 신생아의 장은 무균상태로 박테리아로부터 비타민K의 합성이 정상적으로 일어나지 않아 출혈이 발생할 수 있다.

(3) 약물의 효과

비타민 K-의존성으로 보이는 용혈현상은 항생제 처방과 관련이 있다고 한다. 식이제한 환자나 튜브급식 환자 또는 집중적인 항생제 치료를 받는 환자 등의 경우에는 비타민 K부족이 분명히 관찰된다.

쿠마린(coumarin)은 비타민 K에 길항작용을 하고 비타민 K의 대사에 영향을 준다. 그럼에도 쿠마린을 항응고 치료에 사용하는 이유는 응고인자 생성을 제한하기 때문이다.

(4) 호르몬의 영향

암컷 쥐의 혈장은 프로트롬빈 농도가 높고 비타민 K의 요구량은 낮다. 또 임신한 쥐의 혈장 프로트롬빈은 더 높았다. 생식기관을 제거한 동물의 혈장 프로트롬빈 농도는 에스트로겐(estrogen)에 의해 증가되고 안드로겐에 의해 낮아진다. 프로락틴(prolactin)은 프로트롬빈 농도를 유지시키고 갑상선 호르몬 농도가 낮으면 비타민 K 의존 응고인자의 합성이 줄고 쉽게 파괴된다.

(5) 다른 식이요인과 질병상태

임신한 쥐에게 스쿠알렌이나 토코페롤을 다량으로 줄 때 비타민 K-의존성 용혈증상이 발생하였다.

비타민 K 흡수불량은 폐쇄성 황달, 담즙누관, 췌액부족, 지방변, 만성 설사에서 온다. 이런 다양한 질병상태에서 비타민 K-의존성 용혈상태를 관찰할 수 있다.

9. 다량섭취

자연산물의 비타민 K는 다량섭취하여도 치명적인 영향은 없다. 또 용혈이 문제가 되지 않으면 긴 응고시간에 대한 치료로 경구 또는 주사로 공급될 수 있다. 만약 담즙생산에 이상이 있으면 담즙염이 함께 처방되어야 한다.

비타민 K_1은 정맥주사나 근육주사 형태로 주는 수용성 콜로이드 용액으로 사용할 수 있으며, 근육주사는 정상 응고인자합성을 위한 치료에 사용한다.

합성된 메나디온(menadione)은 출혈상태에서 약리적 치료로 사용되어서는 안 된다. 한때는 신생아 출혈을 치료하는 데 처방되었지만, 이 물질은 조직에서 유리 황화수소기와 반응하여 용혈성 빈혈이나 고빌리루빈혈증을 일으킨다고 알려졌다. 포합형 빌리루빈(conjugated bilirubin)의 혈중농도가 증가하면 신생아의 뇌에 독성을 보이고 죽음에 이르기도 한다.

Check point

비타민 K는 간에서 불활성 응고인자를 활성화된 프로트롬빈의 합성에 관여하며 혈액응고인자의 합성과정에 중요한 역할을 한다. 비타민 K는 장내 세균에 의해서도 합성 가능하고 결핍증의 발생은 항생제를 장기간 복용하는 경우, 흡수불량증 및 신생아에서 발생할 수 있다. 출생 시 신생아의 장은 무균상태로 비타민 K를 합성할 수 없기 때문에 결핍증이 발생하기 쉽다.

핵심문제 및 해답

*해답 본인 확인용 붉은 셀로판지를 이용하세요.

다음 내용을 읽고 ○, ×로 표시하시오.

1. 로돕신은 원추세포에서 레티놀과 옵신의 결합으로 생성된다. (　　)

로돕신은 간상세포에서 레티날과 막단백질인 옵신의 결합으로 생성된다. (×)

2. 비타민 A로 전환 가능한 카로티노이드는 알파카로틴, 베타카로틴, 감마카로틴, 루테인이다.(　　)

비타민 A로 전환 가능한 카로티노이드는 알파카로틴, 베타카로틴, 감마카로틴, 크립토잔틴이다. (×)

3. 카로티노이드 중 활성이 가장 강한 형태는 베타카로틴이다. (○)

4. 식품 중 비타민 A는 단백질과 결합된 레티닐 에스테르 형태로 존재한다. (　　)

식품 중 비타민 A는 지질과 결합된 레티닐 에스테르 형태로 존재한다. (×)

5. 레티놀 10 ㎍과 β-카로틴 120 ㎍ 섭취 시 레티놀 활성당량은 200 ㎍RAE이다.(　　)

β-카로틴의 레티놀 활성 당량은 레티놀의 1/12이므로 20 ㎍RAE이다. (×)

6. 비타민 D를 신장에서 활성화시키는 호르몬은 칼시토닌이다.(　　)

비타민 D를 신장에서 활성화시키는 호르몬은 부갑상선호르몬이다. (×)

7. 비타민 D는 간에서 활성형인 1,25-$(OH)_2$-D로 전환된다. (　　)

비타민 D는 신장에서 활성형인 1,25-$(OH)_2$-D로 전환된다. (×)

8. 비타민 D의 영양상태는 25-OH-D로 평가한다. (○)

9. 비타민 A는 자외선에 의해 체내 합성이 가능하다. (　　)

비타민 D는 자외선에 의해 체내 합성이 가능하다. (×)

10. 활성화된 비타민 D는 혈중 칼슘 농도를 증가시켜 정상으로 유지시켜 준다. (○)

11. 비타민 E 중에 활성이 가장 강한 형태는 알파-토코트리에놀이다. (　　)

비타민 E 화합물 중 알파-토코페롤의 활성이 가장 크다. (×)

12. 비타민 E 결핍 시 용혈성 빈혈이 나타난다.(○)

13. 항생제 장기 복용 시 비타민 E 결핍증이 나타난다. (　　)

dicumarol, 항생제 장기 복용 시 비타민 K의 결핍증이 나타난다. (×)

14. 다가불포화지방산의 섭취가 증가할수록 비타민 D의 요구량은 증가되어 진다.(　　)

불포화지방산의 섭취가 증가할수록 비타민 E의 요구량이 증가되어 진다.(×)

15. 비타민 E의 화합물 중 활성이 가장 강한 형태는 α-토코페롤이다.(○)

16. 비타민 K에 의하여 프로트롬빈은 활성화 된다. (○)

17. 지용성 비타민은 모세혈관, 문맥을 통해 간으로 이동한다. (　　)

지용성 비타민은 지단백질 형태로 림프관, 흉관을 거쳐 혈액으로 이동한다.(×)

18. 비타민 K는 혈전 형성을 억제한다. (　　)

비타민 K는 혈액응고인자의 합성에 관여한다. (×)

19. 비타민 K는 장내 세균에 의해 합성된다. (○)

20. 비타민 K는 뼈의 석회화를 억제한다. (　　)

비타민 K는 뼈의 석회화에 관여하는 오스테오칼신과 칼슘결합단백질의 형성에 관여한다. (×)

Chapter 10

수용성 비타민
(Water soluble vitamin)

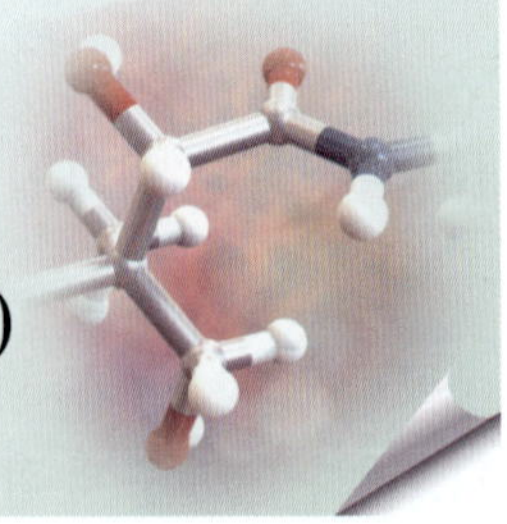

학습 목표

1. 수용성 비타민의 종류 및 특성을 설명할 수 있다.
2. 수용성 비타민의 결핍증에 대해 설명할 수 있다.
3. 수용성 비타민과 체내 대사의 보조효소에 대해 설명할 수 있다.
4. 빈혈과 관련된 비타민의 종류와 그 특징에 대해 설명할 수 있다.

비타민은 인체 세포의 대사와 성장 · 유지를 위해 소량 요구되는 필수적인 유기물질로, 수용성 비타민은 물에 용해되며 과량섭취 시 소변으로 배설된다. 수용성 비타민은 체내 조효소로 작용하여 에너지 대사조절에 필수적인 기능을 수행한다.

인류가 비타민에 대해 알게 된 것은 오래 전부터 인류에게 있었던 악성빈혈, 각기병, 펠라그라 등의 질병에 대한 연구에서 비롯되었다. 이 질환들은 수용성 비타민의 섭취 부족에서 기인된 질병으로, 각 비타민을 섭취하게 될 경우 결핍증세가 회복된다는 것을 20세기 초 과학자들의 연구로 알게 되었다.

수용성 비타민은 총 9가지로 비타민 B군 8종과 비타민 C가 있다. 비타민 B군에는 비타민 B_1(티아민), 비타민 B_2(리보플라민), 비타민 B_6(피리독신), 니아신, 판토텐산, 비오틴, 엽산, 비타민 B_{12}가 있다. 비타민 B군에서 에너지를 생성하는 대사반응에 꼭 필요한 조효소의 기능을 가진 비타민은 티아민, 리보플라빈, 니아신, 판토텐산, 비오틴 등이다.

비타민 B_6는 에너지 생성과정에 참여하지는 않으나 단백질 대사에 관여하며 그 외 다양한 기능이 알려져 있다. 엽산과 비타민 B_{12}는 조혈 비타민으로 적혈구 생성에 필요하며, 비타민 C는 조효소로 존재하지는 않지만 면역기능에 관여하고 있어 체내 중요 성분의 합성 과정에 필수적이다.

수용성 비타민은 조효소의 형태로 체내 에너지 대사과정에 직접 참여한다.

표 10-10 수용성 비타민과 조효소의 형태

비타민	조효소의 형태
티아민	TPP
리보플라민	FMN FAD
니아신	NAD NADP
판토텐산	CoA
비타민 B_6	PLP
엽산	THF
비타민 B_{12}	cobalamin(비타민 B_{12})
비오틴	비오틴(biotin)

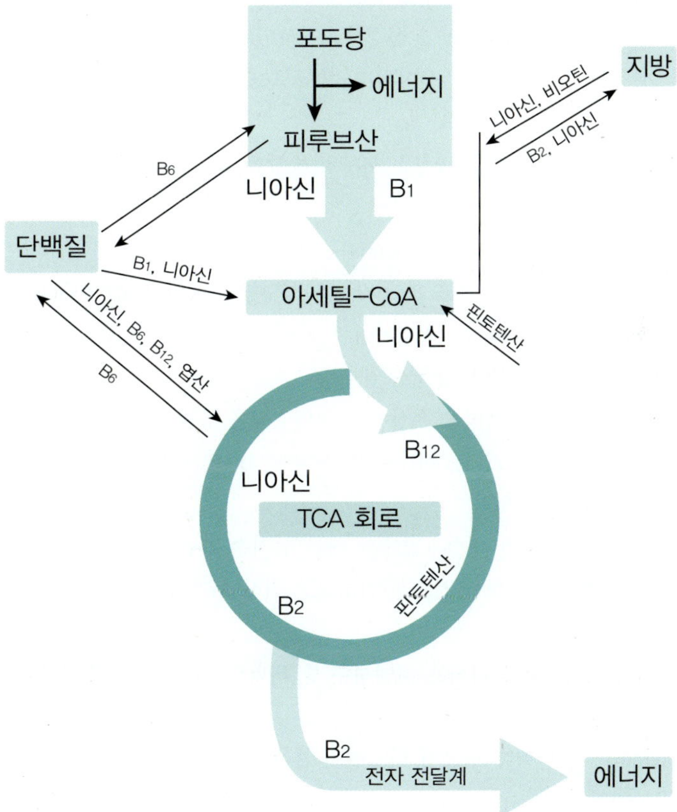

그림 10-1 수용성 비타민과 체내 에너지 대사 과정

수용성 비타민은 일반적으로 저장되는 양이 적고 여분으로 섭취된 수용성 비타민은 소변을 통해 체외로 배설된다. 따라서 독성에 대한 위험보다 결핍이 빠르게 발생하므로 매일 소량을 섭취를 하는 것이 바람직하다. 물에 용해되는 성질은 식품 가공 과정과 조리 과정에 있어서 조리수에 용해되어 소실되므로 수용성 비타민의 체내이용률을 높이기 위해서는 조리 시 찌거나 볶음, 혹은 전자레인지를 이용하는 것이 좋으며 저장 중 손실이 있을 수 있으므로 주의가 필요하다.

key word

- **조효소**(coenzyme): 효소를 활성화하는 데 필요한 물질로 일반적으로 복합 단백질로 이루어져 있는 효소의 비단백질 성분으로 대부분의 조효소는 구조에 수용성 비타민을 함유하고 있음
- **각기병**(beriberi) : 티아민 결핍증으로 도정된 쌀을 주식으로 하는 나라에서 주로 나타났으며 신경계와 심혈관계에 영향을 주는 질환으로 습성각기병과 건성각기병이 있음
- **신경전달 물질**(neurotransmitter) : 신경세포에서 방출되어 인접한 신경세포에 정보를 전달하는 물질로서 시냅스에서 분비되며, 종류로는 아세틸콜린, 도파민, 에피네프린, 세로토닌 등이 대표적임
- **펠라그라**: 니아신 결핍증으로 대칭적 피부염 증상을 보이며 피부염, 설사, 치매 및 사망 등을 보임
- **거대적아구성 빈혈**(megaloblastic anemia) : 엽산 결핍 혹은 비타민 B_{12} 결핍 시 나타나는 빈혈로 혈구의 크기가 크고 핵이 있는 미성숙한 형태의 거대적아구를 갖는 빈혈
- **악성 빈혈**(pernicious anemia): 거대적아구성 혈구 빈혈의 일종이며 비타민 B_{12} 결핍 시 나타나는 빈혈로 신경계 손상을 보임
- **고호모시스테인혈증** : 동맥벽을 손상시켜 동맥경화를 유발하는 물질인 호모시스테인이 혈액에 많은 질환으로 엽산, 비타민 B_6, 비타민 B_{12}의 충분한 섭취는 고호모시스테인 혈증을 예방해 줄 수 있음
- **신경관 결손**(손상) : 태아 형성과정에서 태아의 척수 혹은 뇌가 제대로 붙지 못하여 척수나 뇌의 질환을 야기하는 선천성 기형으로 임신 초기에 신경관이 형성될 때 엽산 부족 시 발생할 수 있음
- **내적 인자**(IF) : 위에서 분비되는 위액성분 중 하나로 비타민 B_{12}의 흡수를 도와주는 단백질
- **아비딘**(avidin) : 생난백에 함유된 비오틴의 흡수를 저해하는 항비타민으로 비오틴과 구조가 유사함

1. 티아민(thiamin, 비타민 B_1)

1. 티아민의 구조 및 성질

티아민은 그 구조 내에 질소를 함유하는 피리미딘과 황(S)을 함유하는 5원자 고리 구조인 티아졸이 연결되어 있는 함황비타민으로, 그 명칭은 황(thio)을 함유한 질소(아민)에서 유래되었다. 티아민의 조효소의 형태는 TPP(thiamin pyrophosphate)이다.

티아민은 장시간 가열 시 고리결합이 쉽게 끊어져 비타민의 기능을 잃게 되며 산에서는 안정하지만 알칼리 조건에서는 파괴된다. 따라서 채소를 삶을 경우 중조(식소다)를 넣게되면 색은 선명하게 할 수 있지만 티아민이 파괴되므로 영양적인 손실이 있다.

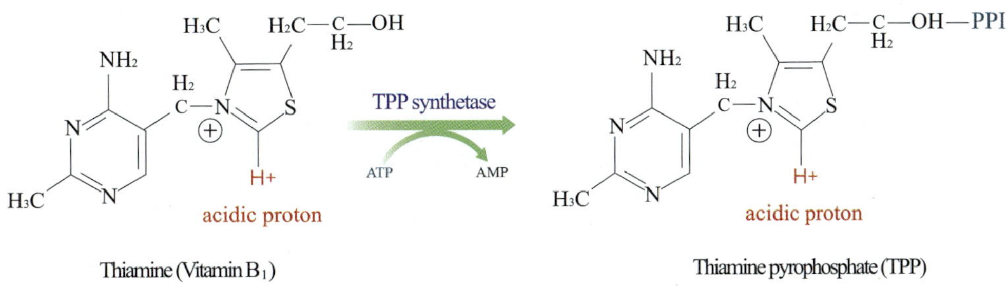

그림 10-2 티아민과 TPP의 구조

2. 티아민의 흡수와 대사

티아민은 식품 중에 티아민피로인산(TPP: thiamin pyrophosphate) 형태로 존재하며 소장에서 분해되어 티아민 형태로 유리되어 나온다. 하루 5mg 이하로 적당량을 섭취할 경우 소장 상부에서 능동적 수송 기전에 의해 흡수되며, 하루 20mg 이상 다량 섭취 시에는 수동적 확산에 의해 하루 5mg 정도로 일부만 흡수되고 나머지는 신장을 통해 소변으로 배설된다.

티아민은 체내 저장량이 매우 적어 생물학적 반감기가 가장 짧은 비타민이다. 티아민은 소장 점막세포에서 인산화반응을 통해 활성화된 형태인 TPP로 전환되어 문맥을 통해 간 및 여러 조직으로 운반된다.

3. 티아민의 생리적 기능

티아민의 가장 중요한 생리적 기능은 조효소 TPP(thiamin pyrophosphate)의 구성성분으로서 에너지 대사, 신경자극 전달과정 및 오탄당 인산경로에 관여하는 것이다.

(1) 당 대사에 중심적인 기능 수행

티아민은 TPP로 전환된 후 에너지 대사과정 중 당질 대사의 중심적 기능을 수행하는 조효소로 작용하는데 다음의 2가지 반응에 필요하다.

① 해당과정의 산물인 피루브산이 아세틸 CoA로 전환되는 과정

② 알파케톤산으로부터 카르복실기를 떼어내는 탈탄산반응

위의 ①의 과정에서 TPP 이외에 다른 조효소인 FAD, NAD, CoA, 리포산 등 다양한 물질이 필요하며 이들을 피루브산 탈수소효소복합체라 한다. 이 반응을 통해서 아세틸 CoA로 전환된 후 TCA(시트르산 회로)에 진입할 수 있으므로 정상적인 에너지 대사과정에 매우 중요하다. 티아민 부족 시 포도당의 해당과정의 장애가 발생할 수 있고, 피루브산은 아세틸 CoA로 전환되지 못하고 많아진 피루브산은 젖산으로 전환되고, 다량의 젖산은 근육통과 피로감을 유발한다.

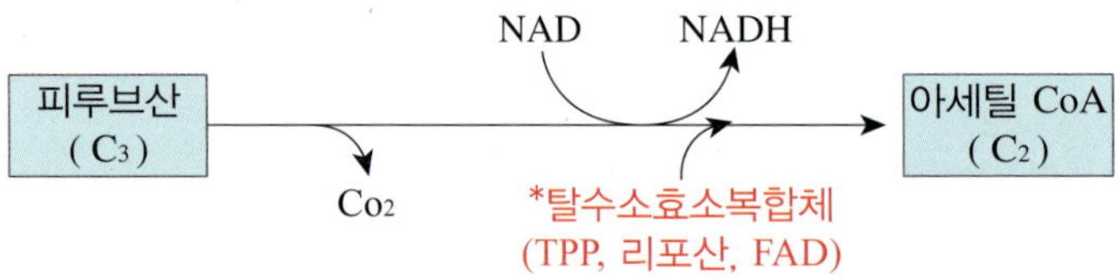

그림 10-3 피루브산에서 아세틸 CoA로 전환과정

티아민은 당질대사과정에서 중심적인 기능을 수행하므로 그 필요량은 에너지 섭취량 및 당질 섭취량에 따라 달라진다. 당질 섭취가 많을 경우 대사과정에서 티아민이 많이 요구되므로 필요량을 증가시켜야 한다.

(2) 신경자극전달에 관여

신경세포의 신경자극을 전달하는 아세틸 콜린 합성 과정에 조효소로 작용하여 신경자극전달에 관여한다.

(3) 오탄당인산회로의 조효소로 작용

티아민은 5탄당인산회로(HMPS)의 조효소로 5탄당 합성과 지방산 합성에 관여한다. 5탄당인산회로는 체내에서 5탄당인 리보오스(ribose) 및 지방산 합성에 필요한 NADPH를 합성하는 중요한 대사과정이다. 티아민은 5탄당인산회로에서 케톨기 전이효소의 조효소로 작용하여 이 반응을 촉진한다. 오탄당인산회로는 5탄당(ribose)을 합성하는 중요한 경로이며 지방산합성을 위한 조효소인 NADPH를 제공하는 경로로서 중요하다.

key word

- **피루브산 탈수소효소복합체**: 피루브산이 아세틸 CoA 로 전환될 때 필요한 효소복합체로서 TPP, FAD, NAD, CoA, 및 리포산 등이 있다.
- **아세틸콜린**(acetylcholine) : 신경전달 시 신경 흥분을 전달하기 위해 신경 세포의 말단에서 방출되는 신경전달 물질이다.
- **리보오스**(ribose) : 체내에서 5탄당인산회로에서 생성되는 단당류로 5탄당이며, 디옥시리보오스(deoxyribose)와 함께 핵산을 구성하는 당이다.

(4) 티아민 결핍증

1) 각기병(beriberi)

티아민 결핍의 대표적인 것은 각기병(Beriberi)이다. 'beri'는 스리랑카 언어에서 유래된 것으로 그 뜻은 '할 수 없다(I can't)'는 의미로, 감각손실과 운동기능 장애를 의미하였다. 각기병은 1800년대 동아시아 지역에서 나타난 질병으로 이 지역에서 도정으로 배아가 제거된 백미 위주의 식사가 원인이었다. 각기병의 종류는 습성각기병과 건성각기병의 2가지로 나뉜다. (그림 10-3)

습성각기는 심혈관계의 이상증상을 나타내어 심장비대 및 부종이 나타나고 호흡곤란 등의 증세가 나타난다. 건성각기는 신경계의 이상 증상을 가져오며 체조직의 손실로 마르고 쇠약해지며 말초 신경계의 마비로 인해 사지 감각의 손실, 운동기능의 장애 및 정신의 혼란 등이 나타난다. 각기병은 증상이 악화되면서 경련, 부종, 심장장애를 수반하는 다발성 신경염을 일으킨다.

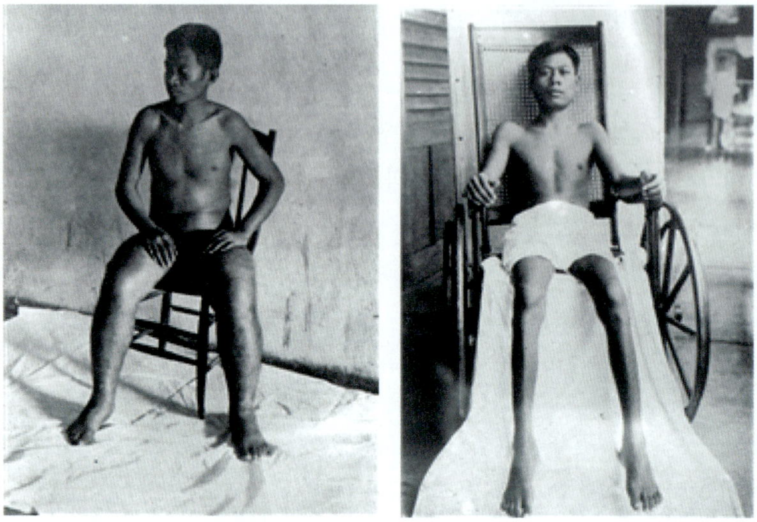

(a) 습성 각기 : 부종, 심장비대　　(b) 건성 각기 : 마르고 쇠약, 신경계 이상

그림 10-4　습성 각기와 건성 각기

2) 베르니케-코르사코프 증후군

알코올 중독 증세를 가진 사람들에게 나타나는 만성적인 티아민 결핍증을 의미한다. 알코올 과다 섭취 시에 티아민의 흡수율이 감소하고 이용률이 저하되며 특히 알코올 중독자의 경우 식사상태가 불량하므로 티아민 결핍증이 흔히 나타날 수 있다. 베르니케 코르사코프 증후군(Wermicke-korsakoff syndrome)은 안근 마비, 정신 혼란, 기억력 감소 등 신경계 이상 증세를 나타낸다.

(5) 티아민 필요량 및 섭취기준

티아민의 권장섭취량은 성인남자 1.2 mg/day, 성인여자 1.1 mg/day로 설정되었으며 평균 필요량은 성인남자 1.0 mg/ day, 성인여자 0.9 mg /day의 120% 수준이다.

티아민은 에너지 대사 중 당질대사에서 중요한 역할을 하므로 당질의 섭취가 증가할 경우 필요량이 증가한다. 열량 섭취가 감소하더라도 에너지 대사를 위해서 하루 1.0 mg 이상 섭취하는 것이 좋다. 운동선수의 경우 당질 섭취를 늘리게 되므로 운동수행능력의 증진을 위해 티아민을 비롯한 리보플라빈과 니아신 등의 비타민 B 군의 섭취를 늘려야 한다.

Check point

티아민 섭취를 주의해야 하는 경우는?

① 오랜 기간 동안 티아민이 결핍된 식사를 하는 경우
② 백미를 주식으로 하거나 탄수화물 섭취량이 지나치게 많은 경우
③ 알코올을 과량으로 섭취하는 경우
④ 운동량이 증가되어 있는 운동선수(지구력을 요하는 운동종목)

(6) 티아민 급원식품

티아민은 다양한 식품에 널리 분포되어 있는데 특히 돼지고기와 두류, 발효 이스트 및 배아는 가장 좋은 급원이며, 그 밖에 해바라기 씨앗이나 내장육 및 종실류 등도 함량이 높다.

표 10-1 티아민의 급원식품

식품명	함량(mg/100g)	식품명	함량(mg/100g)
해바라기씨(말린 것)	2.10	참깨	0.55
돼지고기(등심)	0.98	완두콩(생 것)	0.44
땅콩(말린 것)	0.85	현미	0.30
대두(건조)	0.83	팥(붉은 것)	0.56

그림 10-5 티아민 공급 식품 (해바라기 씨앗, 땅콩, 효모, 돼지고기, 완두콩)

탄수화물, 지방, 단백질 등 에너지를 내는 영양소는 세포 내로 들어간 후 TCA 회로 및 전자전달계 과정을 거치게 되는데, TCA 회로 및 전자전달계에서 수용성 비타민은 조효소로서 대사 반응에 관여하고 있다. (그림 10-5 참고)

2. 리보플라빈(riboflavin, 비타민 B_2)

1. 리보플라빈의 구조 및 성질

리보플라빈은 당알코올인 리비톨에 플라빈이 결합되어 있는 구조로, 형광의 노란색을 띠고 있다. 'flavus'는 라틴어로 노란색을 뜻하며 리비톨과 플라빈이 결합되어 리보플라빈이라 불린다. (그림 10-6)

식품 중의 리보플라빈은 조효소 형태인 FMN(flavin mononucleotide)과 FAD(flavin adenine dinucleotide)로 존재한다.

리보플라빈은 수용성 물질 중 열에 비교적 강해 안정성이 높으며, 산에 강하고 알칼리에서는 분해되기 쉽다. 리보플라빈은 건조 상태에서는 자외선에 안정적이나 수용액 상태에서는 가시광선 및 자외선에 의해 쉽게 파괴된다.

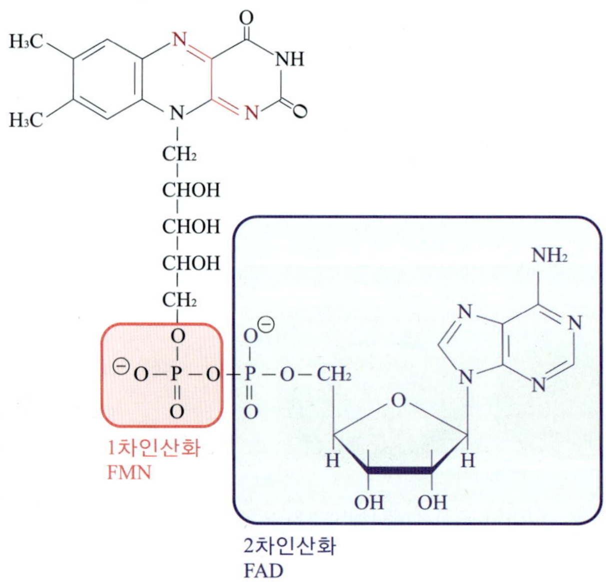

FMN : flavin mononucleotide
FAD : flavin adenine dinucleotide

그림 10-6 리보플라빈 구조

2. 리보플라빈의 흡수와 대사

대부분 식품 중의 리보플라빈은 조효소 형태로 존재하며 우유속의 리보플라빈은 유리상태로 존재한다. 식품을 통해 섭취한 리보플라빈은 소장 상부에서 능동적 수송에 의해 약 70% 정도가 흡수된다. 장세포로 들어간 리보플라빈은 인산염과 결합하여 FMN을 형성한 후, 간으로 운반되어 간에서 ATP와 결합한 후 FAD로 전환된다. 일부는 간, 심장, 신장 등의 조직에 저장되며 과잉섭취한 리보플라빈은 소변으로 배설된다.

3. 리보플라빈의 생리적 기능

리보플라빈은 FMN과 FAD의 두 조효소 성분으로서 체내 여러 반응에 관여한다. 가장 중요한 역할은 체내 산화환원반응에 관여하는 것이다.

(1) 체내 산화환원반응에 관여

리보플라빈은 FAD와 FMN의 형태로 체내 에너지 대사에서 산화 환원반응에 관여한다. FAD는 TCA 회로에서 수소이온을 받아들이고 내어주는 수소이온 운반체(hydrogen carrier)로 작용하여, 수소이온을 전자전달계로 운반한다.

FAD는 피루브산이 아세틸 CoA로 전환될 때 및 TCA 회로 중 숙신산이 푸마르산이 되는 과정에 참여한다. 따라서 리보플라빈은 FAD로서 3대 영양소의 에너지 산화과정에 모두 참여하며 이 과정에서 수소를 전달하는 수소전달자로 산화환원반응에 관여하고 있다.

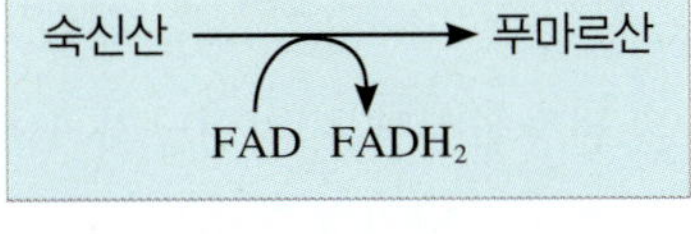

(2) 니아신 합성에 관여

리보플라빈은 필수아미노산인 트립토판을 수용성 비타민인 니아신으로 전환시키는데 필요하다.

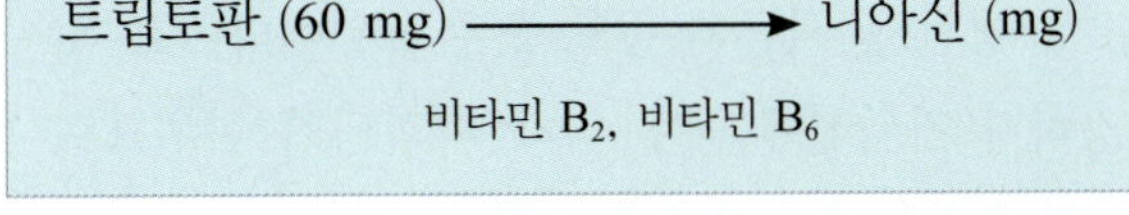

4. 리보플라빈 결핍증

리보플라빈의 결핍증은 주로 구강과 혀의 염증이다. 결핍증으로 설염, 구각염, 구내염, 인두염, 지루성 피부염 및 안질 등이 있으며, 그 외 광선에 대한 민감성증 등이 있다. 설염과 구각염 등은 면역기능의 저하로도 유발되며 특히 설염은 일반적으로 두 가지 이상의 비타민 B군의 결핍 시 혹은 다른 질병으로 인한 영양결핍으로도 나타날 수 있다.

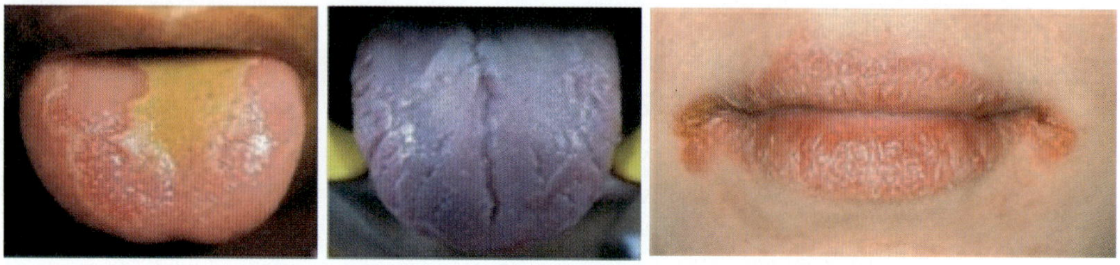

(a) 설염　　(b) 구각염

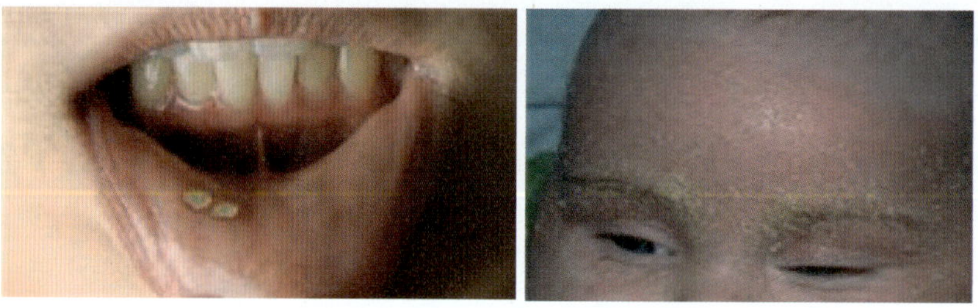

(c) 구내염　　(d) 지루성 피부염

그림 10-7 리보플라빈 결핍증

5. 리보플라빈 필요량 및 섭취기준

한국인의 리보플라빈 1일 권장섭취량은 성인남자 1.5 mg/day, 성인 여자 1.2 mg /day 로, 이는 평균필요량 성인남자 1.3 mg/day, 성인여자 1.0 mg /day 의 120% 수준이다.

6. 리보플라빈 급원식품

리보플라빈 급원의 대표적인 식품으로는 우유 · 요구르트 · 치즈 등 유제품이며 그 외 육류, 닭고기, 생선 및 시금치 등도 좋은 급원이다. (표 10-3) 리보플라빈은 열에는 비교적 강하나 자외선에 매우 약해 파괴되기 쉬우므로 우유와 유제품의 경우 불투명 재질의 포장용기를 사용하는 것이 좋다.

표 10-2 리보플라빈 급원식품

식품명	함량(mg/100g)	식품명	함량(mg/100g)
돼지간	2.20	치즈	0.45
소간	2.10	탈지우유	0.37
아몬드	0.92	요거트	0.35
양송이	0.57	땅콩	0.20

그림 10-8 리보플라빈 급원식품 (소간, 아몬드, 양송이, 시금치, 요거트, 우유)

반짝 퀴즈

다음 중 리보플라빈의 체내 기능에 해당되는 것은? ( )

① 콜라겐 합성 ② 항산화작용 ③ 신경전달 물질 합성
④ 체내 산화환원반응에 관여 ⑤ 아미노산 대사에 관여 [정답] ④

3. 니아신(niacin)

1. 니아신의 구조 및 성질

니아신의 기능을 가진 물질은 두 가지로 니코틴산과 니코틴아마이드이다. (그림 10-9) 니코틴산은 피리딘 고리에 카르복실기가 부착된 구조이고, 니코틴아마이드는 피리딘 고리에 아미드기가 부착되어 있는 구조이다. 니아신의 조효소의 형태로는 NAD(nicotinamide adenine dinucletide)와 NADP(nicotinamide adenine dinucleotide phosphate) 의 2가지가 있다. 니아신은 비타민 B 복합체 중 가장 안정적인 화합물로 열, 저장, 광선 등의 자극에 비교적 안정하다.

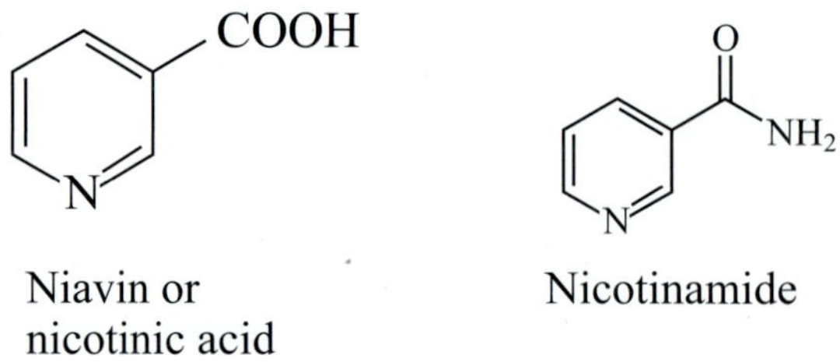

그림 10-9 니아신의 2가지 형태 (니코틴산과 니코틴아마이드)

니아신은 일부 식품으로부터 섭취를 통해 얻을 수 있지만 필수아미노산인 트립토판으로부터 상당량이 합성된다. 트립토판 60 mg은 니아신 1 mg으로 전환된다. 이 과정에서 비타민은 B_2와 B_6는 조효소로서 사용된다.

트립토판 (60 mg) ⟶ 니아신 (mg)
비타민 B_2, 비타민 B_6

2. 니아신의 흡수와 대사

니아신은 일부가 위에서 흡수되며 대부분은 소장 상부에서 흡수된다. 저당량 섭취의 경우 경동수송에 의해 흡수되며 다량 섭취 시 단순확산에 의해 흡수된다. 식사로 섭취한 니코틴산과 니코틴아미드는 세포내에서 조효소인 NAD 와 NADP 로 전환되고 NAD 와 NADP 의 형태로 간과 신장 등의 조직에 저장된다. 여분의 니아신은 최종 대사물질의 형태인 N'−메틸 니아신 아미드의 형태로 소변을 통해 배설된다.

반짝 퀴즈

트립토판이 니아신으로 전환될 때 필요한 비타민은?

[정답] 비타민 B_2와 B_6

3. 니아신의 생리적 기능

니아신은 조효소 형태인 NAD와 NADP의 형태로 체내 에너지 대사에 관여하고 있다.

(1) 에너지 대사에 관여 – 체내 산화환원반응에 관여

NAD는 탈수소효소(dehydrogenase)의 조효소로서 체내 산화 환원반응에 관여하며 전자전달계에서 수소 운반체(hydrogen carrier)로 작용한다. NAD는 해당과정에서 피루브산이 아세틸 CoA로 전환될 때 필요하며, TCA 회로 및 지방산의 베타 산화 등에 관여한다.

(2) 지방산과 스테로이드 합성에 관여

NADP는 오탄당인산경로에 필수적인 조효소로써 지방산과 스테로이드 합성에 관여한다.

(3) 혈관확장제 역할 및 혈청 콜레스테롤 수치 감소 효과

니코틴산은 심장질환 환자에서 혈청 콜레스테롤 수치를 낮추어 주는 약리적 활성을 가지고 있어서 약으로 사용되고 있다. 니코틴산의 혈청 콜레스테롤 저하 효과는 HDL 콜레스테롤의 증가에 기인하는 것으로 알려져 있으며, 니코틴산 대신 니코틴산 아미드를 복용하는 경우 이러한 약리작용은 나타나지 않는 것으로 알려져 있다. 니코틴산이 혈압치료제로 사용될 경우 독성이 야기될 수 있으므로 그 사용량에 주의해야 한다.

4. 니아신 결핍증

니아신 결핍에 의해 나타나는 임상증상을 '펠라그라(pellagra)'라고 하는데 이탈리아어에서 유래된 것으로 pell(피부)와 agra(거칠다)의 뜻을 가지고 있다. 펠라그라는 전통적으로 '옥수수 섭취가 많고 단백질 섭취가 적은 지역'에서 나타나는 임상증세로, 그 증상으로는 피부염(dermatitis), 설사(diarrhea), 치매(dementia) 및 심한 경우 사망(death) 등이 나타나는데 이를 펠라그라의 4D 증세라고 한다.

펠라그라는 오늘날 니아신의 공급이 증가하고 단백질 공급량이 증가하면서 발생률이 크게 감소하였다. 체내에서 이용되는 니아신의 50% 정도가 트립토판에서 공급되는 것이므로 전환과정에서 필수적인 리보플라빈, 비타민 B_6 결핍 시에도 펠라그라 증상이 나타날 수 있다.

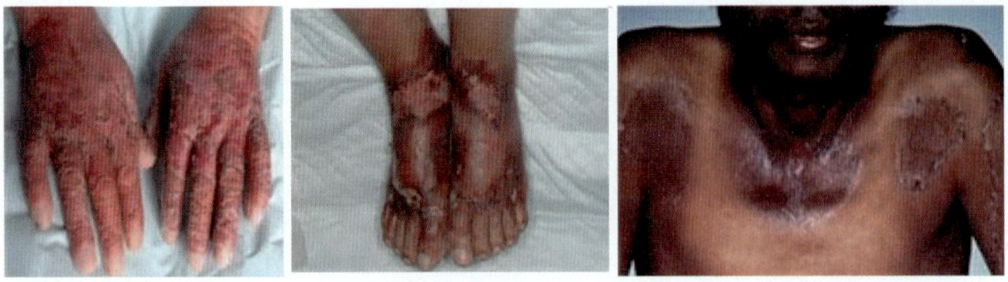

그림 10-10 니아신 결핍으로 인한 펠라그라 (대칭적 피부염 증상)

Check point

옥수수를 주식으로 하는 곳에서 펠라그라가 왜 많았을까?

옥수수속에 트립토판이 가장 부족한 아미노산이므로 옥수수를 주식으로 하는 지역의 경우 트립토판에서 니아신으로 전환되는 양이 부족하게 되고, 그 외 다른 영양소 섭취가 양호하지 못하기 때문에 니아신 결핍이 많이 나타나게 되었다. 트립토판은 단백질 식품에 주로 존재하는 필수아미노산으로 특히 동물성 단백질 섭취가 매우 부족한 지역일 경우 펠라그라의 발병률은 더 높게 나타났다.

5. 니아신 과잉증

니아신 과잉증은 치료제로서 과량을 복용하거나 보충제의 섭취 및 강화식품의 과다 섭취 등으로 발생할 수 있다. 니아신을 과량 섭취할 경우 피부홍조, 메스꺼움, 간기능 이상 및 혈청 요산의 증가 등이 나타날 수 있다. 이들 부작용은 니아신의 복용을 중지할 경우 회복되는 것으로 알려졌다.

고콜레스테롤 혈증 치료의 목적으로 니코틴산을 복용 시 하루 50 mg 이상의 복용에서 안면 홍조, 피부가려움, 구역질, 구토 등의 증상이 보고되었고, 니코틴산 독성은 알코올 중독이나 당뇨병, 간질환이 있는 경우 더욱 쉽게 나타난다. 현재 니코틴산의 상한 섭취량은 안면홍조 및 위장관 증세를 기준으로 하여 1일 35 mg으로 설정하였다.

니코틴 아마이드의 경우 인체에 유해한 영향이 니코틴산보다 적은 것으로 알려져 있고, 보충제나 강화식품의 섭취로 인한 간독성의 우려가 있으므로 하루 1000mg 을 상한 섭취량으로 설정하였다. 운동선수의 경우 에너지 대사를 증가시켜 신체적 수행 능력을 높이기 위해 니아신을 다량(하루 5~6 g)으로 복용하는 경우가 있는데 오히려 지구력을 요하는 마라톤 선수에서 다량의 니아신 섭취는 지구력 운동의 효과가 감소하는 것으로 나타났다.

6. 필요량 및 섭취기준

니아신의 섭취기준은 '니아신 당량(niacin equvalent'(NE)으로 나타내고 있는데 니아신 당량(NE)은 니아신 1mg 이나 트립토판 60mg을 의미한다.

Check point

니아신 당량 (niacin equvalent, NE)

1mg NE = 1mg 니아신 = 60mg 트립토판

한국인 성인 니아신의 권장섭취량은 남자 16mg NE/day, 여자 14mg NE/day으로 성인 평균 필요량인 남자 12mg/day, 여자 11 mg/day 의 130%에 해당하는 값이다.

7. 니아신 급원식품

니아신의 급원식품은 육류의 간, 생선, 닭고기, 땅콩, 보리, 아스파라거스 등이며 우유와 계란은 니아신 함량이 적으나 트립토판이 풍부한 식품으로 간접적으로 니아신을 제공할 수 있는 식품이다.

표 10-3 니아신 급원식품

식품명	함량(mg NE /100g)	식품명	함량(mg NE /100g)
땅콩	16.7	꽁치	6.4
닭고기	12.7	검은콩	3.5
참치	11.2	양송이	4.8
소간	10.7	현미	4.5
연어	7.5		

그림 10-11 니아신 급원식품(땅콩, 꽁치, 연어, 검은콩, 양송이)

반짝 퀴즈

다음 중 펠라그라의 증상으로 보기 어려운 것은? ( )

① 피부염　② 치아 손상　③ 사망　④ 설사　⑤ 치매　　[정답] ②

4. 비타민 B_6(pyridoxine)

1. 비타민 B_6의 구조 및 성질

자연계에 존재하는 물질 중 비타민 B_6 활성을 가진 물질로는 피리독살, 피리독신, 피리독사민 등 3가지이다. 세 가지 형태는 서로 쉽게 전환된다.

이들은 모두 간에서 인산화 화정을 거쳐 피리독살인산(PLP, pyridoxal phosphate)이 된다. 비타민 B_6의 조효소인 PLP는 생체 내 여러 대사에 관여한다. 혈장 내 PLP 함량은 비타민 B_6의 영양상태를 평가하는 일반적인 지표로 사용되고 있다.

동물성 식품 속의 비타민 B_6는 주로 피리독살과 피리독살인산의 형태로 단백질에 결합되어 있고, 식물성 식품에는 피리독신과 피리독사민이 당과 결합된 상태로 존재한다. 비타민 B_6는 열에는 비교적 안정적이나 산화와 자외선에 의해 파괴되기 쉬우며 곡류 도정 시 비타민 B_6의 50~ 90%가 파괴된다.

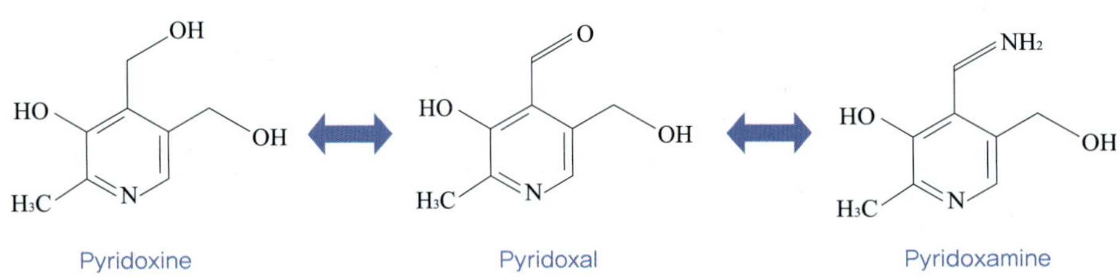

그림 10-12　비타민 B_6 구조

2. 비타민 B_6의 흡수와 대사

비타민 B_6는 주로 공장에서 단순확산으로 흡수되며 흡수 후 간에서 피리독살인산(PLP)으로 전환된다. 혈액 내 피리독살은 알부민과 결합된 형태로 존재하며 각 조직의 세포로 이동한다. 근육은 비타민 B_6의 주된 저장 장소이며 과량 섭취 시에 신장을 통해 소변으로 배설된다.

3. 비타민 B_6의 생리적 기능

비타민 B_6는 조효소 형태인 PLP로서 아미노산과 단백질 대사에 주로 관여한다. 그 외 당질, 지질대사 및 헴 합성과 신경전달물질의 합성에도 관여하며 이외의 다른 기능들도 알려져 있다.

(1) 단백질 대사

1) 아미노기 전이반응

PLP는 아미노기 전이반응에서 조효소로 관여하는데 아미노산의 아미노기를 제거하여 케토산을 생성하거나, 제거한 아미노기를 다른 케토산에 이동시켜 비필수 아미노산을 합성하는 데 이용된다.

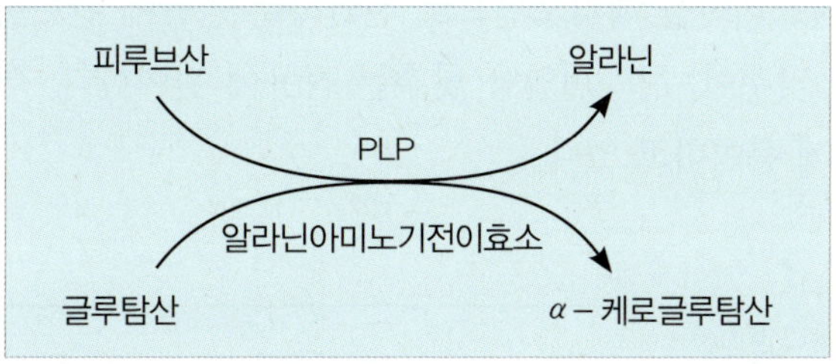

2) 탈아미노 반응

세린, 호모세린, 트레오닌으로부터 아미노기를 떼어내는 탈아미노 반응에 관여한다.

3) 탈탄산 반응을 통한 신경전달 물질의 합성

아미노산에서 카르복실기를 제거하는 탈탄산 반응 시 PLP 가 요구되며, 이를 통해서 에피네프린, 노르에피네프린, 세로토닌 및 GABA(감마-아미노부티르산; aminobutyric acid), 도파민 등과 같은 신경전달물질의 합성에 관여한다. 일반적으로 신경전달물질의 합성이 감소하면 우울증, 두통, 발작 등의 신경계 장애가 나타난다.

(2) 탄수화물 대사

글리코겐이 분해되어 포도당으로 전환되는 과정에 필요한 분해 효소의 활성화에 PLP가 요구된다. 간에서의 당신생 과정에서도 PLP가 필요하다.

(3) 지질 대사

필수지방산인 리놀레산과 아라키돈산으로 전환되는 반응에서 PLP가 요구된다.

(4) 헴(Heme) 합성에 관여

비타민 B_6는 헤모글로빈을 구성하는 헴을 합성하는 데 필요하며, 헤모글로빈에 산소가 결합하도록 돕는 역할을 한다. 비타민 B_6가 부족할 경우 헤모글로빈의 함량이 부족하게 되고 크기가 작은 적혈구를 생성하게 되어 빈혈을 유발할 수도 있다.

(5) 호모시스테인을 메티오닌으로 전환하는 과정에 관여

혈중 호모시스테인은 동맥벽을 손상시켜 동맥경화를 유발하는 원인 물질로 과다한 호모시스테인 존재 시 혈압이 증가하고 동맥경화 발생 위험이 증가한다. 비타민 B_6는 호모시스테인을 메티오닌으로 전환하는 반응에 관여하여 혈중 호모시스테인의 농도를 낮추어 주고 혈압을 낮추는 작용에 관여한다. 이 반응은 엽산과 비타민 B_{12}도 함께 관여하고 있다.

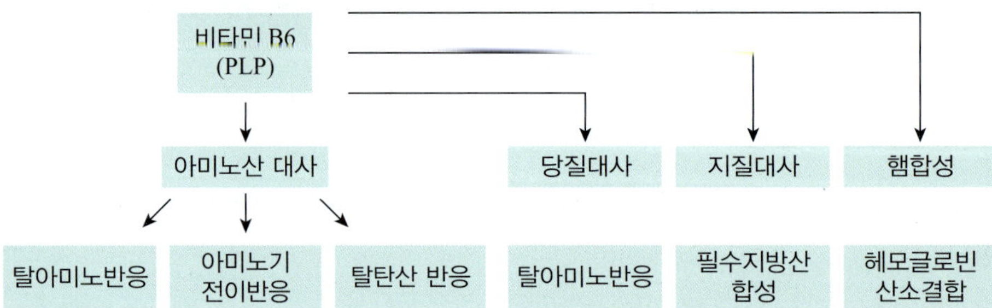

그림 10-13 비타민 B_6의 체내 기능

Check point

호모시스테인…많으면 문제다? 대체 뭐가 문제일까?

호모시스테인이 체내 다량 존재 시 손상된 동맥벽에 여러 물질들이 결합하여 동맥경화를 유발할 수 있다. 따라서 호모시스테인이 체내 다량 생성되지 않도록 메티오닌으로 전환하는 과정이 중요한데, 이 과정에서 비타민 B_6 뿐 아니라 엽산 및 비타민 B_{12} 등이 필요하다. 이 비타민들은 혈중 호모시스테인을 메티오닌으로 전환하여 호모시스테인의 농도를 낮춤으로써 동맥경화를 예방하는 비타민이다. 비타민 B_6과 엽산 및 비타민 B_{12}는 혈중 호모시스테인의 과다한 증가를 막고 동맥경화를 예방하는 비타민이다.

Check point

고호모시스테인 혈증은 어떤 질병인가?

고호모시스테인 혈증은 혈액 속의 호모시스테인 농도가 비정상적으로 증가되어 있는 상태로 호모시스테인은 혈관 내피의 항혈전기능 이상 및 손상을 초래하여 동맥경화 및 혈전증 형성을 유도하는 유발물질이다. 고호모시스테인 혈증은 심혈관질환, 뇌혈관질환 및 말초혈관질환의 독립적인 위험인자로 알려져 있다.

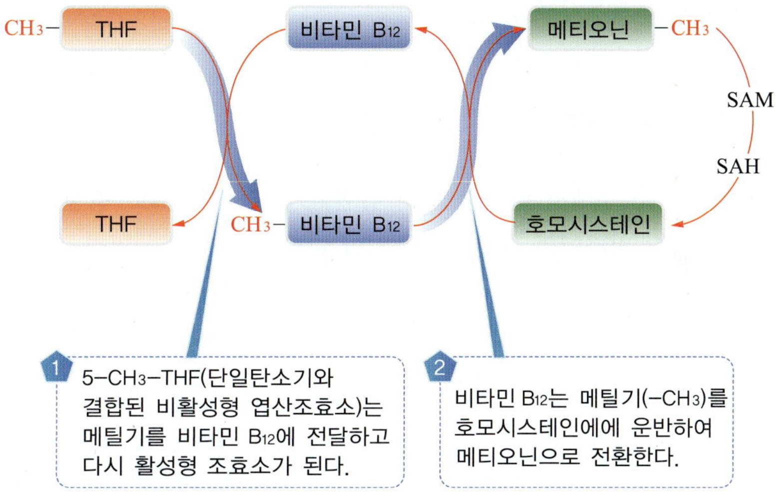

그림 10–14　호모시스테인과 메티오닌의 대사과정

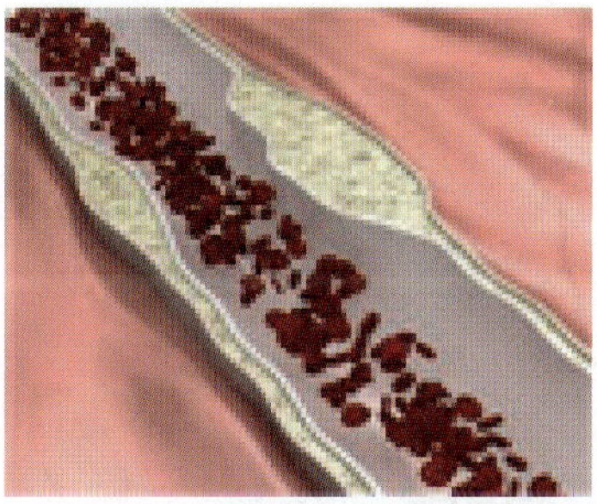

그림 10–15 고호모시스테인 혈증으로 인해 손상된 혈관

Check point

고호모시스테인혈증은 어떻게 치료하나?

증가된 호모시스테인은 엽산, 비타민 B_6, B_{12} 등의 비타민 공급을 통해 효과적으로 감소시킬 수 있다. 고호모시스테인 혈증이 약하게 나타난 산모의 경우는 엽산의 공급을 통해 신경관 결손과 혈관질환을 감소시킬 수 있다. 고호모시스테인 혈증으로 인한 혈전이 있을 경우는 항응고 치료를 시행한다.

(6) 월경전 증후군의 완화 작용

월경 1~2일 전에 일부 여성에게서 나타나는 증세로 심한 우울증과 두통, 복부 팽만 및 심한 근육통 등을 동반하는 증세를 월경전 증후군(premenstral syndrome; PMS)이라고 하는데, 비타민 B_6의 섭취는 PMS 증세를 완화하는 작용이 있으며, 이러한 완화 작용은 비타민 B_6 섭취에 따른 세로토닌 합성 증가로 인한 것으로 알려져 있다. 그 외 심한 구역질의 증세를 보이는 임신성 입덧(nausea)의 임상적 치료에 비타민 B_6가 사용되고 있다.

4. 비타민 B_6 결핍증

일상적인 식사를 통해서 비타민 B_6의 섭취를 할 수 있으므로 영양적인 결핍은 매우 드물고 다른 비타민의 결핍증과 동시에 나타나는 경우가 많다. 일반적인 결핍증 증상으로는 단백질 대사이상으로 인한 신경전달 물질의 대사이상 등이 나타난다. 주요 결핍증상으로 피부염, 신경과민, 허약 및 빈혈이 있다.

비타민 B_6 결핍으로 인한 빈혈의 경우 적혈구의 크기가 작아지면서 색이 연해지는 특징을 가지고 있는데, 이는 비타민 B_6의 결핍으로 인해 헴 합성의 기능이 저하되어 적혈구의 합성에 장애가 생긴 것으로 철분결핍성 빈혈 시 나타나는 적혈구의 형태와 유사하다. (그림 10-9)

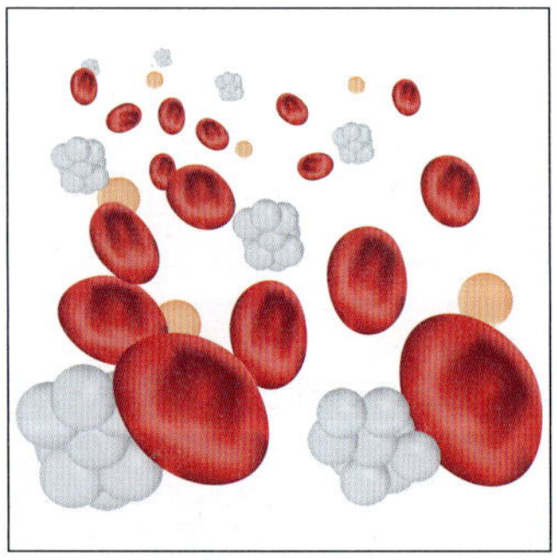

a. 정상 적혈구

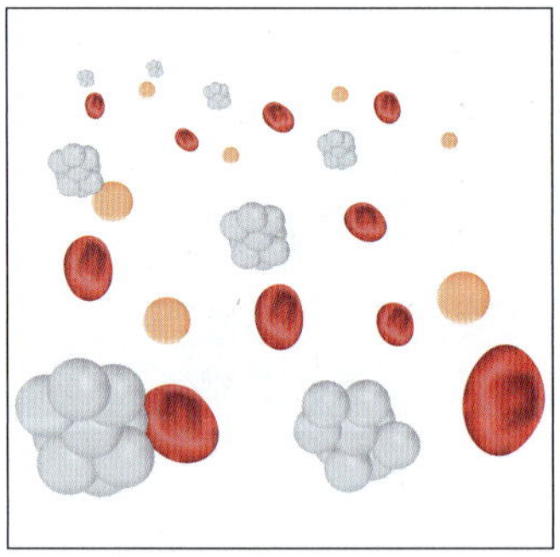

b. 소구성, 저색소성 빈혈 (철분 결핍 및 비타민 B_6 결핍 시 나타남)

그림 10-16 비타민 B_6의 결핍증인 소구성, 저색소성 빈혈

5. 비타민 B_6의 과잉증

비타민 B_6의 과잉증은 흔한 것은 아니지만, 임상에서 월경전증후군(PMS)과 임신기 심한 입덧의 치료제로 하루 200mg 이상을 수개월 이상 복용할 경우 신경장애를 유발하는 것으로 알려져 있다. 이런 신경장애로 인해 비타민 B_6의 과다 섭취에 따른 독성을 우려하여 현재 한국인 영양섭취 기준에서는 상한 섭취량을 하루 100mg으로 정하였다.

6. 비타민 B_6 필요량 및 섭취기준

비타민 B_6는 단백질 대사에 관여하는 비타민이므로 단백질의 섭취량이 증가할 경우 아미노산 대사 또한 증가하므로 비타민 B_6의 요구량도 증가하게 된다. 임신기에는 단백질 필요량이 증가하므로 비타민 B_6의 필요량 역시 증가한다.

운동선수의 경우는 효과적인 에너지원으로 근육의 글리코겐을 사용하며 고단백 식사를 하므로 비타민 B_6의 요구량이 증가하게 되며 섭취량의 증가가 필요하다. 비타민 B_6의 권장섭취량은 성인 남자 1.5 mg /day, 성인 여자의 경우 1.4 mg/day 로 정하였는데 이는 평균필요량의 120%에 해당하는 양이다.

7. 비타민 B_6 급원식품

비타민 B_6의 급원으로 동물성 식품은 닭가슴살, 참치, 쇠고기 등이 있으며, 식물성 식품은 해바라기씨, 감자, 바나나, 시금치 등이 있다. 동물성 식품의 흡수율이 더 높은 것으로 알려져 있으며 열에는 비교적 안정적이나 산화와 자외선에 의해 파괴되기 쉽다. 또한 곡류의 도정 시 비타민 B_6의 50~ 90%가 파괴된다.

표 10-4 비타민 B_6 급원식품

식품명	함량(mg/100g)	식품명	함량(mg/100g)
효모	1.28	참치	0.50
배아(밀)	0.98	쇠고기	0.32
소간	0.89	시금치	0.25
연어	0.64	구운 김	0.59

그림 10-17 비타민 B_6의 공급원 (소간, 연어, 구운김, 참치, 소고기)

반짝 퀴즈

체내에서 신경전달물질인 도파민, 에피네프린, 세로토닌 등의 신경전달물질 합성에 관여하는 비타민은? ( )

① 니아신 ② 엽산 ③ 비타민 B_1 ④ 비티민 B_2 ⑤ 비타민 B_6 [정답] ⑤

5. 엽산(folic acid)

1. 엽산의 구조 및 성질

엽산의 어원은 식물의 잎을 뜻하는 folium에서 유래된 것으로 임산부의 거대적아구성 빈혈을 치료하는 과정에서 발견된 수용성 비타민이다. 엽산은 여러 물질이 결합된 화합물로서 프테리딘(pteridine), 파라아미노벤조산(para aminobenzoic acid) 및 글루탐산(glutamic acid)이 결합된 구조를 갖는다. (그림 10-18 참조)

엽산의 조효소 형태는 테트라하이드로 엽산(THF, tetrahydrofolic acid)이며, 구조 중에 글루탐산이 포함되어 있는데 식품 속에 함유된 엽산은 일반적으로 3~11개의 글루탐산과 결합하고 있다.

엽산은 빛에 의해 쉽게 파괴되며 열에 매우 약해 고온처리 등의 가공 및 조리에서 손실이 매우 큰 비타민이다. 다량의 물을 사용한 고열 조리와 가공 시에도 엽산의 50~90% 손실이 발생한다.

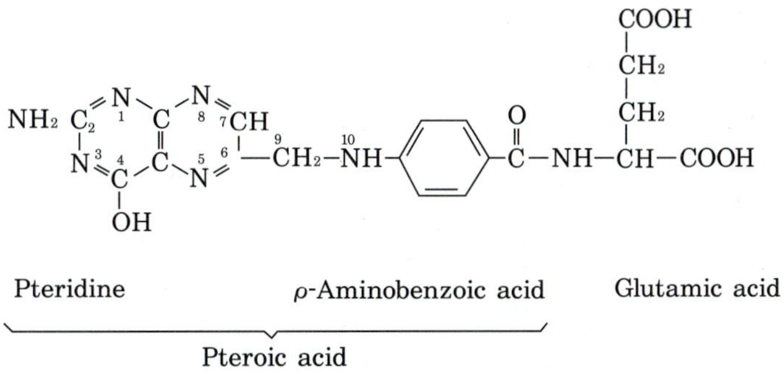

그림 10-18 엽산의 구조

2. 엽산의 흡수와 대사

식품 속의 엽산은 글루탐산이 여러 개 존재하는 폴리글루탐산으로 소장으로 흡수되기 전에 가수분해 되어 모노글루탐산의 형태로 되어야 한다. 이 과정은 소장점막에서 일어나며 이때 엽산 가수분해효소(글루타민 카르복시펩티다아제)에 의해 글루탐산의 가수분해가 일어나게 된다.

엽산은 소장에서 모노글루탐산의 형태로 흡수되어 혈액으로 이동하며, 소장세포 및 간에서 조효소 형태인 THF로 활성화되어 신체의 각 세포로 운반된다. 체내 엽산의 50% 정도가 간에 저장되며 과량은 뇨와 변을 통해 체외로 배설된다.

식품 속에 함유된 엽산의 흡수율은 일반적으로 50% 정도이고 보충제의 경우 흡수율이 증가하여 85%, 공복 시 보충제를 섭취할 경우 흡수율은 100%로 증가한다.

3. 엽산의 생리적 기능

엽산의 가장 중요한 생리적인 기능은 단일 탄소기를 전달하여 DNA의 합성과 세포분열에 관여하는 것이다.

(1) 단일 탄소기의 전달을 통해 DNA 합성 및 세포분열에 관여

엽산은 체내에서 활성형인 THF로 환원된 후 메틸기, 포르밀기, 메틸렌기 등에 있는 단일 탄소기를 전달하는 단일 탄소의 수송체로서 대사에 관여한다. 단일탄소 수송체로서 엽산은 DNA 합성에 필요한 염기(피리미딘, 퓨린)의 합성에 관여하며 세포분열 및 적혈구 세포의 성숙에 이용된다. 따라서 엽산은 세포분열이 활발한 유아기, 성장기, 임신기에 있어 그 중요성이 매우 크다.

또한 단일탄소 운반과정에서 비타민 B_{12}의 도움이 필요하므로 엽산과 비타민 B_{12}의 결핍증상이 유사하게 나타난다.

(2) 메티오닌의 합성과정에 필요

엽산은 호모시스테인에 메틸기를 제공하여 메티오닌으로 전환하는 과정에 관여하는데 이 과정은 호모시스테인이 메티오닌으로 전환이 증가함으로써 동맥경화 위험인자인 호모시스테인의 혈중 농도를 낮추어 고호모시스테인으로 인한 동맥 경화를 예방하는 역할을 수행한다.

호모시스테인에서 메티오닌으로의 전환과정에 참여하는 비타민으로는 비타민 B_6, 엽산과 비타민 B_{12} 등이 있어서 이 3가지 비타민을 고호모시스테인 혈증 예방인자라고 한다.

4. 엽산 결핍증

(1) 거대적아구성 빈혈

엽산이 결핍될 경우 적혈구의 DNA 합성이 지연되고 성숙한 적혈구로 분열이 어려워지면서 비정상적으로 크고 핵을 가진 미성숙한 거대적아구 형태의 적혈구가 나타나게 되는데, 이를 거대적아구성 빈혈(megaloblastic anemia)이라고 한다(그림 10-19).

거대적아구는 엽산과 비타민 B_{12}가 부족할 경우 나타나는데, 세포핵은 성장을 못하고 세포질만 성장을 하여 세포 크기가 커진 비정상 세포로서, 적혈구로서의 정상적인 기능을 수행할 수 없다. 거대적아구성 빈혈의 증상으로는 허약, 피로감, 불안감, 가슴 두근거림 등이다.

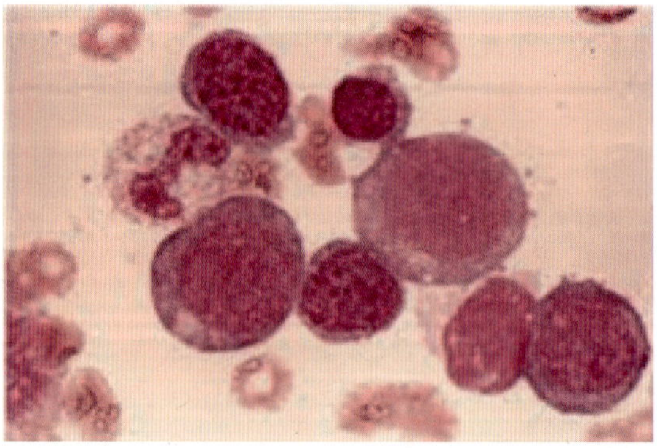

그림 10-19
거대적아구성 빈혈에서 적혈구의 모습

(2) 태아의 신경관 손상

임신의 경우 엽산 결핍은 조산, 사산, 저체중아 및 기형아 출산 등 임신에 악역향을 미친다. 임산부의 엽산 부족은 태아의 신경관 손상(Neural Tube Defect)*을 유발하고 신경관 손상을 입은 경우 이분척추 및 무뇌증 등을 가지고 태어날 수 있으며, 출생 후 뇌수종과 지능장애 증상이 나타난다. (그림 10-21 참조)

신경관은 수정 후 한 달 이내에 형성되므로 임신초기 신경관 형성단계에 엽산이 많이 요구된다. 또한 임신초기는 태아의 세포분열과 증식이 가장 빠른 시기로 DNA 합성에 많은 엽산이 소모되므로 필요량 역시 증가한다. 따라서 가임기 여성에게 있어서 최소 임신 전 2개월 전부터 엽산의 충분한 섭취 및 필요 시 보충제의 섭취를 하는 것이 좋다.

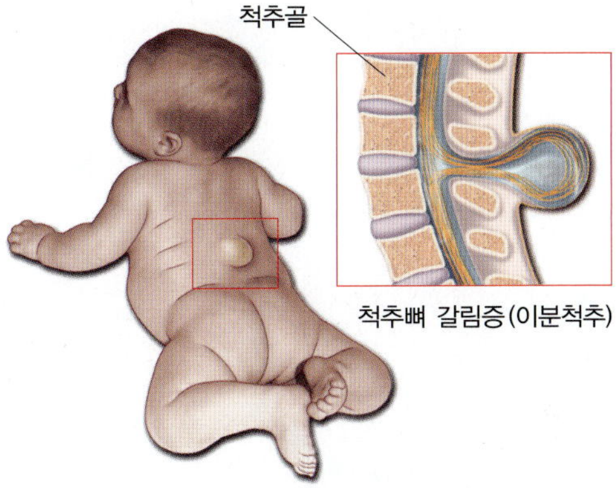

그림 10-20 태아의 신경관 손상으로 인한 척수수막류

Check point

신경관 손상(결손)과 이분척추증이란?

수정 후 20일과 28일 사이에 태아의 신경판이 신경관으로 변형되어 닫히게 되는데 이때 신경관이 완전히 닫히지 않으면 신경과 뇌를 형성하는 구조물의 어떤 부분에 결손이 생기게 되는데, 이러한 결함을 신경관 결손((Neural Tube Defect)이라고 한다. 이러한 신경관 결손의 종류로는 척수와 척추가 손상되는 이분척추가 가장 흔하게 나타난다.

이분척추로 생긴 이상은 척추의 기저부위가 오목해지거나 모발 다발이 있고 척추골에 가벼운 이상을 동반하는 것에서부터 척수가 완전히 노출된 상태인 수막척수류에 이르기까지 다양하다. 신경관 결손의 원인은 정확히 알려져 있지 않지만 1992년에 임신 초기 엽산 (Folic acid)을 복용하면 신경관이 손상되는 것을 예방한다는 사실이 밝혀진 이후로는 이분척추가 발생하는 경우는 드물다.

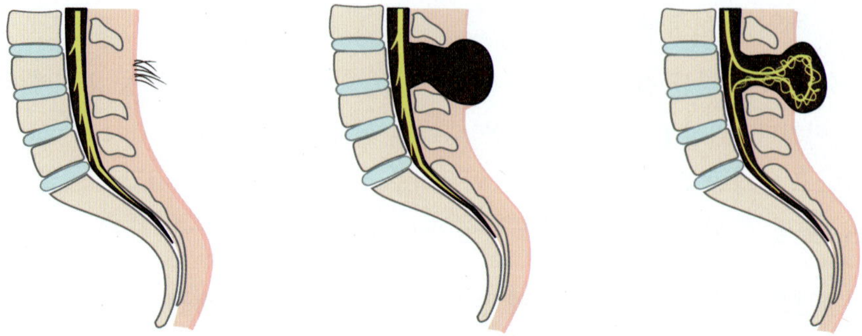

그림 10-21 신경관 손상으로 인한 선천성 척추결함

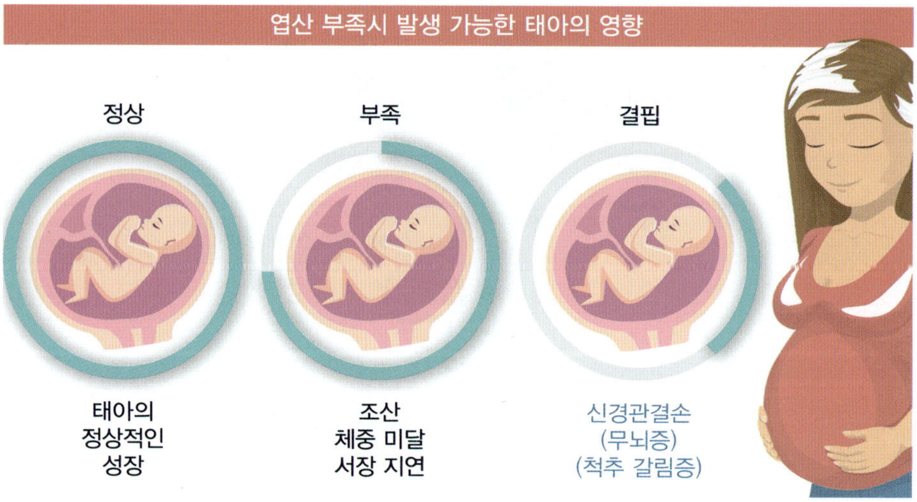

그림 10-22 임신과 엽산 섭취의 관련성

(3) 심혈관계질환 위험의 증가

엽산 결핍 시 고호모시스테인 혈증이 나타날 수 있고 이로 인해 동맥경화가 유발되는 등 심혈관계 질환의 위험이 증가할 수 있다. 엽산결핍으로 인한 고호모시스테인 혈증은 흔하지 않지만 엽산의 충분한 섭취로 고호모시스테인 혈증을 예방할 수 있다.

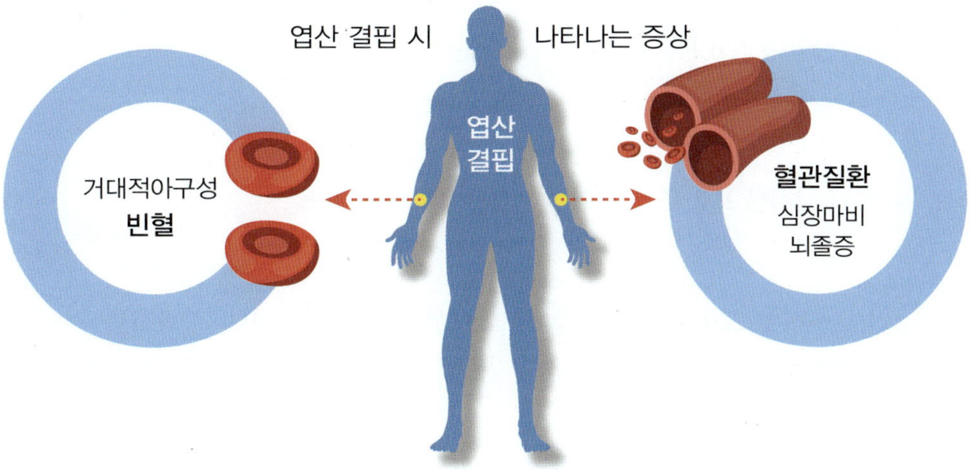

그림 10-23 엽산결핍 시 임상 증상

5. 엽산 과잉증

일상적인 식품을 통한 엽산 섭취가 증가한다고 하여도 과량의 섭취량은 저장되지 않고 소변으로 배설되어 독성을 일으키는 일은 매우 드물다. 엽산을 강화식품이나 보충제 등을 통해 과량 섭취하게 될 경우 문제가 되는데, 과량 섭취 시 비타민 B_{12} 결핍상태를 진단하기 어려워지고 따라서 비타민 B_{12} 결핍 발생으로 인해 간접적으로 신경계 손상이 나타날 수 있다.

현재 한국인 영양섭취 기준에서는 엽산의 상한 섭취량은 1일 1000μg DEF이다.

6. 엽산 필요량 및 섭취기준

엽산은 엽산의 형태와 다른 식품의 섭취여부에 따라 흡수율의 차이가 있다. 자연식품속에 함유된 엽산의 흡수율은 평균 50%이지만, 보충제를 공복 시 섭취할 경우 흡수율은 100% 가 된다. 식품 중 체내 이용 가능한 엽산의 양을 나타내기 위해 식이엽산당량(DFE: dietary folate equivalent)을 이용하고 있는데, 식이 중 엽산 1.0μg을 1.0μg DFE 라고 하며, 한국인 성인 남녀의 1일 권장섭취량은 400μg DFE로서 남녀 모두 동일하게 설정되었다.

Check point

식이엽산당량 (DEF, dietary folate equivalent)

식품 중 엽산 1.0μg = 1.0μg DFE

보충제 중의 엽산 1.0μg = 1.7μg DFE

공복 시 섭취한 보충제 중의 엽산 1.0μg = 2.0μg DFE

임신기에는 하루 220μg DFE을 추가로 섭취하도록 설정하였다. 강화식품이나 보충제를 통한 과다 섭취의 경우 엽산과잉증이 나타날 수 있으므로 상한 섭취량을 하루 1000μg DFE로 설정하였다.

7. 엽산의 급원식품

엽산의 어원이 식물의 잎을 뜻하는 단어에서 유래되었는데 가장 좋은 급원은 시금치, 콜리플라워, 브로콜리, 오렌지, 양상추, 완두콩 등이며, 동물성 식품에서는 닭 간과 돼지고기 등에 함유되어 있다. 엽산은 산화, 가열 및 빛에 매우 민감하여 가공과 조리 시 50~ 90%가 파괴되므로 신선한 과일과 채소를 직접 섭취하는 것이 좋으며 끓여서 채소를 섭취하는 것보다 찜기나 전자레인지 등으로 소량의 물과 함께 넣어서 살짝 익히는 것이 엽산의 파괴를 최소화할 수 있다.

표 10-5 엽산의 급원식품

식품명	함량(mg/100g)	식품명	함량(mg/100g)
닭 간	780	상추	90
녹두	480	달걀	68
브로콜리	375	컬리플라워	59
소 간	250	완두콩	50
시금치	135		

그림 10-24 엽산의 급원식품 (닭 간, 녹두, 브로콜리, 시금치. 상추)

반짝 퀴즈

다음 중 엽산 결핍으로 인한 증상으로 거리가 먼 것은? ( )

① 임신 중 조산, 사산 위험 ② 지루성 피부염 ③ 고호모시스테인혈증
④ 태아의 신경관 손상 ⑤ 거대적아구성 빈혈 증가 [정답] ②

6. 비타민 B_{12}(cyanocobalamin)

1. 비타민 B_{12} 구조 및 성질

비타민 B_{12}는 구조가 다른 비타민에 비해 복잡한 거대 유기화합물의 형태로 이루어져 있어 흡수 과정이 복잡하다. 비타민 B_{12}는 중심에 코발트를 함유하고 있는 코린 구조(corrin ring)로 되어 있고 코발라민(cobalamin)으로 불린다. 식품 내의 비타민 B_{12}는 다른 물질과 결합한 상태로 존재하며, 비타민 B_{12}의 조효소의 형태는 2가지로, 메틸코발라민(methylcobalamin)과 디옥시아데노실 코발라민(deoxyadenosyl cobalamin)이다.

비타민 B_{12}는 식물성 식품에는 거의 없으며 동물성 식품에 존재하는 비타민으로 열에는 안정한 편이나 광선에는 약하다. 조리 과정 중에 손실은 적은 편이다.

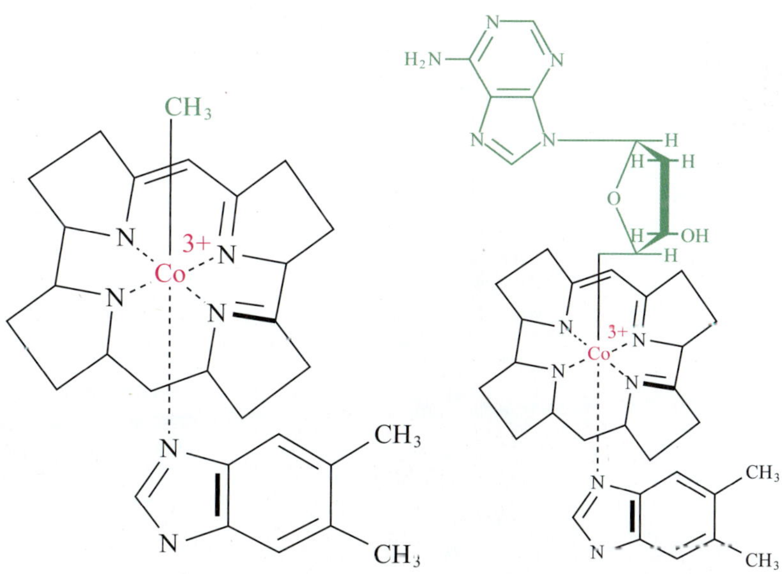

(a) methylcobalamin (b) deocyadenosyl cobalamin

그림 10-25 비타민 B_{12} 구조

2. 비타민 B_{12}의 흡수와 대사

식품 중 비타민 B_{12}는 다른 물질과 결합한 상태로 존재하며, 소화과정에서 위산에 의해 유리된다. 유리된 상태의 비타민 B_{12}는 위장 내에서 구강 내의 타액선에서 생성된 R- 단백질과 결합한다. R 단백질-비타민 B_{12} 복합체는 소장에서 분리되고, 이때 유리 상태의 비타민 B_{12}는 위벽세포에서 분리되는 당단백질인 내적인자(IF)*와 다시 결합한다. 내적인자-비타민 B_{12} 복합체는 소장의 마지막 부위인 회장에 도달한 후 흡수되어 혈액으로 유입되고, 혈액을 따라 순환하면서 간, 골수 등의 조직으로 운반된다.

비타민 B_{12}는 혈액으로 흡수되는 과정에서 칼슘과 담즙의 도움이 필요하며, 혈액에서는 트랜스코발라민과 결합한 상태로 운반된다.

비타민 B_{12}의 흡수는 위장의 기능과 매우 밀접한 관련을 가지고 있는데 위 내의 내적인자가 절대적으로 중요하기 때문이다. 따라서 위액의 분비가 잘 이루어지지 않는 위축성 위염*, 위절제술의 경우 등 위액의 분비가 적은 경우 흡수 저하가 발생할 수 있다.

또한 흡수 시 소장의 끝부분인 회장에서 흡수되므로 회장염이 있는 경우 혹은 회장절제술을 한 경우 흡수장애가 발생할 수 있다. 흡수장애가 발생한 경우 비타민 B_{12}를 매달 1회 주사로 투여하는 방법을 통해 보충을 할 수 있다.

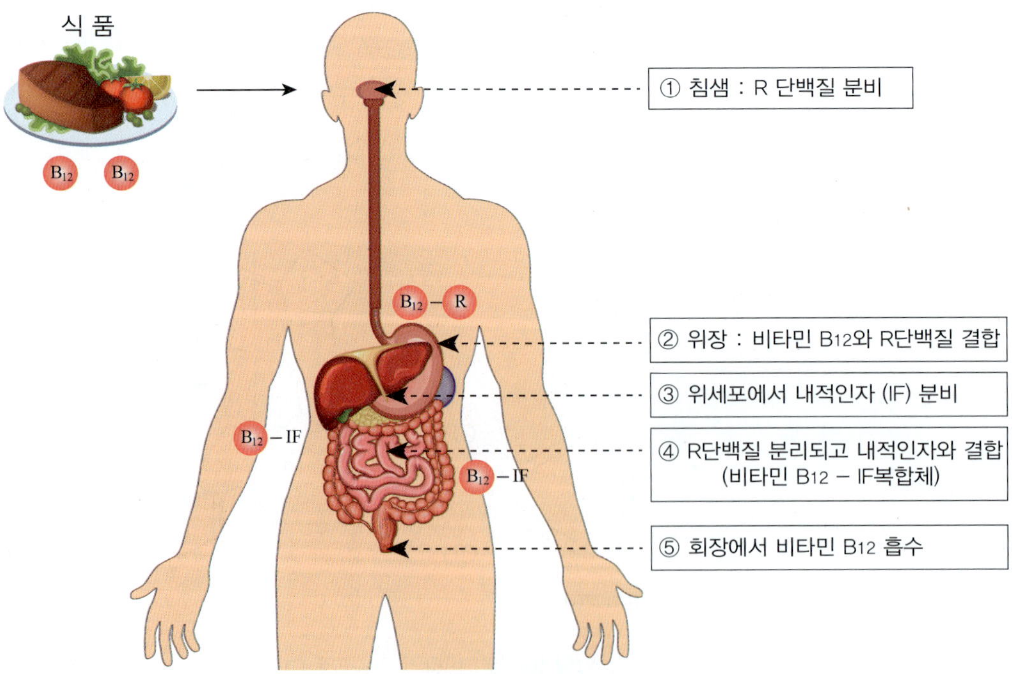

그림 10-26 비타민 B_{12}의 흡수과정

key word

- 내적 인자란?

  위액의 성분 중 하나이며 위의 벽세포에서 분비되는 당단백질 비타민 B_{12}의 장내 흡수를 증진시키는 기능이 있는 단백질로 intrinsic factor(IF)라고 한다.

- 위축성 위염이란?

  위의 표면인 점막이 만성 염증으로 얇아지고 쭈그러진 위축이 발생한 상태로, 만성 위염의 가장 흔한 형태 중 하나이다. 일반적으로 노화 등에 따라 진행되며 위산의 분비가 감소되어 살균력의 저하로 인한 복통 및 면역력 저하 등이 나타나고 속쓰림과 일반적인 위장염 증세가 나타난다. 위점막의 진행성 위축성 변화는 연령에 따라 증가되므로 노화와 관련되어 있다.

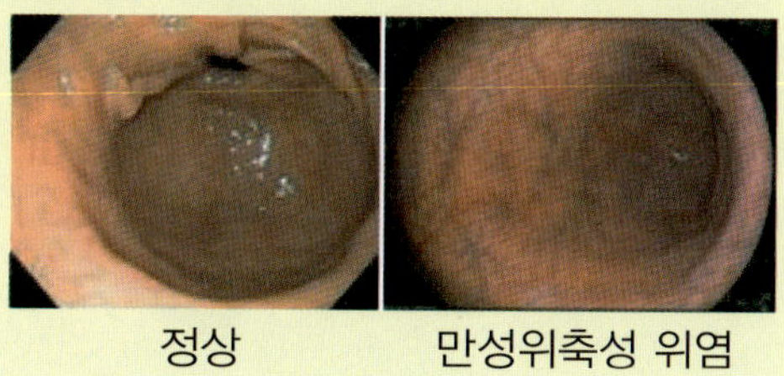

그림 10-27 위축성 위염 : 표면이 얇아지고 위축이 관찰됨

3. 비타민 B_{12}의 생리적 기능

비타민 B_{12}의 조효소의 형태는 아데노실코발라민(adenosylcobalamin)과 메틸코발라민(methylcobalamin)의 두 가지가 있으며 조효소의 형태로 체내 여러 반응에 관여한다.

(1) 메티오닌 합성과정에 관여

가장 중요한 반응으로 호모시스테인에서 메티오닌을 합성하는 과정이다. 이 과정은 비타민 B_{12}와 엽산이 함께 소효소로서 상호 작용하고 있는데 비타민 B_{12}는 이 과정에서 메틸기를 전달받아 호모시스테인에게 전달해 주는 역할을 하며 비타민 B_{12} 부족 시 이 과정이 원활하게 되지 않는다.

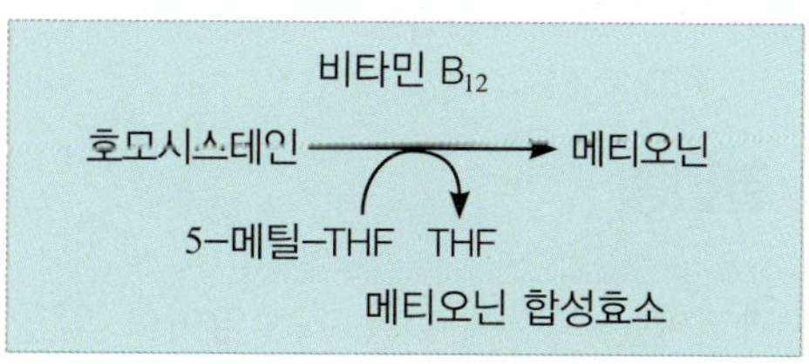

(2) 신경세포의 정상화 유지

신경세포(뉴런)의 절연체 역할을 하는 수초(미엘린, 그림 10-28)를 유지하는 기능을 하고 있다. 수초(미엘린)는 신경세포의 축삭돌기를 감싸고 있는데, 비타민 B_{12}가 부족한 경우 수초가 파괴되고 특히 척수신경의 퇴화를 가져와 감각기능 상실, 보행이상, 마비 등을 일으킬 수 있다.

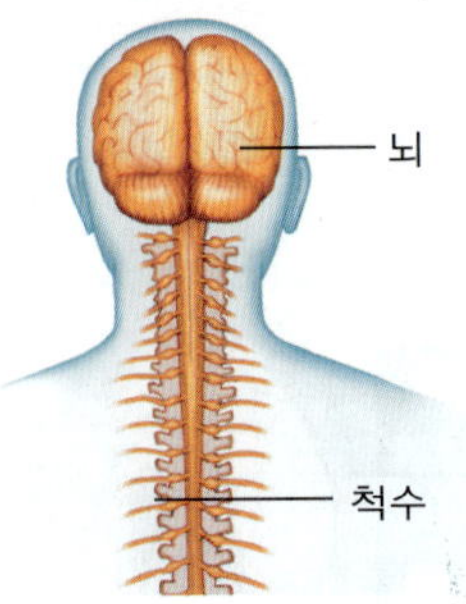

그림 10-28 중추신경계-뇌와 척수

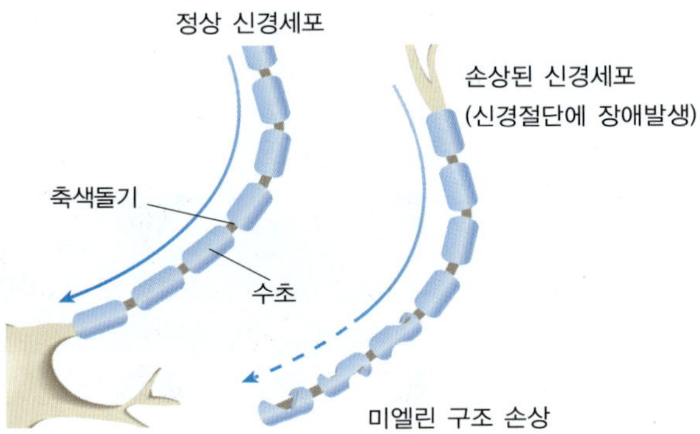

그림 10-29 신경세포(뉴런) 구조와 수초(미엘린)

(3) 세포분열 및 성장에 관여

비타민 B_{12}는 대사과정에서 엽산과 상호 관련성이 매우 큰 영양소이다. 엽산(THF)과 비타민 B_{12} 중 하나라도 부족할 경우 정상적인 DNA 합성이 어렵게 되어 세포분열이 일어나지 않아 적혈구 세포의 정상적인 발달에 장애가 생겨 거대적아구성 빈혈이 발생한다. 세포합성 과정에서 메틸코발라민의 형태로 세포 분열과 성장을 돕는다.

(4) 지방산 대사에 관여

비타민 B_{12}는 홀수지방산 대사에 관여하는데 메틸말로닐 CoA를 숙시닐 CoA로 전환시키는 반응의 조효소(메틸말로닐 CoA뮤타아제)로 작용한다. 메틸 말로닐 CoA의 대사과정은 홀수지방산 산화 시 생성되는 물질인 프로피오닐 CoA의 반응과 연결되어 중요성이 크다.

4. 비타민 B_{12} 결핍증

비타민 B_{12} 결핍은 과거에는 사망에 이른다는 의미로 '악성빈혈'이라 불렸다. 악성 빈혈은 거대적아구성 빈혈의 증세와 유사하며, 신경계의 손상이 더해진 빈혈의 형태로서 악성 빈혈의 특징으로 거대 적혈구가 나타나며, 헤모글로빈의 함량이 부족하게 되고 허약증, 식욕감퇴, 소화불량 및 신경계 질환인 마비, 보행의 어려움, 가벼운 기억상실 등을 동반한다.

비타민 B_{12}의 결핍은 섭취의 부족보다는 위벽세포의 기능저하와 내적인자의 합성 능력 감소로 인해 많이 발생하므로, 노인 및 위산분비 능력이 감소된 위장염 환자에게 특히 주의가 필요하다. 또한 채식주의자의 경우 동물성 식품에 대부분 함유되어 있는 비타민 B_{12}의 섭취 부족으로 인한 빈혈증상이 나타나기 쉬우므로 주의가 필요하다.

비타민 B_{12}의 섭취가 부족하거나 흡수에 문제가 있는 경우 반드시 주사를 통해 공급해야 하며 악성빈혈을 거대적아구성 빈혈로 여기고 엽산의 보충만을 할 경우 빈혈증상은 회복될 수 있지만 신경계 손상은 치유되지 않아 영구적인 신경장애가 발생할 수 있다.

Check point

거대적아구성 빈혈과 악성 빈혈, 뭐가 다를까?

거대적아구성 빈혈은 세포 내 DNA 합성과정에 장애가 발생하여 초래되는 빈혈로 이때 세포핵의 세포분열이 정지하거나 지연되어 나타나므로 적혈구의 형태가 거대해지는 빈혈이다. 거대적아구성 빈혈은 엽산의 결핍, 비타민 B_{12}의 결핍이 원인이 되는 빈혈로 이때 증상으로는 허약, 피로, 불안정, 두통, 무력감 등이 나타난다.

악성 빈혈은 주로 위 점막의 위축과 벽세포의 현저한 감소로 위내인자가 결핍된 결과, 비타민 B_{12}의 흡수장애가 생길 때에 발생하는 빈혈로서 거대적아구성 빈혈에 신경장애가 나타나는 빈혈이다. 비타민 B_{12}는 십이지장에서 내인자와 결합하여 회장에서 흡수되므로 섭취부족보다는 위축성 위염 등으로 인한 위장장애 및 회장염과 같은 흡수의 문제로 인해 주로 발생한다. 악성빈혈로 인한 신경계 질환은 비타민 B_{12} 보충을 통해서 치유되지 않고 영구적인 신경손상을 가져 올 수 있다.

악성 빈혈에 주의해야 할 경우는?

① 엄격한 채식주의자 (고기, 달걀, 유제품의 제한식이를 하는 경우)
② 내적인자(IF) 생성이 부족한 경우: 위축성 위염환자, 위절제술 환자
③ 위산분비부족 : 노인, 기능성 소화불량, 위축성 위염 등
④ 회장염이나 회장 절제환자의 경우

Check point

적혈구가 왜 이리 중요할까? 적혈구 낱낱이 파헤치기!

적혈구(red blood cell. erythrocyte)는 어떻게 만들어질까?

적혈구는 적색골수에서 생성되는 혈구세포로 혈액의 혈구세포 중 가장 많은 수를 차지하며 정상 적혈구의 수명은 평균 120일이고 성숙한 적혈구는 핵이 없는 무핵 세포이다. 혈액 1 mm^3에 남자는 약 500만 개, 여자는 450만 개 가량의 적혈구를 가지고 있다. 적혈구는 양면이 오목한 형태로 되어 있어 어느 정도 휘어질 수 있고 이러한 성질로 인해 좁은 모세혈관을 쉽게 통과할 수 있다.

적혈구는 포도당을 에너지원으로 사용하는 세포이며 적혈구 구조 속의 헤모글로빈이 있고, 헤모글로빈에 산소가 결합할 수 있어서 체내 각 조직세포로 산소를 운반하는 중요한 역할을 수행한다. 적혈구 합성 시 철분이 필요하며 헤모글로빈의 합성 과정도 함께 일어난다.

수명을 다한 적혈구는 간이나 지라에서 파괴되고, 적색골수에서 파괴된 만큼의 적혈구를 새로 만들어 보충하기 때문에 혈액 내의 적혈구 수는 항상 일정하게 유지된다.

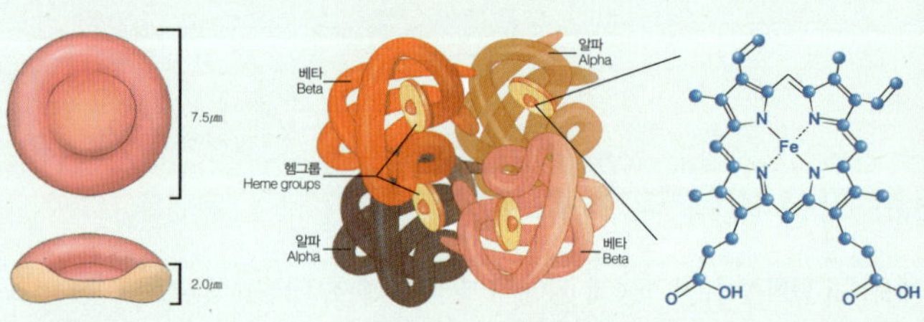

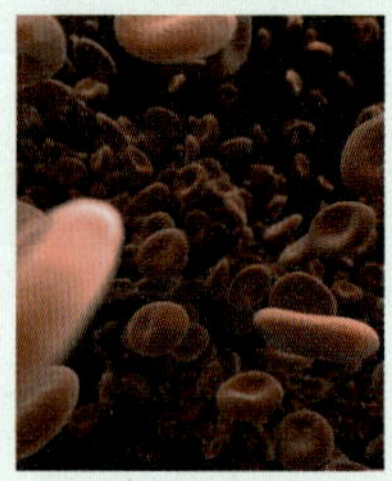

a) 적혈구의 구조 (구조 안에 헤모글로빈이 포함되어 있는 구조 헤모글로빈 안에 heme 이 존재하며, heme 구조 속에 Fe 존재함)

b) 전자현미경으로 본 적혈구

적혈구 합성 과정

적혈구의 생성은 뼈 속의 적색 골수에서 일어나며 3가지 단계를 통해 합성된다.

① **전적아구 단계** : 초기단계로 아직 세포가 성숙해지지 않은 초기 단계

② **적아구 단계** : 세포핵이 있으며 미성숙한 커다란 형태의 적혈구가 만들어지는 단계

③ **성숙한 적혈구 단계** : 핵이 소실되고 원반모양의 적혈구의 형태를 갖게 되며 성숙한 적혈구는 산소운반의 기능을 수행할 수 있다.

5. 비타민 B_{12} 필요량 및 섭취기준

현재 한국인을 대상으로 한 비타민 B_{12}의 자료가 부족하여 미국, 캐나다 기준으로 섭취기준 설정 방법을 참고하여 설정하였다. 성인 남녀의 평균 권장섭취량은 남녀 2.4μg/day로 설정하였다. 이는 평균 필요량 2μg/day의 120% 수준으로 설정한 것이다. 비타민 B_{12}의 과량섭취에 의한 독성이 발견되지 않았으므로 상한 섭취량은 설정되지 않았다.

6. 비타민 B_{12}의 급원식품

비타민 B_{12}가 함유되어 있는 중요한 급원 식품은 대부분 동물성 식품으로 대합, 굴, 육류, 난류, 우유 및 유제품이다. (표 10-6) 육류를 섭취하는 사람들의 경우 결핍은 거의 발생하지 않으며 채식을 하는 경우 혹은 채식을 하는 수유부의 유아의 경우 비타민 B_{12} 결핍으로 인한 빈혈 뿐 아니라 신경계 손상, 지적 발달 부진 등 신경계 장애가 나타날 위험이 있으므로 반드시 비타민 B_{12}의 보충이 필요하다.

표 10-6 비타민 B_{12} 급원식품

식품명	함량(μg/100g)	식품명	함량(μg/100g)
대합	102.0	난황	6.8
돼지간	69.2	쇠고기	1.4
굴	28.5	닭고기	0.4
청어	15.2	우유	0.4
멸치	8.2	김	

채식자를 위한 비타민B_{12} 급원식품

그림 10-30 비타민 B_{12} 급원식품 (대합, 굴, 닭고기, 돼지간, 청어)

반짝 퀴즈

다음 중 비타민 B_{12}의 결핍이 우려되는 경우가 아닌 것은? ( )

① 채식주의자 ② 위절제환자 ③ 회장절제환자

④ 만성 변비환자 ⑤ 위산분비 부족인 경우 [정답] ④

7. 판토텐산(Pantothenic acid)

1. 판토텐산 구조 및 성질

판토텐산은 그리스어로 '어디에나'(panthos: everywhere)란 의미를 갖는 비타민으로 동물성 식품과 식물성 식품에 골고루 함유되어 있어 일상적인 식사를 통해 충분한 섭취가 가능한 비타민이다. 판토텐산은 코엔자임 A 의 구성성분으로 체내 에너지 대사에 필수적이다.

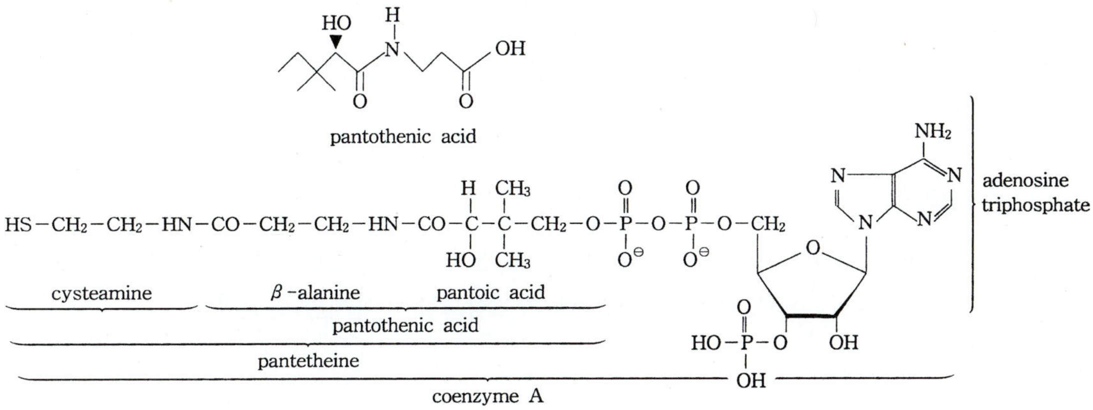

그림 10-31 판토텐산의 구조

2. 판토텐산의 흡수와 대사

판토텐산은 소장에서 능동수송이나 단순확산에 의해 흡수되며 흡수 후 혈액으로 유입되어 혈장 내에서는 유리상태로 존재한다. 흡수된 판토텐산은 적혈구와 결합된 형태로 이동하고, 간과 신장, 뇌 및 심장에 다량 존재한다. 과량 섭취 시에는 소변을 통해 배설된다.

3. 판토텐산의 생리적 기능

(1) Coenzyme A(CoA)의 구성성분으로 에너지 생성과정에 관여

판토텐산은 체내에서 CoA의 구성성분으로 탄수화물, 단백질, 지방대사에서 에너지를 생성하는 데 필수적이다. 에너지 대사과정 중 CoA는 TCA 회로 진입을 위해 필수적인 조효소 성분으로 아세테이트와 결합하여 아세틸 CoA를 형성한다. 아세틸 CoA는 옥살로아세트산(oxaloacetate)과 결합하여 시트르산(citrate)을 형성한다.

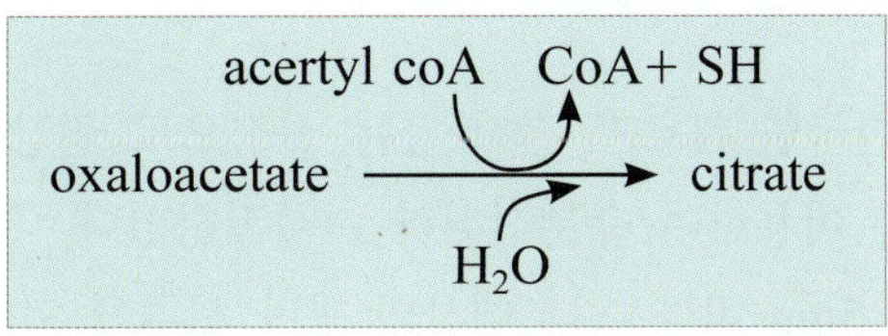

(2) ACP의 구성성분으로 지방산합성, 콜레스테롤 및 스테로이드호르몬 합성

판토텐산은 아실기운반단백질(acyl carrier protein, ACP)의 구성성분으로 지방산의 사슬연장, 콜레스테롤 및 스테로이드 호르몬의 합성과정에 관여한다.

(3) 아세틸콜린 합성

판토텐산은 CoA의 형태로 아세틸기를 운반하는 운반체로 뇌의 콜린성분이 신경전달 물질인 아세틸콜린으로 전환되는 과정에 관여함으로써 아세틸 콜린합성에 관여한다.

(4) 헴 합성

헴의 구성성분인 프로토포르피린(protoporphyrin) 합성에 관여한다. 프로토포르피린은 TCA 회로의 중간물질에서 합성되므로 CoA가 헴 합성에 필요하다.

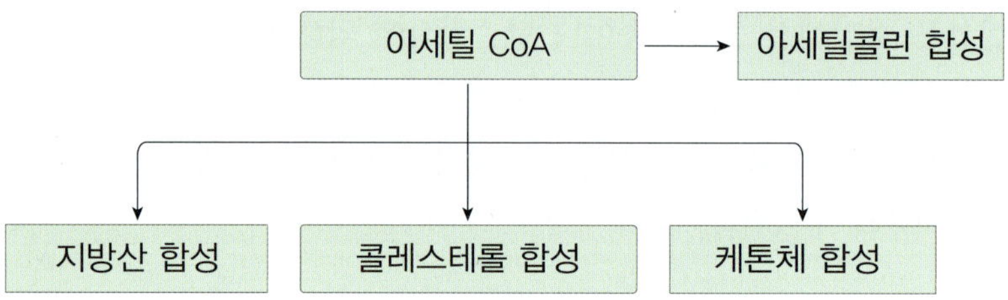

그림 10-32 아세틸 CoA와 체내 대사과정

4. 판토텐산 결핍증

판토텐산은 다양한 식품에 널리 분포되어 있어 일반적으로 판토텐산의 결핍증은 매우 드물지만, 심각한 영양실조나 알코올 중독자의 경우 결핍증이 나타날 수 있다. 결핍증으로는 잦은 피로감과 두통, 식욕부진 및 손발의 감각이상 등이다.

5. 판토텐산 필요량 및 섭취기준

판토텐산에 대한 한국인 자료가 전혀 없는 실정으로 권장섭취량 대신 미국의 영양섭취기준 자료를 이용하여 충분섭취량을 설정하였다. 판토텐산의 충분섭취량은 남녀 모두 하루 5mg 이다. 판토텐산의 과량 섭취에 의한 독성이 아직 알려지지 않았으므로 상한 섭취량은 설정되어 있지 않다.

6. 판토텐산의 급원식품

판토텐산은 동물성 · 식물성 식품 모두에 다양하게 함유되어 있으며 주요 식품으로는 동물의 간, 땅콩, 달걀, 효모 등이다. 조리나 저장 중의 파괴는 적은 편이다. (표 10−9)

표 10−7 판토텐산의 급원식품 및 함량

식품명	함량(mg/100g)	식품명	함량(mg/100g)
닭간	10.10	난황	4.33
돼지간	7.19	땅콩	2.19
쇠간	6.40	대두	1.88
효모	5.73	녹두	1.66
가루녹차	4.10		

그림 10−33 판토텐산 급원 식품 (왼쪽부터−닭 간, 돼지 간, 효모, 달걀, 땅콩)

반짝 퀴즈

지방산합성, 스테로이드 합성, 아세틸 콜린 합성 등에 관여하는 비타민은? ( )

① 판토텐산 ② 비오틴 ③ 티아민 ④ 니아신 ⑤ 아스코르브산

[정답] ①

8. 비오틴(biotin)

1. 비오틴의 구조 및 성질

비오틴은 황(s)을 포함하고 있는 수용성 비타민으로 식품 내에 두 가지 형태로 존재하는데 유리형 상태의 비오틴(biotin)과 리신이 결합된 형태인 비오시틴(biocytin)으로 존재한다. 조효소의 형태는 비오시틴이며 비오시틴은 비오틴의 활성형 유도체로 카르복실기에 아미노산인 리신이 결합되어 있는 형태이다.

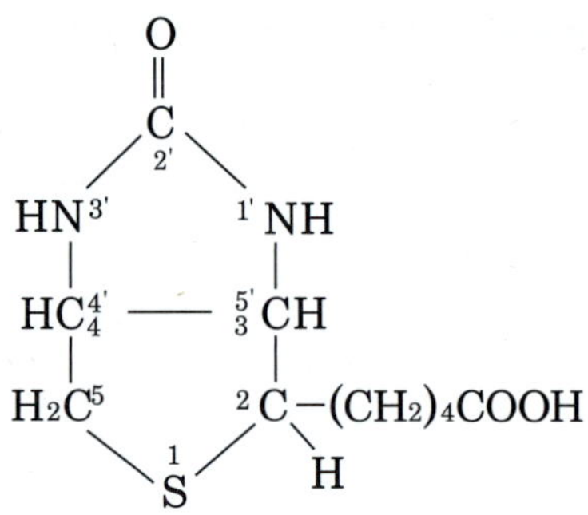

그림 10-34 비오틴의 구조

2. 비오틴의 흡수와 대사

비오틴은 소장에서 흡수되어 문맥으로 들어간다. 비오틴은 날달걀 속에 있는 아비딘(avidin)*이라는 물질과 결합하여 복합체를 생성하므로 흡수에 방해를 받기도 한다. 비오시틴은 소장 내에 존재한다. 비오틴 분해효소(biotinidase)에 의해 유리된 후 소장세포로 흡수되어 혈액으로 유입된다. 비오틴은 섭취량이 적을 경우 촉진 확산으로, 많을 경우 단순확산으로 흡수된다. 비오틴의 배설은 소변과 대변을 통해 이루어지며 장내 세균에 의해 일부 합성된다.

3. 비오틴의 생리적 기능

비오틴은 체내에서 여러 효소의 조효소로서 작용하여 어떤 화합물질에 CO_2를 첨가하는 카르복실화 반응(carboxylation)에 관여한다. 카르복실화 반응은 탄수화물, 지방, 단백질의 정상대사에 있어 매우 중요하므로 에너지 대사에 관여하는 역할을 수행하며, 에너지 대사과정 중 참여하는 반응은 다음과 같다.

(1) 피루브산에서 옥살로아세트산으로 전환

피루브산에서 옥살로아세트산으로 전환 시 비오틴이 필요하다. 옥살로아세트산은 TCA 회로의 출발점이 되기 때문에 중요하며 당신생 과정에서도 중요한 과정이다.

(2) 말로닐 CoA생성

acetyl CoA에서 malonyl CoA로 전환반응은 지방산 합성의 첫 단계로서 비오틴은 이 반응에서 아세틸 CoA카르복실화 효소의 조효소로 작용하여 아세틸 CoA를 말로닐 CoA로 전환한다.

Check point

아비딘(avidin) 이란? 비오틴과 무슨 관련이 있을까?

아비딘이란? 생난백 중에 존재하는 염기성 당단백질로서 비오틴과 특이적으로 결합하는 성질을 가지고 있으며 구조적으로도 유사하다. 비오틴과 아비딘이 결합하면 비오틴을 불활성화 시키므로 비오틴의 체내 흡수에 장애를 주기 때문에 '항비오틴'으로도 불린다. 생난백을 오랫동안 공급했을 때 비오틴 결핍증상이 나타날 수 있다. 생난백을 가열하여 섭취할 경우 가열에 의해 아비딘은 불활성화 되므로 비오틴의 흡수에 문제를 일으키지 않는다.

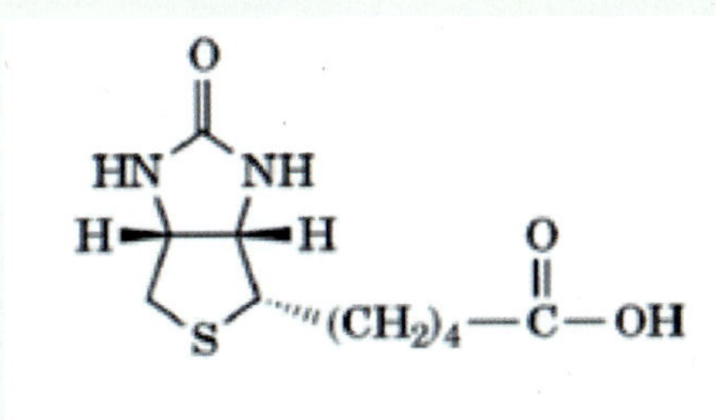

그림 10-35 아비딘의 구조 생난백에는 아비딘이 있어 비오틴의 체내흡수를 방해한다.

4. 비오틴 결핍증

비오틴은 식품 중에 비교적 널리 분포되어 있고 장내 미생물에 의해 합성되므로 결핍증은 잘 발생하지 않지만 생난백을 오랫동안 다량 섭취하는 경우에 발생할 수 있다.

비오틴 분해 효소(biotinidase)가 선천적으로 부족한 결함이 있는 유아에서 비오틴 결핍증이 발생할 수 있으며 주로 피부발진, 신경질환, 성장 장애 등이 나타나고 비오틴 공급을 통해 치료가 가능한 것으로 알려져 있다. 성인에게 나타나는 결핍증세로는 원형탈모, 탈색, 지루성피부염, 결막염, 근육 통증 등으로 알려져 있다.

비오틴 부족 시 탈모 현상을 보이는 것이 알려지면서 탈모예방 비타민으로 알려져 있으며, 건강한 머리카락, 손톱의 성장을 위해 필요한 비타민으로 알려져 있다. 하지만 일상적인 식사와 장내미생물에 의해 합성되므로 결핍은 거의 없다. 비오틴은 장내 미생물에 의해 합성이 되므로 오랜 기간 항생제의 복용 등과 같이 장의 미생물 상태에 변화를 주는 경우 비오틴 결핍과 관련이 있다.

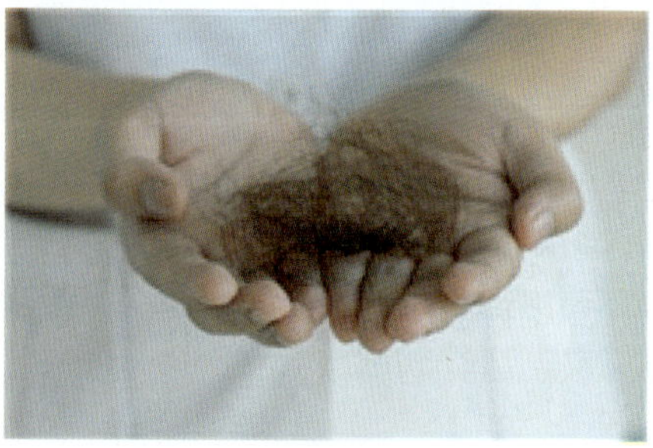

(a) 비오틴 결핍으로 인한 탈모

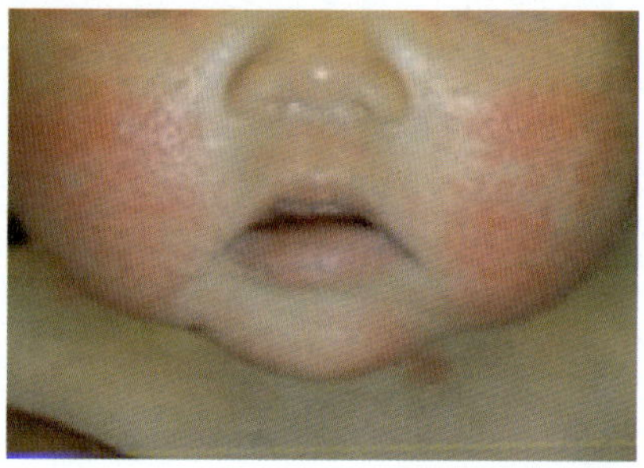

(b) 비오틴 효소결핍으로 인한 유아의 피부염

그림 10-36 비오틴 결핍증

5. 비오틴 필요량 및 섭취기준

현재 한국인의 평균필요량을 정할 자료가 충분치 않아서 권장섭취량을 구하지 못하여 대신 충분섭취량을 설정하였다. 한국인 남녀 성인의 충분섭취량은 미국과 같은 수준으로 하루 30μg으로 설정하였다. 비오틴의 과량섭취에 의한 독성이 알려진 바 없으므로 상한 섭취량은 설정되지 않았다.

6. 비오틴의 급원식품

비오틴의 급원식품으로는 소간, 달걀, 닭고기, 시금치, 치즈, 땅콩 등이다. 비오틴은 또한 장내 세균에 의해서도 합성이 되므로, 결핍이 거의 일어나지 않는다.

표 10-8 비오틴의 급원식품 및 함량

식품명	함량(mg/100g)	식품명	함량(mg/100g)
소간	96	닭고기(가슴살)	11.3
땅콩	33.8	시금치	6.9
정어리	23.8	바나나	4.4
달걀	21.5	치즈	3.6
연어	15.1		

그림 10-37 비오틴의 급원식품 (소간, 땅콩, 달걀, 연어, 닭가슴살, 시금치)

반짝 퀴즈

생난백에 포함되어 있어 비오틴 흡수를 저해하는 항비타민은 무엇인가? (　　)

정답 : 아비딘

9. 비타민 C(ascorbic acid)

1. 비타민 C의 구조 및 성질

수용성 비타민 중 가장 널리 알려져 있고 보충제로서도 많이 이용되며 건강과 수행 효과에 대해 많은 연구가 이루어진 비타민으로 그 효과에 대해 논란이 있지만 신체 내 부족할 경우 출혈성 질환 및 면역저하를 일으킨다.

대부분의 동물에서는 비타민 C 를 합성할 수 있으나 인간, 침팬지, 기니피그, 일부 조류 및 어류는 합성할 수 없으므로 반드시 음식물을 통해서만 섭취해야 한다. 비타민 C는 흰색 결정체로 물에 잘 녹고 구조가 포도당과 유사하다. 체내에서 비타민 C의 활성을 갖는 물질은 2가지의 형태인데 환원형인 아스코르브산(ascorbic acid)과 산화형인 디하이드로아스코르브산(dehydroascorbic acid)이 있다.

이 두 물질은 체내에서 상호 전환되며 체내에서 항산화제로서의 기능을 갖는 환원제이다. 비타민 C는 건조 상태나 산성용액에서는 비교적 안정적이지만 열, 알칼리에 의해 쉽게 파괴된다. 수용성이므로 조리 시 물을 사용할 때는 소량을 사용하고 삶는 것보다는 찌는 것이 손실을 줄일 수 있다.

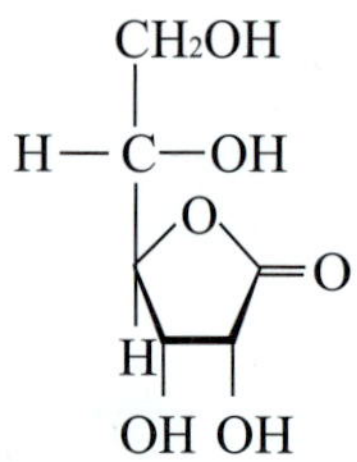

L-ascorbic acid

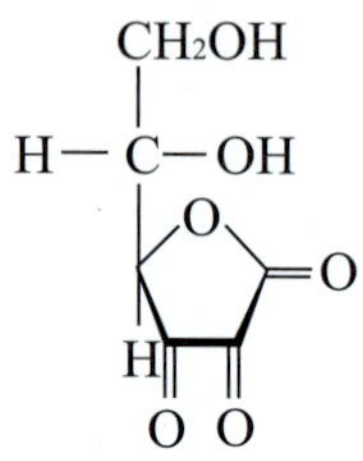

Dehydro-L-ascorbic acid

그림 10-38 비타민 C 의 구조

2. 비타민 C의 흡수와 대사

비타민 C는 소장에서 능동수송에 의해 대부분이 흡수되며 일부는 단순확산으로 흡수되어 혈액으로 유입된다. 흡수된 비타민 C는 전신의 조직으로 이동하며 부신피질, 뇌하수체, 간, 신장 등에 다량 함유되어 있다. 비타민 섭취량이 하루 100mg 정도일 경우 수산으로 전환되어 요로 배설된다. 비타민 C 흡수율은 섭취량에 따라 달라지는데 하루 20~ 120mg 섭취 시 흡수율은 평균 80%로 높지만 하루 1000mg 이상 섭취 시 흡수율은 50% 이하로 감소한다.

3. 비타민 C의 생리적 기능

(1) 콜라겐 합성

결합조직의 구성에 중요한 단백질인 콜라겐은 결체조직, 연골, 피부, 세포와 세포사이를 결합시켜 주는 역할을 하며 골격과 혈관벽 유지, 상처 회복에 중요한 역할을 한다. 비타민 C는 콜라겐 형성을 위해 필요한 수산화 효소를 활성화시키는 작용을 하며 이는 상처회복뿐 아니라 결합 조직의 유지에도 중요하다.

(2) 항산화 작용

비타민 C는 그 자체가 쉽게 산화되는 성질이 있으므로 항산화제로 작용할 수 있고 이때 세포내에서 생성되는 활성산소를 제거하여 세포를 보호해 주는 역할을 한다. 또한 비타민 C 는 비타민 E(토코페롤), 베타카로틴, 리놀레산 등이 산화되는 것을 막는 역할을 통해 항산화 작용을 한다.

(3) 카르니틴의 합성

트리메틸리신은 수산화 반응에 의해 카르니틴으로 전환되며 이 과정에서 비타민 C가 요구된다. 카르니틴은 비타민 유사물질로서 에너지 생성을 위해 지방산을 세포질로부터 미토콘드리아로 운반하는 역할을 하므로 카르니틴 합성이 저하될 경우 혈액 내에 중성 지방이 축적된다.

(4) 신경 전달 물질의 합성

비타민 C는 신경 전달물질의 합성과정에 관여한다. 특히 트립토판이 세로토닌으로 전환될 때 및 도파민이 노르에피네프린으로 전환될 때 관여한다. 비타민 C가 신경 전달물질 합성과정에 관여하므로 장기간의 섭취 부족 시 우울증 등이 나타날 수 있다.

(5) 철, 칼슘 흡수 도움 인자

비타민 C는 체내 무기질 중 흡수율이 가장 낮은 칼슘과 철분의 흡수에 도움을 주는 인자이다. 비타민 C는 철이 소장세포로 흡수될 때 산화형인 제2철(Fe^{3+})을 환원형인 제1철(Fe^{2+})로 환원시켜 흡수되는 과정을 돕는다. 제1철은 소장의 알칼리성 환경에서 쉽게 용해되므로 철분의 흡수율이 증가한다. 또한 칼슘이 불용성염을 형성하는 것을 방지하여 칼슘의 흡수를 촉진한다.

(6) 면역기능

비타민 C는 항산화 작용을 함과 동시에 면역반응에도 기여하는데 백혈구 기능 유지에 관여하여 감기 예방 및 질병 예방에 효과를 나타낸다.

4. 비타민 C 결핍증

비타민 C가 결핍되면 콜라겐 합성이 부족하게 되어 모세 혈관이 쉽게 파열되고 멍이 자주 들고, 피부 및 점막출혈, 내장 기관의 출혈이 생긴다. (그림 10-39) 그 외 체중 감소, 상처회복지연, 면역기능 감소, 빈혈 등이 나타나며 우울증도 나타난다.

장기간의 비타민 C 결핍증세로 괴혈병(scurvy)* 이 있는데 괴혈병은 과거 비타민 C가 발견되기 전부터 선원들에게서 연골, 근육 변형, 잇몸 출혈 및 상처치유 지연으로 사망을 가져오는 무서운 질환이었다. (참고자료-역사 속 괴혈병과 비타민 C)

신선한 채소 및 과일의 섭취로 인해 현대인들에게 비타민 C의 결핍은 거의 발생하지 않지만 흡연, 아스피린 복용, 경구 피임약 복용 및 스트레스 등의 상태는 비타민 C 의 요구량이 높은 상태이므로 결핍이 상대적으로 일어나기 쉽다.

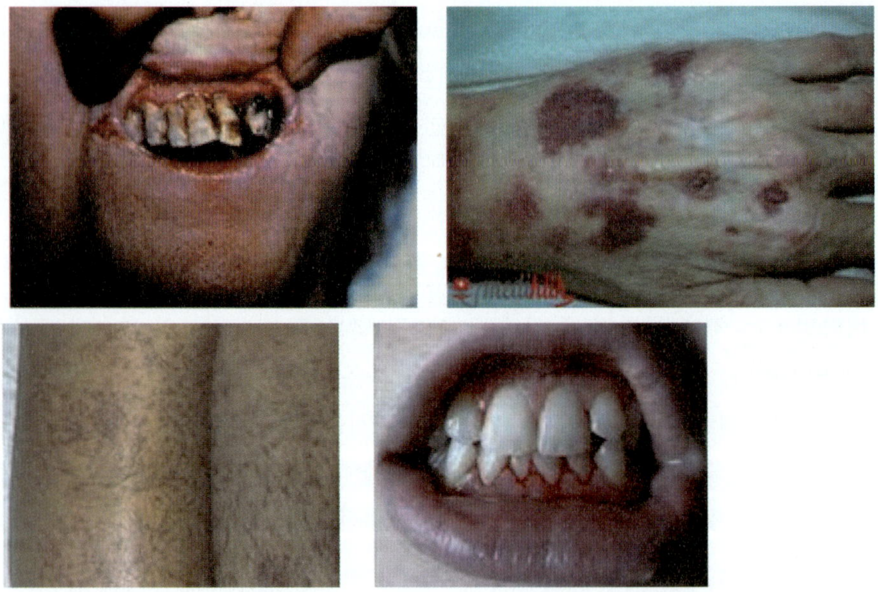

그림 10-39 (a) 비타민 C 결핍증으로 인한 괴혈병 증세
(b) 비타민 C 결핍으로 인한 피부모낭의 점막 출혈 및 잇몸 출혈

쉬어가기 **재미있는 역사 속 영양학–괴혈병(scurvy)과 비타민 C**

Q 16~18세기 선원들에게 유독 많았던 괴혈병, 그 당시 어떻게 치료했을까?

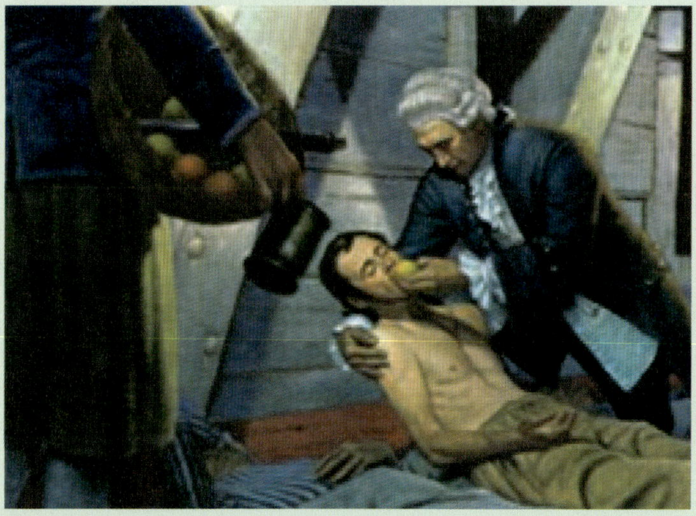

그림 10-40 괴혈병 치료에 레몬 즙을 마시게 하는 영국의사 제임스 린드

A 최초로 괴혈병의 치료법을 알아낸 사람 – 제임스 린드(영국의사)

16~18세기의 선원들은 오랜 기간 동안 항해를 하면서 신선한 채소와 과일의 섭취가 부족하였고 이로 인한 잇몸출혈, 근육출혈, 면역저하 및 연골의 이상으로 인해 사망이 속출하였다. 이 질병은 괴혈병(scurvy)로 불리웠고 그 당시 선원들에게 가장 큰 공포의 대상이었다. 영국인 의사 제임스 린드는 1754년 그의 저서(괴혈병에 관한 논문 A Treatise on Scurvy) 에서 당시 전투에서 전사한 영국 수병보다 괴혈병으로 죽은 수병들의 숫자가 더 많았다고 발표하였다.

제임스 린드는 식사 환경이 비교적 양호한 선원의 경우 감염자가 적은 것을 눈여겨보고, 괴혈병에 걸린 선원들에게 매일 라임을 마시게 하여 치료한 결과 효과적으로 개선되는 것을 발견하였다. 비타민 C가 발견된 것은 1928년이었고 비타민 C 와 괴혈병의 관계에 대해 정확히 밝혀진 것은 1932년이었으므로 제임스 린드가 최초로 레몬을 이용한 괴혈병의 임상치료를 하게 된 것이다. 그는 신선한 야채와 과일, 특히 감귤과 레몬을 직접 선원들에게 마시게 함으로써 이 질병을 예방할 수 있다는 것을 발견하게 되었다.

린드는 〈괴혈병에 관한 논문〉과 〈수병의 건강을 지키는 가장 효과적인 방법에 대하여 On the Most Effectual Means of Preserving the Health of Seamen〉(1757)라는 논문에서 이와 같은 레몬 즙을 이용한 식이요법을 추천했다. 제임스 쿡 선장이 남태평양 탐사의 첫 번째 항해 (1768~1771)에서 절인 양배추와 과일의 꾸준한 섭취로 사상 최초로 괴혈병에 의한 사망자를 내지 않고 세계 일주를 한 일화는 많이 알려져 있다. 1795년 영국 해군은 제임스 린드의 충고를 받아들여 항해 시 선원들에게 레몬 즙 식이요법을 실행하자 괴혈병은 정말 마술처럼 완전히 사라지게 되었다고 한다.

5. 비타민 C의 필요량 및 섭취기준

한국인 성인의 1일 비타민 C 섭취량은 남녀 모두 100mg으로, 평균필요량 75mg 에 변이계수를 고려하여 100mg 으로 설정되었다. 임신기에는 모체의 비타민 C가 태아에게 이동하므로 이를 보충하기 위해 하루 10mg을 추가로 권장하고 있다. 흡연자와 음주자는 비타민 C 흡수율이 낮아 혈청 내 농도가 낮다.

비타민 C의 요구량을 높이는 요인으로는 알코올 중독, 감염, 화상, 중금속 중독(납, 수은, 카드뮴 등), 아스피린, 경구피임약 복용 및 흡연 등이 있다.

Check point

비타민 C 결핍이 일어나기 쉬운 경우는?

- 알코올 중독
- 노령화
- 암 환자
- 스트레스
- 흡연자
- 수술 환자
- 갑상선 기능항진

6. 비타민 C 과잉증

일상적인 식사를 통한 섭취량의 수준에서는 과도한 섭취가 불가능하므로 독성 증상을 보이지 않지만, 강화식품이나 보충제를 통한 과량의 비타민 C를 섭취할 경우 오심 · 구토 · 복부팽만감 · 설사 등의 위장관 증세를 유발할 수 있다. 지나친 고용량의 비타민 C 보충제를 장기간 섭취하는 경우 요산 배설의 증가, 신결석을 유발하거나 철분의 과다한 축적 등이 초래될 수 있으므로 주의가 필요하다.

현재 한국인 영양섭취기준에서는 비타민 C 의 상한섭취량을 하루 2000mg으로 설정하였고, 이는 위장관 증세를 독성 종말점으로 하여 설정한 것이다.

7. 비타민 C의 급원식품

비타민 C의 급원 식품은 과일과 채소이며 특히 푸른 잎 채소에 많이 함유되어 있다. 비타민 C가 풍부한 식품으로는 풋고추, 피망, 딸기, 브로콜리, 아스파라거스, 시금치, 오렌지 등이 있다. 비타민 C는 열과 자외선에 약하므로 효과적인 섭취를 위해서는 생채소와 생과일로 섭취하는 것이 좋으며 수용성 비타민이므로 조리 시 물을 사용할 경우는 소량 사용하고 삶는 것보다 증기에 찌는 것이 영양소 손실을 줄일 수 있다.

표 10-9 비타민 C 급원식품 및 함량

식품명	함량(mg/100g)	식품명	함량(mg/100g)
피망	101	오렌지	60
딸기	99	시금치	40
풋고추	92	양배추	36
아스파라거스	90	키위	27
브로콜리	64	토마토	11

그림 10-41 비타민 C 급원 식품 (피망, 풋고추, 딸기, 브로콜리, 오렌지, 시금치)

반짝 퀴즈

비타민 C 의 생리적 기능에 대한 설명으로 옳지 않은 것은? (　　)

① 면역기능 유지　② 상피세포의 분화 및 정상화　③ 콜라겐 합성
④ 카르니틴 합성　⑤ 신경전달물질합성

[정답] ②

더 알아보기

Q 비타민 유사물질은 무엇일까?

A 비타민 유사물질이란 체내에서 비타민처럼 작용하여 대사과정을 정상적으로 유지하기 위한 필수적인 물질로 대부분 체내에서 합성이 가능하며 주로 필수아미노산에서 합성되는 물질이다. 정상 성인의 경우 결핍될 경우가 거의 없으나 조산아의 경우나 질병의 경우 결핍될 우려가 있으며, 현재 대부분의 영아용 조제분유 및 정맥 영양액에 비타민 유사물질이 첨가되어 있다.

Q 비타민 유사물질 종류에는 어떤 것이 있을까?

A 콜린, 카르니틴, 이노시톨, 타우린, 리포산 등이 알려져 있다.

(1) 콜린 : 신경전달물질인 아세틸콜린 및 유화제인 레시틴의 구성성분

① 간에서 세린으로부터 합성되며 비타민 B_6, B_{12} 등이 요구된다.

② 메틸기 공여체로서 작용하며 신경 전달물질인 아세틸 콜린과 지단백 및 유화제인 레시틴의 구성성분이다.

③ 대부분의 사람들은 콜린을 충분히 섭취하고 있으며 한국인의 권장수준은 아직 설정되지 않았다.

④ 땅콩, 상추, 간, 커피, 컬리플라워 등 식물성 식품 및 동물성 식품에 널리 분포한다.

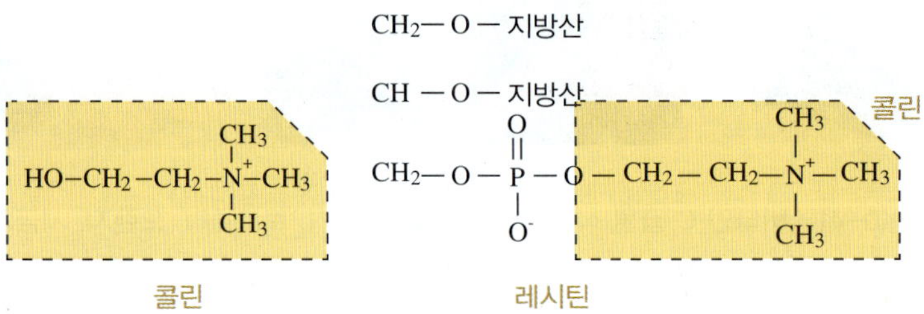

그림 10-42 콜린(choline)과 레시틴(lecithin)의 구조

(2) 카르니틴 : 지방산을 미토콘드리아 내막으로 통과 시 전달자 역할

① 간에서 리신과 메티오닌으로부터 합성된다.

② 중요한 체내 기능은 지방산베타산화(분해) 시 지방산이 세포질에서 나와 미토콘드리아로 들어가기 위한 운반체 역할을 수행하는 것이다.

③ 주로 동물성 식품에 함유되어 있고 체내에서 합성이 가능하므로 합성을 통해 충분한 양을 얻고 있다.

④ 간경화 환자의 경우 간에서 카르니틴 합성능력이 감소하므로 카르니틴 섭취량을 증가시켜야 한다.

⑤ 육류, 우유 및 유제품에 주로 함유되어 있고 식물성에는 거의 함유되어 있지 않다.

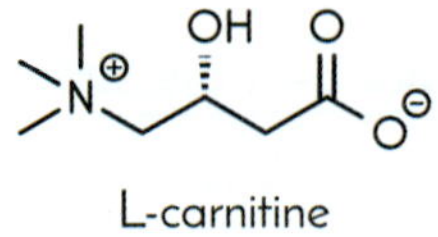

그림 10-43 카르니틴(carnitine)의 구조

(3) 이노시톨 : 세포 내 자극전달의 2차 전령자로 신경세포 자극전달에 관여

① 포도당과 유사한 화학구조를 가지며 당 알코올에 속하고 9가지 이성체가 존재한다.

② 주로 신장에서 합성되며 포도당 -6-인산으로부터 합성된다.

③ 근육 및 신경세포에 많이 분포하고 특히 세포질에 주로 존재함. 일부는 세포막의 인지질의 구성성분으로 존재한다.

④ 체내에서 호르몬 자극을 세포 내로 전달하는 2차 전령자로 작용함으로써 신경세포의 자극 전달에 관여하고 있다.

⑤ 현미, 통 옥수수 등 곡류의 껍질에 주로 함유되어 있다.

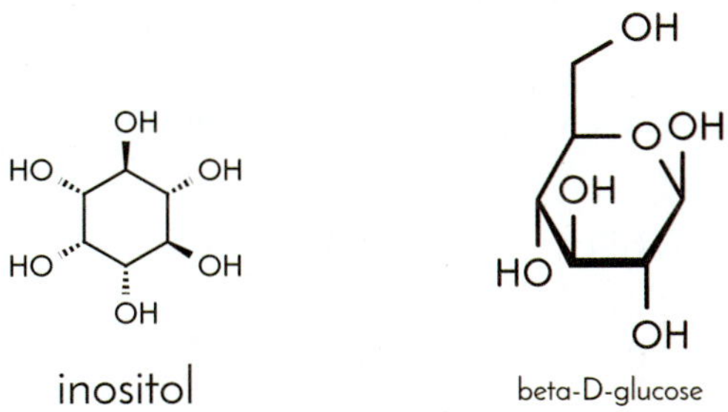

그림 10-44 이노시톨(inositol)과 포도당(glouse) 구조

(4) 타우린 : 혈구 내 항산화 작용

① 함황 아미노산인 시스테인과 메티오닌으로부터 합성되며 구조 내에 황(S)를 포함하는 함황 물질이다.

② 주로 근육, 혈소판, 신경조직에 다량 존재하며 담즙산염에도 결합되어 있다.

③ 혈구 내 항산화 작용과 중추신경 기능에 참여하는 것이 주된 기능이며, 그 외 피로회복기능이 알려지면서 여러 피로회복용 건강음료에 사용되고 있다.

④ 주로 오징어 · 낙지 · 새우 · 게 · 생선류 및 해조류 등 동물성 식품에 존재하며 인체에서 충분한 양이 합성되는 것으로 알려져 있다.

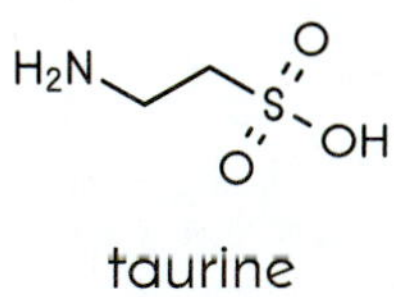

그림 10-45 타우린(taurine)의 구조

(5) 리포산 : 피루브산이 아세틸 CoA로 전환 시 필요한 조효소

① 장내 세균에 의해 합성이 가능하며 티옥트산(thioctic acid)이라고도 한다.

② 구조 중에 황을 포함하고 있는 함황 물질이다.

③ 사람의 경우 합성량이 충분하여 결핍증은 알려져 있지 않다.

④ 중요한 체내 기능은 피루브산 탈수소 효소 복합체 중 하나로, 피루브산이 아세틸 CoA로 전환되는 반응에서 필요한 효소로 작용하는 것이다.

⑤ 피루브산의 산화를 촉진하므로 피루브산 산화촉진 인자라고도 한다.

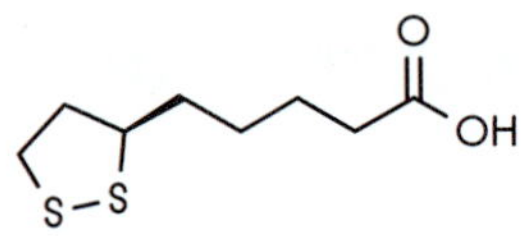

그림 10-46 리포산(lipoic acid)의 구조

표 10-10 비타민 유사물질 종류 및 특징

종류	체내 기능	풍부한 식품 및 체내 합성 여부	결핍증 및 과잉증
콜린	• 메틸기 공여체로서 작용 • 신경 전달물질인 아세틸 콜린과 지단백, 세포막의 구성성분	• 땅콩, 상추, 간, 커피, 컬리플라워 등에 존재함 • 간에서 아미노산으로 부터 합성됨	• 알려지지 않음
카르니틴	• 지방산 분해 시 지방산을 미토콘드리아로 옮기는 운반체 역할	• 간에서 아미노산으로 부터 합성됨 • 동물성 식품에 주로 존재(식물성에는 미량 존재)	• 결핍 시 지방산 이용에 장애 발생 • 과잉증은 알려져 있지 않음
이노시톨	• 세포 내 자극전달의 2차 전령자로 신경세포 자극 전달에 관여	• 포도당-6-인산으로부터 합성됨 • 현미, 통, 옥수수 등 곡류의 껍질에 주로 함유됨	• 알려져 있지 않음
타우린	• 혈구 내 항산화 작용과 중추신경 기능에 참여 • 피로회복 기능	• 함황아미노산으로부터 합성됨 • 근육, 혈소판, 신경조직에 다량 존재 • 동물성 식품에만 존재	• 동물실험에서 과다한 섭취는 골다공증을 유발하는 것으로 보고되었음 • 인체에 대한 해는 알려져 있지 않음
리포산	피루브산이 아세틸 CoA로 전환되는 반응에서 필요한 효소	• 장내세균에 의해 합성 가능	• 알려져 있지 않음

표 10-11 수용성 비타민 (19~29세 기준)

종류	대 사	기 능	결핍증	기준량	함유식품	기타
티아민	• 흡수 : 소장(공장)에서 흡수, 인산화되어 약 80%가 TPP로 존재 • 저장 : 적음, 지속적 섭취 • 배설 : 소변	• TPP는 탈탄산, 케톨기 전이효소의 조효소로 해당작용, TCA회로5탄당 회로반응에 관여 • 신경의 여러 기능에 관여	• 건성, 습성 • 각기병 : 식욕부진, 심장 비대, 근육약화, 호흡곤란 등	• 평균필요량(mg) : 남 1.0, 여 0.9 • 권장섭취량 : 남 1.2,여 1.1	• 곡류의배아 • 전곡류 • 두류 • 돼지고기 • 간(내장육) • 견과류 • 효모	• 기능: 조효소TPP • 영양상태 평가 • 당질 섭취와 밀접한 관계가 있다.
리보플라빈	• 흡수 : 소장 상부에서 흡수, 점막세포에서 인산화 됨 • 이동 : 혈장 알부민과 결합하여 이동 • 배설 : 소변	• FMN, FAD은 수소운반과정에 필요하고 TCA회로, 전자전달계에 작용 • 수소운반과정에 – 산화환원반응 조절 • 지방산화	• 구순구각염 • 구내염 • 설염 • 눈부심, 안질 • 혀의 균열 • 지루성 피부염	• 평균필요량 (mg) : 남 1.3, 여 1.0 • 권장섭취량 : 남 1.5, 여 1.2	동식물계에 널리 분포 • 우유 • 치즈 • 달걀 • 콩류 • 육류	• 기능 : 조효소 FMN, FAD • 영양상태 평가 • 자외선에 약
니아신	• 흡수 : 소장 상부에서 흡수, 간에서 NAD로 전환, Try. 60mg이 니아신 1mg으로 전환 • 배설 : 소변	• NAD, NADP는 조효소로 세포 내 산화환원반응 조절 • 지방산, 스테롤 합성 • 당질, 지질대사 등을 조절	• 펠라그라 : 설사(diarrhea), 피부염(dermatitis), 설염, 정신분열(dementia), 죽음(death) 3D′s, 4D′s	• 평균필요량 (mg NE) : 남 12, 여 11 • 권장섭취량 : 남 16,여 14 • 상한섭취량 : 남녀 각각 1,000	대부분의 단백질 식품 • 육류 • 생선 • 간 • 견과류 • 버섯	• 기능 : 조효소 NAD, NADP
비타민 B_6	• 흡수 : 소장 상부에서 흡수, PLP로 전환, 특히 간에 많다. • 배설 : 소변	• PLP는 조효소로 아미노기 전이, 탈아미노, 탈카르복실화, 유황전이 반응, Trp.의 니아신으로 전환 • 글리코겐 분해 지방산 대사	• 성인 : 지루성 피부염, 빈혈, 우울증, 설염 • 유아 : 근육경련, 발작	• 평균필요량 (mg) : 남 1.3, 여 1.2 • 권장섭취량 : 남 1.5,여 1.4 • 상한섭취량 : 남녀 각각 100	• 육류 • 생선류 • 가금류 • 내장 • 고기(간) • 콩 • 현미 • nuts류 • 채소 • 과일류	• 기능: 조효소 PLP • 영양상태평가 • 단백질 섭취와 관계. 엽산, B_{12}와 함께 호모시스테인이 메티오닌으로 되는 과정에 관여하여 과호모시스테인혈증을 방지 • Hb의 포르피린 고리 구조를 합성하는데 작용
비오틴	• 흡수 : 소장에서 흡수되나 avidin에 의해 흡수 방해, 장내세균에 의해 합성 • 배설 : 소변	• CO_2 운반을 위한조효소로 탄수화물지방대사에 관여	• 피부병 • 우울 • 피로 • 경련 • 지각이상 • 난백상해인자	• 충분섭취량 (g) : 남녀 각각 30	자연식품에 널리 분포 • 육류 • 간 • 생선 • 가금류 • 우유 • 채소 • 과일 • 대두	• 기능 : avidin 과의 관계 • 조효소 작용하는 효소 – 카르복실화, 카르복실기 전이, 탈탄산효소의 조효소로 기능

종류	대 사	기 능	결핍증	기준량	함유식품	기타
엽산	• 흡수 : 소장 점막에서 monoglutamate의 형태로 분해되어 흡수 THF로 전환되어 이용 간에 저장될 때는 polyglutamate의 형태로 됨 • 배설 : 대변, 약간 소변	• THF는 조효소로 메틸렌지 등의 단일 탄소단위 운반(핵산 합성) – 퓨린, 피리미딘 • 동물의 성장 • heme 형성	• 거대적아구성 빈혈(악성 빈혈) • megaloblastic anemia • 태아의 신경관 손상	• 평균필요량 (g)DFE :남녀 각각 320 • 권장섭취량 : 남녀 각각 400 • 상한섭취량 : 남녀 각각 1,000	• 녹색채소 (시금치, 근대, 상추, 브로콜리) • 간 • 오렌지주스 • 콩류, nuts류 • 내장육	• 기능 (조효소형태) 영양상태 평가 • 동맥경화성 물질인 호모시스테인에 메틸기를 제공하여 메티오닌으로 전환시킴
비타민 B_{12}	• 흡수 : 회장에서 흡수, 내적인자(당단백질)와 결합하여 흡수 • 이동 : transcobalamin에 의해 운반 • 배설 : 소변과 대변	• adenosylcobalamin과 methylcobalamin은 조효소로 적혈구 형성, 신경조직의 유지, 엽산의 활성화에 조효소로 기능	• 악성 빈혈 (IF부족인 경우) • 신경섬유의 파괴 • 설염	• 평균필요량 (g) : 남녀 각각 2.0 • 권장섭취량 : 남녀 각각 2.4	동물성 식품 • 간 • 육류 • 어패류 • 달걀 • 치즈 • 채소 • 우유 • 대두 식물성에는 거의 없다.	• 기능 : 조효소 형태 (Co함유) • 엽산활성형 methyl-THFA를 THFA로 재생시키는데 B_{12}가 요구됨, 신경세포의 절연체역할을 하는 수초유지기능이 있어 결핍시 악성 빈혈 외에신경 손상
비타민 C	• 흡수 : 소장 상부에서 흡수, 부신 망막에 많다. 혈장 농도는 0.4~0.5mg/100mL • 배설 : 소변	• 콜라겐 합성 • 항산화제 • 카르니틴 생합성 • 티로신 대사 • 철분흡수(금속이온) • 면역기능, 해독작용 • 산화–환원반응 • 유리 라디칼과의 반응, 알레르기반응 • 신경전달물질 합성	• 괴혈병–잇몸 출혈, 피부의 점상 출혈, 관절통증 등 • 상처회복지연 • 면역체계 손상	• 평균필요량 (mg) : 남녀 각각 75 • 권장섭취량 : 남녀 각각 100 • 상한섭취량 : 남녀각각 2,000	신선한 채소와 과일 • 감귤류 • 피망 • 풋고추 • 딸기 • 케일 • 시금치	• 기능 • 흡수인자 • 과잉섭취 문제
판토텐산	• 흡수 : 소장 점막에서 흡수되어CoA의 합성에 쓰임 • 배설 : 소변	• CoA, ACP는 조효소로 지방산과 스테롤합성, 지방산 산화, pyruvate의 acetyl화 반응	• 항비타민 투여 과민증 • 피로, 두통 • 근육 약화, 수족 마비	• 충분섭취량 (mg) : 남녀 각각 5	동 · 식물성의 모든 식품	• 기능 : ACP와의 관계

핵심문제 및 해답

*해답 본인 확인용 붉은 셀로판지를 이용하세요.

1. 티아민 결핍증에는 무엇이 있으며, 티아민 결핍증을 우려해야 하는 경우는 언제일까?

티아민 결핍증은 각기병이며, 티아민결핍을 우려해야 할 경우는 다음의 경우이다.

1) 오랜 기간 동안 티아민 결핍된 식사를 하는 경우
2) 백미를 주식으로 하거나 탄수화물 섭취량이 지나치게 많은 경우
3) 알코올을 과량으로 섭취하는 경우
4) 운동량이 증가되어 있는 운동선수 (지구력을 요하는 운동종목) 등

2. 리보플라빈의 조효소의 형태는 무엇이며, 부족 시 결핍증에는 어떤 것이 있나?

리보플라빈의 조효소의 형태는 FMN과 FAD이며, 결핍증으로는 설염, 구각염, 구내염, 지루성 피부염 등이 있다.

3. 니아신 결핍증은 무엇이 있으며, 이 결핍증의 특징은 무엇인가?

펠라그라이며, 대칭적 피부염을 보임. 그 특징은 피부염, 설사, 치매 및 사망 등의 4D 증상을 보인다. 옥수수를 주식으로 하는 지역에서 많이 발생하였던 풍토병이었다.

4. 호모시스테인을 메티오닌으로 전환하는 과정에 참여하는 비타민은 어떤 것이며, 이 과정의 중요성은 무엇인가?

호모시스테인에서 메티오닌으로 전환과정에 참여하는 비타민은 비타민 B_6, 비타민 B_{12} 및 엽산이다. 이 과정은 동맥벽을 손상시키는 요인인 혈중 호모시스테인 농도를 줄여 줌으로써 동맥 경화의 위험성을 낮춰주기 때문에 중요하다.

5. 단백질의 대사과정 및 신경전달 물질의 합성과 월경전증후군 등 다양한 치료에 사용되는 비타민은 무엇이며, 이 비타민의 조효소 형태는 무엇인가?

비타민 B_6이며, 조효소의 형태는 PLP이다.

6. 엽산 섭취부족으로 발생되는 빈혈의 이름과 이 빈혈에서 적혈구의 특징은 무엇인가?

거대적아구성 빈혈이며, 이 경우 혈구의 크기가 크고, 핵이 함유되어 있는 미성숙한 적혈구의 형태를 보인다. 거대적아구성혈구는 정상적인 혈구의 기능을 수행할 수 없으므로 빈혈이 발생한다.

7. 가임기 여성 및 임신한 산모에서 엽산섭취가 중요한 이유는 무엇일까?

임신 중 엽산은 태아의 DNA합성에 관여하므로, 임신 중 엽산의 결핍은 태아의 신경관 손상 및 조산, 사산 등 임신에 나쁜 영향을 미친다. 신경관 손상을 입은 태아는 출생 후 뇌수종 및 지능 장애를 보인다. 특히 임신기 초기에 신경관이 완성되므로, 가임기여성에게도 엽산의 섭취가 중요하다.

8. 비타민 B_{12} 결핍으로 유래되는 빈혈의 이름과 그 특징은 무엇인지 설명해 보자.

악성 빈혈이며, 이는 거대적아구성 빈혈에 신경계 증상이 더해진 형태의 빈혈로, 거대적혈구가 나타나고, 허약감, 체중손실, 사지의 통증 및 마비, 보행의 어려움, 기억력 상실 등 신경계 증상이 나타난다.

9. 코엔자임 Q(CoA)의 구성성분이 되는 비타민과 이 비타민의 생리적 기능은 어떤 것이 있는지 알아보자.

판토텐산이며, 조효소 형태가 CoA이므로, 당질, 지질, 단백질 대사에서 TCA 회로를 거쳐 에너지를 생성하는데 필수적인 요소이다. 그 외 지방산, 콜레스테롤, 스테로이드 등 지질의 합성 및 신경전달물질 합성, 헴 합성 등에 관여한다.

10. 비타민 C의 체내 기능에 대해 설명해 보자.

비타민 C 의 기능은

① 체내 필요한 여러 물질의 합성에 관여하는데, 콜라겐 합성, 카르니틴 합성 및 신경전달물질 등의 합성에 관여한다.

② 면역기능에 관여한다.

③ 항산화제로 작용하여 세포의 산화를 방지한다.

④ 칼슘과 철분 흡수 촉진인자로 흡수율이 낮은 무기질의 이용률을 높인다.

11. 비타민 C가 풍부한 식품은 무엇이며, 하루 권장섭취량과 상한섭취량은 얼마인가?

비타민 C는 과일 및 채소에 많이 함유되어 있으며, 풋고추, 피망, 아스파라거스, 딸기, 오렌지 등에 함유되어 있다. 권장섭취량은 남녀 모두 하루 100 mg 이며, 상한섭취량은 2000 mg이다.

Chapter 11

다량 무기질

학습 목표

1. 다량무기질의 종류를 열거하고 체내 분포를 설명할 수 있다.
2. 다량무기질의 흡수와 대사, 생리적 기능을 설명할 수 있다.
3. 다량무기질의 결핍증상과 과잉증을 설명하고 섭취기준을 설명할 수 있다.
4. 다량무기질과 관련한 급원식품을 열거할 수 있다.

무기질(mineral)은 우리 인체의 체내에서 없어서는 안 될 매우 중요한 역할을 담당하고 있다. 인체 구성성분의 역할뿐만 아니라 신체의 조절작용에도 절대적인 작용을 하고 있다. 이러한 무기질은 우리가 먹는 식품을 통해 얻어지고 있으며 식품을 구성하는 성분 중에서 수분, 탄수화물, 지질, 단백질 및 비타민 등의 유기물을 뺀 나머지 부분이라고 말할 수 있다.

유기물질은 체내에서 산화하지만 무기질은 유기질 산화 후에도 남게 된다. 즉 식품을 적당한 온도에서 태웠을 때 재로 남는 성분에 해당이 되며 재의 색이 회색이기 때문에 회분(ash)이라고도 칭한다.

주변의 동식물에게 반드시 필요한 약 25개 정도의 무기질이 식품 중에 존재하지만, 인간의 생체를 구성하는 중요한 무기질은 약 10여 개 정도이다. 식품 중의 무기질은 염화나트륨 등과 같이 무기화합물을 구성하거나 이온상태로 존재하는 것이 있고, 헤모글로빈(hemoglobin)의 철, 클로로필(chlorophyll)의 마그네슘, 그리고 시스틴(cystine)의 황 등과 같이 유기화합물의 구성성분으로 존재하는 두 가지 형태의 종류로 나누어진다.

무기질의 체내 기능을 살펴보면 여러 가지 중요한 기능조절에 관여하고 있음을 알 수 있다. 예를 들면 체액의 산-염기 평형에 관여하기도 하고, 삼투압을 조절하는 중요한 역할을 담당하기도 한다. 또한 뼈와 치아, 단백질 및 효소의 구성성분이 되기도 한다.

그리고 무기질은 이온으로서 생체효소의 작용을 촉진하기도 한다. 그러므로 무기질의 성질을 이해하는 것은 고급영양학을 공부하는 데 있어 대단히 중요하며 필수적인 분야이다.

1. 인체와 무기질

key word

• 다량 무기질
우리의 신체를 구성하고 있는 원소 중 4~5%를 차지하는 무기질 중에서 체내에 비교적 많이 함유되어 있고, 1일 필요량이 100mg 이상인 필수적인 무기질을 말한다.

우리의 신체를 구성하고 있는 원소 중 유기물질을 구성하는 것은 탄소 · 수소 · 산소 · 질소이다. 이들은 체중의 96%를 차지하고 있으며 나머지 4~5%는 무기질로 이루어졌다(그림 11-1).

유기물질의 구성원소는 체내에서 산화되나, 무기질은 유기질의 산화 후에도 회분(ash)으로 남는다. 무기질은 체내의 함량 및 1일 필요량에 따라 다량원소(macromineral)와 미량원소(micromineral)로 분류한다.

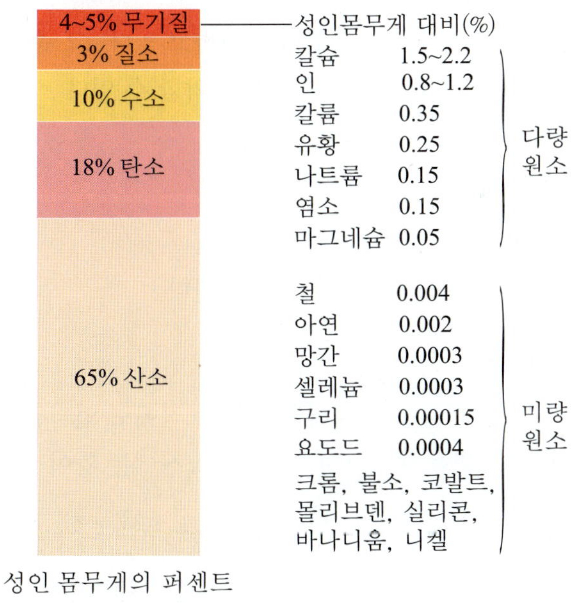

그림 11-1 인체의 원소구성

다량원소는 체내에 비교적 많이 함유되어 있고 1일 필요량이 100mg 이상인 필수적인 무기질을 의미한다. 그 반면에 미량원소는 체내에서 소량이 필요하지만 사람에게 필수적인 무기질과의 필연성이 완전히 증명되지 않은 무기질이다.

표 11-1 무기질의 분류

다량원소(macrominerals) (1일 필요량 100mg 이상)	미량원소(trace minerals)	
	필수적 미량원소(essential) (1일 필요량 100mg 이하)	필수적으로 증명되지 않은 초미량원소(essentiality unclear)
칼슘(Ca) 인(P) 마그네슘(Mg) 나트륨(Na) 칼륨(K) 염소(Cl) 황(S)	철(Fe) 요오드(I) 아연(Zn) 구리(Cu) 망간(Mn) 크롬(Cr) 코발트(Co) 셀레늄(Se) 몰리브덴(Mo) 불소(F)	규소(Si) 바나듐(V) 니켈(Ni) 주석(Sn) 카드뮴(Cd) 비소(As) 알루미늄(Al) 붕소(B)

1. 무기질의 체내 기능

무기질은 체내에서 매우 중요한 역할을 담당하고 있다. 그 종류에 따라 여러 가지의 기능이 있는데 일반적으로 다음과 같이 요약할 수 있다.

> *key word*
> • **무기질**
> 경조직, 연조직, 체액을 구성하며, 인체 내에서 수분평형조절, 산과 염기의 평형 조절, 근육과 신경의 기능 조절, 혈액응고, 조직 내 산화작용, 촉매기능 등의 조절작용을 한다.

(1) 신체의 구성성분

① 경조직의 구성성분

칼슘, 인, 마그네슘 등은 골격과 치아를 구성한다.

② 연조직의 구성성분

인은 핵단백질 · 세포핵 등을 구성하며, 신경조직에도 인지질의 형태로 포함되어 있다. 철은 헤모글로빈을 형성하며 함황아미노산에는 황이 함유되어 있다.

③ 체액의 구성요소

무기염류는 체액에 용해되어 여러 가지 기능조절에 관여한다.

(2) 신체의 조절작용

① 수분평형조절

조직 속과 체액 중의 무기염류 사이에 무기염류의 농도가 높은 곳으로 물이 흘러들어가서 체액교환이 이루어진다.

② 산과 염기의 평형조절

신체는 항상 중성을 유지해야 한다. 체내의 대사과정에서 발생한 탄산은 칼륨 · 나트륨과 같은 염기성과 결합하여 탄산염을 형성하며, 단백질대사에서 발생한 암모니아는 알칼리성으로 황산이나 인산과 결합하여 소변으로 배설된다.

식품은 조직 속에서 연소된 후에 산성을 나타내거나 알칼리성을 나타내는 원소를 공급한다. 산성을 나타내는 원소는 황(S), 인(P), 염소(Cl) 등 단백질이 높은 식품에 많이 존재하며 이렇게 산성을 형성하는 원소가 많은 식품을 산성 식품이라 한다. 반면에 알칼리성을 나타내는 원소에는 마그네슘(Mg) · 나트륨(Na) · 칼슘(Ca) · 칼륨(K) 등이 있으며, 이 원소들은 채소와 과일, 유즙에 풍부하여 이 식품들을 알칼리성 식품이라고 한다.

③ 근육의 정상적 기능조절

근육조직은 무기질을 함유한 체액 속에서 수축 · 이완작용을 하게 되는데 칼슘이온은 수축작용을, 나트륨 · 칼륨 · 마그네슘은 이완작용을 주로 맡는다. 이러한 무기질의 농도에 이상이 생기면 근육의 경련이 일어나거나 근육의 강직현상이 나타난다.

④ 신경의 정상적 기능조절

신경도 무기질을 함유한 체액 속에서 자극전달이 이루어진다. 칼슘은 신경을 흥분시키고 신경세포 사이의 자극전달에 관여하는 아세틸콜린(acetylcholine)의 방출에도 관여한다.

⑤ 혈액의 응고작용

칼슘은 혈액을 응고시켜서 출혈을 방지한다.

⑥ 조직 내에서 산화작용

헤모글로빈을 구성하는 철분은 산소(O_2)를 운반하고 조직에 공급하여 산화작용을 돕는다. 요오드(I)는 갑상선호르몬을 형성하며 조직 내의 대사작용 및 에너지대사를 촉진시킨다.

⑦ 촉매적 기능

무기질은 약간의 금속효소(metalloenzyme)를 구성하거나 효소반응을 촉매하여 생리기능을 수행한다. 마그네슘 · 칼륨 · 염소 등은 포도당 분해과정을 촉매하고, 마그네슘과 망간은 지방분해에 관여한다.

2. 다량원소(Macrominerals)

다량원소는 정상적인 성장과 건강을 유지하기 위하여 필수적으로 필요하며 체내에 0.05% 이상 함유되어 있거나, 1일 필요량이 100mg 이상인 무기질이다. 다량원소에는 칼슘, 인, 나트륨, 염소, 칼륨, 마그네슘, 황이 있다(그림 11-2).

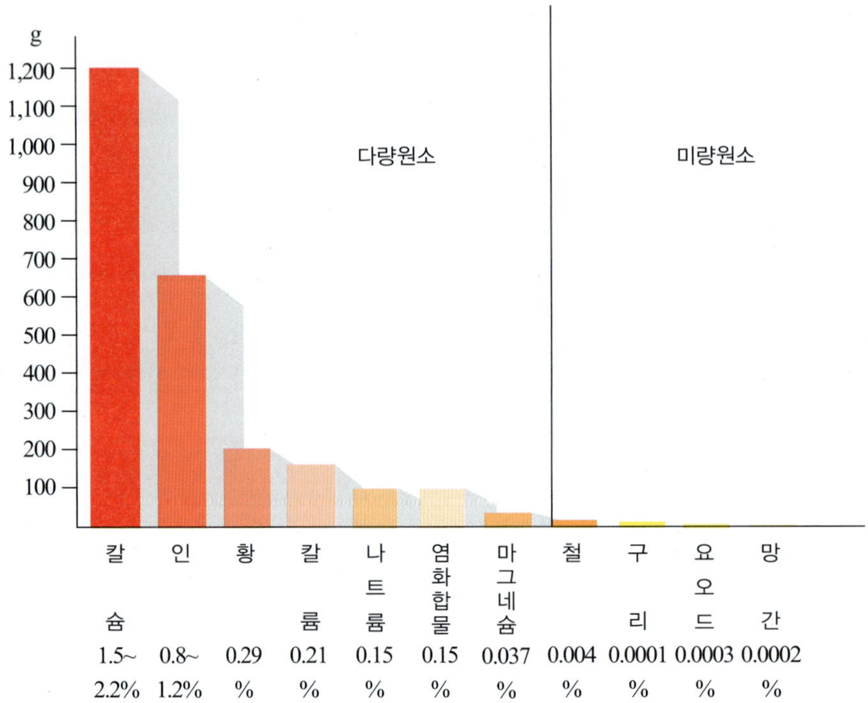

그림 11-2 체중 60kg인 사람에 함유된 무기질의 양

1. 칼 슘(calcium, Ca)

(1) 체내분포

칼슘은 체중의 1.5~2%로 1,000~1,200g이 함유되어 있으며 인체 내에서는 무기질 중 가장 많다. 체내 칼슘의 99%는 골격과 치아와 같은 경조직에 존재하고, 뼈 속의 칼슘은 $Ca_{10}(PO_4)_6(OH)_2$의 분자식을 지니는 수산화인회석(hydroxy-apatite) 형태로 존재하여 뼈의 강직성을 준다. 나머지 1%는 세포와 세포 내외의 체액에 존재하면서 매우 중요한 생리작용을 조절하고 있다.

key word

• **칼슘**
골격과 치아의 구성성분이며, 혈액응고, 근육수축, 신경전달 등의 작용을 한다. 비타민 D, 단백질, 유당, 비타민 C, 소화관 내의 산도(산성) 등은 칼슘의 흡수를 증가시킨다.

혈액 속의 칼슘 농도는 약 9~11mg/dL(평균 10mg/dL) 또는 5mEq/L이며, 칼시토닌(calcitonin), 칼시트리올(calcitriol, vitamin D hormone) 및 부갑상선호르몬(parathyroid hormone)에 의해 비교적 일정하게 유지하고 있다.

혈액 칼슘의 47.5%는 생리적으로 활성을 지닌 이온화된 형태로 존재하며, 46%는 혈장 알부민, 글로불린과 결합해 있고 남은 6.5%는 구연산, 인산 등과 저분자화합물에 결합되어 있다.

(2) 흡 수

섭취된 칼슘은 위에서 대부분 가용화(soluble form)되어 소장으로 이동된다. 소장상부, 즉 pH가 낮은 십이지장 상부에서는 칼슘의 95%가 주로 능동수송기전(active transport)에 의해 흡수되고 소장 하부에서는 5% 정도가 단순확산기전(passive diffusion)에 의해서 흡수된다.

보통 성인의 칼슘 흡수율은 25% 내외이고, 체내요구도, 신체생리상태, 섭취식품의 종류, 섭취량 및 소장 내에 존재하는 여러 가지 물질 등에 의해서 영향을 받는다. 성장, 임신, 수유, 오랜 동안의 칼슘 부족상태 등과 같이 체내 요구도가 큰 경우에는 칼슘의 이용률이 매우 높아지고 성장기 아동은 75%, 임산부는 60%까지 흡수율이 높아진다.

칼슘의 체내보유는 나이, 생리상태, 과거의 식습관, 현재 칼슘공급량 등에 의해 영향을 받으나, 체내에서는 소장에서의 흡수와 신장의 배설을 통해 적절히 조절되고 있다. 그 밖에도 칼슘의 흡수는 식이성분에 의해 촉진되거나 저해되기도 한다.

1) 칼슘의 흡수를 증진시키는 인자

① 비타민 D : 소장점막세포를 통해 칼슘의 흡수를 용이하게 하는 칼슘결합단백질(calcium binding protein)의 생성을 촉진한다.

② 단백질 : 리신(lysine)과 아르기닌(arginine)은 칼슘과 결합하여 칼슘이 흡수되기 좋은 환경을 형성하므로 칼슘흡수율을 증가시킨다. 그러나 높은 흡수율로 인해 배설이 증가하는 동시에 칼슘의 요구량이 증가하기도 한다.

③ 유당 : 젖산(lactic acid)을 생성하여 pH를 낮춤으로써 장내 환경을 산성으로 만들어 가용성 칼슘(soluble Ca)량을 높인다. 그로 인해 흡수율이 증가(15~50%)하며, 또한 소장 내의 락토오스(lactose)의 활성에 의해 흡수율이 증가한다.

④ **비타민 C** : 락토오스와 같이 장내 환경을 산성으로 만들어 칼슘의 이온화를 촉진시킴으로써 칼슘의 흡수율을 높인다.

⑤ **소화관 내의 산도** : 소화관 내의 산도는 pH를 낮추어 칼슘의 용해성을 증가시킨다. 특히 위 속의 염산(HCl)은 위 속의 음식물이 소장으로 운반될 때 소화관 내의 산도에 영향을 준다.

2) 칼슘의 흡수를 방해하는 인자

① **비타민 D의 부족** : 칼슘 흡수에 필수적인 칼슘결합단백질(calcium binding protein)의 양을 감소시켜 칼슘의 흡수를 저하시킨다.

② **식사 내의 칼슘과 인의 불균형** : 칼슘이나 인 중에서 어느 한 가지가 초과로 함유된 경우, 칼슘과 인 모두의 흡수가 저하되고 적은 쪽의 무기질이 더 많이 배설된다. 유아기에는 칼슘과 인의 비율이 1.5 : 1이 바람직하나 1년 후부터는 모든 사람들에게 1 : 1이 적당하다.

③ **피트산** : 피트산(phytic acid)은 칼슘과 함께 불용성 칼슘염인 피트산 칼슘(calcium phytate)을 형성하여 칼슘의 흡수를 저해시킨다. 피트산염(phytate)은 주로 곡류의 껍질에 함유되어 있다.

④ **수산** : 수산(oxalic acid)은 시금치, 고고이, 무청, 근대 등과 같은 채소와 과일에 함유되어 있으며, 칼슘과 결합하여 불용성인 옥살산칼슘(calcium oxalate)을 형성하여 칼슘 흡수를 방해한다.

⑤ **식이섬유** : 섬유소(fiber)는 장관 내에서 칼슘과 결합하여(bind) 흡수를 방해하며, 장에 체류하는 시간을 단축시켜 칼슘, 철, 아연 등 무기질의 흡수를 저하시킨다.

⑥ **과잉지방** : 과잉지방은 비누화(saponification) 작용에 의해 칼슘과 결합하여 불용성 비누를 형성하고 대변을 통해 배설된다. 이 불용성 비누는 비타민 D를 동반하여 배설하게 되므로 스프루(sprue)와 같은 만성 장질환 환자는 대변에 지방의 양이 증가하므로 골연화증(osteomalacia)을 초래할 수 있다.

⑦ **높은 알칼리성 환경** : 칼슘은 알칼리성 환경에서는 불용성이고 이용도가 낮아진다.

⑧ **기타** : 스트레스와 운동부족은 음칼슘 평형을 유지하게 하고, 연령이 많아짐에 따라 칼슘 흡수가 감소한다.

key word

• **스프루**
색깔이 옅은 발효성 분을 대량으로 배설하여 생기는 영양불량상태

(3) 배 설

칼슘은 소변 · 대변 및 땀을 통해 배설되고 임산부는 태아에게 약 30g 정도의 칼슘을 공급해 주며, 수유부는 모유 분비에 1일 약 250mg의 칼슘을 소비한다.

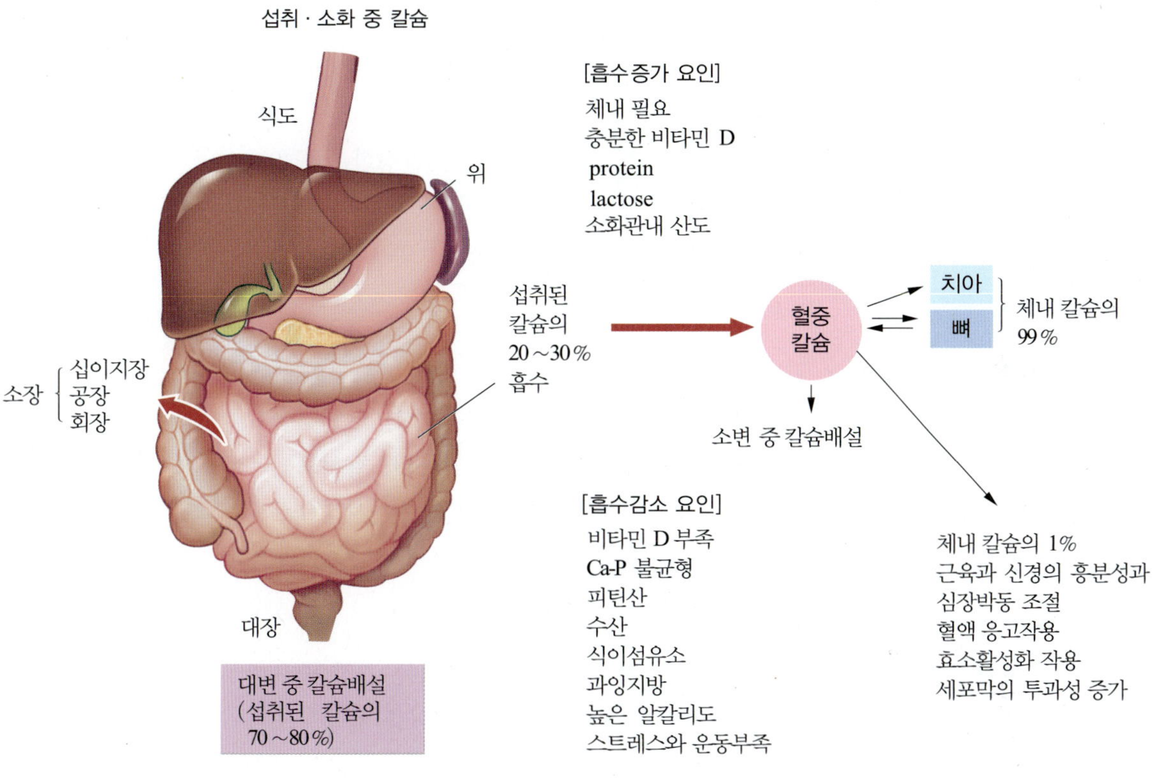

그림 11-3 칼슘의 이용

대변으로 배설되는 칼슘은 내인성 칼슘(endogenous Ca)을 포함하여 흡수되지 않은 칼슘으로 구성되어 있다.

식이칼슘의 약 70～80%는 흡수되지 않고 대변으로 배설되며, 내인성 칼슘은 담즙과 췌장액과 같은 소화액으로 분비되었다가 재흡수되지 못한 칼슘을 의미하는데 그 양은 1일 100～150mg 정도이다.

최근 연구에 의하면 인의 과잉섭취는 뼈의 재흡수를 증가시키고 대변을 통한 칼슘의 배설을 촉진시킨다고 한다. 소변 중 칼슘의 배설은 개인에 따라 다소 차이가 있으나 1일 100～200mg 정도이다.

단백질의 섭취가 많으면 소변으로 배설되는 칼슘은 증가하고, 인의 섭취량이 증가하면 소변 중의 칼슘 배설이 증가한다. 땀을 통해 배설되는 칼슘은 환경조건에 따라 다르지만 1일 20mg 정도이다. 그러나 매우 뜨거운 환경에서 일하는 사람은 시간당 100mg 정도의 칼슘을 땀을 통하여 배설할 수도 있다. 칼슘의 흡수와 대사를 그림 11-3에 제시하였다.

(4) 칼슘의 항상성(homeostasis)

혈중 칼슘은 체내의 정상적인 대사가 일어날 수 있도록 항상 일정한 농도(9~11mg/dL)를 유지하고 있는데 이것을 칼슘의 항상성이라고 한다. 칼슘의 항상성은 칼시토닌(calcitonin)과 부갑상선 호르몬(parathyroid hormone) 및 비타민 D에 의해 조절된다.

① 칼시토닌(calcitonin)

칼시토닌은 갑상선에서 분비되며 부갑상선 호르몬 · 비타민 D와는 반대기능을 하므로 혈중 칼슘농도가 정상 이상으로 높아졌을 경우에 자극받는다. 칼시토닌은 뼈 속의 칼슘 방출을 막고, 신장에서 소변을 통해 칼슘의 배설을 증가시킴으로써 혈중 칼슘농도를 저하시킨다.

② 부갑상선 호르몬(parathyroid hormone)

부갑상선 호르몬은 부갑상선에서 분비되고 혈중 칼슘을 조절하는 가장 중요한 호르몬으로서 주로 신장으로 배설되는 칼슘의 양을 조절한다. 혈중 칼슘농도가 정상 이하로 낮아지면 신장에서 칼슘의 재흡수를 증가시키고 칼슘의 배설을 감소시킨다.

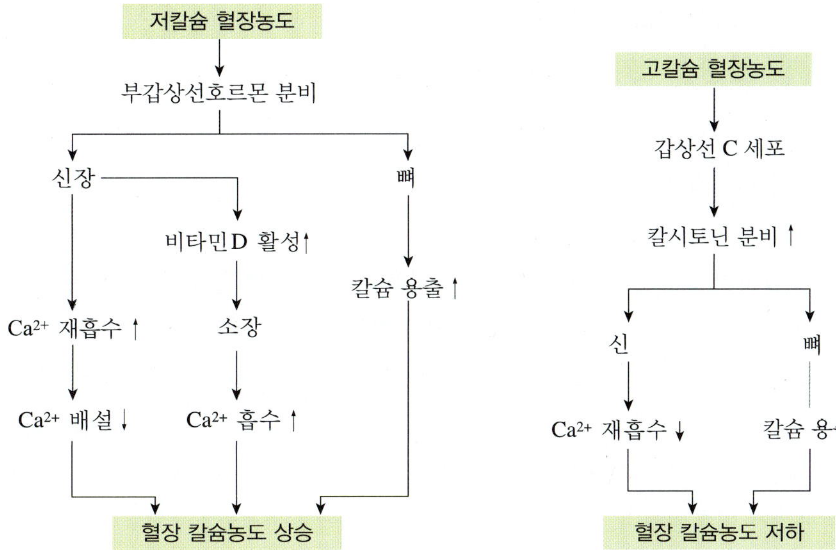

그림 11-4 혈중 칼슘의 농도 조절

또한 신장에서 비타민 D로부터 소장의 칼슘 흡수율을 증가시키는 활성형 1,25-$(OH)_2$-비타민 D로의 전환을 촉진시켜 칼슘의 혈중농도를 증가시킨다.

③ 비타민 D

피부의 7-dehydrocholesterol로부터 자외선에 의해 형성되거나 식이로부터 흡수된 비타민 D_3는 간에서 저장형인 25-(OH) 비타민 D_3로 전환된다. 신장에서 25-(OH) 비타민 D_3는 부갑상선 호르몬의 도움을 받아 다시 1,25-$(OH)_2$ 비타민 D_3로 전환된다.

1,25-$(OH)_2$ 비타민 D_3는 소장에서 칼슘의 흡수를 증진시키고 부갑상선 호르몬과 함께 신장에서 칼슘의 재흡수를 증진시키며, 뼈의 칼슘이 혈액 내로 잘 유입하도록 조절함으로써 혈중 칼슘의 농도를 증가시킨다.

(5) 생리적 기능

1) 뼈와 치아의 형성

칼슘의 99%는 뼈와 치아를 형성하는 데 쓰인다. 뼈는 유기물질과 무기물질이 1 : 2 비율로 구성되어 있으며, 뼈조직은 뼈기질(matrix)과 뼈세포로 구성되어 있다.

뼈기질은 콜라겐(collagen)이나 뮤코다당체(mucopolysaccharide) 등으로 구성되며 뼈가 형성될 때 스펀지 형태로 망구조를 형성한다.

뼈세포에는 골세포 · 골아세포 · 파골세포의 3종류가 있다. 골아세포는 망구조 사이사이에 무기질을 침착시켜 뼈를 형성하는 뼈 생성세포이며, 파골세포는 뼈를 용해시키고 분해시키는 뼈 용해세포이다.

뼈에는 칼슘이 $Ca_{10}(PO_4)_6(OH)_2$의 분자식을 갖는 수산화인회석(hydroxyapatite) 형태로 존재한다. 뼈는 계속적으로 뼈조직을 생성하고 분해하며 보수하고 재생시키는, 대사적으로 활성적인 조직으로 동적 평형상태(dynamic equilibrium state)를 유지하고 있다. 뼈의 생성과 용해는 일생 동안 계속되는데 생후 1년 동안에는 뼈 칼슘의 교체가 100% 이루어지고, 아동기에는 약 10%가 교체되며, 성인은 2~4%의 교체가 이루어진다.

성장기에는 대체로 뼈 생성이 분해보다 많이 일어나서 뼈의 성장이 이루어지며 골질량(bone mass)이 거의 직선으로 증가한다. 25~30세까지는 최대 골질량을 나타내고 35~45세까지는 뼈의 생성과 분해가 거의 일정하여 뼈의 대사는 평형을 이루며, 그 후에는 뼈의 분해가 생성량보다 많아져서 골질량은 감소한다. 그림 11-5에는 뼈의 구조가 나타나 있다.

잇몸에 있는 치아형성기관인 에나멜 모세포(ameloblasts)는 치아를 형성하기 위해 칼슘과 다른 구성원들을 저장한다. 치아조직은 뼈조직에 비해 더욱 조밀하고 수분함량이 많으며 무기질의 교체가 뼈조직처럼 계속된다.

치아조직의 무기질교체는 주로 상아질(dentin)과 백아질(cementum)에서 이루어지고 에나멜(enamel) 층에서는 거의 일어나지 않는다.

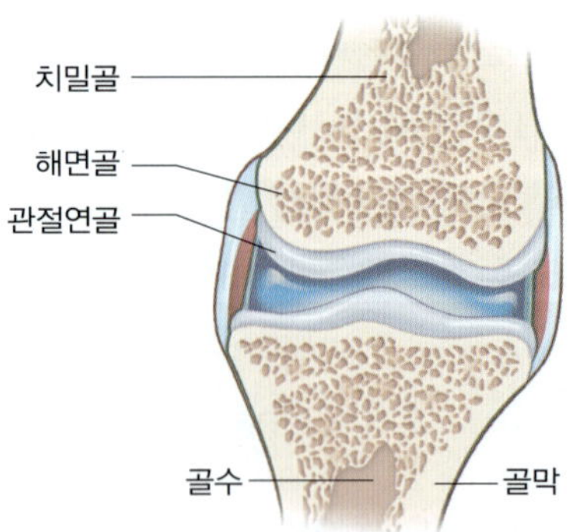

그림 11-5 성장하는 뼈의 구조

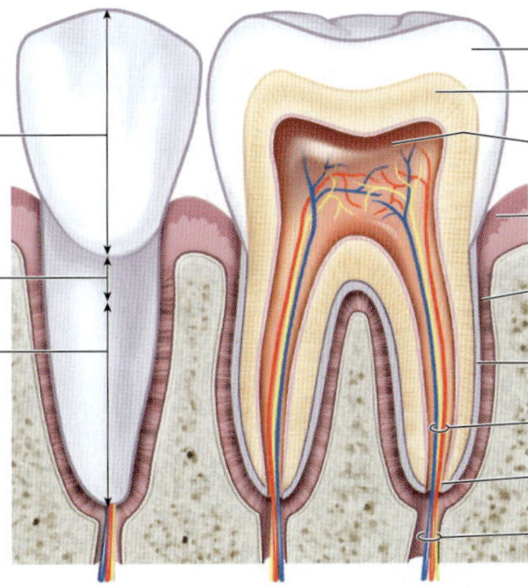

그림 11-6　치아의 구조

2) 체내의 대사과정 조절작용

체내 칼슘의 남은 1%는 중요한 대사적 기능을 수행한다.

① **혈액응고작용** : 칼슘 이온은 혈액응고를 위하여 필수적으로 필요한 요소이다. 특히 프로트롬빈(prothrombin)을 트롬빈(thrombin)으로 전환시키는 과정에서 촉매제로 작용한다. 트롬빈은 용해성 단백질인 피브리노겐(fibrinogen)에 작용하여 불용해성이며 혈액을 응고시키는 피브린(fibrin)으로 전환시킨다.

② **근육수축과 이완작용** : 각각의 근육에는 근육단백질인 액틴(actin)과 미오신(myosin)으로 구성된 근원섬유 몇 백 개가 포함되어 있다. 근육이 수축할 때 근장내그물에 붙어 있던 칼슘은 방출되어 이온화되고 ATP를 방출시킴으로써 액틴과 미오신 사이에서 화학적 반응을 촉진하여 수축작용을 초래한 후 즉시 근장내그물에 다시 부착되어 이완작용을 일으킨다. 특히 칼슘은 심장근육의 수축과 이완작용에 필수적이며 마그네슘과 칼륨도 이 반응에 관여한다.

③ **신경의 자극전달작용** : 칼슘은 신경자극의 정상적인 전달을 위해 필요하다. 칼슘이온은 신경자극 전달물질인 아세틸콜린의 분비를 촉진시키고 근육섬유소를 흥분시킨다.

④ **세포막의 투과성 조절작용** : 이온화된 칼슘은 세포벽의 투과성에 영향을 주어 세포막을 통해 액체의 통과를 조절한다.

⑤ **효소반응에 대한 촉진작용** : 칼슘이온은 근육수축을 위한 에너지 방출에 있어서 아데노신 삼인산 가수분해 효소[**adenosine triphosphatase**(ATPase)]와 같은 특정한 효소들의 반응을 촉진시키며, 칼모듈린(calmodulin)과 결합하여 여러 세포대사 조절에 관여한다. 칼모둘린-칼슘 복합체는 효소의 활성을 변화시켜 글리코겐을 glucose-1-인산으로 분해시키는 데 관여한다.

(6) 결핍증

칼슘의 섭취가 부족할 경우에 골격의 석회화(calcification)가 완전하지 못하므로 골격과 치아조직의 성분변화를 가져오고 성장이 저하되며, 뼈에 기형현상이 나타나기도 한다. 또한, 가벼운 충격에도 뼈가 쉽게 부러지며, 장기간 섭취 부족 시에는 어린이들에게는 구루병(rickets)이 발생하여 약해진 뼈로 인해 앞가슴 뼈와 등뼈가 구부러지는 기형현상이 나타난다. 또한 다리가 O형 또는 X형으로 휘어지거나 관절이 굵어진다.

중년 부인들의 경우에는 임신과 수유 및 오랫동안 칼슘섭취 부족으로 인해 골연화증(osteomalacia)이 발생하기도 한다. 골연화증의 경우, 골격조직 내의 무기질 함량에 변화가 생기나 전체 골격 양에는 변함이 없고 무기질 침착이 잘 되지 않아 뼈가 약한 성인형 구루병이 된다. 이 현상은 태양광선을 받지 못한 사람들에게도 비타민 D의 부족으로 나타나고 인(P)의 부족에 의해서도 발생된다.

혈중 이온화된 칼슘의 감소는 근육의 수축 · 경련 및 진통을 일으켜 테타니(tetany)가 발생한다. 또한 혈중 인(P)의 증가는 혈중 칼슘을 감소시켜 테타니를 일으키기도 한다. 이러한 현상은 신생아에게 희석하지 않은 우유를 먹였을 경우에 인 : 칼슘의 비율이 높아 인이 혈중에 쌓여 혈중 칼슘이 감소하여 발생되기도 한다.

성인에게 나타나는 칼슘부족증으로 폐경기 이후의 여성들에게 많이 발생되는 골다공증(osteoporosis)은 뼈의 절대량이 $^1/_3$ 이상 감소되었을 때 나타난다.

골다공증은 뼈의 화학적 조성은 변하지 않고 골질량이나 골밀도가 감소되어 골절이 오며, 뼈의 절대량 감소로 뼈조직이 치밀하지 못하고 거칠며 작은 구멍이 생기고 뼈가 얇아진다(그림 11-7).

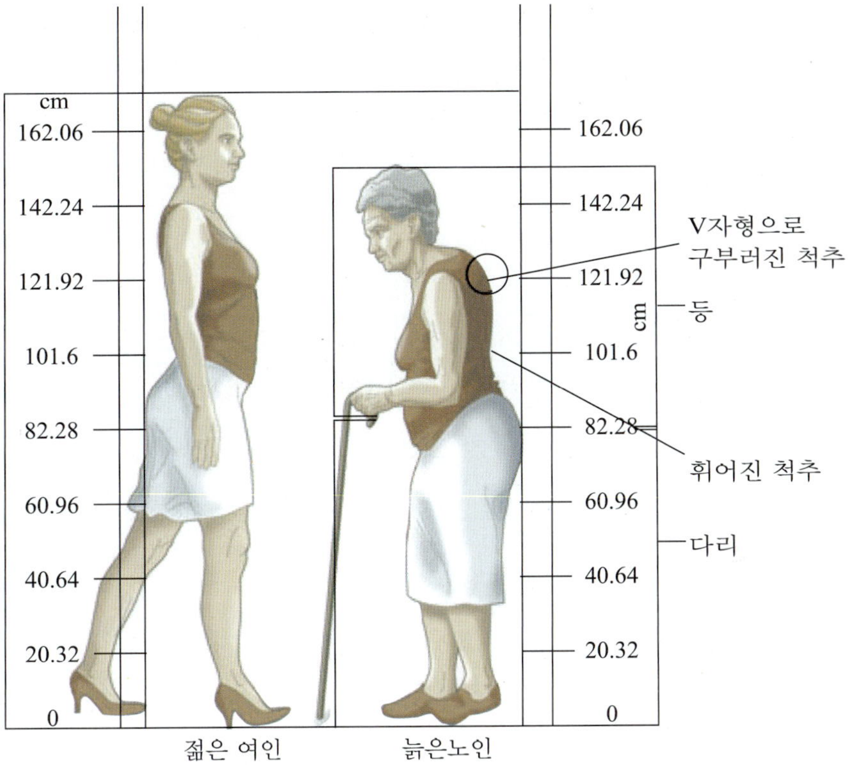

그림 11-7 골다공증으로 말미암아 작아진 신장과 구부러진 척추

(7) 과잉증

칼슘영양제를 과잉으로 섭취한 경우에는 신장결석(kidney stone)을 형성하며 고칼슘혈증 및 신부전증이 나타날 수 있고, 철 · 망간 · 아연 등의 흡수를 방해한다.

(8) 영양섭취기준

칼슘 필요량 설정을 위하여 칼슘평형, 골밀도 및 골절위험을 주요 지표로 사용하였고, 한국인 평균 체위기준과 생애주기별 칼슘 흡수율을 고려하여, 칼슘 평균필요량 및 권장섭취량을 산출하였다. 또한 상한섭취량의 경우 우유-알칼리증후군에 대한 용량-반응 평가 결과에 근거한 최저유해용량에 불확실계수를 반영하여 산출하였다.

19~49세 성인 남자의 경우 체위기준 변화로 권장섭취량이 800mg으로 증가되었고, 성인 여자는 700mg으로 증가되었다. 50세 이상 여성의 경우 추가적인 칼슘 섭취가 폐경으로 인한 골손실 및 골절예방에 도움이 된다는 보고에 근거하여

권장섭취량에 100mg의 부가량을 두어 800mg으로 상향조정하였다.

또한, 임신 · 수유부의 경우 태아의 성장 및 모체 조직의 증가, 수유로 인한 체내 칼슘 필요량의 증가에 대해서 생리적인 적응 반응이 일어나는 것으로 제시되었고, 추가 섭취의 건강상 이익을 제시하는 근거가 없는 바, 2015년도에는 추가량을 제시하지 않았다.

표 11-2 한국인의 칼슘 영양섭취기준

성별	연령	칼 슘(mg/일)			
		평균필요량	권장섭취량	충분섭취량	상한섭취량
영 아	0~5(개월)			210	1,000
	6~11			300	1,000
유 아	1~2(세)	390	500		2,500
	3~5	470	600		2,500
남 자	6~8(세)	580	700		2,500
	9~11	650	800		3,000
	12~14	800	1,000		3,000
	15~18	720	900		3,000
	19~29	650	800		2,500
	30~49	630	800		2,500
	50~64	600	750		2,000
	65~74	570	700		2,000
	75 이상	570	700		2,000
여 자	6~8(세)	580	700		2,500
	9~11	650	800		3,000
	12~14	740	900		3,000
	15~18	660	800		3,000
	19~29	530	700		2,500
	30~49	510	700		2,500
	50~64	580	800		2,000
	65~74	560	800		2,000
	75 이상	560	800		2,000
임신부		+0	+0		2,500
수유부		+0	+0		2,500

자료 : 한국영양학회, 한국인 영양섭취기준, 2015.

(9) 섭취현황과 급원식품

국민건강영양조사에 의하면 한국인의 1일 평균 칼슘 섭취량은 2008년까지도 400~600mg/일으로 매우 부족하게 섭취하고 있으며 칼슘은 한국인이 가장 결핍되기 쉬운 영양소 중의 하나이다.

우리 국민의 칼슘 급원식품은 멸치, 미꾸리, 치즈, 깨, 김, 대두, 깻잎, 미역, 우유 등으로 제한되어 있다. 또한 대표적인 칼슘 급원식품인 우유를 제외한 대부분의 칼슘 급원식품은 국민건강영양조사에서 도출된 다소비 식품에 포함되어 있지 않아 칼슘 섭취량의 부족이 추정된다.

그러므로 칼슘섭취를 증가시키기 위해서는 칼슘 함유 식품을 이용한 식단을 개발하거나 식사 지침을 제공하는 등 전 생애 연령층을 대상으로 하는 칼슘 섭취를 위한 교육이 필요하며, 특히 우유 섭취가 상대적으로 낮은 연령대에 대해서는 우유 및 유제품의 활용도와 칼슘 섭취를 높일 수 있는 교육이 필요하다.

표 11-3 식품 중의 칼슘 함량 (mg/100g)

식품명	칼슘 함량	식품명	칼슘 함량
멸치	1,905	요구르트(액상)	93
미꾸리	736	된장	84
치즈	503	새우(생것)	74
들깨(생것)	276	브로콜리	64
김(마른 것)	265	달걀	52
대두(마른 것)	245	콩나물	48
깻잎	221	두부	44
미역	149	무	26
아이스크림	113	파	25
요구르트(호상)	107	고구마	24
김치(열무김치)	99	빵	22
우유	91	양파	16

자료 : 농촌진흥청 국립농업과학원, 2011.

표 11-4 식품의 칼슘 흡수율(%)

종류	칼슘 흡수율(%)	mg/100g
콜리플라워	69	22
양배추(초록)	65	59
브로콜리	50	69
우유	32	105
두유	31	17
참깨	21	1066
시금치	5	43

2. 인(phosphorus, P)

(1) 체내 분포

인은 체내의 모든 조직에 존재하며, 체중의 0.8~1.1% 정도로 칼슘 다음으로 체내에 많은 무기질이다. 체내에 함유된 인의 80~90%는 골격과 치아에 칼슘과 함께 존재하며, 나머지 10~20%는 체액과 연조직에 함유되어 있다.(그림 11-8) 혈중 인의 농도는 2.5~5mg/dL(평균 3.5mg/dL)이다.

key word

• 인
골격과 치아의 구성성분이며, 에너지 대사에 관여하고, 산과 염기의 평형조절 등의 작용을 한다. 일반적으로 칼슘 섭취량에 비해 인의 섭취량이 많으나, 칼슘 : 인 = 1:1의 비 율로 섭취하는 것이 바람직하다.

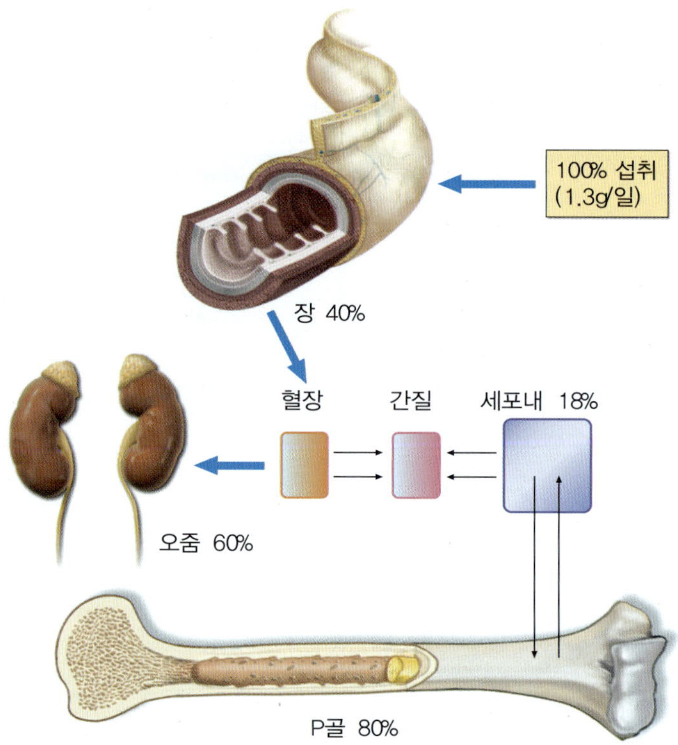

그림 11-8 인의 체내 분포

(2) 흡수 및 대사

인은 칼슘보다 더 쉽게 흡수되는데 섭취한 인의 70%는 체내로 흡수되며 30%는 대변으로 배설된다. 또 음식물 속에 복합물로 존재하다가 자유 인산염이온(free phosphate ion)이 되어 흡수된다. 인은 소장 상부인 십이지장에서 주로 흡수되며, 체내의 필요성, 충분한 비타민 D의 공급, Ca : P(1 : 1)의 비율, 유당섭취, 소장 내의 pH 등에 의해 흡수가 증진된다.

그 반면에 비타민 D의 부족, 칼슘과 인의 불균형 및 칼슘, 철, 망간, 알루미늄, 마그네슘, 칼륨 등의 무기질을 다량 섭취할 경우는 흡수에 방해를 받게 된다.

신장은 혈중 인의 농도를 조절하는 중요한 기관으로 혈청 내의 인은 신장의 세뇨관을 통과하며 재흡수되면서 체내 인의 양을 조절한다. 신장을 통한 재흡수율 조절에는 비타민 D 및 부갑상선 호르몬(PTH)과 칼시토닌(calcitonin)이 관여하며 혈중 칼슘농도에 의해서 역으로 조절된다.

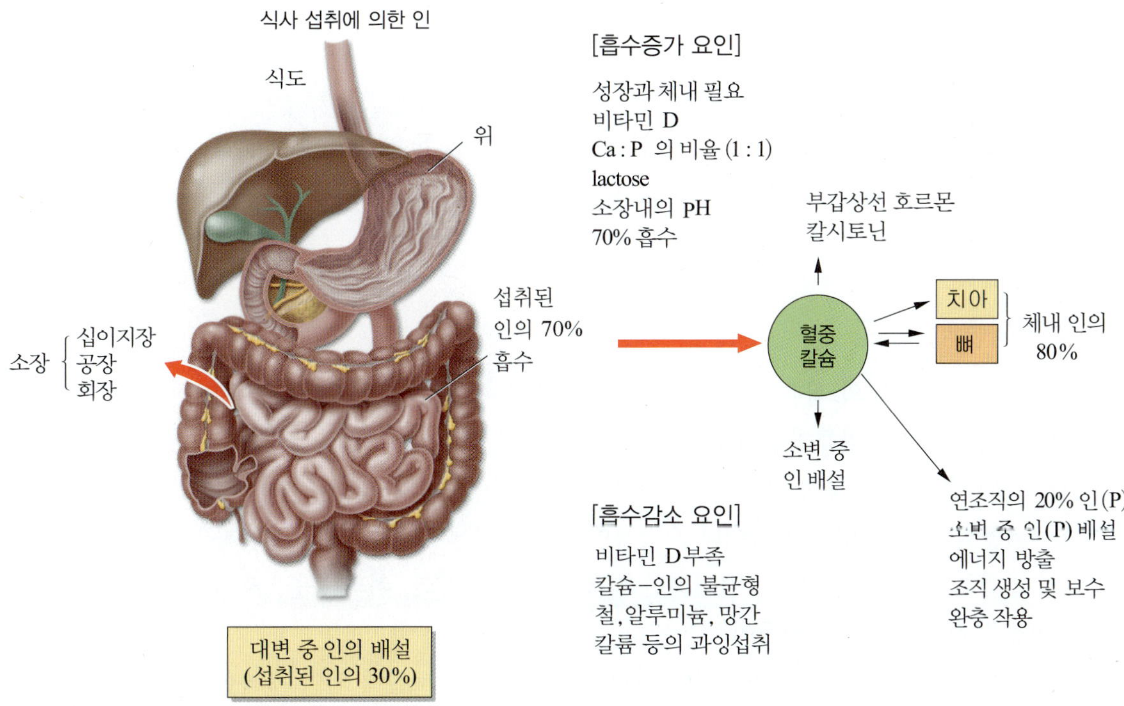

그림 11-9 인의 흡수 및 대사

(3) 생리적 기능

① 골격과 치아를 구성

체내의 인은 약 80%가 뼈와 치아의 석회화에 쓰이며, 인산칼슘(calcium phosphate)의 구성원으로 뼈의 형성과정에서 계속적으로 저장되고 재흡수된다.

② 포도당의 흡수를 돕고 에너지 대사에 관여

인은 포도당이 소장점막을 통해 흡수될 때 필요한 ATP를 형성하기 위해 중요하며, 포도당의 흡수를 돕고 에너지 대사과정에도 glucose-6-phosphte와 같이 인산화된 중간생성물들이 많아 에너지의 이용에 필요하다.

③ 신체의 구성성분이며 당질 · 지방 · 단백질의 대사에 관여

인은 니아신(niacin) · 티아민 · 비타민 B_6 등의 비타민을 조효소 형태로 만드는데 필수적이고 인지질의 구성요소로 지단백질(lipoprotein)과 세포막의 중요한 성분이다.

3) 완충작용

체액의 산과 염기의 평형을 조절하는 인산완충액(phosphate buffer) 체계는 혈액에서 산독증(acidosis)과 알칼리혈증(alkalosis)을 조절하는 중요한 기능을 수행하고 있다.

(4) 결핍증과 과잉증

인은 모든 식품에 거의 함유되어 있으므로 사람에게 결핍증이 발생하는 일은 드물다. 그러나 수산화알루미늄(aluminum hydroxide)과 같은 제산제(antacide)를 장기간 복용하면 인과 불용성 염을 형성하여 인의 부족증을 초래한다.

또한, 뼈골절 상태에 있는 사람이나 오랫동안 정맥주입에 의존하고 있는 환자는 인의 결핍증이 발생한다. 인이 결핍되면 식욕부진, 근육약화, 뼈의 통증, 뼈의 약화, 전신 무기력감 등의 증상들이 나타난다.

채식주의자의 경우에는 인 결핍증이 나타나기 쉽고, 특히 토질에 인이 부족한 경우 그곳에서 생산된 야채나 풀을 먹고 자란 동물은 뼈, 나무, 머리카락, 진흙 등 음식물이 아닌 물질을 먹고 싶어하는 이식증(異食症, pica)이라는 증상을 보인다고 한다.

표 11-5 한국인의 인 영양섭취기준

성별	연령	인(mg/일)			
		평균필요량	권장섭취량	충분섭취량	상한섭취량
영 아	0~5(개월)			100	
	6~11			300	
유 아	1~2(세)	380	450		3,000
	3~5	460	550		3,000
남 자	6~8(세)	490	600		3,000
	9~11	1,000	1,200		3,500
	12~14	1,000	1,200		3,500
	15~18	1,000	1,200		3,500
	19~29	580	700		3,500
	30~49	580	700		3,500
	50~64	580	700		3,500
	65~74	580	700		3,500
	75 이상	580	700		3,000
여 자	6~8(세)	450	560		3,000
	9~11	1,000	1,500		3,500
	12~14	1,000	1,500		3,500
	15~18	1,000	1,500		3,500
	19~29	580	700		3,500
	30~49	580	700		3,500
	50~64	580	700		3,500
	65~74	580	700		3,000
	75 이상	580	700		3,000
임신부		+0	+0		3,000
수유부		+0	+0		3,500

자료 : 한국영양학회, 한국인 영양섭취기준, 2015.

신부전증(renal insufficiency)과 부갑상선 기능감퇴증(hypoparathyroidism)은 혈청 중 인의 축적을 촉진시킴으로써 칼슘 : 인의 비율이 낮아져서 테타니(tetany)와 경련을 초래한다.

(5) 영양섭취기준

인의 필요량 추정에 사용할 수 있는 지표는 인의 평형, 혈청무기인산 농도, 성장에 따른 인의 필요량, 인 배설량, 흡수율 등이다. 19세 이상 성인과 노인의 권장섭취량은 700mg으로 설정하였다. 임신부와 수유부는 인의 흡수율이 증가하고, 입덧을 하는 일정기간 외에는 음식섭취량이 증가하며, 식사를 통한 인 섭취량 또한 높은 편이었으므로, 일반 성인에 준하여 700mg으로 설정하였다.

상한섭취량을 설정할 때에는 성인이 하루 3,500mg의 인을 섭취할 경우 혈장 인산농도의 정상치 범위의 상한치에 도달하게 된다는 연구결과에 근거하여 성인의 3,500mg을 성인의 상한섭취량으로 정하였다. 노인은 3,000mg을 상한섭취량으로 설정하였고, 수유부은 성인과 같이 3,500mg을 상한섭취량으로 설정하였다.

(6) 섭취현황 및 급원식품

최근 인 섭취량이 증가하고 있어서, 인 급원식품을 섭취할 때는 칼슘의 비율을 고려하도록 권고하고 있다. 특히 보충제나 식품 첨가물을 통한 인의 섭취량을 낮추기 위하여 가공식품의 섭취를 자제할 것을 권고하였다.

단백질과 칼슘이 많은 식품은 대체로 인의 함량이 높아서 육류, 어류, 달걀, 유제품 등은 인을 공급해 주는 매우 좋은 급원이며 식물성 식품으로는 견과류, 채소와 곡류, 두부 등이 있다. 현미나 전곡에도 인의 함량은 많으나 피틴산염(phytate)으로 인해 흡수에 저해를 받는다.

표 11-6 식품 중의 인의 함량 (mg/100g)

식품명	인 함량	식품명	인 함량
멸치(중)	1,461	대하	210
치즈(가공)	844	닭가슴살	203
대두	620	명태	202
치즈(모짜렐라)	416	가자미	196
보리	360	달걀	185
땅콩버터	358	돼지고기(목살)	163
현미	327	쇠고기(사태)	156
맛살	282	두부	132
오징어	273	쇠고기(등심)	130
홍합	249	닭고기	110
꽁치	241	백미	87
조기	233	요구르트(호상)	87
고등어	232	우유	83
돼지고기(등심)	225	중력밀가루	78

자료 : 농촌진흥청 국립농업과학원, 2011.

3. 마그네슘(magnesium, Mg)

key word

• 마그네슘
식물체의 엽록소의 구성 원소이고, 인체의 골격과 치아를 구성하며, 근육이완작용과 신경을 안정시킨다. 마그네슘이 부족하면 신경성 근육경련인 테타니가 나타난다.

(1) 체내분포

마그네슘은 체내에 20~28g이 존재하는데 그중 55~60%는 뼈에 존재하고, 40~45%는 연조직과 체액에 함유되어 있다. 세포외액에는 1% 이하로 함유되어 있으며 혈장에는 0.3% 정도가 들어 있다. 정상적인 혈청농도는 1.5~2.1mEq/L(1.7~ 2.4mg/dL)을 유지하고 있으며 세포내액의 양이온으로서 칼륨(K) 다음으로 많다.

(2) 흡수 및 대사

마그네슘의 흡수는 소장을 통해 이루어지나 회장보다는 공장에서 더 많이 흡수되고, 질병으로 인해 소장에서 마그네슘의 흡수가 저해를 받게 될 경우에는 결장에서 흡수되기도 한다.

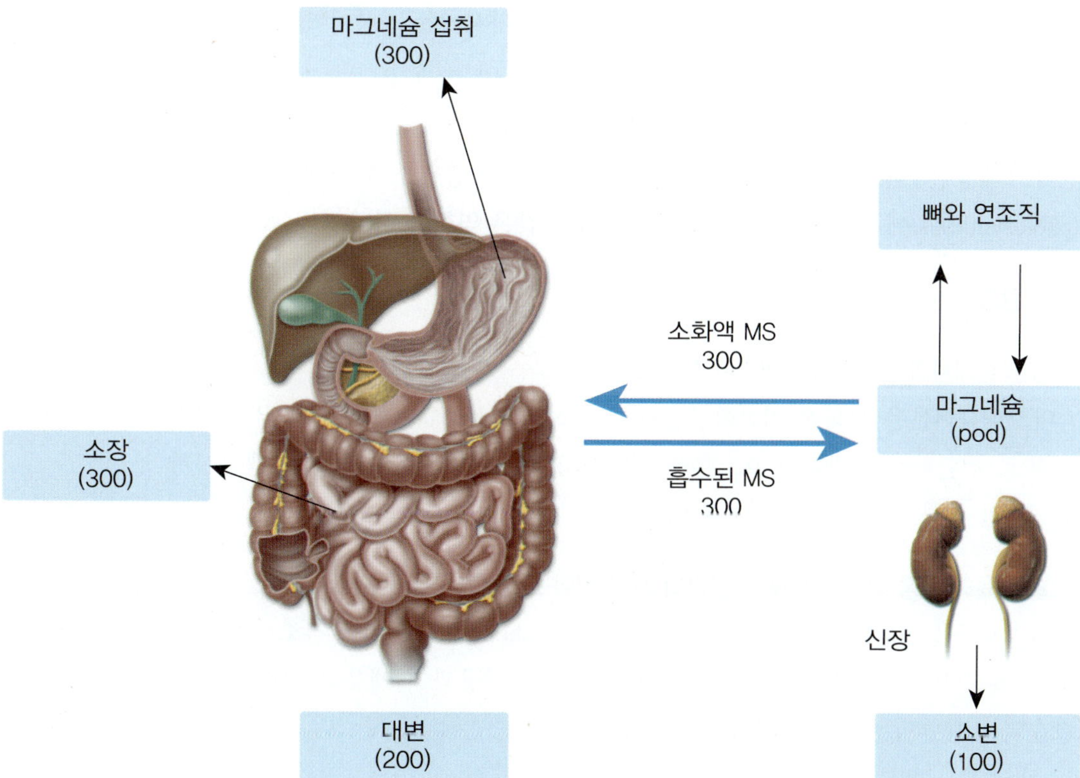

그림 11-10 마그네슘의 항상성

마그네슘의 흡수율은 보통 35~40%로 섭취된 식이 속의 마그네슘 함량에 따라 다소 차이가 있다. 즉, 240mg의 마그네슘을 공급한 정상적인 식사로부터는 44%의 흡수율을 나타내고 564mg을 공급한 경우에는 24%이며, 23mg을 공급한 경우에는 76%의 흡수율을 나타낸다. 그러므로 식이 중 마그네슘의 함량이 높으면 흡수율이 낮아진다. 또한, 마그네슘의 흡수는 식이 중 마그네슘의 흡수를 저해하거나 증진시키는 요소들의 존재 여부에 의존한다.

칼슘 · 인산염 · 단백질 · 피트산염 · 장쇄포화지방산 등의 과잉섭취는 마그네슘의 흡수에 저해작용을 주는 반면에, 유당 · 비타민 D · 성장호르몬 · 항생물질 등에 의해서는 촉진된다. 마그네슘의 흡수기전은 잘 알려져 있지 않으나 능동수송과 단순확산에 의해 흡수된다.

뼈 속의 마그네슘은 혈액으로 유출되는 비율이 낮아서 혈중 마그네슘의 조절은 주로 신장을 통해 이루어지며, 섭취한 마그네슘의 35~45%(48~120mg/day) 정도가 소변으로 배설된다.

부신 호르몬인 알도스테론(aldosterone)은 신장을 통해 배설되는 마그네슘을 조절하고 알코올이나 이뇨제는 마그네슘의 배설을 증가시키는 경향이 있다.

(3) 생리적 기능

마그네슘은 식물체의 엽록소(chlorophyll)의 구성원소로써 광합성 작용(photosynthesis)에 필수적인 무기질이며, 다음과 같은 역할을 한다.

① 칼슘 · 인과 함께 골격과 치아를 구성

② 당질대사와 단백질대사에 필수적 요소

마그네슘이온은 산화적 인산화반응(oxidative phosphorylation)에서 ATP 형성과 ADP로 전환과정에 관련된 효소들을 촉매하고 당질대사뿐만 아니라 단백질 · 지방 · 핵산 합성 시에도 매우 중요하다.

③ 근육의 긴장 및 이완작용과 신경의 자극 전달 조절

신경자극을 전달하는 물질인 아세틸콜린(acetylcholine)의 분비를 감소시키고 분해를 촉진하여 신경을 안정시킨다. 또한 근육이완작용과 혈액응고 방해작용 등 칼슘과는 상반되는 작용을 한다.

④ 충치예방

마그네슘은 치아의 에나멜층에 있는 칼슘을 안정시켜 충치를 막아준다.

⑤ 부갑상선 호르몬의 조절작용

칼슘 이온은 부갑상선 호르몬(parathyroid hormone ; PTH)의 분비를 조절하는 주된 무기질인 반면, 증가한 마그네슘 이온은 부갑상선 호르몬의 방출을 감소하게 한다.

⑥ 단백질 소화효소인 특정 펩티다아제(peptidase)를 활성화

(4) 결핍증과 과잉증

마그네슘의 결핍증은 근육경련 · 심장박동항진 · 환각 · 혼동 · 식욕부진 · 오심 · 구토 · 무관심 등의 증상을 나타내며, 심한 신장질환, 급성설사 및 단백질결핍증인 콰시오커(kwashiorkor) 등의 질병을 앓고 있는 경우에 자주 나타난다. 또한 식이 중에 단백질, 칼슘, 인산의 함량이 많을 경우나 장기간 이뇨제를 사용하는 경우에도 마그네슘 결핍증이 나타난다.

특히 알코올 중독자인 경우에 마그네슘의 배설이 증가해 마그네슘 테타니(magnesium tetany)가 나타남으로써 신경성 근육경련이 온다. 마그네슘을 과잉섭취하면 독성증상이 나타나서 호흡이 느려지고 혼수상태가 되며 심하면 죽음을 초래한다.

(5) 영양섭취기준

마그네슘 섭취기준은 영아 0~11개월의 경우 충분섭취량을 설정하였고, 유아 1세 이상 모든 연령층에서는 평균필요량과 권장섭취량을 설정하였으며, 식품 외 급원에 대한 상한섭취량을 설정하였다. 19세 이상 성인과 노인의 경우 남자의 마그네슘 권장섭취량은 370mg/일이며, 여자는 280mg/일이다.

마그네슘의 경우 식품을 통한 과잉섭취로 인한 유해영향은 보고된 바 없으나, 식품 이외의 급원을 통한 과잉 섭취 시 설사와 같은 위장관 증상이 유발될 수 있다. 따라서 성인, 노인 및 15~18세 청소년의 경우, 식품 외 급원을 통해 섭취한 마그네슘의 최대무해용량 360mg/일과 불확실계수 약 1에 근거하여, 350mg/일을 상한섭취량으로 설정하였다.

표 11-7 한국인의 마그네슘 영양섭취기준

성별	연령	마그네슘(mg/일)			
		평균필요량	권장섭취량	충분섭취량	상한섭취량
영 아	0~5(개월)			30	
	6~11			55	
유 아	1~2(세)	65	80		65
	3~5	85	100		90
남 자	6~8(세)	135	160		130
	9~11	190	230		180
	12~14	265	320		250
	15~18	335	400		350
	19~29	295	350		350
	30~49	305	370		350
	50~64	305	370		350
	65~74	305	370		350
	75 이상	305	370		350
여 자	6~8(세)	125	150		130
	9~11	180	210		180
	12~14	245	290		250
	15~18	285	340		350
	19~29	235	280		350
	30~49	235	280		350
	50~64	235	280		350
	65~74	235	280		350
	75 이상	235	280		350
임신부		+32	+40		350
수유부		+0	+0		350

자료 : 한국영양학회, 한국인 영양섭취기준, 2015.

(6) 급원식품

마그네슘은 견과류와 두류 및 곡류식품에 풍부하나, 도정과정 중 80~96%가 손실된다. 커피 · 코코아 · 참깨 · 밀의 배아 등은 좋은 급원으로 가장 많이 함유되어 있으며, 호두 · 땅콩 · 전곡(whole grain) · 대두 · 푸른잎 채소 · 통밀가루 · 이스트 등에도 많다. 반면에 정제된 식품, 육류, 유제품 등에는 마그네슘의 함량이 적다.

표 11-8　식품 중의 마그네슘의 함량 (mg/100g)

식품명	마그네슘 함량	식품명	마그네슘 함량
표고버섯(마른 것)	1,105	고춧잎	79
참깨(마른 것)	374	비름	70
대두(마른 것)	280	근대	70
동부(마른 것)	233	시금치	54
잣(생 것)	229	깻잎(들깻잎)	42
호두(마른 것)	177	조(도정곡)	38
메밀(생 것)	173	멜론	30
강낭콩(생 것)	167	백미	20
팥(마른 것)	150	딸기	18
호밀	126	양파	12
수수(압곡)	118	무	9
땅콩(마른 것)	108	감자	7
밀 겨	597	오 트 밀 가 루	110
콩 가 루	310	시 금 치(냉동)	104
아 몬 드	293	설 탕	62
땅 콩	175	무 청	58
밀 가 루	150		

자료 : 농촌진흥청 국립농업과학원, 2011.
Ensminger A. H., H. E. Ensminger, J. E. Kpnlande, J. R. K. Robson, "Foods & Nutr. Encylopedia", 2nd Ed.

4. 나트륨(sodium, Na)

(1) 체내분포

key word

• 나트륨
세포외액에 존재하는 주요 양이온으로 수분평형 및 삼투압 조절, 산과 염기의 균형 유지, 근육의 자극반응 조절 등의 작용을 한다. 나트륨의 과잉 섭취로 고혈압과 부종이 나타난다.

나트륨은 세포외액의 주된 양이온으로서 체내에 풍부하게 함유된 무기질이며, 70kg인 사람은 약 100g 정도의 나트륨을 함유하고 있다.

체중의 0.15~0.2%를 차지하고 있는데 이 중 50%는 세포외액에, 40%는 골격에, 약 10%는 세포 내에 존재한다. 혈액에는 대부분 혈청에 존재하며 310~340mg/dL(136~145mEq/L)가 함유되어 있다.

(2) 흡수 및 대사

나트륨은 소장을 통해 에너지를 필요로 하는 능동적 수송(active transport)에 의하여 섭취한 양의 95% 정도가 흡수되고 약 5%만이 대변을 통해 배설된다.

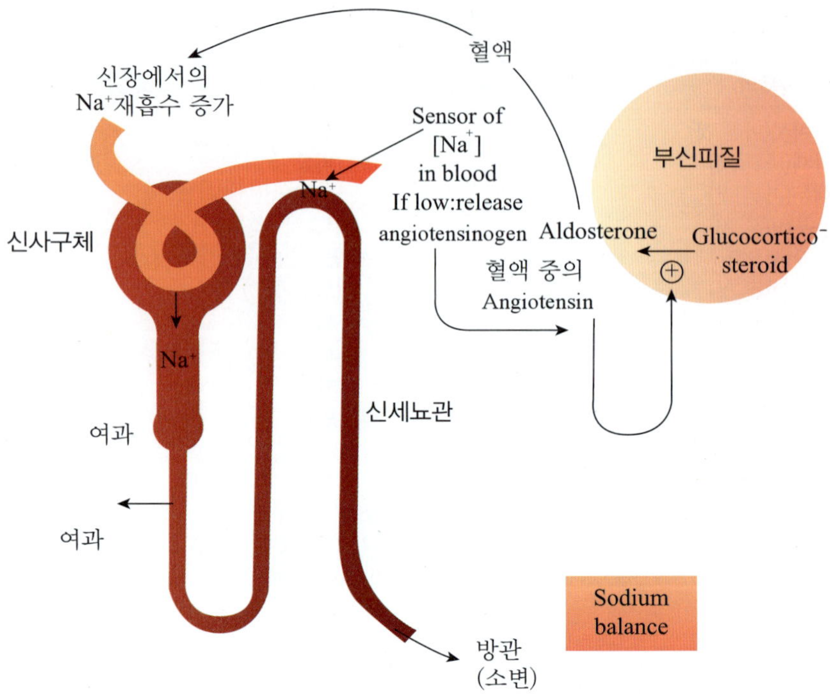

그림 11-11 나트륨 평형

흡수된 나트륨은 혈액에 의하여 신장으로 운반되고 걸러져서 체내에서 요구되는 수준을 유지하는 데에 필요한 양만 혈액으로 되돌아온다. 나트륨이 과잉섭취되면 주로 신장을 통해 배설된다.

소변 중의 나트륨 수준은 섭취한 나트륨의 양에 따라 영향을 받게 되어 나트륨의 섭취량이 많으면 소변 중의 나트륨 배설량이 많아지고 섭취량이 적으면 배설량도 적어진다. 나트륨의 흡수는 소장에서 당이나 염소와 함께 흡수될 때 촉진된다.

부신피질 호르몬인 알도스테론에 의해 나트륨의 배설이 조절되며, 체내 나트륨의 요구량이 증가되면 알도스테론도 증가하여 소화관으로부터 나트륨 흡수에 자극을 주는 반면 신장으로부터 나트륨 재흡수를 촉진시킨다.

그와 반대로 나트륨 섭취가 많아지면 알도스테론이 감소되어 나트륨 배설을 증가시키며 뇌의 시상하부에 있는 갈증중추를 자극함으로써 수분섭취를 증가시킨다.

알도스테론의 결핍증인 에디슨병(Addison disease)을 앓고 있는 환자는 소변에 과잉 나트륨을 배설하고, 날씨가 더우면 피부를 통하여 땀으로 0.5~3g/L의 나트륨을 배설한다. 또한, 나트륨은 담즙이나 췌액 등 소화액에 함유되어 있으나 대부분 재흡수된다.

key word

• 에디슨병
부신피질 호르몬의 분비 부족으로 일어나는 병. '원발성 만성 부신피질 기능부전'이라고도 함

(3) 생리적 기능

① 수분평형을 조절

나트륨이온(Na^+)은 세포외액의 주된 양이온으로서 나트륨이온의 농도에 따라 세포 내외의 삼투압에 의하여 수분의 이동이 결정된다. 세포 내외의 삼투압유지는 주로 나트륨이온(Na^+)과 칼륨이온(K^+)에 의하여 조절된다. 이밖에 Ca^{2+}, Mg^{2+}, PO_4^{2-}, 단백질 등도 삼투압조절에 관여하고 있다.

표 11-9에서 보는 바와 같이 세포외액에는 나트륨이온이 142mEq/L, 칼륨이온이 5mEq/L가 함유되어 있다. 그리고 세포내액은 나트륨이온 10mEq/L, 칼륨이온 150mEq/L을 함유하고 있다.

표 11-9 체액의 전해질 조성

이 온	혈장(mEq/L)	세포외액(mEq/L)	세포내액(mEq/L)
Na^+	145	142	17
K^+	4	4	135
Ca^{2+}	5	2.5	1
Mg^{2+}	3	1.5	4
Cl^-	106	114	78
HCO_3^-	27	30	18
PO_4^{3-}	2	2	4
기 타	6	6	25
단 백 질	16	0	32
삼 투 압	300mOsm/L	300mOsm/L	300mOsm/L

② 산과 염기의 균형유지

나트륨이온은 체내에서 수소이온과 교환이 가능한 염기를 형성함으로써 산과 염기의 평형을 조절한다.

③ Sodium pump 작용에 의해 능동적 수송

Na^+-K^+pump는 당질과 단백질 흡수 때 세포막 통과에 필수적이다.

④ 정상적인 근육의 자극반응을 조절

나트륨이온은 신경과 근육의 전기화학적 자극을 전달하므로 정상적인 근육의 흥분성과 과민성을 유지한다.

(4) 결핍증과 과잉증

나트륨은 대부분의 식품 속에 약간씩 함유되어 있으므로 결핍증은 드물다. 그러나 소금을 첨가하지 않고 야채를 먹는 채식주의자들의 식이로 인해 발생하거나 지속적인 심한 설사 · 땀 · 구토 · 부신피질의 기능부전 등에 의해 체내 나트륨 함량이 낮아지면 세포외액에 나트륨 농도가 낮아져서 세포외액이 세포 내로 이동되고, 혈액량의 감소로 인해서 혈압이 낮아지게 된다.

나트륨결핍증은 성장감소 · 식욕부진 · 모유분비의 감소 · 근육경련 · 메스꺼움 · 설사 · 두통 등의 증세를 나타낸다. 초과잉의 땀배설과 소금의 고갈은 열사병(heat exhaustion)과 함께 동반되며 충분한 물과 함께 정제 소금(salt tablet)을 주어야 한다.

오랫동안 나트륨을 과잉으로 섭취하는 경우에는 고혈압과 부종이 나타난다. 과다한 나트륨 섭취가 고혈압에 미치는 영향에 관한 기전은 정확히 발표되지 않았으나 일반적인 견해는 수분평형을 조절하기 위해 혈액의 부피를 증가시켜 혈압을 상승시킨다고 한다.

혈액과다증이 되면 Na^+-K^+pump의 활성이 저하되어 세포내액의 나트륨 농도가 높아지며 심근의 수축이 증가된다. 또한, 혈관의 수축작용에 관련된 부신수질 호르몬인 노르아드레날린(noradrenalin)의 분비가 증가되어 말초혈관의 저항을 상승시켜 고혈압을 유발한다. 이 밖에도 나트륨의 과잉섭취는 위암의 발병률을 상승시킨다는 보고도 있다.

(5) 영양섭취기준

나트륨은 모든 연령층에 충분섭취량을 설정하였고, 9세 이상부터 목표섭취량을 설정하였다. 충분섭취량을 설정하기 위한 지표로는 나트륨 평형, 혈중 지질 농도, 혈압을 선택하였다. 성인의 나트륨 충분섭취량은 이러한 지표에 영향을 주지 않으면서 다른 영양소(콜레스테롤과 포화지방) 섭취량의 부족을 가져 오지 않는 양인 1,500mg으로 설정하였다.

임신기와 수유기에 나트륨과 염소의 요구량이 달라진다는 연구결과가 없어서 임신부와 수유부의 경우도 성인의 충분섭취량과 동일한 양으로 설정하였다. 나트륨 목표섭취량을 설정하기 위해 고혈압, 위암, 뇌혈관질환 발생률 및 사망률과 나트륨 섭취량의 관련성을 평가하였으나, 연구들의 제한점과 한국인의 매우 높은 나트륨 섭취량을 고려하여 세계보건기구의 권고량인 하루 2,000mg을 유지하였다.

나트륨의 목표섭취량은 과잉섭취에 따른 유해성에 대한 근거가 충분하지 않더라도 과잉섭취에 따른 건강위험이 우려되어 설정한 값으로 권장섭취량과는 다른 개념이라는 점에서 식사계획 및 평가 시 주의를 요한다.

표 11-10 한국인의 나트륨과 염소 영양섭취기준

성별	연령	나트륨(mg/일)		염소(mg/일)
		충분섭취량	목표섭취량	충분섭취량
영 아	0~5(개월)	120		180
	6~11	370		560
유 아	1~2(세)	900		1,300
	3~5	1,000		1,500
남 자	6~8(세)	1,200		1,900
	9~11	1,400	2,000	2,100
	12~14	1,500	2,000	2,300
	15~18	1,500	2,000	2,300
	19~29	1,500	2,000	2,300
	30~49	1,500	2,000	2,300
	50~64	1,500	2,000	2,300
	65~74	1,300	2,000	2,000
	75 이상	1,100	2,000	1,700
여 자	6~8(세)	1,200		1,900
	9~11	1,400	2,000	2,100
	12~14	1,500	2,000	2,300
	15~18	1,500	2,000	2,300
	19~29	1,500	2,000	2,300
	30~49	1,500	2,000	2,300
	50~64	1,500	2,000	2,300
	65~74	1,300	2,000	2,000
	75 이상	1,100	2,000	1,700
임신부		1,500	2,000	2,300
수유부		1,500	2,000	2,300

자료 : 한국영양학회, 한국인 영양섭취기준, 2015.

(6) 섭취현황 및 급원식품

나트륨은 천연식품에는 거의 없거나 함유량이 높지 않은 편이며, 인간 영양에서 나트륨은 식품 자체에 존재하는 형태로 섭취되기보다 가공이나 조리과정 또는 식사 때 첨가하는 형태로 섭취한다. 한국인의 경우 김치나 양념류를 통하여 섭취하는 나트륨은 일일 나트륨 섭취량의 상당 부분을 차지한다.

현대인의 나트륨 과다섭취의 또 다른 요인은 가공식품에서 기인한다. 예를 들면 베이킹파우더(중탄산나트륨), 화학조미료(글루탐산 나트륨: MSG), 보존제(벤조산나트륨), 발색제(아질산나트륨) 등은 나트륨을 함유하는 첨가물이다.

만약 가공식품이나 소금을 전혀 사용하지 않으면 하루에 섭취하는 나트륨 총량은 500mg 정도이다. 현대인의 나트륨 섭취량이 2,300~4,700mgdls 것을 고려하면 가공식품이 나트륨에 기여하는 바가 얼마나 큰 지 알 수 있다.

나트륨의 주요급원은 소금을 함유한 식품이며, 채소류, 과일류, 두류 등에 비해 육류에 비교적 많은 나트륨이 함유되어 있다(표 11-11).

또한 식품의 가공과정 중에 나트륨의 첨가로 가공식품에 나트륨 함량이 많다.

간장, 김치, 젓갈, 각종 장아찌, 장조림, 된장, 고추장 등의 염장식품과 치즈, 햄, 소시지, 조개류, 육류, 달걀 등은 매우 좋은 나트륨 급원식품이며, 베이킹파우더, MSG(monosodium glutamate), 아질산나트륨(sodium nitrite), 안식향산나트륨(sodium benzonate) 등과 같은 첨가물이 함유되어 있는 식품에서도 나트륨을 공급받을 수 있다.

표 11-11 식품 중의 나트륨 함량 (mg/100g)

식품명	나트륨 함량	식품명	나트륨 함량
멸치(중, 말린 것)	11,970	햄(런천미트)	451
배추김치	2,040	굴(참굴양식, 조리한 것)	422
자반 고등어	1,800	오징어(소, 생것)	181
라면	1,221	달걀	108
국수(삶은 것)	850	고등어(생것)	75
치즈	751	시금치	72
미역(생 것)	610	쇠고기(안심, 등심)	57
깍두기	595	아이스크림	61
식빵	562	우유	50
고구마	551	사과	4
버터	500	쌀밥	1

자료 : 농촌진흥청 국립농업과학원, 2011.

5. 칼 륨(potassium, K)

(1) 체내분포

칼륨은 칼슘과 인 다음으로 체내에 많이 함유되어 있는 무기질로 함유량은 나트륨(Na)의 2배 정도이다. 체내에는 135~250g 정도 존재하며 이 중 98%가 세포내액(110~155mEq/L)에 양이온 상태로 함유되어 있고, 혈청에는 3.5~5mEq/

key word

• 칼륨
세포내액에 존재하는 주요 양이온으로 수분평형 유지, 산과 염기의 균형 유지, 심근 의 활동에 중요한 역할을 담당한다. 칼슘이 부족하면 심장의 박동이 빨라지고 불규칙적이 되며, 칼륨은 신선한 과일과 야채에 많이 함유되어 있다.

L가 들어 있다. 칼륨은 근육조직과 우유에 나트륨보다 몇 배 더 많고, 혈장에는 나트륨이 칼륨보다 훨씬 많이 함유되어 있다.

(2) 흡수 및 대사

섭취된 칼륨의 약 **85%** 이상은 소장을 통해 확산에 의하여 흡수된다. 칼륨은 소화액에 상당히 많은 양이 함유되어 있으나 대부분 재흡수되며, 대변으로 배설되는 양은 매우 적고 땀으로 배설되는 양도 적다. 신장은 칼륨의 균형을 유지시키는 주된 조절기구이며 식이섭취의 다양한 변화는 혈장농도의 변동에 크게 영향을 주지 못한다.

부신피질호르몬인 알도스테론은 칼륨 배설을 자극하며 또한 이뇨제 · 알코올 · 커피 및 설탕을 과잉섭취하는 것도 칼륨 배설을 촉진시킨다. 산-염기 균형의 변화는 소변으로 배설되는 칼륨의 양에 영향을 주며, 정상적인 배설량은 1일 40mEq이다.

(3) 생리적 기능

1) 수분과 전해질의 평형을 유지

칼륨은 세포내액의 중요한 양이온이며, 이온화된 칼륨은 세포외액의 이온화된 나트륨과 함께 정상적인 삼투압과 수분평형을 유지시킨다.

2) 산-염기의 균형을 유지

이온화된 칼륨은 이온화된 나트륨과 이온화된 수소와 더불어 산과 염기의 균형에 영향을 미친다.

3) 근육의 수축과 이완작용에 관여

칼륨이온은 횡문근과 심근의 활동에 중요한 역할을 담당하고 있어서 나트륨 · 칼슘과 함께 신경근육의 흥분과 자극을 비롯하여 전기화학적 자극의 전달 및 근육섬유소의 수축을 조절한다.

특히 심장근육의 활동에서 현저히 나타나 혈중 칼륨농도의 작은 변동까지도 심전도(electrocardiogram)에 영향을 준다. 심장의 높은 칼륨농도는 심장근육을 이완시킨다.

4) 당질대사에 관여

혈당이 글리코겐으로 전환될 때 글리코겐 1g에 대해 0.36mmol의 칼륨을 저장한다. 당뇨병성 산독증(acidosis) 환자에게 포도당과 인슐린으로 치료를 하는 경우에 글리코겐이 빠른 속도로 생산 · 저장되므로 혈장으로부터 칼륨의 유출이 생긴다. 이때 적절한 칼륨을 공급하지 않으면 저칼륨혈증이 초래된다.

5) 단백질합성에 관여

칼륨은 근육단백질과 세포단백질 내에 질소의 저장을 위해 필요하다. 조직이 파괴될 때 칼륨은 질소와 함께 상실된다. 근육과 세포단백질의 재합성을 위한 아미노산 식이요법은 질소보유의 안전을 위해 칼륨을 공급한다.

6) 혈압 조절

혈압을 조절하는 중요한 인자는 나트륨이지만, 나트륨의 절대량보다 나트륨 : 칼륨의 비율이 매우 중요하다.

(4) 결핍증과 과잉증

칼륨이 부족한 경우에는 심장의 박동이 빨라지고 불규칙적이 되며, 비정상적인 심전도와 함께 과민성 · 근육약화 및 마비 · 구토 · 설사 · 복수 등의 증상이 나타난다. 칼륨의 결핍증은 흔히 발생하진 않으나 신선한 과일과 야채를 적게 섭취하는 경우에는 발생할 수 있다. 그러나 칼륨의 식이섭취 부족보다는 과잉상실에서 칼륨부족증이 초래하는 경우가 많고 당뇨병성 산독증, 탈수증, 오래 지속된 구토 및 설사로 인해 발생한다.

또한, 이뇨제나 스테로이드제 및 강한 하제의 규칙적인 복용으로 인하여 칼륨부족증이 발생한다. 저칼륨혈증(hypokalemia)은 설사와 구토로 장내 칼륨 상실이 오래 지속되거나 조직의 파괴 · 흡수불량 등과 더불어 오랫동안 소모성 질환을 앓는 경우에 위험할 정도로 혈중 칼륨이 낮아져서 발생한다.

최근 연구에 의하면 고칼륨 섭취가 혈압을 낮추기 때문에 저칼륨 섭취에 의한 고혈압이 초래할 수 있다고 보고되었고, 이러한 효과는 칼륨이 나트륨의 생물학적 효과에 반작용을 초래하기 때문에 발생한다고 주장하고 있다.

고칼륨혈증(hyperkalemia)은 신부전이나 칼륨의 빠른 정맥 투여로 혈청 칼륨이 중독수준까지 높이 상승된 상태이다. 또한 근육과민, 정신적인 혼동, 불규칙적인 심장운동, 호흡곤란, 사지마비 등의 증상을 나타낸다.

(5) 영양섭취기준

식사를 통한 충분한 칼륨의 섭취는 혈압을 낮추며 뇌졸중과 심근경색을 예방한다. 이 때 칼륨 섭취량은 나트륨과 칼륨의 비율이 1에 가까운 수준이 되는 정도가 적절하다(WHO, 2003). 칼륨의 충분섭취량은 소금 섭취로 인한 혈압상승을 완화시키고 신결석 발병 위험도와 염분 감수성을 감소시키는 수준으로 설정하였다.

표 11-12 한국인의 칼륨 영양섭취기준

성별	연령	칼륨(mg/일)			
		평균필요량	권장섭취량	충분섭취량	상한섭취량
영 아	0~5(개월)			400	
	6~11			700	
유 아	1~2(세)			2,000	
	3~5			2,300	
남 자	6~8(세)			2,600	
	9~11			3,000	
	12~14			3,500	
	15~18			3,500	
	19~29			3,500	
	30~49			3,500	
	50~64			3,500	
	65~74			3,500	
	75 이상			3,500	
여 자	6~8(세)			2,600	
	9~11			3,000	
	12~14			3,500	
	15~18			3,500	
	19~29			3,500	
	30~49			3,500	
	50~64			3,500	
	65~74			3,500	
	75 이상			3,500	
임신부				+0	
수유부				+400	

자료 : 한국영양학회, 한국인 영양섭취기준, 2015.

성인 남녀간에는 체격, 신체 구성성분, 열량 섭취량의 차이가 있으나 성별에 따라 칼륨 요구량이 다르다는 연구결과가 없어, 칼륨의 충분섭취량은 남녀 동일하게 1일 3,500mg으로 설정하였다. 노인은 성인에 비해 에너지 섭취량이 적으나 연령의 증가에 따른 고혈압 발생 위험 증가 및 이에 따른 칼륨의 요구량 증가를 고려하여 성인과 동일한 양으로 설정하였다.

임신부의 경우, 임신기에 칼륨의 요구량이 달라진다는 자료가 없어 성인의 충분섭취량과 동일한 양으로 설정하였다. 반면 수유부의 경우에는 6개월간 모유를 통해 분비되는 칼륨의 함량(400mg/일)과 식사를 통해 섭취한 칼륨의 모유 전환율(100%)을 고려하여, 성인 여성의 충분섭취량에 400mg을 부가하였다.

신장 기능이 정상인 건강한 사람의 경우 충분섭취량 이상의 칼륨을 섭취하여도 소변을 통한 배설을 증가시켜 칼륨의 항상성을 조절할 수 있으므로 상한섭취량은 설정하지 않았다.

(6) 급원식품

칼륨은 거의 모든 식품에 들어 있으며, 특히 채소와 과일에 다량 함유되어 있다. 또한 건조과일, 감자전분, 해초류, 콩가루, 밀기울, 해바라기씨 등은 칼륨함유량이 매우 풍부하여 아주 좋은 급원식품이며, 땅콩, 돼지고기, 쇠고기, 송아지고기, 정어리 등도 좋은 급원이다.

표 11-13 식품 중의 칼륨 함량 (mg/100g)

식품명	칼륨 함량	식품명	칼륨 함량
대두(노란콩)	1,340	고등어(생것)	310
멸치(중, 말린 것)	1,149	돼지고기(등심)	304
미역(생것, 양식)	930	오징어(생것)	260
땅콩(말린 것)	898	굴(참굴, 양식)	201
근대(생것)	660	현미	181
시금치(생것)	595	표고버섯	180
고구마	429	토마토(생것)	178
감자	396	귤(생것)	173
쇠고기(한우, 안심)	381	우유	155
바나나	335	복숭아(백도)	133
닭고기(생것)	327	쌀	128
당근(생것)	320	달걀	116

자료 : 농촌진흥청 국립농업과학원, 2011.

6. 염 소(chlorine, Cl)

key word

• 염소
세포외액에 존재하는 주요 음이온으로 위산의 구성성분이다. 염소는 대부분 소금으 로 섭취하고 가공식품에 많이 함유되어 있다.

(1) 체내 분포

우리 체내에는 체중의 0.15%인 약 100g 정도의 염소가 나트륨이나 칼륨과 함께 포함되어 있다.

염소는 주로 세포외액에 음이온 상태로 함유되어 있으며, 뇌척수액에 가장 많은 양인 124mEq/L가 있다.

정상적인 혈청농도는 95~105mEq/L이며, 혈액 속에는 염소 0.25%와 나트륨 0.22% 및 칼륨 0.02~0.22%가 함유되어 염소의 함량이 약간 많은 편이다. 또한 염소는 위의 염산(HCl)의 구성성분이다.

(2) 흡수 및 대사

염소는 소량이 대변으로 상실되며, 주로 소장을 통해 흡수된다.

혈액 중 소량의 염소는 염산을 형성하여 소화효소와 함께 위에 분비되어 작용하고 혈액에 재흡수된다. 또한 체내에서는 위액과 뇌척수액에 염소가 가장 많다.

과잉염소는 신장을 통하여 요로 배설되는데 알도스테론의 영향을 받아 나트륨과 같이 조절되며, 땀 · 구토 · 설사 등에 의하여 소실되기도 한다. 배설된 염소는 과잉나트륨이나 칼륨과 함께 염의 형태로 배설된다.

(3) 생리적 기능

① 수분-전해질 평형을 유지한다.

이온화된 나트륨과 함께 세포외액의 염소이온은 수분평형을 유지하고 삼투압을 조절한다.

② 산-염기 평형을 조절한다.

혈청과 적혈구 사이에서 작용하는 염소-중탄산염 교제(chloride-bicarbonate shift)기전에 관여하여 염소이온은 혈액 내에서 일정한 pH를 유지시킨다.

③ 위에서 분비되는 위산(HCl)의 구성원이다.

위 점막에서 분비되는 염산은 위의 산도를 유지시키며 불활성인 펩시노겐(pepsinogen)을 활성인 펩신(pepsin)으로 전환시켜서 단백질 소화를 돕는다.

또한 염산은 미생물의 성장을 억제하고 비타민 B_{12}와 철(Fe)을 흡수하는 데 필수적으로 필요하다.

(4) 결핍증

염소의 결핍증은 장기간 심한 구토, 설사, 무분별한 이뇨제 사용이나 소금을 사용하지 않고 실시한 엄격한 채식식이에 의하여 발생된다.

심한 결핍증상으로는 알칼리혈증(alkalosis), 느리고 약한 호흡, 무관심, 근육경련, 식욕부진, 체중감소 등이 나타난다.

(5) 영양섭취기준 및 급원식품

염소의 경우 모든 연령층에 충분섭취량을 설정하였고, 염소의 충분섭취량은 나트륨과 동일한 몰당량인 2,300mg으로 설정하였다.(표 11-13) 염소는 대부분 소금으로 섭취하고 가공식품이나 조리 시와 식사 시에 소금 첨가로 얻는다. 그 밖에 해조류, 육류, 채소류에도 존재한다. 나트륨과 칼륨이 충분한 식사는 염소도 충분히 공급해 준다.

7. 황

(1) 체내분포

황은 체내의 모든 세포에 존재하며 시스테인(cystein)이나 시스틴(cystine) 및 메티오틴(methionine)과 같은 중요한 아미노산의 구성원으로서 생명에 필수적이다. 그 밖에도 티아민(thiamin), 비오틴(biotin), 조효소 A(coenzyme A), 리포산(lipoic acid), 타액(saliva), 담즙, 인슐린 등에도 함유되어 있다.

황은 결체조직, 손톱, 발톱, 모발, 연골, 힘줄, 뼈 등에도 함유되어 있는데, 체중의 0.25%(175~200g)를 차지하고 체내 무기질량의 약 10%를 차지한다.

key word

• 황

함황 아미노산의 구성성분이므로 신체의 구성성분이 되며, 티아민, 비오틴, 조효소 A, 리포산, 타액, 담즙, 인슐린 등에도 함유되어 있다. 황은 독성이 있는 물질을 해독하여 소변으로 배설시키는 작용을 한다.

(2) 흡수 및 대사

황의 흡수는 주로 소장에서 이루어지며 소화되는 동안에 함황아미노산은 단백질에서 분리되어 간문맥으로 들어간다.

황은 머리카락과 손톱 및 피부에 가장 많이 함유되어 있으며 체내 모든 세포에 저장되어 있다. 과잉황은 소변과 대변을 통해서 배설되고 소변으로 배설된 황의 85~90%는 함황아미노산의 대사물에서 유도된 유기물이다. 무기황산염은 흡수가 잘 안 되어 대변으로 거의 배설된다.

(3) 생리적 기능

① 단백질 구조의 필수적인 구성원

이황화물결합(disulfide linkage, −S−S−)은 단백질의 구조적 안정성을 유지하는데 중요한 3차 구조와 4차 구조를 형성한다.

② 효소의 활동에 관여

많은 효소의 활동을 위하여 황화수소그룹(−SH)을 필요로 한다.

③ 열량대사에 관여

황화수소그룹(−SH)은 고(高)에너지황결합(high energy sulfur bond)을 형성하는데, 이것은 CoA(CoA−SH)의 대사적 활성에서 매우 중요하다.

④ 신체의 구성성분

황은 함황아미노산을 구성하며 피부, 손톱, 발톱, 머리카락, 콜라겐 생성에 필수적이다. 또한, 비오틴(biotin)의 구성원으로 지방대사에 중요하고 인슐린과 티아민(thiamin) 및 리포산(lipoic acid)의 구성원으로서 당질대사에 매우 중요하다. 인슐린과 글루타티온(glutathione)은 열량대사를 조절한다.

⑤ 해독작용

페놀(phenol)류나 크레졸(cresol)류와 같이 독성이 있는 물질과 결합하여 무해물질로 전환시켜서 소변으로 배설한다.

(4) 결핍증

황은 단백질합성에 관련되어 있으므로 성장지연이 나타난다. 특히, 손톱, 발톱처럼 황을 많이 함유하는 부분의 생성이 느려진다. 그러나 일반적으로 결핍증이나 과잉 증세는 보고된 바가 없다.

(5) 영양섭취기준 및 급원식품

황의 영양섭취기준은 정해지지 않았으나 메티오닌과 시스틴의 섭취가 적절한 경우에 황은 충분히 공급된다. 치즈, 달걀, 생선, 곡류 및 그 제품, 두류, 육류, 땅콩, 조류 등이 매우 좋은 급원식품이다.

표 11-14 식품 중의 황 함량

(mg/100g)

식품명	황 함량	식품명	황 함량
콩가루	410	연어	220
땅콩	380	밀가루	190
정어리	310	통밀	160
쇠고기	270	보리	150
닭고기	255	달걀	140
밀배아	240	옥수수	120
치즈	230	고구마	40
대두	220	무	40

자료 : 농촌진흥청 국립농업과학원, 2011.

핵심문제 및 해답

*해답 본인 확인용 붉은 셀로판지를 이용하세요.

[문제 1] 다량무기질의 종류별 대사 및 기능에 대해 설명하시오.

[해답]

다량무기질의 대사 및 기능

종류	대사	기능
칼슘 (Ca)	흡수 : 20~40%, 어린이, 임신부 증가, 노인 감소 배설 : 대변, 소변, 피부	골격과 치아형성, 혈액응고, 신경전달, 근육 수축과 이완
인 (p)	흡수 : 소장(70%) 칼슘:인=1:1이 이상적 배설 : 신장	골격형성, 세포의 구성성분, 산·염기 평형, 에너지대사
마그네슘 (Mg)	흡수 : 소장(35~40%) 배설 : 신장(섭취량의 30%)	골격과 치아 형성, 근육이완, 신경의 흥분성 조절, 효소의 구성성분
나트륨 (Na)	흡수 : 소장 배설 : 신장(알도스테론에 의해 조절)	신경자극전달, 삼투압 조절, 산·염기 평형, 포도당 흡수
칼륨 (K)	흡수 : 소장(90% 이상) 배설 : 신장(알도스테론에 의해 배설 증가)	산·염기 평형, 삼투압조절, 신경자극전달, 글리코겐 합성에 관여
염소 (Cl)	흡수 : 소장 배설 : 신장(알도스테론에 의해 배설 증가)	염산 형성, 신경자극전달, 산·염기 평형
황 (S)	흡수 : 함황아미노산에서 분리되어 소장으로 흡수 배설 : 신장	세포단백질 및 비타민의 구성성분, 해독작용

[문제 2] 칼슘의 흡수를 증진시키는 인자와 방해하는 인자들은 무엇인가?

[해답]

칼슘의 흡수를 증진시키는 인자	칼슘의 흡수를 방해하는 인자
비타민 D 단백질 유당 비타민 C 소화관 내의 산도(산성)	비타민 D의 부족 식사 내 칼슘과 인의 불균형 피틴산, 수산, 식이섬유 과잉지방 높은 알칼리성 환경

[문제 3] 칼슘의 항상성 유지에 관여하는 호르몬 및 비타민은 무엇인가?

[해답]

1) 칼시토닌 : 뼈 속의 칼슘 방출을 막고, 신장에서 소변을 통해 칼슘의 배설을 증가시켜 혈중 칼슘농도 저하
2) 부갑상선 호르몬 : 신장에서 칼슘의 재흡수를 증가시키며, 뼈에서 칼슘을 용출시켜 혈중 칼슘농도 증가
3) 비타민 D : 소장에서 칼슘의 흡수를 증가시키고, 신장에서 칼슘의 재흡수를 증가시키며, 뼈의 칼슘을 용출시켜 혈중칼슘 농도 증가

[문제 4] 영양섭취기준 중에서 목표섭취량이 정해져 있는 유일한 영양소는 무엇이며, 그 목표 섭취량은 얼마인가?

[해답] 목표섭취량이 정해져 있는 영양소는 나트륨이며, 그 양은 9세 이상 남녀 모두 2,000mg이다.

Chapter 12

미량 무기질

학습 목표

1. 미량무기질의 종류를 분류할 수 있다
2. 미량무기질의 체내 흡수와 대사 과정을 설명할 수 있다.
3. 미량무기질의 체내 작용기전을 설명할 수 있다.
4. 미량무기질의 결핍증과 과잉증을 설명할 수 있다.
5. 미량무기질의 급원식품과 영양소 섭취기준을 설명할 수 있다.

미량무기질은 에너지를 생성할 수는 없지만 생체 내 다양한 기능들을 수행하며 생명 유지에 필수적인 영양소이다. 미량무기질은 1일 필요량이 100mg 이하이며 체중의 0.05% 미만으로 소량 존재하고 있지만 인체 내에서 여러 가지 화학반응의 보조인자, 효소의 구성성분으로 참여하면서 우리 몸의 생리기능을 조절하는데 중요한 역할을 한다.

미량무기질은 주로 소장에서 흡수되어 혈액을 통해 간으로 이동하는데 이들의 흡수율이나 활성도는 영양상태, 식품 중의 다른 인자와의 상호작용에 의해 영향을 받는다. 따라서 과량의 식이섬유소나 보충제 형태의 특정한 무기질의 지나친 섭취는 다른 무기질의 흡수를 방해할 수 있으므로 균형잡힌 무기질의 섭취가 중요하다.

미량무기질 중 체내 가장 많은 분포를 차지하는 것은 철(Fe)이며, 그 밖에 아연(Zn), 구리(Cu), 요오드(I), 불소(F), 망간(Mn), 셀레늄(Se), 크롬(Cr), 몰리브덴(Mo), 코발트(Co) 등이 있다.

1. 철분(iron, Fe)

(1) 체내 분포

철은 성인의 체내에 체중 kg당 40~50mg이 포함되어 있어 약 3~4g이 함유되어 있고, 체중의 0.004%에 해당된다. 철의 67~70%는 헤모글로빈에, 3.5~5%는 미오글로빈(myoglobin)에 함유되어 있고, 20~30%는 페리틴(ferritin)과 헤모시데린(hemosiderin)과 같은 저장소에 저장되어 있으며, 나머지 2.5~5%는 에너지생산에 필요한 산화적 효소체계의 주된 구성원으로 세포에 함유되어 있다.

> *key word*
>
> **· 철**
> 은 적혈구의 헤모글로빈과 근육조직 내의 미오글로빈의 구성성분으로 산소의 이동과 저장에 관여하며 페리틴과 헤모시데린 형태로 저장된다. 또한 시토크롬의 구성요소이며 정상적인 면역기능에 필수적이다.

(2) 흡 수

철의 흡수는 주로 소장의 상부인 십이지장과 공장에서 일어나며, 곡류 · 채소류 · 두류 등에 존재하는 철분의 흡수율은 1~10%로 다양하고, 이 밖에 육류 · 대두 · 생선 등의 철은 20~25%의 흡수율을 나타냄으로써 혼합식이를 하는 경우에는 약 10% 흡수율을 나타낸다.

식품 속에 함유된 철은 동물성 식품에 많이 함유된 헴(heme)철이 식물성 식품에 함유된 비헴(nonheme)철보다 위액의 염산(HCl)에 의해 용해도가 크며 흡수율이 높다.

분류	식물성 식품							동물성 식품				
	쌀	시금치	검은콩	옥수수	상추	밀	대두	ferritin	송아지 간	생선	헤모글로빈	송아지 고기
식품내 철분량	2mg	2mg	3~4 mg	2~4 mg	1~17 mg	2~4 mg	3~4 mg	3mg	3mg	1~2 mg	3~4 mg	3~4 mg

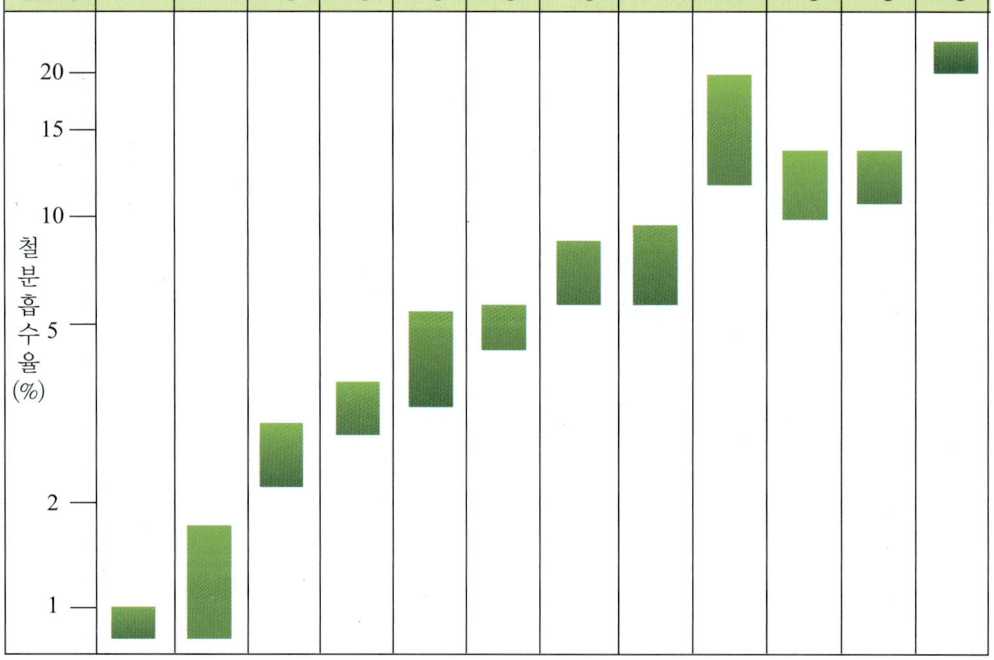

그림 12-1 음식물 중 철의 흡수율

식품과 체내의 철은 제일철(ferrous, Fe^{2+}, 환원철)과 제이철(ferric, Fe^{3+}, 산화철)이 많아서 위액에 의해 제이철은 제일철로 환원된다. 그러므로 위액분비가 낮거나 무산증인 사람의 철의 흡수율은 낮다. 그 반면에 헴(heme)철은 동물성 식품에 함유되어 아미노산과 복합체를 이루어 흡수율이 증진한다.

표 12-1 식이철분인 Heme과 nonheme의 특성

	Heme(소량)	Nonheme(많은 양)
급원식품	식물성 식품에는 없음 : 동물성 식품에 함유된 철의 40%	모든 식물성 식품 : 동물성 식품에 함유된 철의 60%
흡수율	빠름 : 이동과 흡수가 자유로운 상태임.	느림 : 유기분자와 강하게 결합됨.

표 12-1에서 보는 바와 같이 헴(heme)철은 동물성 식품의 40% 정도이고, 비헴(nonheme)철은 모든 식물성 식품의 철과 동물성 식품의 60% 정도를 차지하여 비헴 철이 식이의 많은 부분을 차지하고 있다. 철의 흡수는 여러 가지 인자들에 의하여 영향을 받아 흡수가 증진되기도 하고 감소되기도 한다.

1) 흡수를 증진시키는 인자

① **체내 요구량** : 임신, 성장, 수유, 저영양상태 등으로 체내의 요구량이 많으면 흡수율이 높아지고 조직에 철분이 충분하면 요구량이 감소한다.

② **산도 및 환원제** : 비타민 C는 산성 환경을 만들어 ferric(Fe^{3+})형을 ferrous(Fe^{2+})형으로 전환시켜 철의 흡수를 증가시키며 위의 염산도 비슷한 효과를 준다.

③ **칼슘** : 적당량의 칼슘은 인산(phosphate)이나 피트산(phytate)과 먼저 결합하여 제거하므로 철의 흡수를 증진시킨다.

이외에도 헴(heme)철은 흡수를 증진시키며 히스티딘, 리신, 시스테인과 같은 아미노산과 설탕이나 유기산(lactate, succinate, citrate, pyruvate)도 철분의 흡수를 돕는다. 또한 출혈이나 빈혈 등으로 헤모글로빈의 합성이 증가하면 철의 흡수도 증가한다.

2) 흡수를 방해하는 인자

① **불용성 결합물을 만드는 물질** : 인산염, 피트산, 수산, 탄닌산 등은 철과 결합하여 불용성 염을 형성하므로 철의 흡수를 감소시킨다.

② **염산의 감소** : 위 수술을 받아 위조직이 감소하면 염산분비가 감소하여 ferrous철로 전환이 안 된다.

③ **감염** : 심한 감염은 철 흡수를 방해한다.

④ **흡수불량증** : 설사나 지방성 설사를 유발하는 흡수불량증후군은 철의 흡수를 감소시킨다.

⑤ 비헴(Nonheme)철이나 소장점막의 페리틴 커튼(ferritin curtain)에 철의 저장량이 많으면 철 흡수율은 감소한다.

이와 같이 철의 흡수율은 여러 가지 인자에 의해 조절되고 제일철(Fe^{2+})은 제이철(Fe^{3+})보다 쉽게 용해되므로 소장 상피세포(epithelial cell)에 쉽게 도달하여 제이철(Fe^{3+})로 산화되고 세포막에서 철결합성 당단백질과 결합하여 세포 내로 이동된다. 또한, 철산화효소의 작용을 지닌 동을 함유한 세룰로플라스민(ceruloplasmin)에 의해서 제이철(Fe^{3+})로 산화된 철은 페리틴(ferritin)을 형성하기 위해서 세포의 특수한 감각수용체(receptor)인 아포페리틴(apoferritin)과 결합한다. 소장점막세포에 존재하는 페리틴의 양이 철의 흡수율에 영향을 준다.

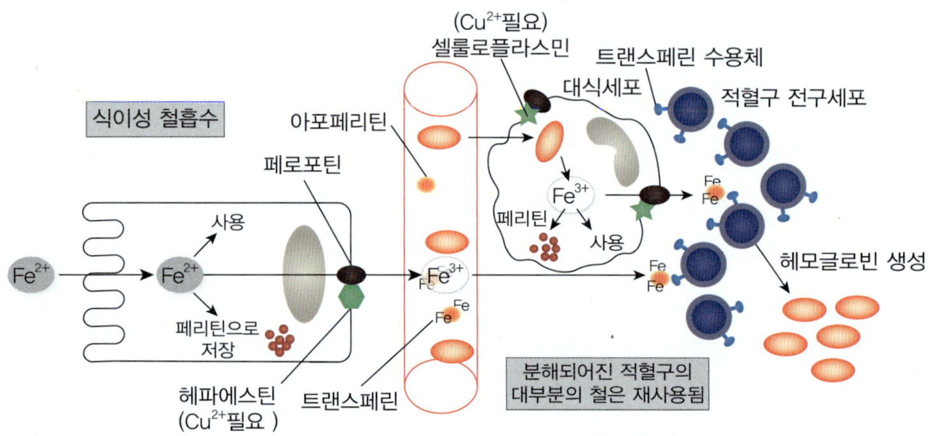

그림 12-2 철의 운반 및 저장

철의 흡수는 Fe^{2+}형태로 소장 점막세포에 존재하는 페리틴에 의해 이루어진다.

소장세포로 들어온 철은 페리틴 형태로 저장되거나 세포막의 철 운반체인 페로포틴을 통해 혈중으로 이동하고 셀룰로플라즈민에 의해 Fe^{2+}(이가철)은 Fe^{3+}(삼가철) 형태로 산화되어 진다. Fe^{3+}는 철 운반 단백질인 트랜스페린과 결합하여 골수에서 헤모글로빈 합성을 위해 사용되어지고 그 외에는 효소와 조효소의 합성에 이용되어진다. 사용하고 남은 철은 페리틴이나 헤모시데린 형태로 저장된다.

key word

• 헤모글로빈 (hemoglobin)
산소와 이산화탄소 운반에 관여하는 단백질로 네 개의 단백질과 네 개의 철을 함유하는 헴으로 구성된 복합단백질이다.

철의 재활용(Recycling of iron) : 적혈구는 혈액에서 120여일 동안 존재하다가 기능이 소멸된 적혈구는 파괴되어지고 이 때 분리되어진 철의 대부분은 새로운 적혈구를 만드는 데 재이용된다.

key word

• **페리틴**(ferritin)
간장, 비장, 골수 등에 존재하는 철 저장 단백질로 페리틴 하나에 약 4,500개의 철 이온이 결합할 수 있다.

(3) 대 사

흡수된 철은 ferric철(Fe^{3+})로 산화되어 혈장의 β−globulin transferrin과 결합하여 골수와 간의 저장소로 운반된다. 그곳에서 철은 저장을 위한 페리틴을 형성하기 위하여 아포페리틴과 결합하고 헤모글로빈 합성에 이용된다. 철의 제 2저장소인 헤모시데린(hemosiderin)은 철의 저장량이 많을 때 철농도는 저장철의 불용성형 $Fe_2(OH)_3$의 미셀이 이용된다.

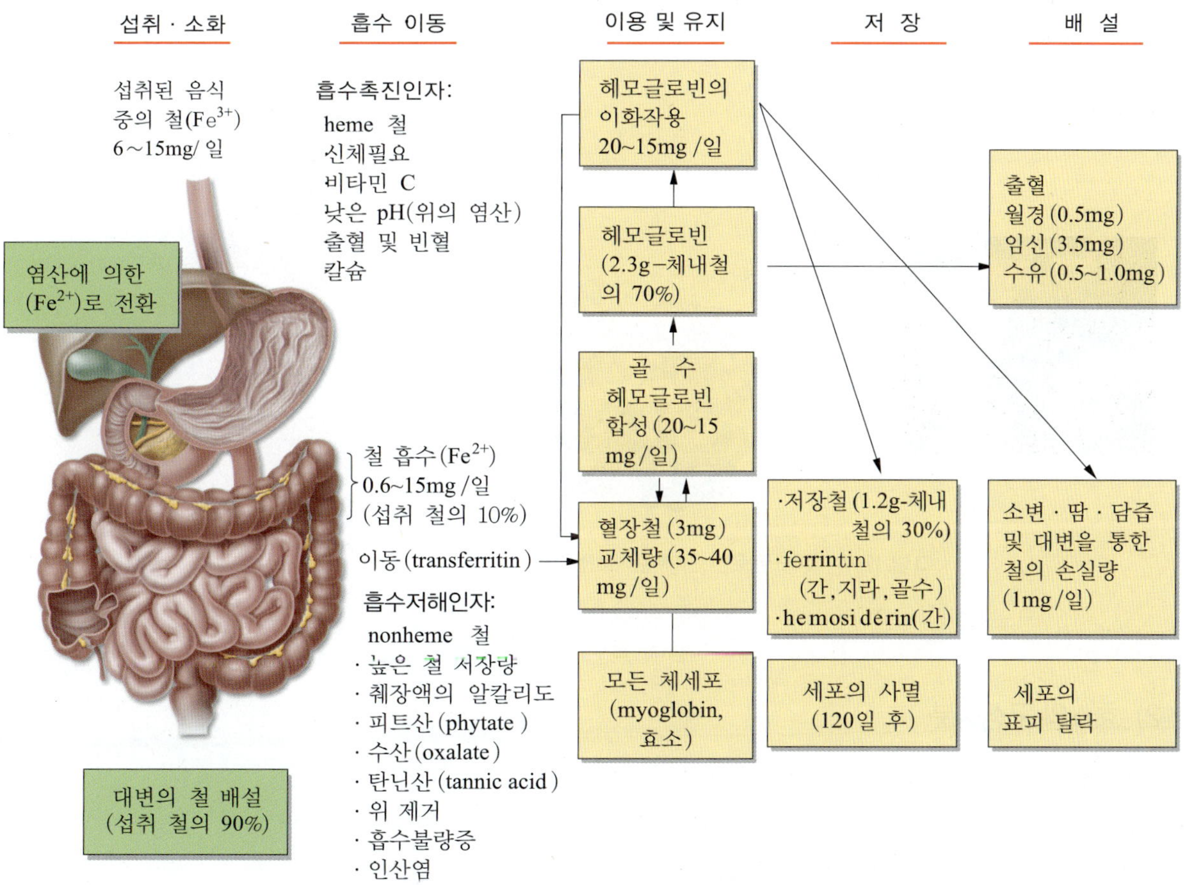

그림 12-3 철분의 흡수 및 대사

헤모글로빈 합성은 1일 20~25mg의 철분을 이용하나 적혈구가 120일이 지나 파괴되면 철은 재순환되어 골수에서 헤모글로빈 합성에 이용된다(그림 12-4).

철의 배설은 성인 남자의 경우에 0.9~1.05mg/일이나 0.013mg/kg/일이다. 그리고 땀으로 0.3~0.4mg이 배설된다. 월경으로 인한 손실은 43mL로서 1일 평균 0.6~0.7mg의 철분이 손실된다.

> *key word*
> **• 헤모시데린** (hemosiderin)
> 체내 철분함량이 아포페리틴의 수용능력을 넘어서게 되면 헤모시데린 형태로 존재하며 페리틴보다 철함량이 높다.

(4) 생리적 기능

1) 산소의 운반과 저장

적혈구의 헤모글로빈을 형성하고 산소를 조직에 운반하여 근육조직 속에 있는 미오글로빈(myoglobin)의 구성 성분으로 산소를 일시적으로 저장하는 역할을 한다. 또한, 헤모글로빈은 조직으로부터 탄산가스를 제거한다.

> *key word*
> **• 미오글로빈** (myoglobin)
> 철을 함유한 근육단백질로 산소저장 및 필요시에 산소를 공급하는 기능을 한다.

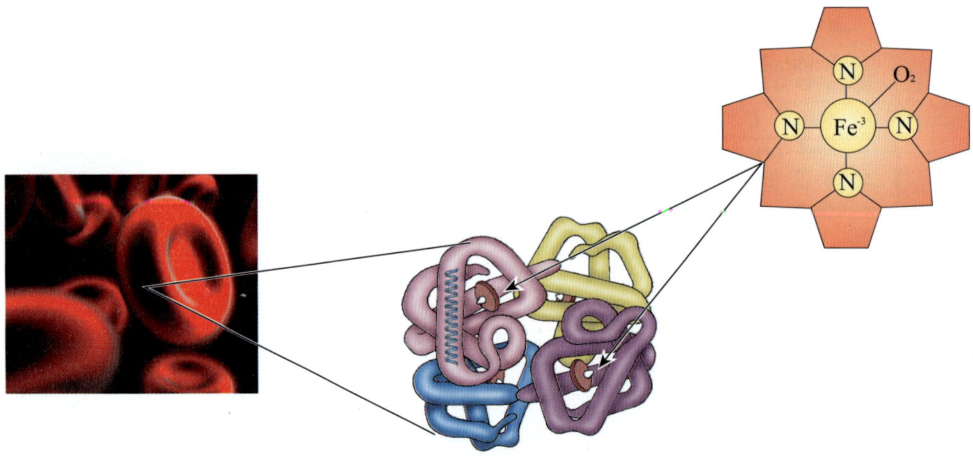

그림 12-4 헤모글로빈 안에 존재하는 철

2) 효소의 구성성분

철은 미토콘드리아 내의 전자전달계를 통해 ATP를 생산하기 위하여 산화환원에 관여하는 효소인 시토크롬(cytochrome)의 구성요소이다. 또한 체내에서 발생한 과산화물을 제거하는 페록시다아제(peroxidase)의 구성원소이며 산화환원효소의 일종인 카탈라아제(catalase)의 구성원소이다.

(5) 결핍증

철결핍증의 초기 단계는 기능적 손상이 없는 철 저장량의 감소인데 이는 혈청 페리틴 농도의 감소(12μg/L 이하)이고, 그 다음은 헤모글로빈의 정상적 생산에 필요한 철의 부족으로 트랜스페린 포화도의 저하(16%)와 적혈구 프로토포르피린의 증가(1.24μmol/L 이상)가 있다.

마지막 단계가 철 결핍성 빈혈 혈중 헤모글로빈 수준이 정상치 이하로 감소하고 혈색소 농도가 낮고 크기가 작은 적혈구 세포가 나타난다.

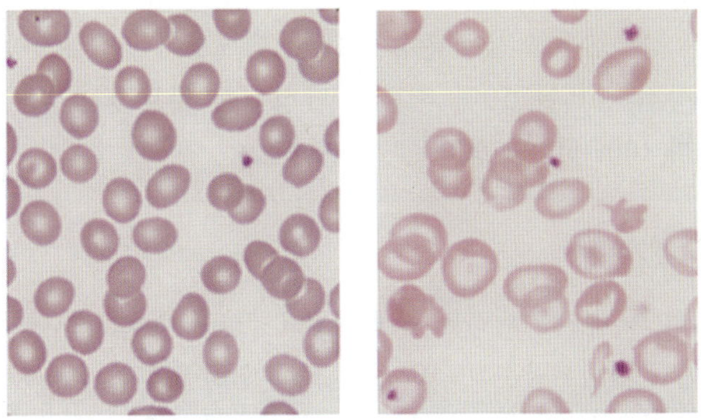

A: 정상세포 B : 철결핍세포

그림 12-5 철결핍성 빈혈

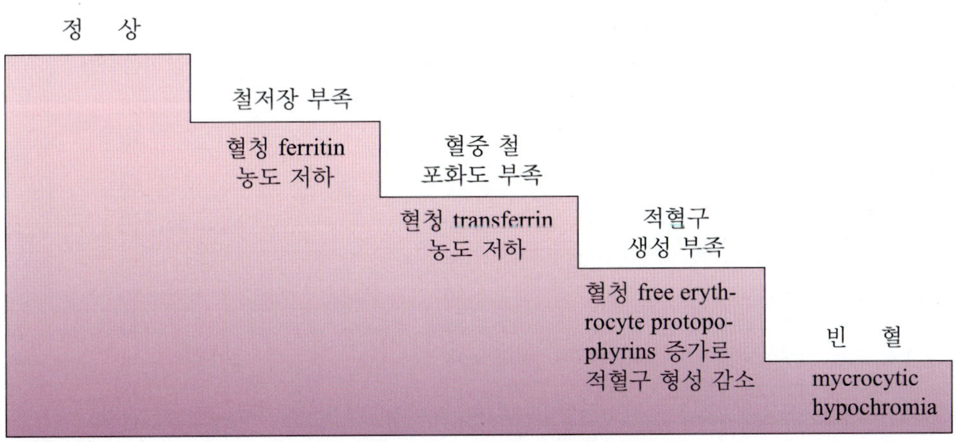

그림 12-6 철분 결핍증의 단계

철결핍성 빈혈은 단백질-에너지 결핍증 다음으로 가장 널리 퍼진 결핍증으로 증상은 창백함, 피로, 현기증, 작업능력의 저하 등이 있다. 철결핍성 빈혈은 영아, 성장기 아동과 청소년, 가임여성, 임산부, 수유부 등 철의 필요량이 많은 경우에 공급이 부족해서 발생한다.

(6) 과잉증

철의 과잉은 비효율적인 철의 배설기능과 저장능력의 포화로 인해 체내에 철이 쌓여 발생한다. 또한 흔하지는 않지만 선천적 질환인 혈색소증(hemochromatosis)으로 간 · 췌장 · 피부 등에 철이 과잉 저장되어 기능을 방해한다.

피부가 갈색으로 변하고 간에 손상이 오며, 당뇨병이나 심부전 등이 나타나기도 한다. 임상적 증세는 50대 후반의 남성에게 주로 나타나며 발생빈도는 100,000명마다 100~500명 정도로 발생한다.

(7) 영양섭취기준

우리나라에서 19세 이상 남자의 철 평균필요량을 7~8mg으로 정하였으며 개인차를 고려하여 권장섭취량은 9~10mg/일으로 설정하였다. 19~49세 여성의 경우 철 평균필요량은 10.8mg으로 개인차를 위한 계수 1.3을 곱하여 권장섭취량을 1일 14mg으로 설정하였다.

표 12-2 한국인의 철 영양섭취기준

성별	연령	철(mg/일)			
		평균필요량	권장섭취량	충분섭취량	상한섭취량
영 아	0~5(개월)			0.3	40
	6~11	5	6		40
유 아	1~2(세)	4	6		40
	3~5	5	6		40
남 자	6~8(세)	7	9		40
	9~11	8	10		40
	12~14	11	14		40
	15~18	11	14		45
	19~29	8	10		45
	30~49	8	10		45
	50~64	7	10		45
	65~74	7	9		45
	75 이상	7	9		45

성별	연령	철(mg/일)			
		평균필요량	권장섭취량	충분섭취량	상한섭취량
여 자	6~8(세)	6	8		40
	9~11	7	10		40
	12~14	13	16		40
	15~18	11	14		45
	19~29	11	14		45
	30~49	11	14		45
	50~64	6	8		45
	65~74	6	8		45
	75 이상	5	7		45
임신부		+8	+10		45
수유부		+0	+0		45

자료 : 한국영양학회, 한국인 영양섭취기준, 2015.

임산부는 요인가산법을 적용하였고 권장섭취량은 10mg을 추가하여 1일 24mg으로 설정하였으며 수유부는 추가없이 성인 여성과 동일하게 1일 14mg으로 설정하였다.

(8) 섭취현황과 급원식품

1998년도 국민건강 · 영양조사 결과(보건복지부, 1999)에 의하면 전국 1인당 1일 평균 철 섭취량은 12.27±8.59mg(9~13mg으로 추정)이었다.

한국인의 철 섭취급원은 1995년도에는 철의 총 섭취량의 79.5%가 식물성 급원에서, 20.5%를 동물성 급원에서 얻는 것으로 나타났다.

그러나 1998년도(보건복지부, 1999)에는 곡류 및 그 제품으로 20.1% 채소류에서 21.8%, 어패류에서 14.4%, 육류 및 그 제품으로 9.2%를 섭취하였으며, 총 섭취량의 71.4%를 식물성 식품에서, 28.6%를 동물성 식품에서 얻는 것으로 나타남으로써 우리나라 사람들이 동물성 급원에서 섭취하는 철의 비율이 최근에 크게 증가하였음을 알 수 있다.

2001년도 국민건강 · 영양조사에 의하면 전국 1인당 1일 평균 철 섭취량이 12.2mg, 2005년도에는 13.6mg으로 나타나서 철 섭취량이 증가하다가 2008년에는 12.9mg으로 감소하였다.

철분의 좋은 급원은 쇠고기, 철갑상어의 알, 간, 감자전분, 콩가루, 달걀노른자, 돼지고기, 흑설탕 등이고, 푸른잎 채소, 닭, 완두콩, 생선 등에도 상당량 함유되어 있다.

표 12-3 식품 중 철의 함량

(mg/100g)

식 품	철의 함량	식 품	철의 함량	식 품	철의 함량
곡류 및 그 제품		감자 및 전분류		채소류	
현미	2.1	감자	1.6	근대	5.0
칠분도미	0.9	고구마	0.7	당근	1.3
백미	0.5	당면	2.1	도라지	1.5
밀가루(중력분)	1.4	육류		깻잎	2.0
국수	2.1			미나리	4.1
라면	1.8	쇠고기(등심)	1.8	시금치	2.6
식빵	1.2	쇠고기(사태)	2.0	콩나물	0.7
두류 및 그 제품		돼지고기(등심)	1.9	난류	
		닭고기	1.2		
검은콩	7.5	버섯류		달걀	2.0
노란콩	7.6			우유 및 유제품	
두부	2.2	느타리버섯	4.5		
완두콩	1.6	송이버섯	1.3	우유	0.1
붉은팥	5.2	싸리버섯	6.2		
어패류		표고버섯	3.6	해조류	
		종실류 및 그 제품			
오징어	0.5			김(구운 것)	12.7
고등어	1.6	땅콩	4.6	미역	1.0
멸치	15.9	밤	0.8	과실류	
굴	8.0	들깨	7.5		
모시조개	7.0	흰깨	9.9	귤	0.4

자료 : 한국영양학회, "한국인 영양권장량" 제8차 개정, 2015.

2. 아연(zinc, Zn)

(1) 체내분포

성인 남자는 체내에 2.5g, 여자는 1.5g이 존재한다. 신생아는 60mg의 아연을 함유하고 있다. 간, 췌장, 모발, 안구, 피부, 내분비선 등 많은 조직에 함유되어 있고 효소의 구성성분을 이루고 있다.

혈장에 함유되어 있는 아연은 체내 아연 양의 0.1%에 불과하나 다른 조직 및 기관과의 교체가 빠르다. 아연은 알부민 등과 결합하여 혈액을 순환하며 문맥혈로부터 30~40%의 아연이 간에서 교체된다.

key word

• 아연
100여 가지 이상의 효소의 구성요소로서 체내의 다양한 대사과정에 관여한다. 성장, 생식기관의 발달, 면역기능, 미각세포의 재생, 상처회복에 관여하며 결핍시 맛 감각의 상질, 성장부진 및 청소년기의 성숙지연이 발생할 수 있다.

(2) 흡수 및 대사

• 체내 아연의 항상성을 조절하는 메탈로티오네인(metallothionein)

메탈로티오네인(metallothionein)은 금속단백질로 소장점막세포 내에 존재하며 아연 흡수의 항상성을 조절하는 역할을 한다. 아연, 구리 등의 섭취로 합성이 유도되며 이와 결합함으로써 체내 흡수량을 조절하게 된다. 아연과 구리는 흡수될 때 메탈로티오네인에 경쟁적으로 결합하므로 아연을 과량 섭취할 경우 상대적으로 구리의 흡수율은 감소한다.

아연의 흡수율은 성인의 경우 약 10~30%으로 낮은 편이며 공장에서 농도가 낮거나 확산에 의해서 높으면 운반체(carrier)에 의해 흡수된다.

아연은 금속효소(metallothionein ; MT)에 결합되어 세포에 존재하면서 흡수의 평형을 조절하거나 췌장에서 분비된 아연-바인딩 리간드(Zn-binding ligand)에 결합되어 점막세포 내로 이동된다. 인산염, 칼슘, 우유의 카세인, 피트산, 식이섬유의 과잉은 아연의 흡수를 방해하고, 히스티딘과 시스테인은 아연과 복합체를 이루어 흡수를 쉽게 한다.

표 12-4 대표적인 아연 metalloenzyme과 단백질

효 소	존재하는 곳
• Alcohol dehydrogenase	• 말과 사람의 간, 효모
• α-Lactate cytochrome C reductase	• 효모
• Aspartate transcarbamylase	• *E. coli*
• RNA polymerase	• *E. coli* 효모, *E. gracilis*
• DNA polymerase	• *E. coli*, 성게(sea urchin)
• Reverse transcriptase [RNA-dependent DNA polymerase]	• 포유동물의 바이러스들
• Alkaline phosphatase	• 포유동물의 간, 신장, 태반과 백혈구, *E. coli*
• Phospholipase C	• *Bacilus cereus*
• AMP-aminohydrolase	• 토끼근육
• Leucine ananopeptidase	• 포유동물의 신장, 소의 안구, 돼지의 신장
• Carboxypeptidase C	• 오렌지 껍질
• Carboxypeptidase A	• 쇠고기, 사람의 췌장
• Carboxypeptidase B	• 쇠고기, 돼지의 췌장
• Dipeptidase	• 돼지의 신장, 쥐의 복수 중 종양세포(mouse ascites tumor cell), *E. coli*
• Aldolase	• 효모, *Aspergillus niger*
• Carbonic anhydrase	• 포유동물의 적혈구
• δ-Aminolevulnate dehydratase	• 소와 쥐의 간, 적혈구
• Pyruvate carbxylase	• 돼지의 간, 효모
• Protein synthesis elongation factor	• 쥐의 간
• Methionyl t-RNA synthetase	• *E. coli*
아연과 구리를 함유하는 효소 • Superoxide dismulase	• 소간, 적혈구

또한 아연 결핍 시에는 흡수가 증가되고, 나이가 어릴수록 흡수가 증가하며 스트레스와 관련된 호르몬(corticosteroid)은 아연의 흡수를 증가시킨다.

한편 식사 내에 존재하는 다른 무기질은 아연과 상호 경쟁적으로 작용함으로써 아연 흡수에 영향을 미친다. 즉 아연에 대한 철이나 구리의 비율이 높을 때 아연 흡수에 지장을 주게 된다. 흡수된 아연은 알부민 분자와 함께 결합되어 저장 · 이용 또는 재분배를 위하여 간으로 이동된다.

내인성 아연과 흡수되지 않은 아연의 배설은 주로 대변을 통해서 이루어지고, 췌장의 분비물은 내인성 아연의 대부분을 차지한다. 소변으로 배설되는 아연의 양은 소량이지만 아연 결핍상태에서는 배설량이 더욱 감소한다.

(3) 생리적 기능

1) 많은 금속효소의 구성성분

단백질소화에 필요한 카르복시펩티다아제(carboxypeptidase), 적혈구에서 탄산가스(CO_2)의 이동에 관여하는 탄산무수화효소(carbonic anhydrase), 혐기성 당질대사에 관여하는 젖산 탈수소효소(lactate dehydrogenase), 간, 지방조직, 폐, 망막 등의 알코올 탈수소효소(alcohol dehydrogenase), 결합조직이나 태아의 티미딘인산화 효소(thymidine kinase) 등 70개가 넘는 효소의 구성요소로서 여러 가지 체내대사(탄수화물, 단백질, 지질의 합성과 분해)에 관여한다.

2) 기타

골격의 석회화 과정에서 촉매작용을 하며 특히 단백질과 핵산의 합성과 대사를 돕고, 생식기관의 발달과 기능에 필요하다. 또한 상처와 화상 등의 회복을 돕고 인슐린의 기능을 증가시킨다. 아연은 면역기능에도 여러 측면으로 관여한다.

(4) 결핍증과 과잉증

아연 결핍증은 균형식이를 섭취하지 않아서 발생되는 경우가 가장 많으나 술의 섭취로 인해 간에 저장된 아연이 유출되면 소변으로 배설되어 발생하기도 한다. 또한 피트산(phytate)이 많은 식이를 계속 공급하거나 1일 28g 이하의 육류를 소비하는 식이에서도 초래될 수 있다.

최근에는 성인병(당뇨, 암, 악성빈혈, 동맥경화증)일 때나 피임약을 복용할 때, 알코올 과음, 간경변증, 화상, 염증, 임신일 때에도 결핍증이 올 수 있다.

아연 결핍은 식욕상실, 어린이의 성장 부진 및 두뇌성숙의 미비, 피부장애, 성기관의 위축, 임신능력 저하, 맛감각의 상실, 머리칼의 색이 연해짐, 상처지연, 손톱에 흰 반점 등의 증상이 발생된다. 매우 희귀한 선천적 질환인 장성 말단피부염(腸性末端皮膚炎, acrodermatitis enteropathica)은 모발손실 · 피부장애 · 설사 및 소화불량증을 초래한다. 치료를 위해 적당한 아연 보충제를 공급한다.

1일 2g 이상의 아연섭취 시에 과잉증(독성)으로 빈혈, 성장부족, 뼈의 연결점의 출혈, 뼈의 재흡수, 식욕저하, 신체의 경직성, 사망 등이 나타난다.

Check point

장금이에게 필요한 무기질은? 미각세포의 재생을 담당하는 아연

우리 혀에는 맛을 느낄 수 있는 약 1만개의 미각세포(미뢰, taste buds)가 있다. 아연은 미각세포를 재생할 때 반드시 필요한 성분으로 아연이 부족하면 미각세포 재생이 느려져 정상적인 맛을 느끼지 못한다. 특히 미각세포는 45세를 전후로 감소하고 퇴화하게 됨으로써 미각이 둔해지고, 또한 약을 과다 복용하는 것도 미각 변화의 원인으로 작용하여 당뇨병 · 고혈압 등으로 인해 약을 장기간 복용할 경우 이러한 약은 아연을 체외로 배설시킴으로써 미각세포의 재생에 어려움이 발생한다. 따라서 정상적인 미각을 유지하기 위해서는 미각세포 재생에 필수적인 아연을 충분히 섭취하는 것이 중요하다.

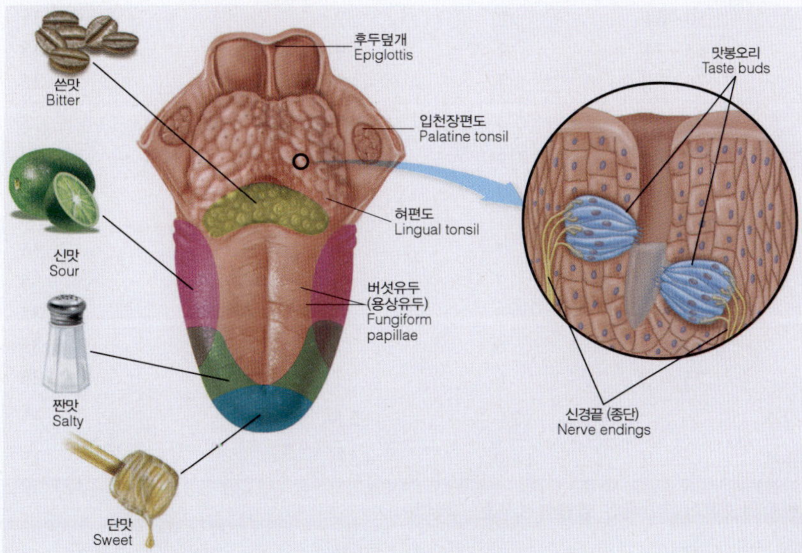

(5) 영양섭취기준

아연의 섭취기준 설정을 위한 기본지표는 내인성 분비량으로 아연의 흡수량과 밀접하게 관련성이 있으며 내인성 분비량을 보충할 수 있는 양이 아연의 필요량이다.

아연의 필요량은 신체의 크기, 성장속도, 식품의 이용률, 영양소 간 상호작용들에 의해 영향을 받는다.

남자의 경우에 1일 권장섭취량을 19~49세 10mg, 50세 이상 9mg으로 설정하였고, 여자는 19~49세 8mg, 50세 이상 7mg으로 설정하였다. 임산부는 2.5mg을 추가하였고 수유부는 5mg를 추가하였다.

표 12-5 한국인의 아연 영양섭취기준

성별	연령	아 연(mg/일)			
		평균필요량	권장섭취량	충분섭취량	상한섭취량
영 아	0~5(개월)			2	
	6~11	2	3		
유 아	1~2(세)	2	3		6
	3~5	3	4		9
남 자	6~8(세)	5	6		13
	9~11	7	8		20
	12~14	7	8		25
	15~18	8	10		30
	19~29	8	10		35
	30~49	8	10		35
	50~64	8	9		35
	65~74	7	9		35
	75 이상	7	9		35
여 자	6~8(세)	4	5		13
	9~11	6	8		20
	12~14	6	8		25
	15~18	7	9		30
	19~29	7	8		35
	30~49	7	8		35
	50~64	6	7		35
	65~74	6	7		35
	75 이상	6	7		35
임신부		+2.0	+2.5		35
수유부		+4.0	+5.0		35

자료 : 한국영양학회, "한국인 영양섭취기준", 2015.

(6) 급원식품

아연은 육류, 패류(특히 굴), 가금류 등의 동물성 식품에 많고 곡류나 채소류 등의 식물성에는 동물성 식품에 비해 적은 양이 함유되어 있기도 하지만, 피트산(phytate)이 함유되어 아연의 이용률이 낮다. 그 밖에 콩, 달걀, 생선, 소시지, 무청, 전곡 등에도 함유되어 있다.

표 12-6 식품 중의 아연 함량 (mg/100g)

식 품	아연 함량	식 품	아연 함량
굴	148.6	팝콘	4.1
밀배아	15.4	치즈	4.0
참깨	10.3	돼지고기	3.8
밀기울	9.8	땅콩버터	2.9
달걀노른자	6.2	닭고기	2.8
송아지간	6.1	통밀가루	2.4
쇠고기	6.0	무청	1.9
간쇠고기	4.4	프랑크푸르트	1.6
양고기	4.3	달걀	1.5
칠면조	4.2	참치	1.1

자료 : Ensminger, A. H., M. E. Ensminger, J. E. Konlande and J. R. K. Roboson, Food&Nutrution, 2nd ed. Volume 1&2, CRC Press.

3. 요오드(iodine, I)

key word

- **요오드**
성장발달을 촉진하고 기초대사량을 조절하는 갑상선호르몬의 구성 성분이다.
요오드 부족시에는 단순갑상선종, 크레틴증이 유발되고, 과잉 섭취 시에는 갑상선 기능항진증이 유발될 수 있다.

요오드는 갑상선호르몬(thyroxine)의 구성성분이다. 요오드의 부족은 갑상선호르몬 분비를 감소시키기 때문에 갑상선호르몬 분비를 많이 하기 위하여 갑상선의 작용이 증가된다.

이로 인해 단순갑상선종(simple goiter) 또는 풍토성 갑상선종(endemic goiter)이 발생하고 이 갑상선종이 남성보다 여성에게 더 많이 발병한다. 그 이유는 갑상선종은 사춘기나 임신기처럼 대사율이 높을 때 발생되기 때문이다.

요오드의 부족증은 세계적으로 널리 퍼져 있고, 바다와 멀리 떨어져 있는 요오드 함량이 낮은 토양에서 나는 식품은 사람에게 충분한 요오드를 공급하기에 부족하다. 갑상선종이 풍토병으로 알려진 지역은 알프스 지역, 히말라야산맥 지역, 뉴질랜드의 특정지역, 중남미의 많은 지역, 미국의 오대호 연안과 태평양 북서지역 등으로 이 지역들의 토양에는 요오드 함량이 낮다.

(1) 체내분포

요오드는 체내에 15~30mg 함유되어 있고 이 중 70~80%는 갑상선에 농축되어 있으며, 갑상선호르몬의 중요한 구성요소이다. 요오드는 갑상선 외에 근육 · 피부 · 난소와 간 · 외분비선에도 함유되어 있다.

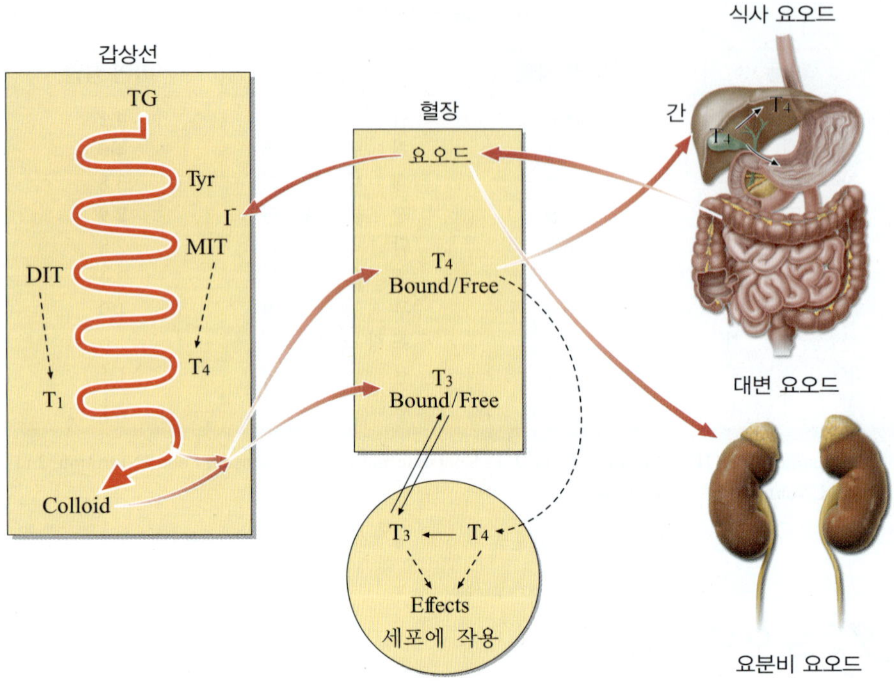

그림 12-7 요오드 대사의 도식화

(2) 흡수 및 대사

식이 속의 요오드는 소장에서 흡수되어 단백질과 느슨하게 결합된 상태(protein bound iodine ; PBI)로 갑상선으로 운반된다.

요오드화합물의 약 $^1/_3$은 갑상선세포에 의해 갑상선호르몬 합성을 위해 선택적으로 흡수되고, 나머지 약 $^2/_3$는 섭취 후 2~3일 내에 소변으로 배설되며 대변과 땀으로 배설되는 양은 소량이다.

뇌하수체전엽에서 분비하는 갑상선자극호르몬(thyroid-stimulation hormone ; TSH)은 혈장호르몬 농도에 따라 갑상선 세포에 의해 요오드 흡수를 자극하여 공급과 수요 사이에 정상적인 균형을 유지한다.

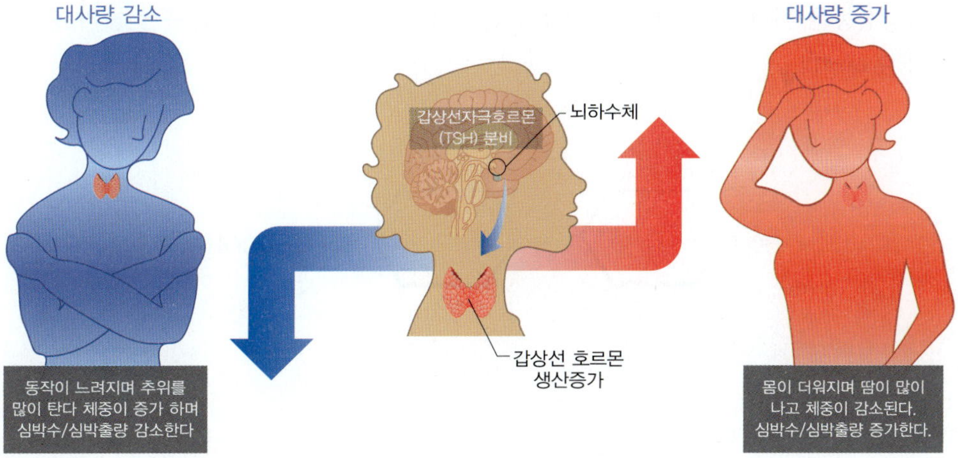

그림 12-8 요오드 대사에 따른 갑상선 기능

(3) 생리적 기능

갑상선호르몬을 합성

요오드는 아미노산인 티록신(thyroxine) 두 분자와 결합되어 모노요오드타이로닌(monoiodothyronine: MIT)과 다이요오드타이로닌(diiodothyronine: DIT)을 형성한다.
그런 다음 축합반응으로 두 종류의 활성 갑상선호르몬(그림 10-18)인 티록신(thyroxine: T_4)과 트리요오드티로닌(triiodothyronine: T_3)을 형성한다. T_3와 T_4는 산소량과 포도당을 조절하는 효소체계의 반응률을 증가시켜 세포 내의 산화와 기초대사율(BMR)을 조절한다. 또한, 신체 모든 조직의 대사를 원활하게 하여 정상적인 성장과 유지 및 지능을 발달시킨다.

갑상선호르몬은 갑상선 내에서는 티로글로불린(thyroglobulin)이라는 당단백질(glycoprotein)과 결합되어 있다가 갑상선자극호르몬(TSH)의 자극에 의하여 단백질에서 분리되어 혈액으로 이동하고 혈장단백질인 호르몬결합 글로불린(thyroxinebinding globulin: TBG)과 결합되어 신체 각 조직으로 운반된다.

(4) 결핍증과 과잉증

요오드 결핍으로 갑상선호르몬의 분비가 낮아지면 갑상선이 갑상선호르몬 분비량을 증가시키기 위하여 과중하게 일을 하게 되어 비대해지는 현상이 나타나는데, 이 현상을 단순갑상선종(Simple goiter) 또는 풍토성갑상선종이라고 한다.

갑상선종은 비만, 머리카락의 거칠어짐, 고콜레스테롤 혈증, 호흡곤란 등의 증상을 초래한다.

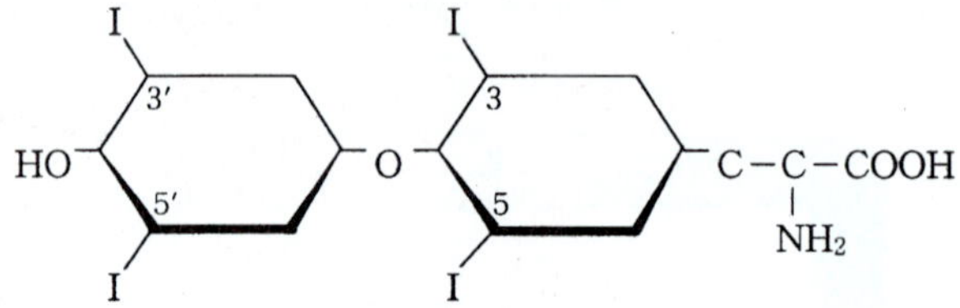

Thyroxine(T_4)

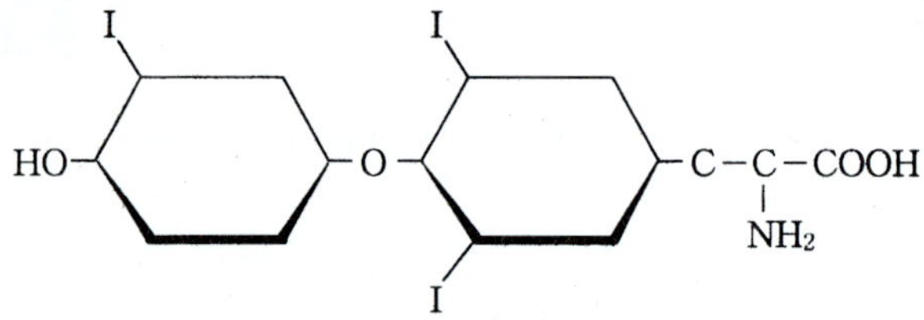

3, 5, 3'-Triiodothyronine(T_3)

그림 12-9　갑상선 호르몬의 화학구조식

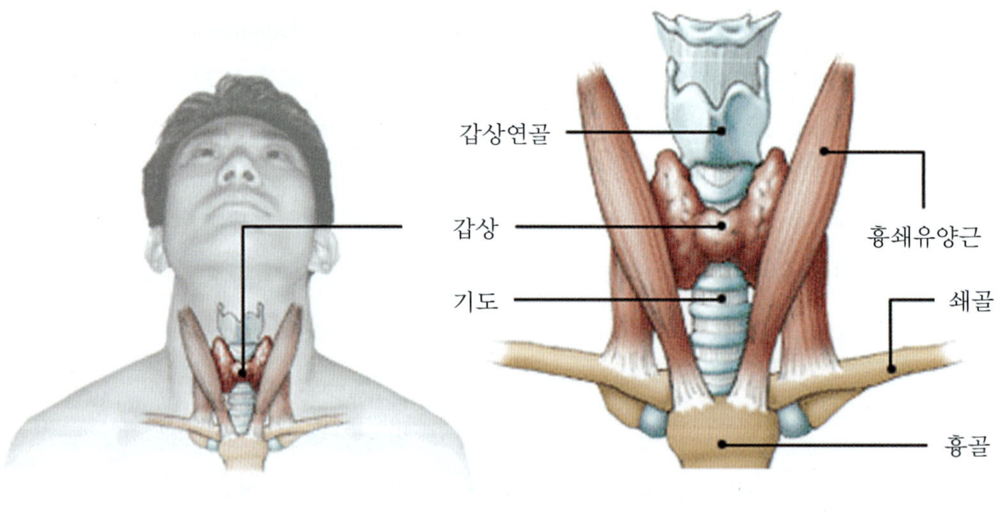

그림 12-10　갑상선종과 크레틴병

요오드부족증이 있는 산모들은 크레틴병(cretinism)으로 알려진 왜소한 아기를 출산한다. 크레틴병은 난쟁이 · 갑상선 기능장애 · 벙어리 · 정신적 발달 지연 · 기형아 · 성장부진 등의 증상을 나타내고, 성인에게는 점액수종(myxedema)으로 알려진 갑상선호르몬의 부족증(hypothyroidism)이 발생하여 무기력함, 건조한 피부, 거친 목소리, 추위에 약해짐, 변비 등의 증상을 초래한다.

요오드 영양보충제를 오랫동안 복용하는 경우에는 요오드 과잉으로 인해 갑상선기능항진증(hyperthyroidism)이 발생하는데 이 현상을 요오드-바세도(Jod-Basedow)병이라고 한다.

갑상선기능항진증은 갑상선호르몬 분비가 많아지고 심장박동이 빨라지며 정신적으로 불안정한 상태가 초래된다. 또한 경련, 땀, 수면부족, 체중감소, 식욕증진, 대사항진, 안구돌출 등의 증상이 나타나기 때문에 의학적인 치료를 받아야 한다.

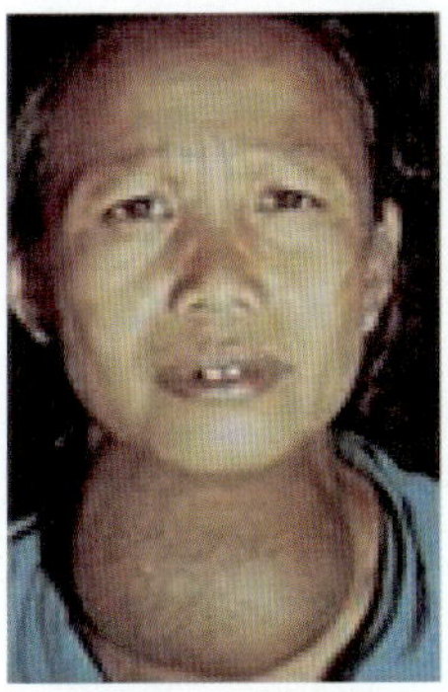
갑상선종(Goiter)

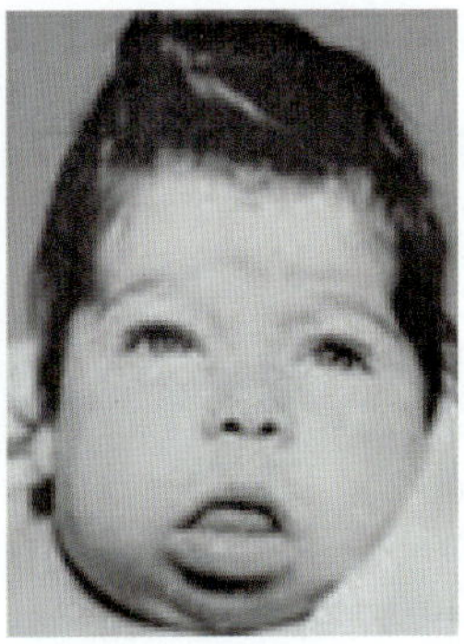
크레틴병(Cretinism)

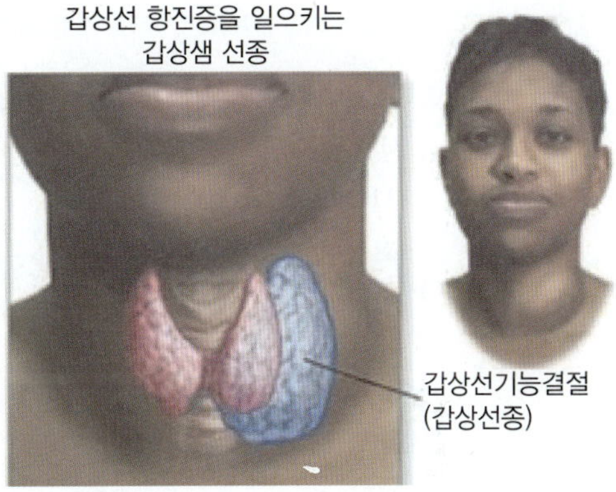

- **갑상선종(Goiter)** : 요오드결핍증으로 갑상선이 비정상적으로 비대해지면서 목 부위가 부풀어 오르는 형태
- **크레틴병(cretinism)** : 임신기간 중 산모의 요오드 섭취 부족으로 인해 태아의 발육부전이 발생하고 출생 후 정신박약, 성장지연, 왜소증이 나타날 수 있다.

(5) 영양섭취기준

19세 이상 남녀 성인과 노인의 1일 평균필요량은 95μg이며 임산부는 65μg을 추가하고 수유부는 130μg를 추가하여 설정하였다. 성인의 권장섭취량은 150μg/일이며 임산부는 90μg을 추가하고 수유부는 190μg를 추가하여 설정하였다.

0~5개월 영아는 130μg을 충분섭취량으로 설정하였으며 6~11개월 영아는 170μg을 충분섭취량으로 설정하였다.

표 12-7에는 한국인의 요오드 영양섭취기준이 나타나 있다.

(6) 급원식품

미역, 다시마, 파래 등의 해초류와 대구, 청어, 메기, 콩 등은 매우 좋은 급원이며 유제품, 달걀에도 많이 함유되어 있다. 그러나 토양에 요오드 함량이 적은 지역에 사는 사람들을 위해 미국에서는 소금에 요오드를 강화시켜 '요오드첨가식염(iodized salt)'을 공급한다.

익히지 않은 배추, 양배추, 무청, 케일 등에는 갑상선종 유발물질(goitrogen)이 있어 티록신(thyroxine)의 이용을 방해하며 갑상선종을 유발하지만 가열하면 그러한 작용이 없어진다.

표 12-7 한국인의 요오드 영양섭취기준

성별	연령	요오드(μg/일)			
		평균필요량	권장섭취량	충분섭취량	상한섭취량
영 아	0~5(개월)			130	250
	6~11			170	250
유 아	1~2(세)	55	80		300
	3~5	65	90		300
남 자	6~8(세)	75	100		500
	9~11	85	110		500
	12~14	90	130		1,800
	15~18	95	130		2,200
	19~29	95	150		2,400
	30~49	95	150		2,400
	50~64	95	150		2,400
	65~74	95	150		2,400
	75 이상	95	150		2,400
여 자	6~8(세)	75	100		500
	9~11	85	110		500
	12~14	90	130		2,000
	15~18	95	130		2,200
	19~29	95	150		2,400
	30~49	95	150		2,400
	50~64	95	150		2,400
	65~74	95	150		2,400
	75 이상	95	150		2,400
임신부		+65	+90		
수유부		+130	+190		

자료 : 한국영양학회, "한국인 영양섭취기준", 2015.

표 12-8 식품 중의 요오드 함량 (μg/100g)

식 품	요오드 함량	식 품	요오드 함량
해조류	62,400	유제품	14
요오드첨가소금	7,600	달걀	13
대구	330	통밀	9
메기	118	오트밀	9
마른콩	115	쇠고기	8
해산물	166	백미	4
시금치	156	보리	4
채소류	130	과일	3

자료 : Ensminger, A. H., M. E. Ensminger, J. E. Konlande and J. R. K. Roboson, Food&Nutrution, 2nd ed. Volume 1&2, CRC Press.

4. 구리(copper, Cu)

(1) 체내 분포

성인의 체내에는 100~150mg의 구리가 들어 있는데 간 · 뇌 · 신장 및 심장에 가장 많다. 혈청에는 변동이 많으나 70~140μg/dL(11.0~22.0μmol/L)이 있다.

(2) 흡수 및 대사

key word

• 세룰로플라스민
(ceruloplasmin)
구리가 주성분인 단백질로 철 이온을 2가철(Fe^{2+})에서 3가철(Fe^{3+})로 산화시켜 철의 이동과 흡수를 돕는다.

구리의 흡수는 약 30% 정도가 소장상부에서 이루어진다. 섭취량이 적으면 능동적으로 흡수되고 섭취량이 많으면 확산에 의하며 구리결합단백질인 메탈로티오네인(metallothionein)에 의해 점막세포 내로 흡수되어 문맥으로 운반된다.

간에서 구리는 세룰로플라스민(ceruloplasmin)을 형성하기 위하여 α-globulin과 결합된다. 세룰로플라스민은 구리 원자를 갖는 당단백질로서 Fe^{2+}를 Fe^{3+}으로 산화시키는 작용을 함으로써 저장된 철분과 장관 내의 철분을 헤모글로빈 생성장소로 운반하는 역할을 하기 때문에 구리가 부족하면 철분의 이용률이 감소되고 적혈구 합성이 저하되어 빈혈이 발생한다.

구리는 담즙을 통해서 대변으로 배설하고 이것을 통하여 체내 구리의 균형을 조절한다. 소변으로 배설되는 구리의 양은 극히 소량이다.

(3) 생리적 기능

1) 철의 작용을 돕는다.

① 시토크롬 산화체계에 에너지 생산을 위하여 철과 함께 관계하며, 또한 아미노산들을 위한 산화효소들의 구성원소이다.

② 구리는 철과 함께 헤모글로빈 합성에 필수적이며 구리를 함유한 단백질인 에리트로쿠프레인(erythrocuprein)은 적혈구 내에 있다.

2) 금속단백질(Metalloprotein) 효소들의 구성원소

구리는 많은 세포효소들의 구성원소로서 중요한 촉매과정에 관여한다.

key word

• 구리
셀룰로플라즈민의 구성 성분으로 철 이온을 2가철(Fe^{2+})에서 3가철(Fe^{3+})로 산화시켜 철의 이동과 흡수를 돕고 금속효소의 구성원소로 중요한 촉매과정에 관여한다. 결핍증으로는 저색소성 빈혈과 뼈의 손실이 발생할 수 있다.

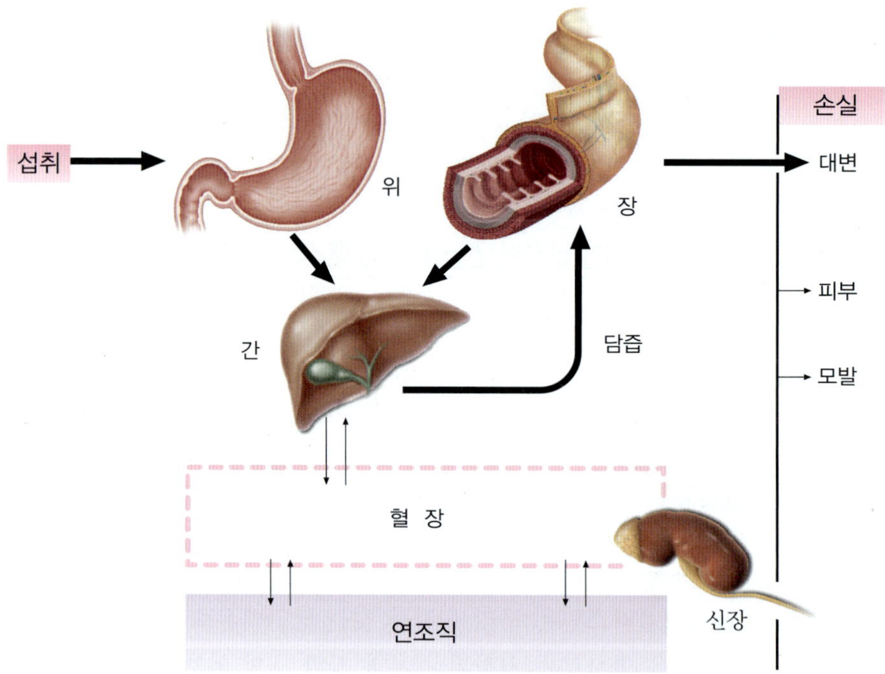

그림 12-11 구리(copper)의 대사

(4) 결핍증과 과잉증

구리의 결핍증은 채식주의자들에게서 많이 나타나는데 이는 육류에 구리가 많이 함유되어 있기 때문이며, 또한 야채는 식이섬유를 상당량 함유하고 있어서 구리의 흡수에 방해되기 때문이다. 구리결핍증은 빈혈, 골격기형, 수초형성

(myelination) 부진, 모발의 색소형성 부족, 생식능력 저하, 신경계 퇴화, 심장혈관 손상 등의 증상을 나타낸다.

최근 연구에 의하면 가벼운 구리결핍증은 아연 섭취가 과다한 경우에 혈장 콜레스테롤치를 상승시킨다고 하며, 식이의 아연 : 구리 비율과 심장혈관계질환의 발병률과 매우 밀접한 관계가 있다고 주장하고 있다.

윌슨병(Wilson's disease)과 멘케스 증후군(Menke's syndrome)은 유전적 질환으로 구리대사에 영향을 미친다. 윌슨병은 셀룰로플라스민을 형성하기 위하여 구리가 아포단백질(apoprotein)과 결합하는 과정에서 퇴행성 결함이 오는 질환으로 구리 보유의 증가 및 두뇌 · 간 · 신장 · 각막 등에 손상이 오고 정신분열증이 일어난다.

멘케스증후군은 소장을 통해 구리가 흡수되어 혈액으로 이동하는 데 결함이 생긴 질환으로 특히 뇌에 구리의 공급이 안 된다. 두뇌손상, 뼈의 기형, 체온의 불안정한 상태, 질병에 대한 저항력 감소 빳빳한 모발(그림 10–9) 등의 증상이 나타난다.

표 12–9 대표적인 구리함유 효소와 구리함유 단백질

효소 혹은 단백질	존재하는 곳
• Ceruloplasmin • Tyrosinase • Uricase • Dopamine β-hydroxylase • Lysyl oxidase • Mitochondrocuprein • Hemocyanin	• 혈장 • 피부와 흑색종(melanomas), 버섯류 • 간과 신장 • 부신(adrenal gland) • 결합조직 • 신생아 간(neonatal liver) • 연체동물, 절족동물
구리와 heme을 함유한 효소	
• Cytochrome C oxidase • Tryptophan-2, 3-dioxygenase	• 미토콘드리아 • 간
구리와 아연을 함유한 효소	
• Superoxide dismutase (Cytocuprein, erythrocuprein, hepatocuprein)	• 뇌, 적혈구, 간
구리와 망간을 함유한 효소	
• Diamine oxidase	• 사람의 태반

(5) 영양섭취기준 및 급원식품

구리의 평균필요량 측정을 위하여 구리의 보충과 고갈 실험에서 혈청구리 농도, 혈청 셀룰로플라스민, 적혈구 SOD 활성도, 혈소판 구리 농도를 평가한 결과를 이용하였다.

19세 이상의 성인과 노인의 경우에 남녀 1일 평균필요량은 600μg으로 설정되었고 임산부는 100μg을 추가하였으며, 수유부는 370μg이 추가되었다. 권장섭취량은 1일 800μg으로 설정되었으며 임산부는 130μg을 추가하고 수유부는 480μg을 추가하였다.

모유에 분비되는 1일 평균 구리분비량은 237.9μg이므로 0~5개월 영아의 구리 충분섭취량을 240μg으로 설정하였고, 6~11개월 영아는 0~5개월 영아의 구리 충분섭취량을 기초로 대사체중을 고려하여 1일 310μg을 충분섭취량으로 설정하였다.

구리의 급원식품으로는 동물의 내장(특히 간), 패류, 견과류, 두류, 곡류의 배아, 간, 코코아, 땅콩 등이 매우 좋은 공급원이다.

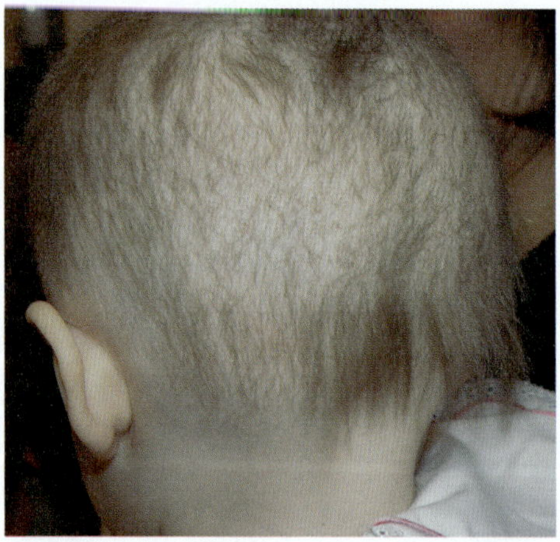

그림 12-12 멘케스 증후군(Menke's syndrome, 뻣뻣하고 곱슬한 모발)

표 12-10 식품 중의 구리 함량 (mg/100g)

식 품	구리 함량	식 품	구리 함량
굴	13.7	땅콩버터	0.6
소 간	12.0	파 슬 리	0.6
양 간	10.0	콩	0.5
코 코 아	4.3	버 터	0.4
새 우	1.8	무 청	0.4
호 두	1.4	돼지고기	0.3
아 몬 드	1.4	쇠 고 기	0.2
밀 기 울	1.3	무	0.2
양 고 기	0.7	통 밀 빵	0.2
코 코 넛	0.7	치 즈	0.2

자료 : Ensminger, A. H., M. E. Ensminger, J. E. Konlande and J. R. K. Roboson, Food&Nutrution, 2nd ed. Volume 1&2, CRC Press.

표 12-11 한국인의 구리 영양섭취기준

성별	연령	구 리(μg/일)			
		평균필요량	권장섭취량	충분섭취량	상한섭취량
영 아	0~5(개월)			240	
	6~11			310	
유 아	1~2(세)	220	280		1,500
	3~5	250	320		2,000
남 자	6~8(세)	340	440		3,000
	9~11	440	580		5,000
	12~14	570	740		7,000
	15~18	650	840		7,000
	19~29	600	800		10,000
	30~49	600	800		10,000
	50~64	600	800		10,000
	65~74	600	800		10,000
	75 이상	600	800		10,000
여 자	6~8(세)	340	440		3,000
	9~11	440	580		5,000
	12~14	570	740		7,000
	15~18	650	840		7,000
	19~29	600	800		10,000
	30~49	600	800		10,000
	50~64	600	800		10,000
	65~74	600	800		10,000
	75 이상	600	800		10,000
임신부		+100	+130		10,000
수유부		+370	+480		10,000

자료 : 한국영양학회, "한국인 영양섭취기준", 2015.

5. 불소(fluorine, F)

(1) 체내분포

인체에 존재하는 불소의 대부분이 골격과 치아에 극히 미량 존재하고, 견고한 골격과 치아의 발육을 돕기 위해 수산화인회석(hydroxyapatite)의 수산기(hydroxyl group: −OH)가 불소로 대치되어 플루오린화인회석(fluoroapatite)을 형성한다.

(2) 흡수 및 대사

섭취된 불소는 90% 이상이 주로 소장에서 흡수되지만 골격과 치아에 의해 이용되지 않은 불소(50%)는 주로 소변으로 배설되어 혈중 불소농도를 일정하게 유지시킨다. 땀과 대변을 통해서도 소량 배설된다.

(3) 생리적 기능

1) 치아의 에나멜층을 견고하게 만들어 충치를 예방

구강 내의 구강다형 연쇄상구균(*Streptococcus mutans*)에 의해 설탕과 같은 당질로부터 산이 생성되는데 이 산에 의해 치아가 부식되는 것을 막는다. 불소화합물은 구강 내의 산에 저항력을 가지고 있다.

2) 적당한 골격 유지

불소를 공급받는 환자는 뼈에서 광물질유출이 감소하여 칼슘 보유가 증가된다. 그러므로 식이 중 적절한 불소공급은 골격을 적당하게 유지시켜 골다공증(osteoporosis)을 예방한다.

(4) 결핍증과 과잉증

불소의 결핍은 충치를 유발시키고 또한 노인의 경우에 골다공증의 발병률을 증가시킨다. 최근 실험동물을 이용한 연구에서는 불소 부족이 빈혈을 초래하고 생식기능에 손상이 오며 성장부진을 촉진시킨다고 보고하였다.

불소를 2~8ppm 이상 물과 식사로부터 오랫동안 섭취하게 되면 치아와 골격이 기형으로 되고 치아가 약하게 되며, 갈색반점이 생기는 불소증(fluorosis)이 발생한다.

(5) 영양섭취기준 및 급원식품

불소의 평균필요량 추정에 사용될 충분한 자료가 없어 충치발생률을 최대한 감소시킬 수 있는 불소 섭취량을 추정하여 충분섭취량으로 설정하였다.

19~29세 남자의 충분섭취량은 1일 3.5mg, 50세 이상은 3.0mg, 19~29세 여자는 3.0mg, 30세 이상은 2.5mg으로 설정하였다. 그리고 임산부와 수유부는 성인 여성과 같게 설정하였다. 상한섭취량은 9세 이상의 남녀 모두 10mg으로 설정하였다.

생선이나 생선가공품 등의 해산물 또는 차 등은 불소의 가장 좋은 공급원이고, 물은 불소를 공급하는 좋은 급원이나 0.7ppm(part per million) 이하의 불소를 함유한 물은 1ppm 정도가 되도록 첨가하는 것이 좋다.

표 12-12 한국인의 불소와 망간 영양섭취기준

성별	연령	불 소(mg/일)		망 간(mg/일)	
		충분섭취량	상한섭취량	충분섭취량	상한섭취량
영 아	0~5(개월)	0.01	0.6	0.01	
	6~11	0.5	0.9	0.8	
유 아	1~2(세)	0.6	1.2	1.5	2.0
	3~5	0.8	1.7	2.0	3.0
남 자	6~8(세)	1.0	2.5	2.5	4.0
	9~11	2.0	10.0	3.0	5.0
	12~14	2.5	10.0	4.0	7.0
	15~18	3.0	10.0	4.0	9.0
	19~29	3.0	10.0	4.0	11.0
	30~49	3.0	10.0	4.0	11.0
	50~64	3.0	10.0	4.0	11.0
	65~74	3.0	10.0	4.0	11.0
	75 이상	3.0	10.0	4.0	11.0
여 자	6~8(세)	1.0	2.5	2.5	4.0
	9~11	2.0	10.0	3.0	5.0
	12~14	2.5	10.0	3.5	7.0
	15~18	2.5	10.0	3.5	9.0
	19~29	3.0	10.0	3.5	11.0
	30~49	2.5	10.0	3.5	11.0
	50~64	2.5	10.0	3.5	11.0
	65~74	2.5	10.0	3.5	11.0
	75 이상	2.5	10.0	3.5	11.0
임신부		+0	10.0	+0	11.0
수유부		+0	10.0	+0	11.0

자료 : 한국영양학회, "한국인 영양섭취기준", 2015.

표 12-13 식품 중의 불소 함량 (mg/100g)

식품	불소 함량	식품	불소 함량
마른해조류	326.0	닭고기	1.5
차	32.0	버터	1.5
고등어	19.0	대두	1.4
정어리	11.0	달걀	1.3
연어	6.0	쇠고기	1.2
오징어	4.5	양고기	1.2
훈제청어	3.8	시금치	1.0
밀기울	2.4	파슬리	0.9
게	2.2	통밀	0.8
치즈	1.7	돼지고기	0.7

자료 : Ensminger, A. H., M. E. Ensminger, J. E. Konlande and J. R. K. Roboson, Food&Nutrution, 2nd ed. Volume 1&2, CRC Press.

6. 망간(manganese, Mn)

(1) 체내분포

망간은 성인의 체내에 약 12~20mg이 함유되어 있고 간, 신장, 골격, 췌장 및 뇌하수체에 비교적 많다.

세포 내에서는 핵과 미토콘드리아에 존재하고, 혈청에는 약 2.5μg/dL 정도로 소량이 함유되어 있다.

(2) 흡수 및 대사

망간의 흡수는 3~4%로 매우 낮으며 소장을 통해 흡수된다. 흡수된 망간은 혈액으로 들어가서 철결합 단백질인 트랜스페린(transferrin)과 유사한 혈장단백질 β-globulin인 트랜스망가닌(transmanganin)과 결합하여 운반된다.

망간의 배설은 흡수되지 않은 망간과 함께 담즙 · 췌장분비물을 통해서 대부분이 대변으로 배설되고 소량만이 소변을 통해 배설된다. 체내 망간은 담즙을 통해서 배설되는 양으로 조절 · 유지된다.

(3) 생리적 기능

1) 골격형성과 연결조직의 형성에 관여

어류에서 많이 발생되며 점액성 다당류(mucopolysaccharide)와 황산콘드로이틴(chondroitin sulfate)의 합성을 위한 당단백질의 형성을 촉진한다.

2) 기타

① 비타민 K와 함께 혈액응고작용에 관여한다.
② 인슐린의 작용을 돕는다.
③ 콜레스테롤 합성에 관여한다.
④ 당질 · 지방 · 단백질 및 핵산 대사에 관련된 키나아제(kinase), 탈탄산효소(decarboxylase), 전달효소(transferase) 등 많은 효소들을 활성화되게 한다.
⑤ 아르기나아제(arginase), 피루브산카르복시화효소(pyruvate carboxylase) 등 금속효소(metalloenzyme)의 구성성분이다.

(4) 결핍증과 과잉증

사람은 결핍증이 많이 발생되지 않으나 많은 동물의 경우에 생식기능 저하, 성장부진, 비정상적인 골격과 연골조직의 형성, 내당능(耐糖能, glucose tolerance)의 손상 등 망간의 결핍현상이 나타난다. 망간을 채취하는 광부나 망간을 이용하여 생산품을 제조하는 사람은 망간의 흡입이 많아져서 간과 중추신경계에 망간이 쌓임으로써 월슨병 같은 증상이 나타난다.

표 12-14 식품 중의 망간 함량 (mg/100g)

식 품	망간 함량	식 품	망간 함량
쌀겨	34.7	밀가루	1.0
생강	17.8	상추	1.0
호누	15.2	감자	1.0
쌀	9.6	시금치	0.8
당밀	4.3	쇠고기	0.7
통밀	3.7	옥수수	0.5
대두	3.0	당근	0.4
땅콩	2.5	무	0.4
강낭콩	2.1	사과	0.3
보리	1.2	간	0.2

자료 : Ensminger, A. H., M. E. Ensminger, J. E. Konlande and J. R. K. Roboson, Food&Nutrution, 2nd ed. Volume 1&2, CRC Press.

(5) 영양섭취기준 및 급원식품

망간의 평균필요량 산출 자료가 부족하여 충분섭취량을 설정하였다. 19세 이상 남자는 4.0mg/일, 여자는 3.5mg/일을 충분섭취량으로 설정하였다. 망간의 급원으로는 현미, 호두, 밀기울, 밀배아, 당밀, 상추, 콩류, 땅콩, 해바라기씨, 밀가루 등이 매우 좋고, 간, 과일, 채소, 식빵 등에도 많이 함유되어 있다.

7. 셀레늄(selenium, Se)

(1) 체내분포

체내에 약 10~15mg이 들어 있으며, 간 · 신장 · 심장 및 지라에 다량 함유되어 있다. 하지만 허파와 두뇌에는 그 함량이 매우 적다. 셀레늄은 지방을 제외한 모든 조직에 함유되어 있고 혈장에는 약 0.22μg/dL이 들어 있다.

key word

• **셀레늄**
글루타티온 과산화효소의 구성성분으로 과산화물의 분해를 촉진시켜 세포막의 손상을 방지한다. 셀레늄 부족시에는 근육통증, 약화, 심근장애는 케샨병이 유발되기도 한다.

(2) 흡수 및 대사

섭취된 셀레늄은 소장상부 십이지장에서 80% 이상 흡수되고 단백질과 결합하여 혈액으로 들어가서 조직으로 운반된다. 그곳에서 셀레노시스테인(selenocysteine)과 셀레노메티오닌(selenomethionine) 같은 조직단백질에 합쳐진다. 셀레늄은 주로 신장을 통해서 요로 배설되고 대변과 땀으로도 소량 배설된다.

(3) 생리적 기능

1) 글루타티온 과산화효소(glutathione peroxidase)의 구성원소

글루타티온 과산화효소는 간 · 심장 · 폐 · 췌장 · 골격근 · 눈의 수정체 · 적혈구 및 혈장에 존재하며 정상적 대사과정에서 형성되는 독성 과산화물의 분해를 촉진시켜 세포막의 손상을 방지한다. 두뇌에는 이 효소가 적으나 비타민 E가 과산화물의 형성을 방지해 준다.

셀레늄은 과산화물을 파괴하기 위하여 세포질에서 작용하는 반면, 비타민 E는 세포막에 존재하여 과산화물 형성을 예방한다. 또한 글루타티온 과산화효소는 비소 · 카드뮴 · 수은 등 독성 무기질과 결합하여 독성을 완화시킨다.

2) 셀레늄은 치아의 단백질 행렬(protein matrix)을 형성

표 12-15 한국인의 셀레늄 영양섭취기준

성별	연령	셀레늄(μg/일)			
		평균섭취량	권장섭취량	충분섭취량	상한섭취량
영 아	0~5(개월)			9	45
	6~11			11	65
유 아	1~2(세)	19	23		75
	3~5	22	25		100
남 자	6~8(세)	30	35		150
	9~11	39	45		200
	12~14	49	60		300
	15~18	55	65		300
	19~29	50	60		400
	30~49	50	60		400
	50~64	50	60		400
	65~74	50	60		400
	75 이상	50	60		400
여 자	6~8(세)	30	35		150
	9~11	39	45		200
	12~14	49	60		300
	15~18	55	65		300
	19~29	50	60		400
	30~49	50	60		400
	50~64	50	60		400
	65~74	50	60		400
	75 이상	50	60		400
임신부		+3	+4		400
수유부		+9	+10		400

자료 : 한국영양학회, "한국인 영양섭취기준", 2015.

(4) 결핍증과 과잉증

셀레늄은 부족증이 심하지 않으면 증상이 정확히 나타나지 않으나 혈액과 조직의 셀레늄 수준 측정은 셀레늄 영양상태평가의 가장 정확한 방법이다. 셀레늄부족증의 경우에는 혈장 · 적혈구 및 혈액전체에 셀레늄 수준이 낮다. 증상으로는 근육통이나 근육약화 등이 나타난다.

중국에서는 케산병(Keshan disease)이라는 셀레늄 부족증이 발생한다. 이는 출혈성심장질환으로 어린이들과 임산부에게 처음 발생되었다고 하는데, 셀레늄을 공급한 결과 성공적으로 치유되었다.

토양과 식물에 셀레늄이 과잉으로 함유된 경우에는 과잉증이 나타나며, 셀레늄 보충제를 과잉으로 복용하는 경우에도 과잉증이 나타난다. 그로 인해 손톱과 모발의 변화, 신경손상, 불안정, 피로, 메스꺼움, 복통 및 설사 등의 증상을 유발한다.

Guide

· 케산병
(Keshan disease)
중국 헤이룽장성 케산 마을에서 발생한 심장근 육병증.

(5) 영양섭취기준 및 급원식품

성인의 셀레늄 평균필요량은 혈장 글루타티온 과산화효소의 활성이 가장 클 때의 섭취량으로 결정하여 19세 이상 남녀 1일 평균섭취량은 50μg으로 설정하였고 임산부는 3μg을 추가하였으며 수유부는 9μg을 추가하였다. 19세 이상 남녀 성인의 1일 권장섭취량은 60μg이며, 임산부는 4μg을 추가하였고, 수유부는 10μg을 추가 설정하였다.

0~5개월 영아는 모유 수유를 하는 영양의 평균 셀레늄 섭취량을 반영하여 충분섭취량으로 1일 9μg을 설정하였으며, 6~11개월 영아는 11μg을 충분섭취량으로 설정하였다.

셀레늄은 땅콩, 버터, 생선, 맥주, 당밀, 게, 달걀, 버섯, 굴, 돼지신장, 마늘, 무 등에 많이 함유되어 있다.

표 12-16 식품 중의 셀레늄 함량 (μg/100g)

식 품	셀레늄 함량	식 품	셀레늄 함량
버터	146	통밀가루	53
빙어	123	게	51
밀배아	111	굴	49
새우	104	돼지고기	42
땅콩	103	강낭콩	36
이스트	91	무	27
식초	89	마늘	25
돼지신장	64	맥주	19
통밀	63	치즈	8
밀기울	63	당근	2

자료 : Ensminger, A. H., M. E. Ensminger, J. E. Konlande and J. R. K. Roboson, Food&Nutrution, 2nd ed. Volume 1&2, CRC Press.

8. 크롬(chromium, Cr)

(1) 체내분포

크롬은 체내에 6mg 이하로 함유되어 있다. 피부 · 부신 · 두뇌 · 근육 및 지방에 많이 함유되어 있으며 정상혈청농도는 0.14~0.15ng/mL 이하이다.

(2) 흡수 및 대사

key word

• 크롬
혈당내성인자의 구성원소로 인슐린의 작용을 도와 당질대사에 관여한다. 크롬 결핍시에는 내당는 장애가 발생하여 혈당이 상승하고 당뇨병이 유발 될 수 있다.

식이의 무기형 크롬은 1% 이하로 흡수되지만 GTF에 포함된 크롬은 10~25% 정도 흡수된다. 흡수는 주로 소장에서 아연과 함께 이루어지고 3가 크롬(Cr^{3+})은 혈장 트랜스페린(transferrin)에 결합되어 운반되고 6가 크롬(Cr^{6+})은 적혈구 내에서 움직인다. 배설은 주로 소변을 통해서 이루어지며 1일 약 7~10μg 손실된다.

(3) 생리적 기능

1) 혈당내성 인자의 구성원소

혈당내성 인자(Glucose tolerance factor: GTF)는 크롬과 니아신(niacin) 및 아미노산(glycine, glutamic acid, cysteine)을 함유하고 있으며 호르몬과 같은 역할을 담당한다. GTF는 정상적인 당질과 지방대사를 유지하는 데 필수적이고, 크롬은 인슐린의 보조인자로 인슐린 분자와 막 사이에 다리를 형성함으로써 세포막에 인슐린이 결합하는 것을 돕는다.

그리하여 아미노산 · 지방 및 당이 혈액에서 세포 내로 쉽게 들어가도록 돕고 세포 내에서 영양소들의 대사를 증진시킨다.

GTF는 당뇨병 환자들에게는 효과가 저하되므로 더 많은 양이 필요하고, 노인들은 크롬으로부터 GTF의 전환율이 느리다.

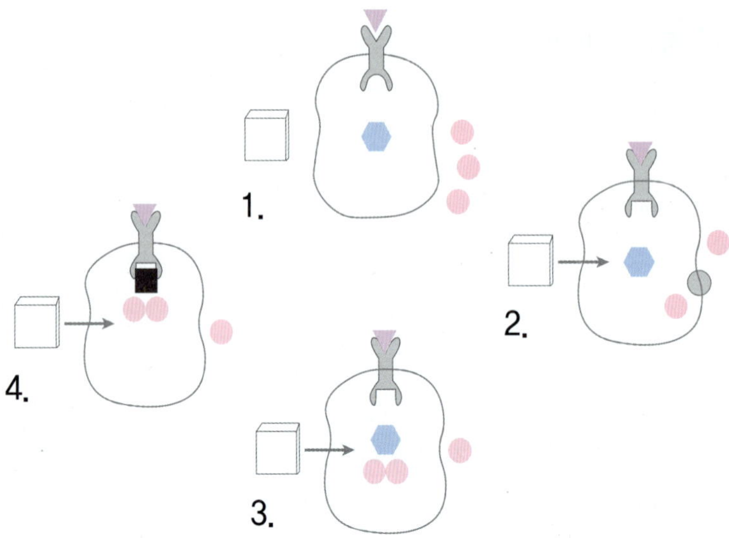

1. 인슐린과 인슐린 수용체가 결합하지 못한 상태로 포도당은 세포내로 들어오지 못함
2. 인슐린과 인슐린 수용체가 결합하고, 인슐린 수용체의 활성화는 크롬의 세포내 유입 촉진
3. 크롬은 세포내에서 Apo-LC와 결합
4. 크롬+Apo-LC 복합체는 인슐린 활성화 수용체에 다시 결합함으로써 인슐린 민감도를 더욱 증가시키고 포도당을 세포내로 들여보내는 데에 있어서 중요한 역할을 수행함

그림 12-13

2) 특정한 효소의 활성화에 도움

크롬은 당질과 지방 및 단백질의 에너지 대사에 관련된 효소들을 활성화하고 트립신과 같은 소화효소도 활성화한다.

3) DNA와 RNA 같은 핵산의 안정성에 도움

크롬은 핵산의 구조가 찌그러지는 것을 방지한다. 또한 세포 내에서 변이를 일으키는 것을 막음으로써 암과 같은 질병을 예방한다.

4) 지방산과 콜레스테롤 형성에 자극제 역할

(4) 결핍증

크롬 결핍 시에는 내당능(glucose tolerance)이 손상되어 혈당이 높아지고 당뇨가 나타나는데 노인 · 당뇨병환자 · 단백질결핍인 유아에게서 많이 나타난다. 또한, 성장장애를 초래하고 당질 · 지방 및 단백질 대사에도 이상이 온다.

(5) 급원식품

크롬은 당밀, 치즈, 달걀, 간 등이 가장 좋은 급원이고 당근, 오렌지, 시금치, 딸기 등에도 많이 함유되어 있다.

표 12-17 식품 중의 크롬 함량 (μg/100g)

식 품	크롬 함량	식 품	크롬 함량
말린 간	170	굴	20
이스트	118	흑설탕	18
당밀	115	마가린	15
달걀	52	닭고기	14
치즈	51	식물성기름	13
간	50	바나나	11
쇠고기	32	시금치	9
통밀	29	딸기	3
감자	24	흰설탕	2
식빵	20	우유	1

자료 : Ensminger, A. H., M. E. Ensminger, J. E. Konlande and J. R. K. Roboson, Food&Nutrution, 2nd ed. Volume 1&2, CRC Press.

9. 몰리브덴(molybdenum, Mo)

(1) 체내분포

체내에 몰리브덴은 8~10mg 정도 함유되어 있고 뼈에 반 이상이 들어 있으며, 그 밖에는 간과 신장에 주로 존재한다.

(2) 흡수 및 대사

몰리브덴은 소장에서 쉽게 흡수되며 식이 중 몰리브덴의 함량이 낮으면 흡수율이 높아진다. 소변으로 배설하며 담즙으로도 소량이 배설된다.

표 12-18　한국인의 몰리브덴 영양섭취기준

성별	연령	몰리브덴(μg/일)			
		평균섭취량	권장섭취량	충분섭취량	상한섭취량
영 아	0~5(개월)				
	6~11				
유 아	1~2(세)				100
	3~5				100
남 자	6~8(세)				200
	9~11				300
	12~14				400
	15~18				500
	19~29	25	30		550
	30~49	20	25		550
	50~64	20	25		550
	65~74	20	25		550
	75 이상	20	25		550
여 자	6~8(세)				200
	9~11				300
	12~14				400
	15~18				400
	19~29	20	25		450
	30~49	20	25		450
	50~64	20	25		450
	65~74	20	25		450
	75 이상	20	25		450
임신부					450
수유부					450

자료 : 한국영양학회, "한국인 영양섭취기준", 2015.

표 12-19　식품 중의 몰리브덴 함량　(mg/100g)

식 품	몰리브덴 함량	식 품	몰리브덴 함량
리마콩	0.323	시금치	0.025
밀배아	0.210	양배추	0.017
간	0.150	감자	0.016
파란콩	0.067	당근	0.010
달걀	0.050	바나나	0.003
통밀가루	0.048	밀크	0.003
닭고기	0.040	상추	0.002
밀가루	0.025	셀러리	0.002

자료 : Ensminger, A. H., M. E. Ensminger, J. E. Konlande and J. R. K. Roboson, Food&Nutrution, 2nd ed. Volume 1&2, CRC Press.

(3) 생리적 기능

금속효소(Mctalloenzyme)의 구성성분

크산틴 산화효소(xanthine oxidase)와 알데히드 산화효소(aldehyde oxidase)의 구성성분으로 크산틴산화효소는 크산틴(xanthine)을 요산(uric acid)으로의 산화를 촉매하며 간의 알데히드산화효소는 알데히드(aldehyde)를 카르복실산(carboxylic acid)으로 산화시키는 것을 촉매한다.

(4) 결핍증과 과잉증

사람에게는 결핍증의 발생이 거의 없지만, 동물에서는 식품첨가물이나 황함아미노산의 대사생성물인 중아황산염(bisulfite)의 독성효과에 의해 결핍증을 초래할 수 있다. 그 증상에는 호흡곤란과 신경혼란이 있다.

과잉증은 1일 10~15mg 식이섭취 시에 나타났다는 보고가 있는데, 그 증상은 혈중 몰리브덴과 크산틴산화효소 및 요산의 혈중농도가 상승하여 통풍과 같은 증상이 나타났다고 한다.

(5) 영양섭취기준 및 급원식품

몰리브덴의 평균 필요량은 19세 이상 성인 기준 25μg이고 상한섭취량을 설정하였다. 19세 이상 남자 550μg, 여자 450μg 공히 600μg으로 하였다(표 10-32). 몰리브덴은 콩, 간, 밀배아, 통밀가루, 닭고기 등이 매우 좋은 급원이다. 그리고 밀가루, 시금치, 감자 등에도 많이 함유되어 있다.

10. 코발트(Cobalt, Mo)

(1) 체내분포

건강한 성인의 체내에 1.1mg 정도 존재하며, 주로 간에 함유되어 있다. 코발트는 비타민 B_{12}의 구성성분으로 적혈구 형성에 관여한다. 정상적인 혈중 코발트 농도는 약 1μg/dL이다.

(2) 흡수 및 대사

코발트는 소장에서 쉽게 흡수되나 흡수된 코발트는 사람의 조직 내에서는 비타민 B_{12}를 합성하지 못하므로 생리적인 기능이 없다.

흡수된 대부분의 코발트는 소변으로 배설되고 간과 신장에서 소량 보유한다.

사람의 대장에서는 *E. coli*에 의해 소량의 비타민 B_{12}가 합성되나 극히 적은 양이므로 사람의 필요량에 달하지 못한다.

(3) 생리적 기능

비타민 B_{12}의 구성원소로 적혈구 형성에 필수적으로 필요하다.

(4) 결핍증과 과잉증

사람에게는 코발트의 결핍증이 결코 일어나지 않으며 비타민 B_{12}의 부족에 의해서 성장부진 · 악성빈혈 등이 발생한다. 코발트의 과잉증은 적혈구 수의 증가를 초래한다.

표 10-20 미량무기질 요약 (19~29세 기준)

종류	대 사	기 능	결핍증	기준량	함유식품	기타
철	• **흡수** : 소장 상부에서 제 1 철로 되어 2~10% 동물성은 30%(능동수송) −돕는 인자 : 헴 철, 체내 필요량(임신, 성장기) 비타민 C, 위산, 유기산 −방해인자 : 탄닌, 피트산, 수산, 식이섬유 • **수송** : 트랜스페린 • **저장** : 페리틴, 헤모시데린 흡수된 철이 페리틴으로 되어 흡수량을 조절 • **배설** : 담즙을 통해 대변	• 혈색소 Hb 성분 (산소의 이동 및 저장) • 근육색소Mb성분 (산소저장) • 호흡효소의구성분 • 정상적인면역기능	• 철 결핍성 빈혈 (nutrional anemia)−소적혈구성 저색소성 빈혈 • 성장장애 (어린이)	• 평균필요량 (mg) : 남 7.7, 여 10.8 30~49세 남 7.4, 여 10.5 • 권장섭취량 : 남 10, 여 14 30~49세 10,14 • 상한섭취량 : 남녀 각각 45	• 육류 • 간 • 달걀노른자 • 어패류(굴) • 푸른잎채소	• 철의 기능 • 흡수기전 (흡수에 영향을 주는 인자) • 빈혈 원인, 증상 • 선천성 철분 대사 이상
아연	• **흡수** : 공장에서, 흡수율 10~30%, metallothionein(MT)은 구리와 아연 흡수조절 • **수송** : 알부민과 함께 운반 • **배설** : 대부분 분변	• 효소의 구성요소 • 인슐린, 핵산 합성에 관여 • 면역, 상처회복, 생식기능, 성장, 정상 미각 유지	• 성장지연 • 생식기 발달 저하 • 면역기능 저하 • 상처회복 지연	• 평균필요량 (mg) : 남 8.1, 여 7.0 • 권장섭취량 : 남 10, 여 8 • 상한섭취량 : 남녀 각각 35	• 해산물 • 붉은살코기 • 가금류 • 견과류 등	• 아연의기능
구리	• **흡수** : 장관, 30%흡수율 • **이동** : ceruloplasmin (제1철을 제2철로 전환하여 Hb장소로 운반) 구성 성분 • **배설** : 담즙을 통해 대변	• 철의 Hb합성 (적혈구 성숙)을 돕는다. • 시토크롬 산화효소, SOD효소의 성분, CE대사관여	• 저색소성 빈혈 • 뼈 손실 • 부종 • 백혈구 수 감소 • 성장저하	• 평균필요량 (μg) : 남녀 각각 600 • 권장섭취량 : 남녀 각각 800 • 상한섭취량 : 남녀 각각 10,000	• 내장(간) • 굴 • 달걀 • 어패류 • 견과류 • 두류 • 전곡	• 구리의기능 • 철이나구리의비율이 높을 때 아연 흡수지장 superoxide dismutase (SOD)

종류	대 사	기 능	결핍증	기준량	함유식품	기타
요오드	• 흡수 : 장관으로 • 배설 : 주로 소변으로	• 갑상선호르몬의 구성성분, • 기초대사조절	• 갑상선종 • 점액수종 • 크레틴병/과잉 갑상선 기능항진 • 바세도씨병	• 평균필요량(μg) : 남녀 각각 95 • 권장섭취량 : 남녀 각각 150 • 상한섭취량 : 남녀 각각 2,400	• 해산물 • 요오드 • 강화 소금/goitrogen (요오드 흡수 방해)	• 요오드 기능 • 티록신 조절 기전, 관련 질환
불소	• 배설 : 뇨 및 분변 중에	• 골격과 치아의 기능 유지 (fluoroapatite)	• 충치 • 음료수에 1ppm • 과잉증 : 반상치 8ppm 이상	• 충분섭취량(mg) : 남 3.5 여 3.0 • 성한섭취량 남여 각각 10	• 해산물 • 건조된 차 • 음료수 (권장)	—
망간	• 흡수 : 장관으로 3~4% • 배설 : 담즙을 통해 대변	• 지단백 분해효소 활성화 • 지방산과 CE합성 • 뇨형성(arginase)	• 인간 : 모름 • 동물 : 생식기능 저하, 성장 부진	• 충분섭취량(mg) : 남 4.0 여 3.5 • 성한섭취량 남여 각각 11	• 두류 • 현미 • 견과류	• 기능, 효소
셀레늄	• 흡수 : 80% 이상 • 배설 : 주로 소변으로	• 항산화작용(비타민 E 절약작용) • glutathione peroxidase의 성분 • 세포막 손상 방지, 산화적 손상에서 세포 보호	• 심근장애 (Keshan병) • 근육통, 약화 그 외 기형유발	• 평균필요량(μg) : 남녀 각각 45 • 권장섭취량 : 남녀 각각 56 • 상한섭취량 : 남녀 각각 400	• 곡류(통밀) • 해산물 • 육류 • 땅콩	• 기능, 효소
크롬	• 흡수 : 아연과 함께 흡수, 0~25% • 배설 : 주로 소변으로	• 당질대사 도움 • GTF의 구성분 인슐린 작용 촉진	• 당뇨병 (당 내성인자) • 성장장애	• 정하지 않음	• 치즈 • 달걀 • 간 • 당밀	• 기능, 효소 • 철분과 경쟁
몰리브덴	• 흡수 : 식이 중 함량이 낮으면 흡수율이 높아짐 • 배설 : 소변, 소량 담즙	• 효소의 성분 (xanthine oxidase)	• 인간 : 모름 • 동물 : 호흡곤란, 신경혼란	• 상한섭취량(μg) : 남녀 각각 600	• 널리 없고 함량 적다. • 콩 • 간 • 통밀	—
코발트	• 흡수 : 소장에서 거의 흡수 • 배설 : 주로 소변으로	• 비타민 B_{12}의 구성 원소로 적혈구 형성	• 악성 빈혈 (pernicious anemia)	• 정하지 않음	• 육류 • 어류 • 달걀	• 기능, 비타민

(5) 영양섭취기준 및 급원식품

사람에게 비타민 B_{12}에 함유된 것 외에는 필요량이 알려지지 않았다. 코발트는 자연계에 널리 분포되어 있으나 사람은 이용하지 못한다.

동물의 장내에서 코발트를 이용하여 비타민 B_{12}를 합성하고, 사람에게 코발트를 함유한 비타민 B_{12}를 공급해 준다.

핵심문제 및 해답

*해답 본인 확인용 붉은 셀로판지를 이용하세요.

다음 내용을 읽고 ○와 ×로 표기 하시오.

1. 체내 저장철의 형태는 트랜스페린이다. (×)

체내 저장철의 형태는 페리틴, 트랜스페린이다.

2. 체내 철의 대부분은 헤모글로빈의 성분으로 이용되어 진다. (○)

3. 식품 중의 비헴철은 헴철보다 흡수율이 더 높다. (×)

식품 중의 비헴철은 흡수율이 평균 5%로 헴철 (흡수율:20~25%)보다 낮다.

4. 비타민 C는 철의 흡수율을 감소시킨다(×)

비타민 C는 Fe^{3+}을 Fe^{2+}로 전환시켜 철의 흡수를 증가시킨다.

5. 소장벽에 존재하며 철의 흡수를 조절하는 물질은 페리틴이다. (○)

6. 아연 과다섭취 시 미각기능이 감퇴한다. (×)

아연은 미각세포의 재생에 중요한 역할을 하므로 정상적인 미각을 유지시킨다.

7. 과량의 아연 섭취시 구리의 흡수율도 증가한다. (×)

메탈로티오네인에 구리와 아연이 경쟁적으로 결합함으로써 구리의 흡수율은 저하된다.

8. 아연 결핍시 성장, 생식기 발육이 저하된다. (○)

9. 다량의 식이섬유소 섭취는 아연의 흡수를 촉진한다. (×)

다량의 식이섬유소 섭취는 아연의 흡수를 방해한다.

10. 임신기간 중 요오드 섭취의 결핍으로 바세도우씨병이 유발된다. (×)

임신기간 중 요오드의 결핍은 왜소증을 초래하는 크레틴병을 유발한다.

11. 요오드의 결핍증으로 단순갑상샘종이 있다. (○)

12. 구리를 혈액에서 조직으로 운반하는 물질은 셀룰로플라즈민이다. (○)

13. 셀룰로플라즈민은 Fe^{3+}을 Fe^{2+}전환시켜 철의 이동을 용이하게 한다. (×)

셀룰로플라즈민은 Fe^{2+}을 Fe^{3+}로 산화시켜 혈액에서 철의 이동을 돕는다.

14. 윌슨병은 구리결핍 시 발생한다. (○)

15. 불소 과잉섭취 시 골격이상으로 골다공증이 유발된다.(×)

불소 결핍시 골다공증이 유발되고 과잉섭취 시 불소증이 발생한다.

16. 망간은 콜레스테롤을 합성에 관여한다. (○)

17. 망간은 글루타티온 과산화효소의 구성원소로 항산화제의 기능을 가진다(×)

셀레늄은 글루타티온 과산화효소의 구성원소로 과산화물의 생성을 억제한다.

18. 셀레늄은 과산화물의 형성을 촉진한다. (×)

셀레늄은 과산화물의 분해를 촉진시켜 세포막의 손상을 억제한다.

19. 크롬은 인슐린 민감도를 감소시키고 저항성을 증가시킨다. (×)

크롬은 혈당내성인자로 인슐린의 민감성을 증가시켜 포도당이 세포 내로 유입되는 것을 돕는다.

20. 코발트는 엽산의 구성성분이다. (×)

코발트는 비타민 B_{12}의 구성성분이다.

Chapter 13

수 분 (Water)

학습 목표

1. 물의 물리 화학적 특성을 설명할 수 있다.
2. 세포내액과 세포외액을 비교 설명할 수 있다.
3. 수분의 체내 기능을 설명할 수 있다.
4. 수분균형을 위한 섭취량과 배설량을 설명할 수 있다.
5. 수분의 섭취조절 기전과 섭취기준을 설명할 수 있다.
6. 체내 수분평형의 이상현상을 설명할 수 있다.

물의 특성은 물 분자의 쌍극구조와 물분자가 서로 쉽게 수소결합을 할 수 있는 성질에서 오는 것이다. 물의 산소원자는 수소원자보다 전자친화성이 크기 때문에 전기적 음성을 띠고 수소 부분은 양성을 띠어 쌍극구조를 가지므로 여러 가지 이온을 쉽게 수화물로 만든다. 수소와 산소의 공유결합은 체온에서는 안정된 결합이지만 다른 이웃의 수소결합은 비교적 약하게 이루어져 있다.

물은 어떤 용매보다 융통성 있는 역할을 하므로 생명과정에 매우 적합한 물질이다. 물을 용매로 함으로써 열 발생과정에서도 쉽게 체온을 일정하게 유지할 수 있으며 또 증발열이 커서 땀으로 체온을 내리는 데에도 기여한다.

순수한 물은 물 분자의 극히 일부만이 해리되어 수소이온과 수산이온으로 분리된 후 전기적인 중성을 유지하여 물질을 쉽게 해리되도록 한다. 체내의 모든 생리적 기능이 이온의 이동과 관련되며, 이온의 움직임이 곧 막전위와 활동전위의 발생 및 신경흥분의 전달이나 시냅스전달 및 근수축 등의 기본 과정이 된다.

1. 수분의 양과 분포

인간의 신체에 가장 풍부한 분자인 물은 생명체의 본질적 구성요소이다. 물은 세포의 안과 밖에 모두 존재하고 일부는 물질대사가 일어나는 동안에 몸에서 만들어진다. 다량영양소로 분류되는 물은 생물학적 용매로써 작용하고 생화학 반응에 화학적 반응물로 사용되며, 체온 조절을 돕는다.

우리 몸에 분포한 체수분은 크게 세포내액과 세포외액으로 구분하는데 골격조직, 지방조직, 근육조직 등의 세포를 구성하는 세포내액이 전체의 40%를 차지하고, 세포외액은 20%를 차지한다.

세포외액을 구분하면 혈장은 전 체액의 5% 정도이며, 간질액과 림프액이 15% 정도를 차지한다. 그 밖에 세포횡단액인 타액, 소화액, 각종 점액, 뇌척수액, 안구액 등도 세포외액을 구성한다.

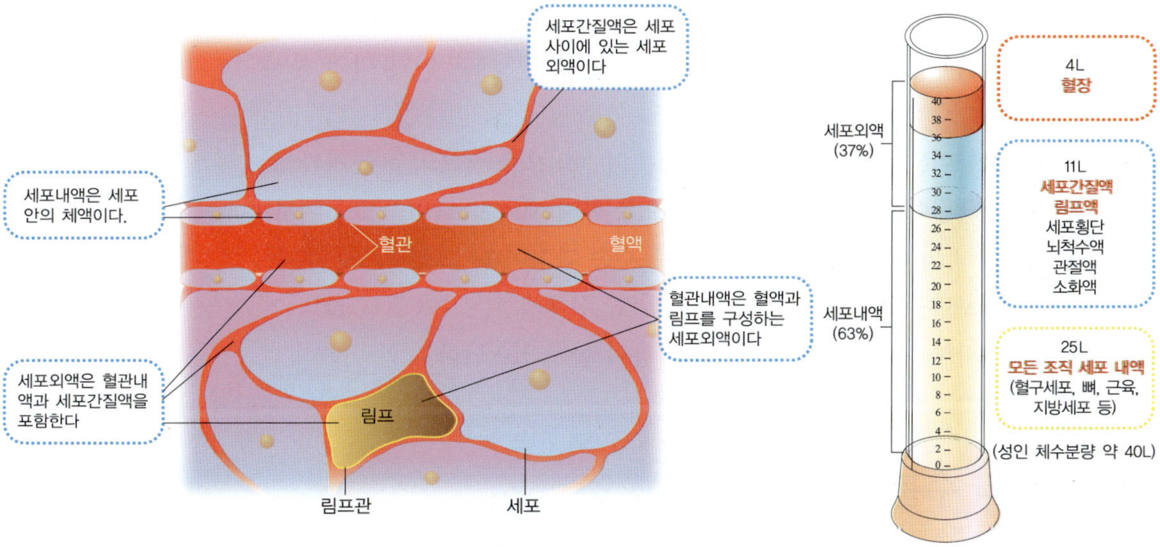

그림 13-1 세포내액과 세포외액

인체의 총 수분량을 체중에 대한 백분율로 보면 50~70% 정도이지만 연령과 성에 따른 차이를 볼 수 있는데 어린이가 상대적으로 수분량이 많다. 이는 세포외액이 많기 때문이다. 또한 여성의 경우는 지방의 함량이 많아서 총 수분량이 낮으며 특히 지방조직은 신체성분비율을 바꾸는 주된 요인이다.

세포내 · 외액의 성분을 비교하면 단백질 함량, 혈장의 비투과성 음이온, Na과 K의 함량 등이 다르다. 체액 이동은 주로 삼투압과 정수압의 차이로 물이 삼투농도에 따라 움직인다.

분자는 전하 · 크기 또는 능동이동에 따라 세포 내 · 외를 움직이므로 고르지 않은 분포를 보인다. 간질액과 세포내액 간은 선택적 투과로 복잡하게 이동한다.

세포외액은 혈장과 간질액으로 나눌 수 있는데, 혈장은 혈관 내에 있고 간질액은 혈관 밖에 있어서 세포와 세포 사이의 체액을 두고 구분하지만 실제 성분은 비슷하다. 즉, 모세혈관벽은 무기이온과 당질, 아미노산 등 거대분자도 쉽게 투과할 수 있으며 혈장의 큰 단백질만이 투과하기 어려울 뿐이다. 또 알부민 같은 거대단백질이 투과해서 모세혈관벽을 통과하여도 다시 림프관을 통해 간질액에서 제거되므로 단백질의 양은 상당히 적다.

신체 조직에서 물의 양은 여러 필수 무기질-나트륨, 염소, 칼륨 등에 의존하여 매우 잘 조절된다. 또한 알부민과 같은 혈장 단백질은 혈관과 세포 사이의 건강한 체액균형 유지를 돕는다.

나트륨이온(Na^+)과 염소이온(Cl^-)은 세포외액에 많이 존재하고, 칼륨이온(K^+)과 인산이온(PO_4^-)은 세포내액에 많이 존재한다. 세포막은 세포 안과 밖의 물질 이동을 조절한다.

예를 들어 나트륨이온(Na^+)과 염소이온(Cl^-)은 수동적으로 세포막을 통과할 수 없고 결합수송 단백질이나 '펌프'의 도움을 필요로 하며 에너지(ATP)가 요구된다. 따라서 세포 안과 밖의 전해질의 움직임은 능동수송 과정이다. 그러나 물은 수동수송 과정으로 세포막을 자유롭게 통과할 수 있다. 신체에서는 수동적인 물의 이동과 세포막을 통과하는 이온의 능동적 펌프작용이 함께 일어난다.

2. 인체의 수분균형

1. 수분균형

신체의 수분균형이란 수분의 섭취와 배설 간의 수지 균형을 말한다. 수분의 원천은 섭취한 수분과 대사수이며, 대사수는 주로 영양소의 대사과정에서 생기고 섭취수분은 음료수와 식품 중의 수분을 말한다.

체내에서 수분의 소실은 피부, 허파, 변과 요(尿)라는 경로를 통해 이루어지는

데, 우리가 느끼지 못하는 수분의 지속적인 손실을 불감성 수분 손실이라 한다. 수분취득과 소실은 항상 꼭 같은 양으로 이루어지며 신체의 수분에 큰 변동은 없다. 이는 수분균형의 결과이며, 만약 수분이 부족하면 물을 마시어 갈증을 해소하고 요량을 가감하여 수분을 조절할 수 있다.

(1) 수분 공급

사람이 하루에 섭취하는 수분량은 계절에 따라 차이가 있으나 약 2L 정도이다. 음료수로 마시는 수분은 평균 1,200mL이며, 음식에 든 수분량은 700mL이고, 대사수는 300mL로 모두 합해서 2,200mL 정도이다.

수분의 흡수는 소장벽의 삼투압에 의하여 이루어진다. 소장 내용물의 성상에 따라 물의 흡수는 달라지는데 음료수로 섭취한 것이 가장 빠르게 흡수된다. 대장에서도 흡수가 일어나지만 그 양은 적다.

대사수는 열량 영양소의 산화 과정으로 생성된 물을 의미하는데 영양소의 종류에 따라 산소와 수소의 함량이 다르기 때문에 당질, 단백질, 지방이 각각 1g씩 산화하면 0.6g, 0.4g, 1.0g의 대사수가 생성된다. 이를 100kcal당 환산하면 12~13g이며 하루로 계산하면 약 200~400mL 정도 되는 양이다.

(2) 수분 손실

체내에서 수분 손실은 피부의 수분증발(600mL), 폐호흡(200mL), 대변(100mL)과 요(1,300mL)를 통해 일어나며, 이 중에서 피부를 통한 수분 증발과 날숨을 통한 수분 손실 800mL 정도는 우리가 느끼지 못하는 불감수분 손실량에 해당한다.

체수분이 정상적으로 유지되는 것은 신장 기능을 통해서이다. 정상적인 신장은 매우 효과적으로 과다하게 보유한 수분을 배설하고 부족한 수분상태에서는 물을 보유한다.

(3) 수분 공급과 손실의 균형

수분의 공급과 손실은 항상 같은 양으로 이뤄지게 되므로 체내 수분량에 큰 변동이 없는 수분 균형 상태를 이루게 된다. 만약 체내에 수분이 부족하게 되면 갈증을 느껴 수분을 마시게 되고 과잉 수분이 공급되면 소변량을 증가시켜 체내 수분량을 조절하게 된다. 인체가 섭취한 수분량은 식품으로 공급된 수분량과 음료로 섭취된 수분량을 모두 포함한다.

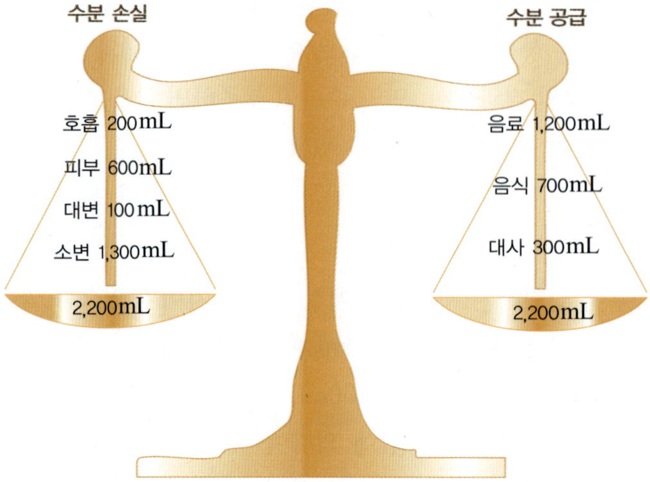

그림 13-2 체내 수분공급과 손실의 일일 균형(mL)

Check point

우리 몸의 체액과 수분공급

- 우리 몸의 체액은 체중의 60%를 차지하며, 세포외액(20%), 세포내액(40%)으로 구분할 수 있다.
- 수분공급은 음료수, 식품에 든 수분, 대사수로 이루어지며, 수분 손실은 소변, 대변, 피부, 호흡을 통해 이루어진다. 수분의 공급과 손실은 항상 같은 양으로 이뤄지게 되므로 체내 수분량에 큰 변동이 없는 수분균형 상태를 이루게 된다.
- 수분은 신체의 구성성분이며, 체내 용매로 영양소와 노폐물을 운반하고, 윤활제로 신체를 보호하는 작용을 하며, 체온을 조절한다.
- 수분섭취 관련 문제로는 체내 수분이 부족한 탈수와 세포간질액의 누적으로 인한 부종이 있다.
- 한국인 영양섭취기준에 따르면 수분은 충분섭취량으로 설정되어 있으며, 수분은 대부분의 식품, 물, 음료에 함유되어 있다.

인체는 수분을 조절하는 여러 기작이 있으므로 물을 충분히 섭취할 수 있는 환경에서 건강한 사람은 수분의 섭취량과 배설량이 균형을 이루고 있다.

뇌에서 갈증을 느끼는 부위가 시상하부에 있어 이를 갈증중추라고 한다. 물이 필요하다는 것을 알려주는 감각이 갈증감각이며 체내 순환되는 혈액이 수분 부족으로 농축되면 뇌하수체 후엽에서 항이뇨 호르몬의 분비가 많아져서 신장의 수분 재흡수율을 높여 수분의 손실을 최소화한다. 이 호르몬은 뇌의 갈증 중추와 관련되고 시상하부의 자극은 뇌하수체와 연결되어 조절이 함께 이루어진다.

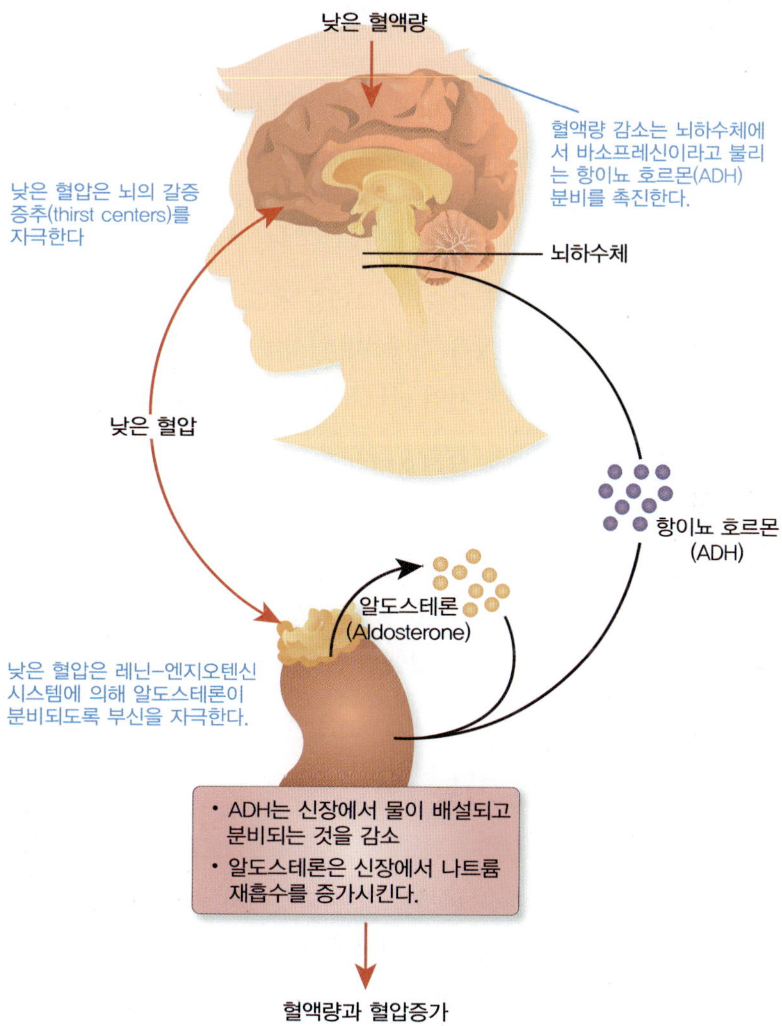

그림 13-3 혈액량과 혈압의 조절

2. 전해질 균형

신체의 모든 세포는 항상 세포내 · 외액의 환경을 일정하게 유지하고 있으며 이것을 세포액의 항상성이라고 한다. 체액의 삼투압이나 pH도 이러한 항상성에 따라 유지되고 있으며 수분은 이러한 항상성 유지 기전에 중요한 매개체로 작용한다. 체내 수분에 용해되어 있는 생체 성분들은 산이나 염기로 작용하여 pH 조절에 참여하고, 전해질로서 체액의 세포내외 분포를 일정하게 유지시켜 주는 데 관여하기도 한다.

전해질이란 수분에 녹아서 전기적 성질을 띠는 양이온과 음이온으로 세포외액에 주로 분포하는 나트륨(Na^+), 염소(Cl^-) 이온과 세포내액의 칼륨(K^+) 이온이 가장 대표적이다.

체액에 있는 전해질은 세포 안과 밖에 분포 차이가 있으며 생체 세포막에 있는 나트륨-칼륨 이온 펌프(Na/K-ATPase ion pump)가 두 전해질의 세포 내외로의 재배치를 돕는다. 이들 두 가지 양이온의 세포 내외 차이로 신경전달과 근육수축 등의 기능이 유지된다.

그 밖의 세포기능에 양이온인 칼슘, 마그네슘 등도 관여하여 신경 흥분, 막 투과성 조절, 효소 활성화 등의 기능을 수행하며 다양한 대사활동을 조절하기도 한다. 인산, 중탄산이온 등의 전해질은 체액 pH 조절을 위한 중요한 완충계로 작용한다.

전해질은 음식을 통해 체내에 들어오지만 그 양은 한정되어 적은 양이 대사에 관여한다. 즉, 핵산과 뼈 세포를 분해하는 동안에 인산을 유리한다. 그리고 짠맛을 내는 음식과 함께 먹은 소금은 발한, 배설, 소변 등을 통해서 몸으로부터 빠져나간다. 더운 날에 땀으로 많은 전해질 손실이 있는 경우에는 위장기능의 혼란 등의 증상을 가져올 수 있으며 혈액의 전해질 균형에도 영향을 준다.

3. 수분의 생리적 기능

물은 수백 가지의 화학 반응을 비롯한 많은 과정에서 중요한 역할을 한다. 또한 매우 춥거나 더운 환경에서도 신체가 일정한 온도를 유지하도록 도우며, 중요한 용매와 윤활유로서의 역할도 수행한다.

1. 신체 구성성분

key word

• 체지방
분해되지 않고 몸 속에 쌓여있는 지방, 주로 근육, 심장, 간 등에 쌓여서 비만, 당뇨병, 고혈압 등 성인병을 유발함.

체내 수분량은 몸의 구성성분 중 가장 많은 부분을 차지하며, 신생아기에는 체중의 약 75~80%, 성인 남성과 여성은 각각 60%, 55%, 노인기에는 약 45~50%를 차지한다. 우리 몸의 체수분은 12세까지는 남녀가 유사하나 그 이후에는 근육과 체지방 조성에 성별차이가 생기면서 여성이 남성보다 체수분 함량이 낮아진다.

체지방(fat free mass)에는 70~75%의 수분이 존재하고, 지방조직에는 5~25%의 수분이 존재할 뿐이다. 따라서 체지방 조성 비율이 높아지는 여성과 노인에게서 점차 근육량이 감소하면서 체내 함유된 수분 양이 감소하게 된다.

2. 생화학 반응의 용매

두 개의 수소 원자와 한 개의 산소 원자로 구성되어 있는 수분 분자의 기하학적 구조와 극성 성질은 수분의 여러 가지 화학적 성질과 용매로서의 특성을 결정짓는다. 생체 성분의 대부분은 수분에 용해되어 있을 때 활성을 나타내며 수분은 영양소를 비롯한 다양한 물질들을 위한 생화학 반응의 매개체로 작용한다. 세포 수화는 세포의 물질 대사는 물론 세포 기능의 유지와 유전자발현을 조절하는데도 매우 중요하다.

3. 운반작용

수분은 체내에서 영양소를 공급하거나 노폐물을 배설하는 운반매체로도 중요하다. 혈장(plasma)에는 영양소와 단백질 등이 녹아 있고 모세혈관 벽을 통하여 물질교환을 한다. 소화, 흡수된 영양소들도 모세혈관이나 림프액을 따라 체내 조직으로 이동한다. 세포 내에 생성된 대사산물은 세포외액에 노폐물로 배출된다. 세포외액 중 간질액은 수분과 용질분자 확산에 의한 혼합액이고, 혈액은 혈액순환으로 신체 각 부위 간질액이나 세포내액과 항상 교류될 수 있는 순환액이다.

이렇게 체액은 혈액 또는 림프액을 따라 산소, 영양소, 호르몬, 기타 물질들을 각 세포 조직으로 이동시키고, 대사과정에서 나온 노폐물, 탄산가스, 암모니아, 그 밖의 전해질들은 폐와 신장 및 피부와 대장으로 이동시켜 배출시킨다. 체수분의 이동은 운동, 열노출, 체열, 설사, 상처, 피부화상, 수분회전율 등에 의해 영향을 받는다.

4. 체온조절

에너지를 생산하는 아미노산, 포도당, 지방산 같은 영양소들이 대사 작용에 활용되면 에너지가 방출된다. 이런 에너지 중 일부는 열이 되어 몸의 내부 체온이 안정적인 37℃로 유지하도록 도움을 준다.

우리 몸은 일정한 체온을 유지하기 위해 신체 여러 영역의 간질액이나 세포내 수분을 배출하여 온도를 낮추게 되는데, 체내의 대사열을 흡수하는 생리적 특성이 있는 수분은 발한과정을 통해 땀으로 체열을 배출하는 중요한 요소로 작용한다. 일정한 물의 양은 놀랄 만큼의 열의 양을 유지하거나 잡아둘 수 있기 때문에 물은 몸의 냉방 시스템에 핵심적인 역할을 한다.

비열이라는 용어는 1g의 물질의 온도를 1℃ 올리는 데 필요한 에너지의 양을 뜻한다. 물은 높은 비열을 가지고 있고, 이는 그 온도를 변화시키는 데에 많은 에너지가 필요하다는 것을 의미한다. 더운 낮과 서늘한 저녁에 수영장에 가 본 사람이라면 아마도 이미 이 고유한 물의 특성을 경험해 보았을 것이다. 비록 끊임없이 기온이 변화하지만, 물의 온도는 거의 일정하다.

물이 많은 에너지를 열 상승없이 받아들일 수 있기 때문에 우리 몸의 대사율이 높거나 주위가 더울 때에도 비교적 체온이 안정된 상태로 유지할 수 있다. 우리가 땀을 흘릴 때, 추가적으로 땀에 포함된 열 에너지는 증발의 냉각 과정을 통해 제거된다. 땀을 통한 열 손실을 쉽게 하기 위해 피부 아래의 작은 혈관들이 팽창되고 수분이 몸에서 더 쉽게 빠지도록 한다.

5. 윤활제 및 외부 충력으로부터의 보호

수분은 눈, 척추, 태아를 둘러 싼 양수, 관절 사이의 관절활액 등을 구성하며 외부 충격으로부터 신체를 보호하는 중요한 역할을 한다. 신경조직 주변의 수분은 윤활제 역할을 하며, 신경은 수분 환경에서 자극 전달이 원활해진다.

특히, 위장관, 호흡관, 피부, 생식계에서 각각 소화액, 점액, 땀, 생식액과 같은 중요한 분비물을 생산할 때에 물은 윤활제 역할을 한다. 이런 분비물에 물을 혼합할 수 있는 신체의 능력은 건강에 매우 중요하다. 예컨대 물은 폐에서 기능적인 점액을 생산하는 데 필요하다.

점액은 환경적인 독소와 병원체로부터 폐를 보호하고, 폐를 촉촉하고 유연하게 유지하도록 하기 위해 민감한 폐조직을 매끄럽게 하는 윤활제 역할을 한다. 이용

가능한 물이 부족하거나 세포막을 통과하는 물의 균형 조절 능력이 감소되면, 점액과 같은 분비물을 생산하는 능력이 제한된다. 결과적으로 분비물은 무용지물이 되거나 오히려 해가 될 수도 있다.

위에 언급한 외에도 많은 물을 섭취함으로써 대장암이나 방광암을 예방하고 신장 결석이 감소될 수 있으며 물의 섭취는 과다한 지방섭취를 줄임으로써 체중감량에도 효과적이다.

4. 수분섭취 관련 문제

1. 수분의 부족 : 탈수

수분이 부족한 상태를 탈수(dehydration)라고 하는데, 출혈 · 화상 · 구토와 설사의 지속 또는 심한 운동에 의해 땀으로 체수분의 손실이 일어나거나 이뇨작용이 일어날 경우 수분균형이 기준 이하가 되어 발생할 수 있다. 탈수를 동반한 과잉손실은 진성당뇨나 요붕증(항이뇨호로몬의 분비 부족) 등의 내분비 이상으로 발생하며, 마르고 건조한 피부, 배설물 감소, 혈압저하, 빠른 심장박동, 혼수현상 등을 초래한다.

세포외액의 체액을 잃게 되고 삼투압에 따라 일어나는 탈수도 수분의 부족과 함께 전해질의 손실로 나타난다. 특히 더운 날에는 땀으로 많은 전해질이 손실되므로 혈액의 전해질 균형에도 영향을 미칠 수 있다.

다른 종류의 미량 영양소와 비교해서 몸은 수분 부족에 가장 취약하다.

사람 체중에서 2%의 수분손실이 오면 갈증을 느끼고 아래와 같은 많은 합병 증세가 나타난다.

① 인식 기능 저하
② 운동 조절과 운동 참여 능력 저하
③ 단기간 · 장기간 기억력 저하
④ 집중시간 단축
⑤ 온도 유지 능력 지하(특히 운동 시)
⑥ 비뇨기관 감염률 증가
⑦ 피로 증가

체중의 4% 손실 시에는 근육피로감, 20% 이상 손실 시에는 사망을 초래할 수도 있다. 이런 합병증은 아이들이나 노인들 같이 탈수증에 잘 견디지 못하는 사람들에게서 더 심하게 나타난다. 특히, 노인들은 탈수 감지기능이 약해져 자신의 몸에서 탈수증상이 있는지 인지하기 못하는 경우가 많으므로 충분한 양의 수분을 매일 섭취하도록 주의한다.

영 · 유아의 경우에도 탈수 증상이 쉽게 나타날 수 있는데 이는 단위체중당 체표면적이 넓어 수분증발량이 많고 요농축 정도가 낮기 때문이다. 게다가 땀으로 많은 양의 수분을 잃는 운동선수들은 탈수 위험이 더 높다. 영아, 어린이, 노인, 운동선수에게 적절한 물을 섭취하게 하는 것은 매우 중요하다.

2. 수분 중독

수분 중독(water toxicity)은 신장의 기능저하 때나 단시간에 많은 물을 섭취하여 발생하며 탈수 못지않게 위험하다. 수분 과잉섭취 시에는 나트륨농도가 저하되어 저나트륨혈증(혈청 나트륨 농도 135mmol/L 미만)이 발생한다. 전해질이 희석되면 세포내외의 균형을 맞추기 위하여 세포외액의 수분이 세포내로 이동하여 중추신경계 부종, 폐 응혈, 근육약화를 유발한다. 혈청 나트륨 농도가 130mmol/L 이하로 수치가 낮아지면 치명적인 신장 손상 등의 장애가 나타난다.

우리 몸에서 신장이 배설할 수 있는 수분량은 시간당 최대 0.7~1.0L로 한계가 있다. 수분 과잉섭취에 의한 저나트륨혈증은 장시간 지구력이 필요한 운동선수에게도 나타날 수 있으므로 나트륨이 함유된 음료나 만니톨(mannitol)을 정맥에 투입하여 물을 제거하는 방법을 사용한다.

수분 중독의 증상은 메스꺼움, 구토, 근육 경련, 대뇌 부종으로 인한 대사 장애, 즉 방향 감각의 쇠퇴, 발작, 혼수 등이다. 전해질 희석으로 세포 내로 유입된 수분에 의한 세포팽창이 증상의 주요 원인이며 방치되면 사망에 이를 수도 있다.

3. 부종

부종(edema)은 모세혈관 정수압 증가와 혈관 투과성 증가로 인해 세포 간질액에 누적된 수분이 혈류로 되돌아오지 못할 때 발생하며 동맥과 정맥, 모세혈관 교질삼투압의 불균형이 원인이 된다. 동맥 끝의 모세혈관에서는 강하게 체액으로 나가지만 정맥으로 되돌아오는 데는 실패하여 세포 사이의 공간은 체액으로 가득하게 된다.

주로 저단백혈증에 의한 단백질 영양불량의 결과로 나타나며, 간질환(혈장단백질의 정상공급 불가) 환자나 사구체신염(혈장단백질이 사구체 여과막을 통과하여 요로 손실) 환자에게서도 발생한다. 또, 림프관이 막히거나 수술로 제거될 때에도 같은 결과가 나타난다. 부종은 영양소와 산소의 확산을 방해하기 때문에 정상적인 조직의 기능을 유지하기 어렵다.

체내에 과량의 나트륨이 보유되는 경우에도 세포외액의 삼투압 증가로 부종이 발생한다. 나트륨 과다 음식을 섭취하고 소변 배출없이 수 시간이 지나면 체내에서는 나트륨 증가로 상승된 삼투압을 저하시키기 위하여 항이뇨 호르몬을 분비하여 수분배출을 억제하도록 조절하게 되고 아침에 부종이 발생하게 된다.

5. 수분 섭취기준 및 급원식품

1. 수분 섭취기준

우리는 매일 땀(500mL), 호흡(300mL), 소변(1,500mL), 배설물(150mL)로 수분을 잃는다. 힘든 운동을 하면 수분 손실이 더 커질 수 있다. 탈수증을 막기 위해 먹는 음식이나 마시는 음료를 통해 몸의 물을 계속 보충하는 것이 중요하다.

2015년 한국인 영양섭취기준에 따르면 수분은 수분불균형의 일차적 지표인 수화정도가 과잉/저하되더라도 혈액의 항상성으로 인해 쉽게 보완되고, 대사 차이, 환경 조건, 활동 정도 등에 따라 필요량이 크게 변동되기 때문에 평균필요량을 추정하기 어렵고 관련 문헌도 거의 없으므로 섭취기준을 충분섭취량으로 설정하였다.

수분 충분섭취량은 수분 섭취량을 바탕으로 추정하였고, 정상적인 식사를 하는 건강한 사람이 만성적으로 수분을 과량섭취했을 때 유해작용이 발생되었다는 보고가 거의 없어서 상한섭취량은 설정하지 않았다. 1일 수분 섭취량은 하루에 음식을 섭취하는 수분량에 액체로 섭취하는 수분량을 합해서 산출한다.

표 13-1 한국인의 1일 수분 섭취기준

성별	연령	수분(mL/일)					
		음식	물	음료	충분섭취량		상한섭취량
					액체	총수분	
영 아	0~5(개월)				700	700	
	6~11	300			500	800	
유 아	1~2(세)	300	538	0	800	1,100	
	3~5	400	587	0	1,100	1,500	
남 자	6~8(세)	900	705	0	900	1,800	
	9~11	1,100	749	0	1,000	2,100	
	12~14	1,300	756	0	1,000	2,300	
	15~18	1,400	891	0	1,200	2,600	
	19~29	1,400	975	34	1,200	2,600	
	30~49	1,300	1,017	105	1,200	2,500	
	50~64	1,200	929	44	1,000	2,200	
	65~74	1,100	746	24	1,000	2,100	
	75 이상	1,100	517	11	1,000	2,100	
여 자	6~8(세)	800	636	0	900	1,700	
	9~11	1,000	643	0	900	1,900	
	12~14	1,100	684	0	900	2,000	
	15~18	1,100	651	0	900	2,000	
	19~29	1,100	766	24	1,000	2,100	
	30~49	1,000	779	15	1,000	2,000	
	50~64	1,000	764	12	900	1,900	
	65~74	900	506	3	900	1,800	
	75 이상	900	398	0	900	1,800	
임신부						+200	
수유부					+500	+700	

자료 : 한국영양학회, 한국인 영양섭취기준, 2015.

2. 수분 급원

수분은 대부분의 식품, 물, 음료에 함유되어 있으며 음식 조리 시 자주 첨가하므로, 음식과 액체로 널리 섭취할 수 있다. 음식 중에서는 국물이 많은 국, 찌개, 죽 등이 수분을 많이 가지고 있다. 수분 함량이 높은 식품에는 채소, 과일, 감자 등이 있으며, 건조 상태 식품보다는 자연 상태 식품이 수분 함량이 높다.

인체는 또한 탄수화물, 지질, 단백질을 체내 대사시키며 발생한 대사수를 활용할 수 있다. 영양소 이화과정에서 생산된 대사수는 이산화탄소와 함께 폐를 통한 호흡으로 배출되기도 한다. 탄수화물, 지질, 단백질은 g당 각각 0.6mL, 1.1mL, 0.4mL의 대사수를 배출한다. 따라서 지질식품 섭취가 많은 경우 지질 연소로 발생하는 대사수가 증가하면서 체수분 공급 필요량이 감소하기도 한다.

표 13-2 식품 100g당 수분 함량

식품명	수분함량(g)	식품명	수분함량(g)
멥쌀(밥)	58.5	감(연시)	83.8
멥쌀(죽)	82.9	감(단감)	72.3
멥쌀(미음)	95.0	감(곶감)	30.1
라면(건면)	8.2	바나나(생것)	76.9
라면(조리한 것)	77.4	사과(부사)	83.6
소면(마른 것)	11.0	포도(거봉)	84.0
소면(삶은 것)	67.3	감귤(생것)	87.8
식빵	33.8	참외	89.0
비스킷(소프트)	3.2	자몽(생것)	91.4
크래커	4.0	파인애플(생것)	92.9
튀밥	5.6	수박(적육질)	93.2
가래떡	41.9	명태(생것)	80.3
백설기	43.0	명태(마른 것)	31.1
꿀	20.0	명태(마른 것, 노가리)	14.6
대두(노란콩, 마른 것)	9.7	명태(동태)	82.3
대두(노란콩, 불린 것)	10.3	명태(코다리)	75.1
대두(노란콩, 삶은 것)	61.7	명태(포)	11.3
대두(두부)	82.8	명태(황태)	10.6
풋고추	92.6	명태(알)	73.5
오이(재래종)	96.3	오징어(생것)	77.5
김치(깍두기)	88.4	오징어(마른 것)	19.5
김치(나박김치)	95.1	해삼(생것)	91.8
김치(배추김치)	90.8	해삼(마른 것)	1.5
표고버섯(생것)	90.8	골뱅이(생것)	70.5

핵심문제 및 해답

*해답 본인 확인용 붉은 셀로판지를 이용하세요.

1. 체액, 세포내액, 세포외액의 비율은 어떻게 되는가?

체액은 체중의 60%, 세포내액은 체중의 40%, 세포외액은 체중의 20%이고, 세포외액은 다시 혈장(5%)과 간질액(15%)로 구분된다.

2. 하루 수분 공급량과 손실량은 얼마인가?

하루 수분 공급량은 음료수로 마시는 수분은 평균 1,200ml이며, 음식에 든 수분량은 700ml이고, 대사수는 300ml로 모두 합해서 2,200ml 정도이다. 하루 수분 손실량은 피부의 수분증발(600ml), 폐호흡(200ml), 대변(100ml)과 요(1,300ml)를 통해 이루어져서 모두 합해서 2,200ml 정도로 수분 공급량과 거의 동일하다.

3. 인체의 수분을 조절하여 수분의 섭취량과 배설량이 균형을 이루도록 하는 중추와 호르몬은 무엇인가?

뇌에서 갈증을 느끼는 부위가 시상하부에 있어 이를 갈증중추라고 한다. 물이 필요하다는 것을 알려주는 감각이 갈증감각이며 체내 순환되는 혈액량을 조절하는 호르몬은 뇌하수체 후엽에서 분비되는 항이뇨 호르몬이다.

4. 수분의 생리적 기능은 무엇인가?

1) 신체 구성성분
2) 생화학 반응의 용매
3) 운반작용
4) 체온조절
5) 윤활제 및 외부 충격으로부터의 보호

5. 부종의 원인은 무엇인가?

부종은 모세혈관 정수압 증가와 혈관 투과성 증가로 인해 세포 간질액에 누적된 수분이 혈류로 되돌아오지 못할 때 발생하며 동맥과 정맥, 모세혈관 교질삼투압 불균형이 원인이 된다. 주로 저단백혈증에 의한 단백질 영양불량의 결과로 나타나며, 림프관이 막히거나 수술로 제거될 때에도 같은 결과가 나타난다.

체내에 과량의 나트륨이 보유되는 경우에도 세포외액의 삼투압 증가로 부종이 발생한다.

참고 문헌

- 구재옥 외 5인, “이해하기 쉬운 영양학”, 파워북, 2011
- 김갑순 외 10인, “기초영양학”, 도서출판 효일, 2009
- 김용운 외 20인, “인체생리학”, 교문사, 2007
- 김서현, 박수진, 오희경, 조재선, 김덕희, 김정연, 백진경, 한성희. “베이직 영양학”. 지구문화사, 2016
- 김형태 외 3인, “성인 음주자의 영양소 섭취실태: 2011 국민건강영양조사 자료 분석”, 대한영양사협회 학술지 19(4): 343-355, 2013
- 김희정 외 6인, “노인의 혈중 호모시스테인, 엽산”,
- 강남이 외 5인, “NEW영양생리학”, 지구문화사, 2014
- 박인국, “생리학”, 라이프사이언스, 2014
- 변기원, 이보경, 권종숙, 김경민, 김숙희. “영양소 대사의 이해를 돕는 고급영양학”. 교문사. 2016
- 이상선 회 8인, “NEW영양과학”, 지구문화사, 2012
- 한국영양학회, “한국인 영양소 섭취기준”, 개정판, 2015
- 서광희, 서정숙, 이승교, 정현숙. “NEW 영양학”. 지구문화사, 2015
- “영양소 섭취 상태와 신경인지기능과의 관련성”, 한국영양학회지, 44(6); 498-506, 2011
- 이백희, “Homocysteine 대사와 관련된 신경관 결손에 관한 연구”, 소아과학회, 41(1)1, 1998
- 이상선, 정진은, 강명희, 신동순, 정혜경, 장문정, 김양하, 김혜영, 김우경. “NEW 영양과학”. 지구문화사, 2012
- 노순태 외 3인, “위절제술 후 발생된 빈혈에 관한 고찰”, Korean Journal of Medicine(구 대한내과학회지) 42(6): 751-758, 1992
- 채현동 외 1인, “위암으로 위 전절제술 후 비타민 B_{12} 결핍과 치료”, 대한위암학회지, 6(1):6-10, 2006
- 장지영 외 2인, “외과계중환자실 환자에서 티아민 결핍에 의해 발생한 베르니케 뇌병증 및 습성 각기병의 경험: 3례”, PEN(한국정맥영양학회) 학술대회, P-4,106-107, 2012
- 최혜미. “21세기 영양학 원리”. 교문사. 2016
- Machlin, “Handbook of vitamins”, Dekker, 2001
- Fox S.L., “Human Physiology”, McGraw-hill Co., 2001
- Willians S.R., “Basic Nutrition and Diet Therapy”, Mosby, 2001
- Steegers-Theunissen RPM, Boers GH, Bloom HJ, Nijhuis JG, Thomas CM, Borm GF, et al. “Neural tube defects and elevated homocysteine levels in amniotic fluid. Am J Obstet Gynecol” 172:1436-41.1995
- Hwang , Bye-Jin , Kwak , Yi-Sub, “A Study on Correlation between Premenstrual

Syndrome and Nutrient Intake, Exercise Habit of Women"
- Nutraceuticals and food (한국식품영양과학회) 9(4): 383–388, 2004
- http://www.ncbi.nlm.nih.gov/omim
- http://en.wikipedia.org/wiki/Hyperhomocysteinemia

찾아보기

인명

기타

ㄱ

ㅌ

ㅍ

Essence Advanced Nutrition

에센스 고급 영양학

2019년 9월 1일 초판 인쇄
2019년 9월 5일 초판 발행

저 자 서광희 · 강주희 · 김지영 · 도민희
백진경 · 원혜숙 · 이복희 · 정지영

발행인 주병오 · 주민기

발행처 ㈜지구문화
JIGU CULTURE Co.Ltd

경기도 파주시 회동길 209
파주출판문화도시

마케팅부 (031) 955－7566 · 7577
편집부 (031) 955－7731
FAX (031) 955－7730

독자의견 전화 (031) 955－7577
홈페이지 www.ji-gu.co.kr
이메일 profjangchoon@hanmail.net
등록번호 1979년 7월 13일 제 9－57호

ISBN 978－89－7006－859－6 값 28,000원